AI VISION
× LLM

電腦視覺
應用聖經

- FB 官方粉絲專頁：旗標知識講堂

- 旗標「線上購買」專區：您不用出門就可選購旗標書!

- 如您對本書內容有不明瞭或建議改進之處，請連上旗標網站，點選首頁的 聯絡我們 專區。

若需線上即時詢問問題，可點選旗標官方粉絲專頁留言詢問，小編客服隨時待命，盡速回覆。

若是寄信聯絡旗標客服email，我們收到您的訊息後，將由專業客服人員為您解答。

我們所提供的售後服務範圍僅限於書籍本身或內容表達不清楚的地方，至於軟硬體的問題，請直接連絡廠商。

學生團體	訂購專線：(02)2396-3257 轉 362
	傳真專線：(02)2321-2545
經銷商	服務專線：(02)2396-3257 轉 331
	將派專人拜訪
	傳真專線：(02)2321-2545

國家圖書館出版品預行編目資料

AI Vision x LLM電腦視覺應用聖經 ／ 陳會安作.
-- 臺北市：旗標科技股份有限公司,
2025.05　面；　公分

ISBN 978-986-312-831-1 (平裝)

1.CST: 電腦視覺　2.CST: 數位影像處理
3.CST: 人工智慧　4.CST: 機器學習

312.837　　　　　　　　　　　　114003607

作　　者／陳會安

發行所／旗標科技股份有限公司

台北市杭州南路一段15-1號19樓

電　　話／(02)2396-3257(代表號)

傳　　真／(02)2321-2545

劃撥帳號／1332727-9

帳　　戶／旗標科技股份有限公司

監　　督／黃昕暐

執行編輯／黃馨儀

美術編輯／陳慧如

封面設計／陳憶萱

校　　對／黃馨儀

新台幣售價：880 元

西元 2025 年 6 月初版

行政院新聞局核准登記-局版台業字第 4512 號

ISBN 978-986-312-831-1

Copyright © 2025 Flag Technology Co., Ltd.
All rights reserved.

本著作未經授權不得將全部或局部內容以任何形式重製、轉載、變更、散佈或以其他任何形式、基於任何目的加以利用。

本書內容中所提及的公司名稱及產品名稱及引用之商標或網頁，均為其所屬公司所有，特此聲明。

序

　　這是一本探討 AI Vision 電腦視覺應用的圖書，本書的完成要特別感謝 ChatGPT、Copilot 和 Claude 等生成式 AI 提供的寶貴協助與支援。為了感謝生成式 AI 的幫助，此篇序言也是請生成式 AI 基於本書特點和目錄大綱來撰寫，以彰顯生成式 AI 對本書的貢獻。

探索人工智慧與電腦視覺的無限可能

　　人工智慧（AI）與電腦視覺（Computer Vision）是一場資訊科技革命中的璀璨火花，替人類的生活、學習與工作帶來了翻天覆地的改變。從人臉辨識到物體追蹤，從手勢控制到文字識別，電腦視覺的應用無處不在，而這一切的背後，都有著人工智慧的強力支持，和大型語言模型（LLM）所迎來的全新革命。

　　AI Vision 透過賦予機器「看見」世界的能力，正在重新定義人機互動的方式，並且為各行各業帶來前所未有的創新與效率，而本書正是為了引領讀者進入這個令人興奮的技術世界所精心打造的學習指南。

人工智慧與電腦視覺的共生關係

　　人工智慧是模擬人類智慧的資訊科技，可以讓機器學習、推理、感知以及決策。電腦視覺作為人工智慧的一個重要分支，專注於賦予機器理解和解讀視覺資訊的能力。若將人工智慧比喻為大腦，電腦視覺就是其「眼睛」。透過深度學習與機器學習演算法的驅動，現代的電腦視覺系統能夠執行從簡單的物體識別到複雜的場景理解等各種任務，人工智慧與電腦視覺的關係可謂相輔相成、密不可分。

最初，電腦視覺技術只侷限於學術研究和特定工業領域。然而，隨著深度學習的突破性進展，特別是當卷積神經網路（CNN）的廣泛應用，電腦視覺的準確度和效能有了實質性的飛躍。如今，電腦視覺早已融入我們日常生活的方方面面，從智慧型手機的面部解鎖，到自動駕駛車輛的環境感知，再到醫療影像的疾病診斷，電腦視覺的應用已經無處不在。

近年來，隨著大型語言模型（LLM）的崛起，AI 領域迎來了全新的革命。這些 LLM 模型不僅能理解和生成人類的語言，更能與電腦視覺技術深度的融合，讓 LLM Vision 擴展了文字型 LLM 的感知和理解能力，讓 AI 不僅能夠「看見」世界，還能夠理解所見，並且使用自然語言來描述與互動，進而開創出多模態 AI 應用的新紀元。

透過本書，將引領讀者從基礎開始，循序漸進地掌握電腦視覺的各項技術。你不只能夠掌握理論與工具，更能將 AI 的力量融入你的日常工作與生活之中，現在，請隨著這場 AI Vision 之旅，讓我們共同探索未知的 AI Vision 和創造出 AI 應用的無限可能！

章節導讀：帶領你邁向電腦視覺大師之路

在第 1~3 章將引導你進入 Python 與 OpenCV 的世界，從基礎的 Python 虛擬環境建置與操作，到深入探討 OpenCV 影像處理和 DNN 技術、人臉偵測與文字識別的實作，讓您快速掌握電腦視覺的核心工具。

第 4~5 章是直接運用 Mediapipe 與 CVZone 來實作人臉網格偵測、3D 手勢與姿態評估，不同於其他圖書的 2D 視角，本書讓你探索如何使用 3D 視角來重新審視人類動作的奧妙。

在第 6 章更進一步深入介紹 LiteRT、Dlib 與 Deepface 套件，這些 Python 套件可以讓你在電腦視覺中融入深度學習、人臉辨識與情感辨識，拓展 AI 應用的領域。

第 7~9 章聚焦當今熱門的 YOLO 技術，可以讓你輕鬆學會物體偵測、影像分類 / 分割和姿態評估，並且訓練出你自己的 YOLO 模型，輕鬆開創出屬於您自己的 AI 應用。

在第 10 章是透過 Streamlit 來設計 AI 互動介面，讓您輕鬆將成果轉化成實用的 Web 應用程式，可以替你的 AI 應用找一個完美的互動介面，提升你分享與交流 AI 應用的效果。

第 11~16 章提供豐富的實戰範例，包括：刷臉門禁、手勢操控、車牌辨識、人流 / 車流控制和 LLM Vision 應用，讓您領略 AI 與電腦視覺在實際生活中的強大力量。

附錄 A 詳細介紹 Anaconda 環境配置與 Python 程式的基礎，幫助你穩步踏上 AI Vision 的學習旅程。

編著本書雖力求完美，但學識與經驗不足，謬誤難免，尚祈讀者不吝指正。

雖然本書大多數 Python 範例在純 CPU 環境下仍然可以執行，但對於訓練 YOLO 模型和 LLM Vision 的相關 AI 應用，強烈建議您使用 GPU。經實際測試，在未配備 GPU 的電腦上訓練 YOLO 模型，可能需要數小時甚至數天時間才能完成整個訓練過程。但是配備 NVIDIA GPU 的系統可將訓練時間縮短至數分鐘或數十分鐘以內。

陳會安於台北 hueyan@ms2.hinet.net

2025.3.31

範例檔說明

為了方便讀者學習本書 Python × AI Vision × LLM，筆者已將本書的 Python 範例程式和相關檔案都收錄在書附範例檔中，檔案請讀者自行下載（大小寫須符合）：

https://www.flag.com.tw/bk/st/F5386

書附檔案說明如下表所示：

資料夾	說明
ch01~ch16 和 appa 資料夾	本書各章 Python 範例程式、測試圖檔、影片檔和預訓練模型等相關檔案
ebooks	附錄 A 電子書

在 Python 開發環境部分，讀者可自行安裝 Anaconda 整合開發套件，並建立 Python 虛擬環境來安裝所需的 Python 套件。不過，因為 Python 套件的改版十分頻繁，為了方便讀者練習和學校上課教學所需（避免套件版本不相容的問題），本書有提供客製化 WinPython 套件的可攜式 Python 開發環境。請參閱本書第 1 章下載並解壓縮後，即可建立執行本書 Python 程式的 Thonny 整合開發環境。此套件也可作為 VS Code 使用的 Python 虛擬環境。

版權聲明

本書範例檔案提供的共享軟體或公共軟體，其著作權皆屬原開發廠商或著作人，請於安裝後詳細閱讀各工具的授權和使用說明。在本書範例檔內含的軟體和媒體檔皆為隨書贈送，僅提供本書讀者練習之用，與各軟體和媒體檔的著作權和其它利益無涉，如果使用過程中因軟體所造成的任何損失，與本書作者和出版商無關。

目錄

chapter 01 使用 Python 虛擬環境建立開發環境

- 1-1 建立與管理 Python 虛擬環境 1-2
- 1-2 使用 Python 虛擬環境建立本書的開發環境 1-7
- 1-3 安裝本書客製化的 WinPython 可攜式套件 1-12
- 1-4 使用 Thonny 的 Python IDE 1-14
  - 1-4-1 建立第一個 Python 程式 1-14
  - 1-4-2 使用 Python 互動環境 1-16
  - 1-4-3 Thonny 的 AI 輔助學習功能表 1-18
- 1-5 使用 VS Code 的 Python IDE 1-19

  學習評量 1-25

chapter 02 OpenCV 基本使用與 Numpy

- 2-1 OpenCV 安裝與基本使用 2-2
  - 2-1-1 在 Python 虛擬環境安裝 OpenCV 套件 2-2
  - 2-1-2 使用 OpenCV 讀取和顯示圖檔 2-2
  - 2-1-3 取得影像資訊和調整影像尺寸 2-3
  - 2-1-4 讀取灰階影像和寫入圖檔 2-5
- 2-2 OpenCV 影像處理 2-7
  - 2-2-1 影像幾何轉換 2-7
  - 2-2-2 影像色彩空間轉換 2-12
  - 2-2-3 在影像上繪圖和寫上文字 2-13
- 2-3 OpenCV 視訊處理與 Webcam 2-15
  - 2-3-1 OpenCV 視訊處理 2-15
  - 2-3-2 OpenCV 網路攝影機操作 2-18

2-4　OpenCV 影像資料：NumPy 陣列⋯⋯⋯⋯⋯⋯⋯⋯⋯⋯⋯⋯⋯⋯⋯⋯⋯2-21
　　2-4-1　建立 NumPy 陣列⋯⋯⋯⋯⋯⋯⋯⋯⋯⋯⋯⋯⋯⋯⋯⋯⋯⋯⋯⋯2-22
　　2-4-2　NumPy 陣列的屬性⋯⋯⋯⋯⋯⋯⋯⋯⋯⋯⋯⋯⋯⋯⋯⋯⋯⋯⋯2-25
　　2-4-3　NumPy 陣列內容與形狀操作⋯⋯⋯⋯⋯⋯⋯⋯⋯⋯⋯⋯⋯⋯⋯2-26
2-5　OpenCV 影像處理：負片和馬賽克效果⋯⋯⋯⋯⋯⋯⋯⋯⋯⋯⋯⋯⋯⋯2-30
學習評量⋯⋯⋯⋯⋯⋯⋯⋯⋯⋯⋯⋯⋯⋯⋯⋯⋯⋯⋯⋯⋯⋯⋯⋯⋯⋯⋯⋯⋯2-36

chapter 03　OpenCV DNN 電腦視覺與文字識別

3-1　OpenCV 哈爾特徵層級式分類器⋯⋯⋯⋯⋯⋯⋯⋯⋯⋯⋯⋯⋯⋯⋯⋯⋯3-2
　　3-1-1　認識 OpenCV 哈爾特徵層級式分類器⋯⋯⋯⋯⋯⋯⋯⋯⋯⋯⋯3-2
　　3-1-2　人臉偵測⋯⋯⋯⋯⋯⋯⋯⋯⋯⋯⋯⋯⋯⋯⋯⋯⋯⋯⋯⋯⋯⋯⋯3-3
　　3-1-3　更多 OpenCV 哈爾特徵層級式分類器⋯⋯⋯⋯⋯⋯⋯⋯⋯⋯⋯3-7
3-2　OpenCV DNN 模組與預訓練模型⋯⋯⋯⋯⋯⋯⋯⋯⋯⋯⋯⋯⋯⋯⋯⋯3-9
　　3-2-1　認識 OpenCV DNN 模組⋯⋯⋯⋯⋯⋯⋯⋯⋯⋯⋯⋯⋯⋯⋯⋯3-9
　　3-2-2　下載本書使用的預訓練模型⋯⋯⋯⋯⋯⋯⋯⋯⋯⋯⋯⋯⋯⋯⋯3-10
3-3　OpenCV DNN 影像分類與人臉偵測⋯⋯⋯⋯⋯⋯⋯⋯⋯⋯⋯⋯⋯⋯⋯3-13
　　3-3-1　OpenCV DNN 影像分類⋯⋯⋯⋯⋯⋯⋯⋯⋯⋯⋯⋯⋯⋯⋯⋯3-13
　　3-3-2　OpenCV DNN 人臉偵測⋯⋯⋯⋯⋯⋯⋯⋯⋯⋯⋯⋯⋯⋯⋯⋯3-17
3-4　OpenCV DNN 物體偵測與文字區域偵測⋯⋯⋯⋯⋯⋯⋯⋯⋯⋯⋯⋯⋯3-19
　　3-4-1　OpenCV DNN 物體偵測⋯⋯⋯⋯⋯⋯⋯⋯⋯⋯⋯⋯⋯⋯⋯⋯3-19
　　3-4-2　OpenCV DNN 文字區域偵測⋯⋯⋯⋯⋯⋯⋯⋯⋯⋯⋯⋯⋯⋯3-23
3-5　Tesseract-OCR 文字識別⋯⋯⋯⋯⋯⋯⋯⋯⋯⋯⋯⋯⋯⋯⋯⋯⋯⋯⋯⋯3-27
　　3-5-1　下載安裝 Tesseract-OCR 和語言包⋯⋯⋯⋯⋯⋯⋯⋯⋯⋯⋯⋯3-27
　　3-5-2　Tesseract-OCR 基本使用⋯⋯⋯⋯⋯⋯⋯⋯⋯⋯⋯⋯⋯⋯⋯⋯3-28
學習評量⋯⋯⋯⋯⋯⋯⋯⋯⋯⋯⋯⋯⋯⋯⋯⋯⋯⋯⋯⋯⋯⋯⋯⋯⋯⋯⋯⋯⋯3-32

chapter 04　Mediapipe × CVZone：
人臉與臉部網格偵測

- 4-1 Google MediaPipe 機器學習框架 ⋯⋯⋯⋯⋯⋯⋯⋯⋯⋯⋯⋯⋯ 4-2
  - 4-1-1 認識與安裝 MediaPipe ⋯⋯⋯⋯⋯⋯⋯⋯⋯⋯⋯⋯⋯ 4-2
  - 4-1-2 MediaPipe 人臉偵測 ⋯⋯⋯⋯⋯⋯⋯⋯⋯⋯⋯⋯⋯⋯ 4-4
  - 4-1-3 MediaPipe 臉部網格 ⋯⋯⋯⋯⋯⋯⋯⋯⋯⋯⋯⋯⋯⋯ 4-8
  - 4-1-4 MediaPipe 多手勢追蹤 ⋯⋯⋯⋯⋯⋯⋯⋯⋯⋯⋯⋯⋯ 4-10
  - 4-1-5 MediaPipe 人體姿態估計 ⋯⋯⋯⋯⋯⋯⋯⋯⋯⋯⋯⋯ 4-12
- 4-2 CVZone 電腦視覺套件與 MediaPipe ⋯⋯⋯⋯⋯⋯⋯⋯⋯⋯⋯ 4-14
- 4-3 CVZone 人臉偵測 ⋯⋯⋯⋯⋯⋯⋯⋯⋯⋯⋯⋯⋯⋯⋯⋯⋯⋯ 4-16
  - 4-3-1 CVZone 人臉偵測的基本使用 ⋯⋯⋯⋯⋯⋯⋯⋯⋯⋯ 4-16
  - 4-3-2 顯示臉部關鍵點和剪裁出人臉 ⋯⋯⋯⋯⋯⋯⋯⋯⋯⋯ 4-19
  - 4-3-3 CVZone 即時人臉偵測 ⋯⋯⋯⋯⋯⋯⋯⋯⋯⋯⋯⋯ 4-22
- 4-4 CVZone 臉部網格 ⋯⋯⋯⋯⋯⋯⋯⋯⋯⋯⋯⋯⋯⋯⋯⋯⋯⋯ 4-23
  - 4-4-1 CVZone 臉部網格的基本使用 ⋯⋯⋯⋯⋯⋯⋯⋯⋯⋯ 4-23
  - 4-4-2 取出臉部特徵資訊 ⋯⋯⋯⋯⋯⋯⋯⋯⋯⋯⋯⋯⋯⋯ 4-26
  - 4-4-3 計算臉部網格 2 個關鍵點的距離 ⋯⋯⋯⋯⋯⋯⋯⋯⋯ 4-28
  - 4-4-4 CVZone 即時顯示臉部網格 ⋯⋯⋯⋯⋯⋯⋯⋯⋯⋯ 4-30
- 4-5 CVZone 辨識臉部表情：張嘴 / 閉嘴與睜眼 / 閉眼 ⋯⋯⋯⋯⋯ 4-31

學習評量 ⋯⋯⋯⋯⋯⋯⋯⋯⋯⋯⋯⋯⋯⋯⋯⋯⋯⋯⋯⋯⋯⋯⋯⋯⋯ 4-35

chapter 05　Mediapipe × CVZone：
3D 手勢偵測與 3D 姿態評估

- 5-1 Mediapipe × CVZone 3D 多手勢追蹤 ⋯⋯⋯⋯⋯⋯⋯⋯⋯⋯ 5-2
  - 5-1-1 多手勢追蹤的基本使用 ⋯⋯⋯⋯⋯⋯⋯⋯⋯⋯⋯⋯ 5-3
  - 5-1-2 偵測伸出幾根手指、取得距離和角度 ⋯⋯⋯⋯⋯⋯⋯ 5-10
  - 5-1-3 即時多手勢追蹤 ⋯⋯⋯⋯⋯⋯⋯⋯⋯⋯⋯⋯⋯⋯⋯ 5-16
- 5-2 MediaPipe × CVZone 3D 辨識手勢：剪刀、石頭與布 ⋯ 5-17

5-3	MediaPipe × CVZone 3D 辨識手勢：OK 手勢	5-19
5-4	MediaPipe × CVZone 3D 人體姿態評估	5-21
	5-4-1　人體姿態評估的基本使用	5-22
	5-4-2　計算關鍵點之間的距離和角度	5-26
	5-4-3　即時人體姿態評估	5-29
5-5	MediaPipe × CVZone 3D 辨識人體姿勢：仰臥起坐	5-31
5-6	MediaPipe × CVZone 3D 辨識人體姿勢：伏地挺身	5-33
	學習評量	5-35

chapter 06　LiteRT × Dlib × Deepface 電腦視覺應用

6-1	認識與安裝 LiteRT（TensorFlow Lite）	6-2
6-2	LiteRT 影像分類與物體偵測	6-5
	6-2-1　LiteRT 的影像分類	6-6
	6-2-2　LiteRT 的物體偵測	6-8
6-3	Dlib 人臉偵測、臉部網格與特徵提取	6-12
	6-3-1　安裝 Dlib 函式庫的 Python 套件	6-12
	6-3-2　Dlib 人臉偵測	6-15
	6-3-3　Dlib 臉部網格與特徵提取	6-18
6-4	face-recognition 人臉識別	6-22
6-5	Deepface 情緒辨識與年齡偵測	6-29
6-6	OpenCV DNN 預訓練模型：情緒辨識	6-37
	學習評量	6-40

chapter 07　YOLO 電腦視覺應用：物體偵測與追蹤

7-1	認識 YOLO	7-2
	7-1-1　YOLO 物體偵測的深度學習演算法	7-2
	7-1-2　Ultralytics 的 YOLO	7-4

7-2 YOLO 物體偵測 7-6
  7-2-1 使用 YOLO 物體偵測 7-7
  7-2-2 取得 YOLO 物體偵測的結果 7-12
  7-2-3 YOLO + OpenCV 顯示物體偵測結果 7-17
  7-2-4 視訊版的 YOLO 物體偵測 7-19
7-3 YOLO 物體追蹤 7-21
  7-3-1 物體偵測與物體追蹤的差異 7-21
  7-3-2 使用 YOLO 物體追蹤 7-22
  7-3-3 取得 YOLO 物體追蹤的結果 7-25
7-4 YOLO 電腦視覺應用：即時計算視訊的人數和車輛數 7-28
7-5 YOLO 電腦視覺應用：繪出視訊的車輛追蹤線 7-31
 學習評量 7-34

chapter 08 YOLO 電腦視覺應用：影像分類 / 分割與姿態評估

8-1 YOLO 影像分類 8-2
8-2 YOLO 影像分割 8-6
  8-2-1 使用 YOLO 影像分割 8-7
  8-2-2 剪裁出分割影像 8-11
8-3 YOLO 姿態評估 8-14
8-4 YOLO 電腦視覺應用：影像分割的背景替換 8-23
8-5 YOLO 電腦視覺應用：辨識人體姿勢 8-28
 學習評量 8-30

chapter 09 訓練你自己的 YOLO 物體偵測模型

9-1 安裝 GPU 版的 YOLO 9-2
9-2 取得訓練 YOLO 模型所需的圖檔資料 9-4

9-2-1 從 Roboflow 下載訓練 YOLO 模型的資料集 ……… 9-4
9-2-2 使用視訊影片取得訓練模型的圖檔 ……… 9-8

9-3 使用 LabelImg 標註影像建立資料集 ……… 9-10

9-3-1 認識 LabelImg 與 YOLO 標註檔 ……… 9-10
9-3-2 自行標註影像建立資料集 ……… 9-11

9-4 整理與瀏覽 Roboflow 取得的資料集 ……… 9-20

9-5 建立 YAML 檔訓練與驗證你的 YOLO 模型 ……… 9-23

學習評量 ……… 9-32

chapter 10 Streamlit 的 AI 互動介面設計

10-1 認識與安裝 Streamlit ……… 10-2
10-2 建立你的 Streamlit 應用程式 ……… 10-4
10-3 輸出網頁內容 ……… 10-8
10-4 繪製圖表與地圖 ……… 10-9
10-5 建立表單介面的互動元件 ……… 10-11
10-6 佈局、狀態與聊天元件 ……… 10-14

10-6-1 佈局元件 ……… 10-14
10-6-2 狀態元件 ……… 10-17
10-6-3 聊天元件 ……… 10-19

10-7 使用快取機制與網頁配置設定 ……… 10-21

10-7-1 使用快取機制 ……… 10-21
10-7-2 整頁網頁的配置設定 ……… 10-23
10-7-3 Streamlit 應用程式的網頁設定 ……… 10-25

10-8 Streamlit 互動介面設計：建立 YOLO 的 AI 互動介面 ……… 10-26

10-8-1 YOLO 影像與視訊的物體偵測介面 ……… 10-26
10-8-2 建立 YOLO Streamlit App 互動介面 ……… 10-33

學習評量 ……… 10-35

chapter 11　AI 電腦視覺實戰：刷臉門禁管理、微笑拍照與變臉化妝

- 11-1　AI 電腦視覺實戰：刷臉門禁管理 ……………………………… 11-2
- 11-2　AI 電腦視覺實戰：YOLO 臉部情緒偵測 ……………………… 11-7
  - 11-2-1　使用 Roboflow 資料集訓練 YOLO 模型 ………………… 11-7
  - 11-2-2　使用 YOLO 臉部情緒偵測 ……………………………… 11-10
- 11-3　AI 電腦視覺實戰：微笑拍照 …………………………………… 11-12
  - 11-3-1　使用 Deepface 的微笑拍照 …………………………… 11-12
  - 11-3-2　使用 YOLO 臉部情緒偵測的微笑拍照 ……………… 11-14
- 11-4　AI 電腦視覺實戰：變臉與化妝 ………………………………… 11-17
  - 11-4-1　MediaPipe 建立變臉特效的虛擬人物 ………………… 11-17
  - 11-4-2　Dlib 的臉部化妝 ………………………………………… 11-23

chapter 12　AI 電腦視覺實戰：手勢操控與 AI 健身教練

- 12-1　pywin32 套件：Office 軟體自動化 …………………………… 12-2
  - 12-1-1　Word 軟體自動化 ………………………………………… 12-2
  - 12-1-2　Excel 軟體自動化 ……………………………………… 12-5
  - 12-1-3　PowerPoint 軟體自動化 ………………………………… 12-7
- 12-2　AI 電腦視覺實戰：手勢操控 PowerPoint 簡報播放 ………… 12-9
  - 12-2-1　使用 CVZone 多手勢追蹤 ……………………………… 12-9
  - 12-2-2　MediaPipe 手勢辨識模型 ……………………………… 12-13
- 12-3　AI 電腦視覺實戰：AI 健身教練 ……………………………… 12-17
  - 12-3-1　仰臥起坐 AI 健身教練 ………………………………… 12-17
  - 12-3-2　伏地挺身 AI 健身教練 ………………………………… 12-22
  - 12-3-3　深蹲訓練 AI 健身教練 ………………………………… 12-25
  - 12-3-4　單槓訓練 AI 健身教練 ………………………………… 12-29

chapter 13　AI 電腦視覺實戰：EasyOCR 車牌辨識與車道偵測系統

- 13-1　AI 電腦視覺實戰：Tesseract-OCR 車牌辨識 13-2
- 13-2　EasyOCR 的安裝與使用 13-7
- 13-3　AI 電腦視覺實戰：EasyOCR 車牌辨識 13-13
- 13-4　AI 電腦視覺實戰：YOLO 車牌偵測 13-14
  - 13-4-1　使用 Roboflow 資料集訓練 YOLO 模型 13-15
  - 13-4-2　使用 YOLO 車牌偵測模型 13-18
- 13-5　AI 電腦視覺實戰：OpenCV 車道偵測系統 13-20

chapter 14　AI 電腦視覺實戰：YOLO 人流與車流控制

- 14-1　找出熱區域座標 14-2
  - 14-1-1　認識 YOLO 物體偵測 + 熱區域 14-2
  - 14-1-2　使用 Roboflow 網頁工具找出熱區域座標 14-3
  - 14-1-3　使用 Python 工具程式找出熱區域座標 14-6
- 14-2　判斷目標物體是否進入熱區域 14-7
  - 14-2-1　認識與安裝 Shapely 套件 14-7
  - 14-2-2　使用 Shapely 套件 14-9
  - 14-2-3　判斷目標物體是否進入熱區域：hotzone.py 14-14
- 14-3　結帳櫃台的人數控制 14-15
- 14-4　道路的車流控制 14-20
- 14-5　AI 電腦視覺實戰：多個結帳櫃台的人數控制 14-25
- 14-6　AI 電腦視覺實戰：南下 / 北上高速公路的車流控制 14-29

chapter 15　AI 電腦視覺實戰：打造自己的 AI 模型與整合應用

15-1　使用 Teachable Machine 訓練機器學習模型 ……………………… 15-2
15-2　AI 電腦視覺實戰：LiteRT 識別剪刀、石頭或布 ………………… 15-12
15-3　AI 電腦視覺實戰：建立 YOLO 即時口罩偵測 …………………… 15-15
　　　15-3-1　取得和建立 YOLO 資料集 ………………………………… 15-15
　　　15-3-2　訓練 YOLO 口罩偵測模型 ………………………………… 15-22
　　　15-3-3　建立 Streamlit 即時口罩偵測應用程式 ………………… 15-24

chapter 16　AI 電腦視覺實戰：本機 LLM Vision 整合應用

16-1　認識生成式 AI 與 LLM ……………………………………………… 16-2
16-2　LLM API 服務：Groq API …………………………………………… 16-3
　　　16-2-1　Groq 的基本使用 …………………………………………… 16-3
　　　16-2-2　使用 Python 程式呼叫 Groq API ………………………… 16-6
　　　16-2-3　整合 Streamlit 與 Groq API ……………………………… 16-14
16-3　使用 Ollama 打造本機 LLM ………………………………………… 16-15
　　　16-3-1　下載與安裝 Ollama ………………………………………… 16-16
　　　16-3-2　透過 Ollama 使用 LLM 大型語言模型 ………………… 16-18
　　　16-3-3　使用 Python 程式碼與模型進行互動 …………………… 16-22
16-4　AI 電腦視覺實戰：Llama-Vision 視覺分析助手 ……………… 16-24
　　　16-4-1　在 Ollama 下載執行 Llama-Vision ……………………… 16-24
　　　16-4-2　在 Python 程式碼使用 Llama-Vision 模型 …………… 16-25
　　　16-4-3　整合 Streamlit 建立 Llama-Vision 互動介面 ………… 16-27
　　　16-4-4　Llama-Vision 視覺分析應用 …………………………… 16-29
16-5　AI 電腦視覺實戰：Llama-Vision 車牌辨識 …………………… 16-34
16-6　AI 電腦視覺實戰：Llama-Vision 路況分析 …………………… 16-36

電子書

appendix A　Anaconda 開發環境與 Python 程式設計

- A-1　建立 Anaconda 的 Python 開發環境 ⋯⋯ A-2
- A-2　變數、資料型態與運算子 ⋯⋯ A-6
  - A-2-1　使用 Python 變數 ⋯⋯ A-7
  - A-2-2　Python 的運算子 ⋯⋯ A-8
  - A-2-3　基本資料型態 ⋯⋯ A-9
- A-3　流程控制 ⋯⋯ A-13
  - A-3-1　條件控制 ⋯⋯ A-13
  - A-3-2　迴圈控制 ⋯⋯ A-16
- A-4　函式、模組與套件 ⋯⋯ A-19
  - A-4-1　函式 ⋯⋯ A-19
  - A-4-2　使用 Python 模組與套件 ⋯⋯ A-21
- A-5　容器型態 ⋯⋯ A-23
  - A-5-1　串列 ⋯⋯ A-23
  - A-5-2　字典 ⋯⋯ A-26
  - A-5-3　元組 ⋯⋯ A-28
- A-6　類別與物件 ⋯⋯ A-29
  - A-6-1　定義類別和建立物件 ⋯⋯ A-29
  - A-6-2　隱藏資料欄位 ⋯⋯ A-32

chapter 1 使用 Python 虛擬環境建立開發環境

▷ 1-1 建立與管理 Python 虛擬環境

▷ 1-2 使用 Python 虛擬環境建立本書的開發環境

▷ 1-3 安裝本書客製化的 WinPython 可攜式套件

▷ 1-4 使用 Thonny 的 Python IDE

▷ 1-5 使用 VS Code 的 Python IDE

1-1 建立與管理 Python 虛擬環境

基本上,本書內容可以使用市面上常見的 Python 開發環境,除了第 1-3 節 WinPython 的客製化 Python 開發環境外,也可自行安裝 Anaconda 整合安裝套件來建立所需的 Python 開發環境。關於 Anaconda 的下載與安裝說明,請參閱附錄 A-1 節。

Anaconda 是 Python 語言著名的整合安裝套件,內建 Spyder 整合開發環境和 Jupyter Notebook。除了標準 Python 模組外,還預設安裝 Scipy、NumPy、Pandas 和 Matplotlib 等資料科學、機器學習與人工智慧的相關套件。

建立 Python 虛擬環境

Python 虛擬環境可以針對不同 Python 專案建立專屬的開發環境,例如:特定 Python 版本和不同套件的需求。特別是那些需要特定版本套件的 Python 專案,我們可以針對此專案建立專屬的虛擬環境,而不會因為特別版本的套件而影響其他 Python 專案的開發環境。

Anaconda 是使用 conda 命令來建立、啟動、刪除與管理 Python 虛擬環境。現在,我們準備在 Windows 11 作業系統新增名為 opencv 的虛擬環境,請執行「開始 / 全部 / Anaconda3 (64-bits) / Anaconda Prompt」命令開啟「Anaconda Prompt」命令提示字元視窗,輸入 conda create 命令來建立 Python 3.11.8 版的虛擬環境,如下所示:

```
(base) >conda create --name opencv python=3.11.8 pip  Enter
```

使用 Python 虛擬環境建立開發環境

上述命令使用 --name 參數指定虛擬環境名稱 opencv，python 參數指定 Python 版本，**在本書是使用 Python 3.11.8 版**，最後的 pip 是安裝 pip 套件管理，如下圖所示：

```
(base) C:\Users\User>conda create --name opencv python=3.11.8 pip
Channels:
 - defaults
Platform: win-64
Collecting package metadata (repodata.json): done
Solving environment: done

## Package Plan ##

  environment location: C:\Users\User\anaconda3\envs\opencv

  added / updated specs:
    - pip
    - python=3.11.8
```

在解析環境後，會顯示套件計劃 Package Plan，如果沒有問題，請按 Y 鍵建立虛擬環境，如下圖所示：

```
  ca-certificates    pkgs/main/win-64::ca-certificates-2025.2.25-haa95532_0
  libffi             pkgs/main/win-64::libffi-3.4.4-hd77b12b_1
  openssl            pkgs/main/win-64::openssl-3.0.16-h3f729d1_0
  pip                pkgs/main/win-64::pip-25.0-py311haa95532_0
  python             pkgs/main/win-64::python-3.11.8-he1021f5_0
  setuptools         pkgs/main/win-64::setuptools-75.8.0-py311haa95532_0
  sqlite             pkgs/main/win-64::sqlite-3.45.3-h2bbff1b_0
  tk                 pkgs/main/win-64::tk-8.6.14-h0416ee5_0
  tzdata             pkgs/main/noarch::tzdata-2025a-h04d1e81_0
  vc                 pkgs/main/win-64::vc-14.42-haa95532_4
  vs2015_runtime     pkgs/main/win-64::vs2015_runtime-14.42.34433-he0abc0d_
  wheel              pkgs/main/win-64::wheel-0.45.1-py311haa95532_0
  xz                 pkgs/main/win-64::xz-5.6.4-h4754444_1
  zlib               pkgs/main/win-64::zlib-1.2.13-h8cc25b3_1


Proceed ([y]/n)? y
```

等到建立完成，就會顯示啟動 opencv 虛擬環境的命令說明，如下圖所示：

1-3

```
 Anaconda Prompt
Downloading and Extracting Packages:

Preparing transaction: done
Verifying transaction: done
Executing transaction: done
#
# To activate this environment, use
#
#     $ conda activate opencv
#
# To deactivate an active environment, use
#
#     $ conda deactivate


(base) C:\Users\User>
```

如果沒有指明 Python 版本,建立的 Python 虛擬環境則是使用目前 Python 的最新版本 3.13.2,其命令如下所示:

```
(base) >conda create --name test pip  Enter
```

成功建立 opencv 和 test 虛擬環境後,可以透過輸入 conda env list 命令,顯示目前已經建立的虛擬環境清單,如下所示:

```
(base) >conda env list  Enter
```

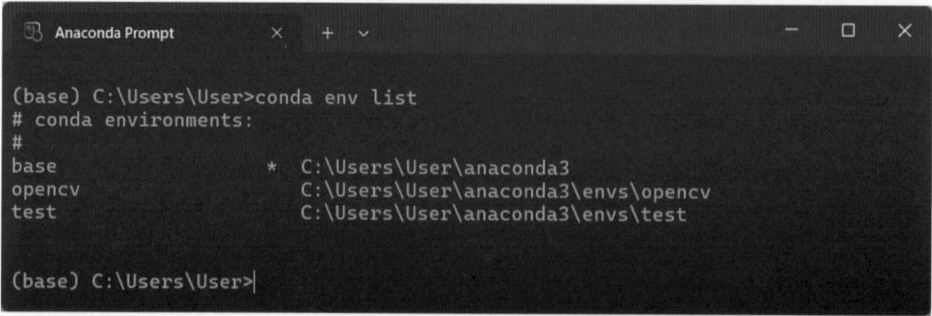

在上述 Python 虛擬環境清單中,base 是預設環境,之後 2 個就是我們新建的 opencv 和 test 虛擬環境。

啟動與使用 Python 虛擬環境

成功新增 test 虛擬環境後，在使用前我們需透過 conda activate 命令來啟動虛擬環境，例如：test，在命令之後的是虛擬環境名稱，如下所示：

```
(base) >conda activate test  Enter
```

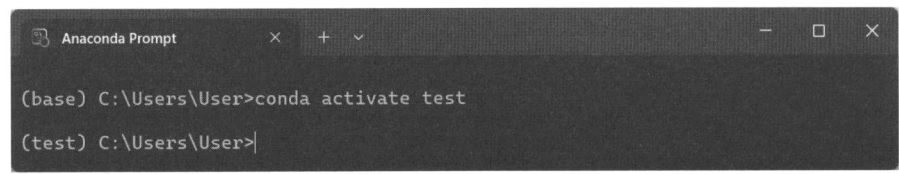

成功啟動 test 虛擬環境後，可以看到前方 (base) 已經改成虛擬環境名稱 (test)，此時輸入 conda list 命令，可以檢視該虛擬環境中已安裝的套件清單，如下所示：

```
(test) >conda list  Enter
```

```
(test) C:\Users\User>conda list
# packages in environment at C:\Users\User\anaconda3\envs\test:
#
# Name                    Version              Build  Channel
bzip2                     1.0.8                h2bbff1b_6
ca-certificates           2025.2.25            haa95532_0
expat                     2.6.4                h8ddb27b_0
libffi                    3.4.4                hd77b12b_1
libmpdec                  4.0.0                h827c3e9_0
openssl                   3.0.16               h3f729d1_0
pip                       25.0                 py313haa95532_0
python                    3.13.2               hadb2040_100_cp313
python_abi                3.13                       0_cp313
setuptools                75.8.0               py313haa95532_0
sqlite                    3.45.3               h2bbff1b_0
tk                        8.6.14               h0416ee5_0
tzdata                    2025a                h04d1e81_0
vc                        14.42                haa95532_4
vs2015_runtime            14.42.34433          he0abc0d_4
wheel                     0.45.1               py313haa95532_0
xz                        5.6.4                h4754444_1
zlib                      1.2.13               h8cc25b3_1

(test) C:\Users\User>
```

接著檢查 Python 版本，在 python 命令之後的參數是 --version（前方是 2 個「-」號），如下所示：

```
(test) >python --version  Enter
```

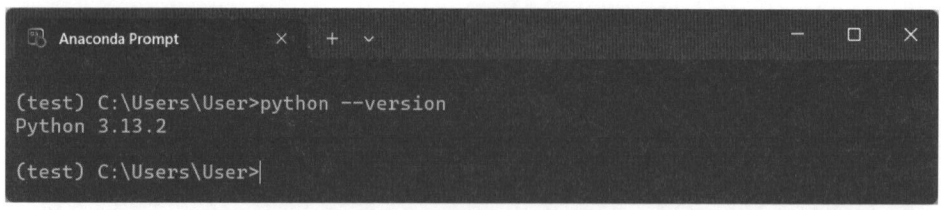

現在，我們就能使用 pip install 命令來安裝 Python 套件，詳細說明請參閱第 1-2 節。

 Tips　請注意！在 Anaconda 建立 Python 虛擬環境時，若沒有加上 pip，則該虛擬環境中不會安裝 pip。因此，請改用 conda install 命令來安裝套件，而無法使用 pip install。

關閉與移除 Python 虛擬環境

關閉 Python 虛擬環境的方法為在啟動的 Python 虛擬環境下，直接執行 conda deactivate 命令，例如：關閉 test 虛擬環境，如下所示：

```
(test) >conda deactivate  Enter
```

上述命令在關閉 test 虛擬環境後，就回到 (base)，如下圖所示：

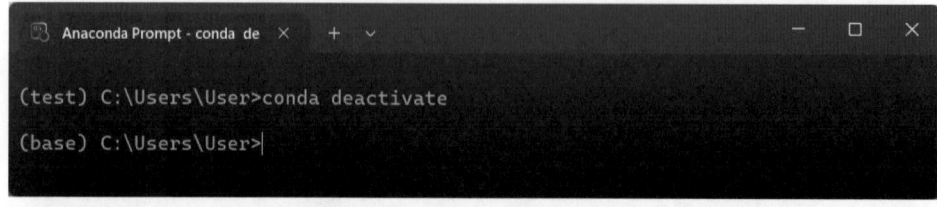

使用 Python 虛擬環境建立開發環境 1

而在 Anaconda 移除 Python 虛擬環境則是使用 conda env remove 命令，如下所示：

```
(base) >conda env remove --name test  Enter
```

上述命令使用 --name 參數指定移除的 Python 虛擬環境名稱，以此例是 test，請按 2 次 y 鍵確認刪除該虛擬環境，如下圖所示：

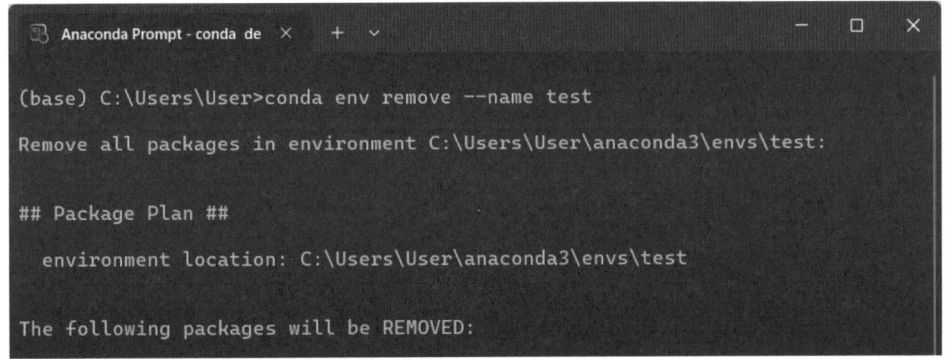

1-2 使用 Python 虛擬環境建立本書的開發環境

由於 OpenCV 套件幾乎是本書每章都會用到的 Python 套件，我們可以先建立安裝好 OpenCV 的 Python 虛擬環境 opencv，然後在 Anaconda 中直接複製此虛擬環境以建立其他虛擬環境，再安裝各章所需的套件來建立 Python 開發環境。

建立安裝 OpenCV 套件的 opencv 基礎虛擬環境

在第 1-1 節已經建立名為 opencv 的 Python 虛擬環境，現在，我們準備使用 pip install 命令安裝第 2-1-1 節的 OpenCV 套件，其步驟如下所示：

1-7

Step 1 執行「開始 / 全部 / Anaconda3 (64-bit) / Anaconda Prompt」命令開啟「Anaconda Prompt」視窗，並啟動 opencv 的 Python 虛擬環境，如下所示：

```
(base) >conda activate opencv  Enter
```

Step 2 在命令列輸入 pip install 命令安裝 OpenCV 套件，並使用「==」指定安裝的版本號碼，如下所示：

```
(opencv) >pip install opencv-python==4.10.0.84  Enter
```

上述 install 是安裝命令（uninstall 是解除安裝），用以安裝之後名為 OpenCV 的套件，版本是 4.10.0.84（若沒有指定版號，就是安裝最新版），如下圖所示：

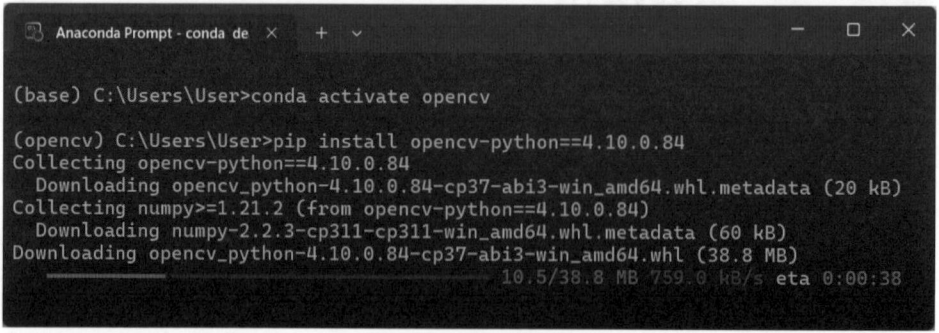

Step 3 除了 OpenCV 套件外，我們還需要安裝 imutils 套件，其 pip install 命令如下所示：

```
(opencv) >pip install imutils==0.5.4  Enter
```

```
(opencv) C:\Users\User>pip install imutils==0.5.4
Collecting imutils==0.5.4
  Downloading imutils-0.5.4.tar.gz (17 kB)
  Preparing metadata (setup.py) ... done
Building wheels for collected packages: imutils
  Building wheel for imutils (setup.py) ... done
  Created wheel for imutils: filename=imutils-0.5.4-py3-none-any.whl size=2589
1 sha256=7c950caf4346b73570c4030b49919c41bb57991b085683459a41b601f9e79540
  Stored in directory: c:\users\user\appdata\local\pip\cache\wheels\31\d0\2c\8
7ce38f6052879e5b7b18f0f8b4a10ad2a9d210e908d449f16
```

現在，我們已經在 Anaconda 建立好基礎的 Python 虛擬環境 opencv。

複製 opencv 基礎虛擬環境建立 mp 虛擬環境

Anaconda 的 conda create 命令可以直接複製其他虛擬環境來建立 Python 虛擬環境，例如：使用 opencv 虛擬環境建立 mp 虛擬環境，來安裝 MediaPipe 和 CVZone 套件。首先關閉 opencv 虛擬環境，如下所示：

```
(opencv) >conda deactivate  Enter
(base) >conda create --name mp --clone opencv  Enter
```

上述 conda create 命令可以建立名為 mp 的新虛擬環境，因為此環境是從 opencv 複製而來，所以已經安裝好 OpenCV 和 imutils 套件，如下圖所示：

```
(opencv) C:\Users\User>conda deactivate

(base) C:\Users\User>conda create --name mp --clone opencv
Source:      C:\Users\User\anaconda3\envs\opencv
Destination: C:\Users\User\anaconda3\envs\mp
Packages: 15
Files: 1655

Downloading and Extracting Packages:

## Package Plan ##

  environment location: C:\Users\User\anaconda3\envs\mp

  added / updated specs:
    - defaults/noarch::tzdata==2025a=h04d1e81_0
```

使用 requirements.txt 安裝 Python 套件

Python 的 requirements.txt 是一個描述 Python 專案所需套件與其版本的文字檔案，方便使用者一次打包安裝專案所需的所有套件。**請注意！**此檔名可以更改，例如：requirements_mp.txt 是安裝本書第 4~6 章所需 Python 套件的需求檔（不含 Deepface），其內容如下圖所示：

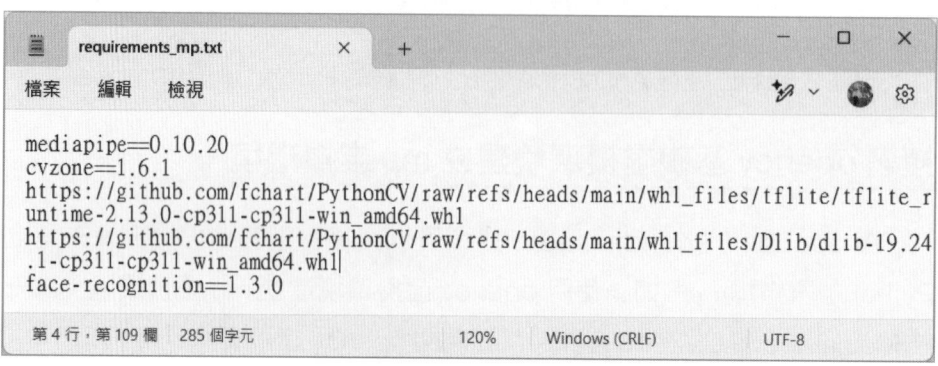

上述需求檔的每一列是需安裝的套件名稱和版本，其中 LiteRT 和 Dlib 因為是用 .whl 檔案進行安裝，所以是 .whl 檔的下載網址。

請開啟「Anaconda Prompt」命令提示字元視窗，啟動 mp 虛擬環境並切換至「F5386/ch01」目錄，如下所示：

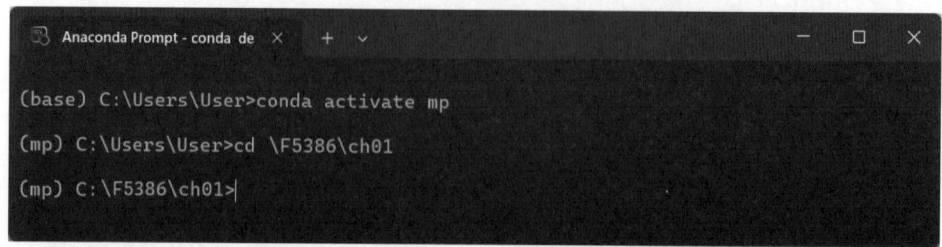

使用 Python 虛擬環境建立開發環境

然後，在 pip install 命令使用 -r 參數指定需求檔的名稱或路徑，即可在 mp 虛擬環境打包安裝所需的 Python 套件（--no-cache-dir 參數是不使用快取檔案），如下所示：

```
(mp) >pip install --no-cache-dir -r requirements_mp.txt Enter
```

```
(mp) C:\F5386\ch01>pip install --no-cache-dir -r requirements_mp.txt
Collecting tflite-runtime==2.13.0 (from -r requirements_mp.txt (line 3))
  Downloading https://github.com/fchart/PythonCV/raw/refs/heads/main/whl_files
/tflite/tflite_runtime-2.13.0-cp311-cp311-win_amd64.whl (1.4 MB)
                                          1.4/1.4 MB 790.5 kB/s eta 0:00:00
Collecting dlib==19.24.1 (from -r requirements_mp.txt (line 4))
  Downloading https://github.com/fchart/PythonCV/raw/refs/heads/main/whl_files
/Dlib/dlib-19.24.1-cp311-cp311-win_amd64.whl (2.8 MB)
                                          2.8/2.8 MB 788.8 kB/s eta 0:00:00
Collecting mediapipe==0.10.20 (from -r requirements_mp.txt (line 1))
  Downloading mediapipe-0.10.20-cp311-cp311-win_amd64.whl.metadata (9.9 kB)
Collecting cvzone==1.6.1 (from -r requirements_mp.txt (line 2))
  Downloading cvzone-1.6.1.tar.gz (25 kB)
  Preparing metadata (setup.py) ... done
```

在本書規劃建立的 Python 虛擬環境

由於 Python 套件的更新進度並不一致，常常會出現套件版本衝突問題，為了儘可能避免這種情況發生，我們可以針對指定 Python 專案或套件建立不同的 Python 虛擬環境。筆者建議建立的 Python 虛擬環境說明，如下所示：

- **Python 虛擬環境 opencv**：本書第 2~3 章的 Python 開發環境，需求檔 requirements_opencv.txt。

- **Python 虛擬環境 mp**：複製 opencv 虛擬環境所建立的虛擬環境，這是本書第 4~6 章的 Python 開發環境，需求檔 requirements_mp.txt（不含 Deepface 套件）。

- **Python 虛擬環境 deepface**：複製 opencv 虛擬環境所建立的虛擬環境，這是本書第 6-5 節的 Python 開發環境，需求檔 requirements_deepface.txt。

- **Python 虛擬環境 yolo**：複製 opencv 虛擬環境所建立的虛擬環境，這是本書第 7~10 章的 Python 開發環境，需求檔 requirements_yolo.txt。

在本書第 11~16 章建議依據 Python 專案，自行建立專屬的 Python 虛擬環境。在**本書 Python 開發環境安裝的套件清單.txt** 檔案是本書所有使用的 Python 套件和版本的完整清單。

1-3 安裝本書客製化的 WinPython 可攜式套件

由於本書內容使用多種 Python 電腦視覺套件與相依套件，為了避免 Python 套件的更新腳步不一，造成新版本彼此之間不相容的問題，本書提供一套使用 WinPython 建立的客製化 Python 套件。此套件已經安裝好本書各章節指定版本的 Python 套件和 Thonny Python IDE，你只需解壓縮，就可以馬上啟動 Thonny 來執行本書的 Python 程式。

首先，請從書附範例檔 ch01 資料夾中取得客製化 WinPython 套件，這是一個 7-Zip 自解壓縮檔，檔名為：fChartThonny6_3.11Vision.exe，其安裝和使用的基本步驟，如下所示：

Step 1 請雙擊執行 **fChartThonny6_3.11Vision.exe**，會看到「7-Zip self-extracting archive」對話方塊。

Step 2 在 **Extract to:** 欄位輸入解壓縮的硬碟根路徑，例如：「C:\」或「D:\」後（請解壓縮至根目錄，以避免路徑過深或中文目錄等問題），請按 **Extract** 鈕解壓縮檔案來安裝客製化 WinPython 套件，如下圖所示：

使用 Python 虛擬環境建立開發環境

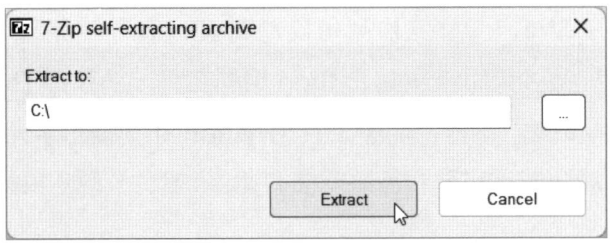

Step 3 成功解壓縮後，預設建立名為「\fChartThonny6_3.11Vision」目錄，請開啟此目錄並捲動至最後，雙擊 **startfChartMenu.exe** 來執行 fChart 主選單，如下圖所示：

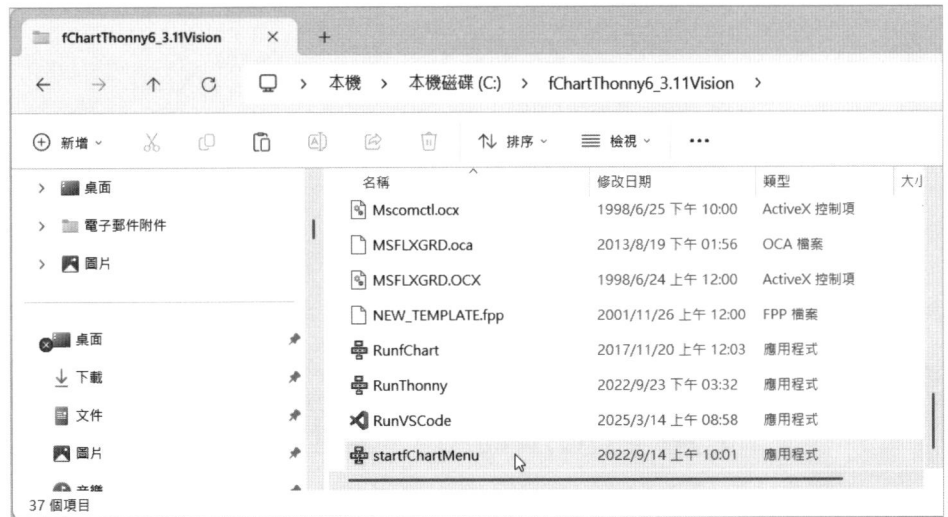

Step 4 可以看到訊息視窗顯示已經成功在 Windows 工作列啟動主選單，請按**確定**鈕。

1-13

Step 5 在右下方 Windows 工作列可以看到 fChart 十字形圖示，點選該圖示可以開啟主選單來啟動 Python 相關工具，請執行 **Thonny Python IDE** 命令啟動 Thonny 開發工具（**Python 命令提示字元 (CLI)** 命令則是啟動命令提示字元視窗來安裝 Python 套件），如下圖所示：

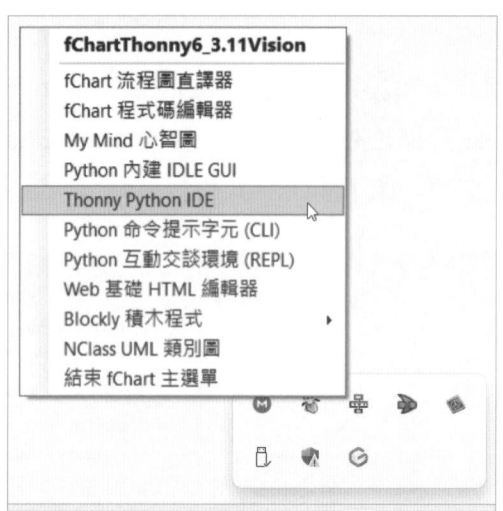

1-4 使用 Thonny 的 Python IDE

成功安裝客製化 WinPython 套件後，我們就可以啟動 Thonny 來撰寫第 1 個 Python 程式，或在互動環境輸入和執行 Python 程式碼。

1-4-1 建立第一個 Python 程式

現在，我們準備從啟動 Thonny 開始，一步一步建立你的第 1 個 Python 程式，其步驟如下所示：

使用 Python 虛擬環境建立開發環境 1

Step 1 請在 fChart 主選單執行 **Thonny Python IDE** 命令啟動 Thonny 開發環境，啟動後會看到簡潔的開發介面。

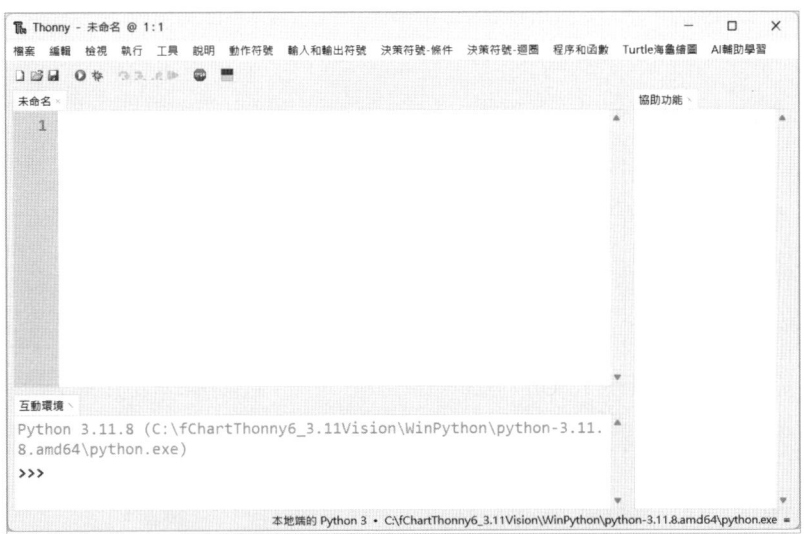

上述開發介面的上方是功能表，在功能表下方是工具列。工具列下方分成三部分：右邊的「協助功能」視窗顯示協助說明（執行「檢視 / 協助功能」命令可切換顯示）；而左邊分成上 / 下兩部分，上方是程式碼編輯器的標籤頁，下方是「互動環境 (Shell)」視窗，其顯示 Python 版本 3.11.8。若需結束 Thonny 請執行「檔案 / 結束」命令。

Step 2 在編輯器的**未命名**標籤中輸入第 1 個 Python 程式的程式碼（如果沒有看到此標籤，請執行「檔案 / 開新檔案」命令新增 Python 程式檔案）。我們準備建立的 Python 程式只有 1 列程式碼，如下所示：

```
print("第1個Python程式")
```

```
未命名 *
 1  print("第1個Python程式")
```

1-15

> **Tips** **請注意！**如果輸入中文字串內容的 Python 程式碼，當輸入完中文後，若無法成功輸入「"」符號，請記得從中文切換成英數模式後，即可成功輸入「"」符號。

Step 3 請執行「檔案 / 儲存檔案」命令或按工具列的**儲存檔案**鈕，然後在「另存新檔」對話方塊切換至「F5386/ch01」目錄，在下方輸入檔名 **ch1-4-1**，按**存檔**鈕儲存成 ch1-4-1.py 程式。

Step 4 可以看到標籤名稱已改成檔案名稱。接著請執行「執行 / 執行目前腳本」命令，或按工具列綠色箭頭圖示的**執行目前腳本**鈕（也可按 F5 鍵）來執行此 Python 程式，即可在下方「互動環境 (Shell)」視窗看到 Python 程式的執行結果。

對於本書的 Python 程式範例，請執行「檔案 / 開啟舊檔」命令開啟 Python 程式檔案，即可立即測試並執行 Python 程式。

1-4-2 使用 Python 互動環境

在 Thonny 開發介面下方的「互動環境 (Shell)」視窗就是 REPL 交談模式。REPL（Read-Eval-Print Loop）是循環「讀取 - 評估 - 輸出」的互動程式開發環境，可以直接在「>>>」提示文字後輸入 Python 程式碼並立即執行。例如：輸入 5+10，按 Enter 鍵，即可馬上看到執行結果 15，如下圖所示：

```
互動環境 ×
>>> %Run ch1-4-1.py
 第1個Python程式
>>> 5+10
15
>>> |
```

同樣地,我們可以在定義變數 num = 10 之後,輸入 print() 函式來顯示變數 num 的值,如下圖所示:

```
互動環境 ×
>>> 5+10
15
>>> num = 10
>>> print(num)
 10
>>> |
```

如果輸入的是程式區塊,例如:if 條件敘述,請在輸入 if num >= 10: 後(最後輸入的是「:」冒號),按 Enter 鍵,就會換行且自動縮排 4 個空白字元。此時,我們需要按 2 次 Enter 鍵來執行程式碼,才可看到執行結果,如下圖所示:

```
互動環境 ×
>>> num = 10
>>> print(num)
 10
>>> if num >= 10:
        print("數字是10")

 數字是10
>>> |
```

1-4-3 Thonny 的 AI 輔助學習功能表

在 Thonny 的 Python IDE 有提供客製化功能表，這些新增的選單能依據 fChart 流程圖符號來插入對應的 Python 程式碼。而最後的「AI 輔助學習」功能表則可自動產生用於詢問生成式 AI 的提示詞，如下圖所示：

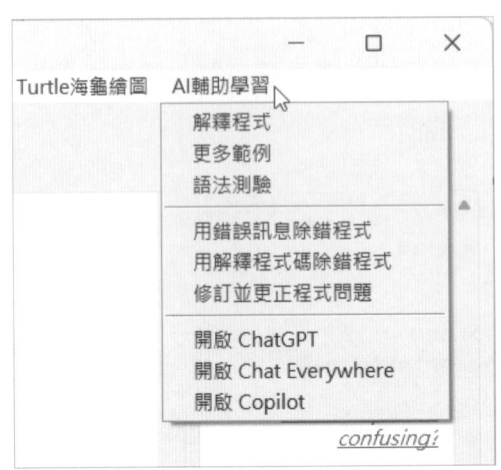

上述命令能夠依據開啟的 Python 程式碼自動產生 AI 提示詞並複製至剪貼簿，換句話說，你只需按 Ctrl + V 鍵貼上至生成式 AI 的訊息欄位。例如：目前是開啟 ch1-4-1.py 程式，執行「AI 輔助學習 / 解釋程式」命令，即可生成解釋此程式的 AI 提示詞並自動複製至剪貼簿，接著，你就能開啟 ChatGPT 網頁，在欄位貼上此提示詞以詢問 ChatGPT。

在「AI 輔助學習」功能表的 AI 提示詞分成兩大類，第 1 大類的 3 種提示詞是協助我們看懂程式碼，如下所示：

- **解釋程式**：讓生成式 AI 一列一列地詳細解說目前開啟的程式碼，若有選取部分程式碼，則只會解釋選取部分的程式碼，例如：選取一列 OpenCV 程式碼的方法，讓生成式 AI 為你解釋。

- **更多範例**：讓生成式 AI 依據目前開啟的程式作為範本來寫出相似功能的 2 個程式。

使用 Python 虛擬環境建立開發環境

- **語法測驗**：讓生成式 AI 用目前開啟的程式作為題目，出 2 題此語法範圍的選擇題。

而在第 2 大類的 3 種提示詞則是幫助我們除錯程式碼，如下所示：

- **用錯誤訊息除錯程式**：讓生成式 AI 自動使用程式執行產生的錯誤訊息來建立除錯的提示詞。

- **用解釋程式碼除錯程式**：如果沒有錯誤訊息，但覺得程式有問題，可以在生成式 AI 詳細解釋程式碼的同時，找出程式碼的所有可能錯誤，或是依據註解文字的說明來找出可能的語意錯誤。

- **修訂並更正程式問題**：讓生成式 AI 將你寫出的半成品程式碼，修訂更正成可執行的程式。

實務上，因為 GPT 模型的差異，執行「AI 輔助學習」功能表所產生的 AI 提示詞，以目前來說，GPT-4o 模型的穩定性較佳，GPT-4o mini 稍差。

 在使用「AI 輔助學習」功能表的提示詞時，因 ChatGPT 的回應仍會受到交談過程的上下文影響，若發現回應已明顯偏離，請開啟新交談或重新啟動 ChatGPT 以繼續對話。

1-5 使用 VS Code 的 Python IDE

Visual Studio Code（簡稱 VS Code）是微軟公司開發，跨平台支援 Windows、macOS 和 Linux 作業系統的一套功能強大的程式碼編輯器。

下載 VS Code

VS Code 是一套開放原始碼（Open Source）的免費軟體，我們可以從網路上免費下載，其下載網址如下所示：

```
https://code.visualstudio.com/download
```

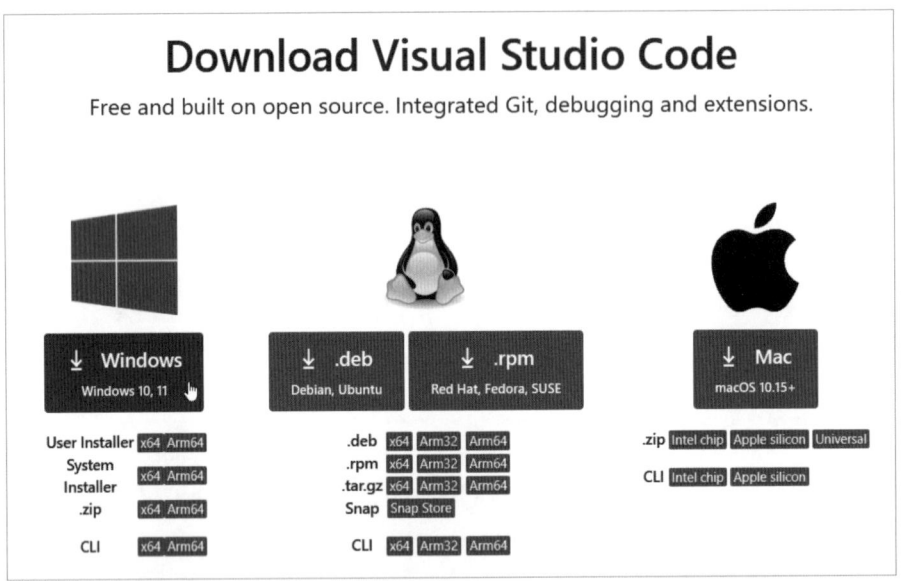

請按 **Windows** 鈕下載 Windows 10/11 作業系統的最新版 Visual Studio Code，本書的下載檔名是 **VSCodeUserSetup-x64-1.98.1.exe**。

安裝 VS Code

成功下載 Visual Studio Code 後，安裝 Visual Studio Code 的步驟（以 Windows 11 作業系統為例），如下所示：

Step 1 請雙擊 **VSCodeUserSetup-x64-1.98.1.exe** 檔案，會看到授權合約的精靈畫面，選**我同意**同意授權後，按**下一步**鈕。

使用 Python 虛擬環境建立開發環境 **1**

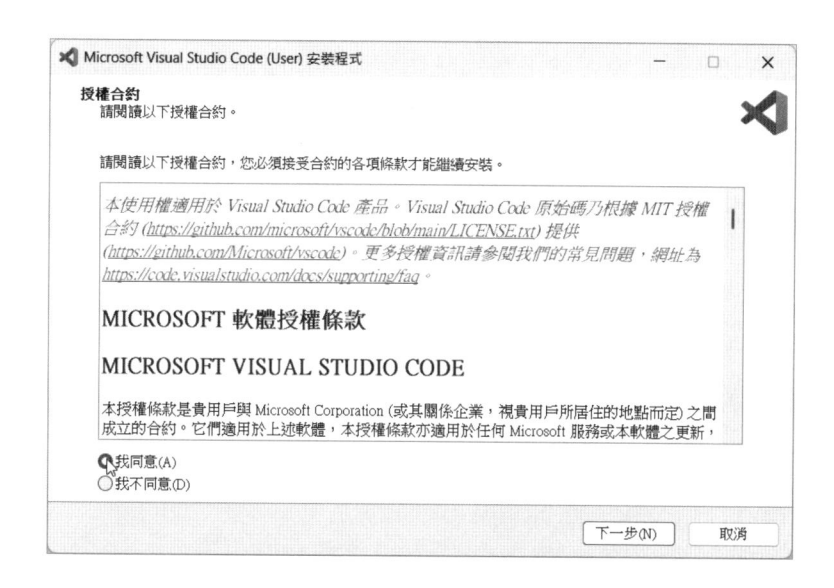

(授權合約安裝畫面)

Step 2 在安裝目的地位置步驟可以按**瀏覽**鈕選擇安裝目錄，以此例不用更改，按**下一步**鈕。

Step 3 開始功能表名稱是 **Visual Studio Code**，不用更改，按**下一步**鈕繼續。

Step 4 在選擇附加的工作步驟可以勾選額外工作，例如：建立桌面圖示，並請確認已勾選**加入 PATH 中**（預設勾選）後，按**下一步**鈕。

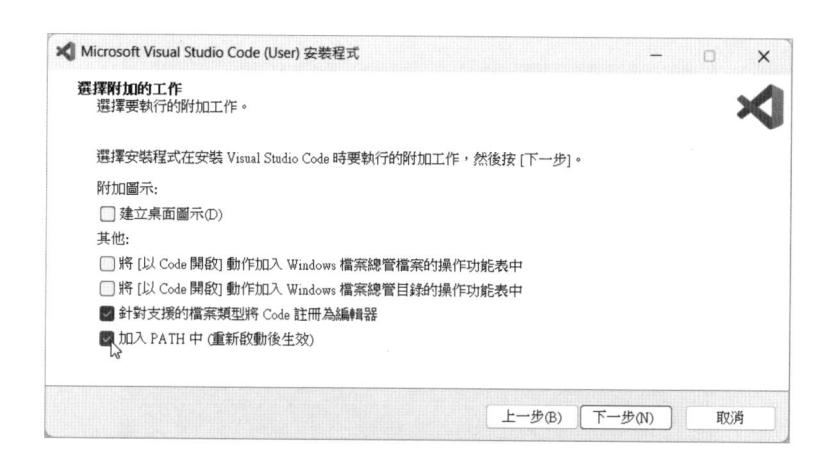

(選擇附加的工作安裝畫面)

Step 5 按**安裝**鈕開始安裝，會顯示目前的安裝進度。

1-21

Step 6 等到安裝完成後，就可看到成功安裝的精靈畫面，按**完成**鈕完成 VS Code 安裝。在安裝完成後，預設會直接啟動 VS Code。

在 VS Code 使用客製化 WinPython 套件或 Python 虛擬環境

請先自行透過 VS Code 側邊欄的 Extensions 安裝繁體中文語言套件 Chinese (Traditional) Language Pack 和擴充功能 Python Extension Pack，再重新啟動 VS Code，即可看到中文使用介面。

接著，我們就能指定 Python 直譯器的路徑為客製化 WinPython 套件或 Anaconda 的 Python 虛擬環境，如下所示：

```
C:\fChartThonny6_3.11Vision\WinPython\python-3.11.8.amd64\python.exe
```

上述路徑為解壓縮至「C:\」的根路徑。現在，我們就可以設定 VS Code 使用客製化 WinPython 套件來執行 ch1-4-1.py 程式，其步驟如下所示：

Step 1 請執行「開始 / 全部 / Visual Studio Code」命令啟動 VS Code，再執行「檔案 / 開啟資料夾」命令開啟「F5386/ch01」目錄，然後按**是，我信任作者**鈕。

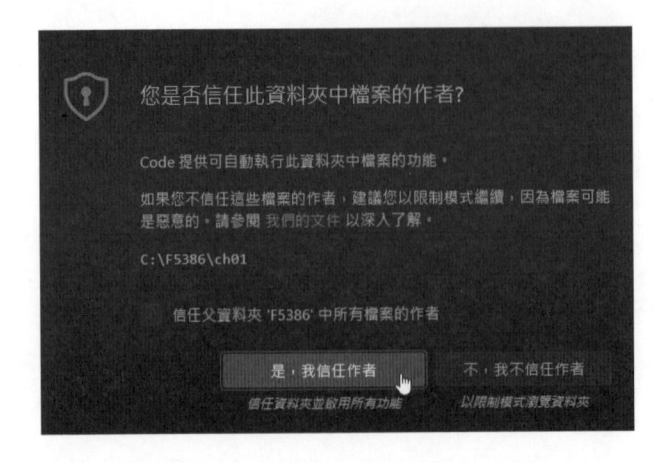

使用 Python 虛擬環境建立開發環境

Step 2 從左側檔案總管點選開啟 ch1-4-1.py，然後點選右下角**選取解譯器**來選擇使用的 Python 直譯器，如下圖所示：

Step 3 上方的下拉式選單會顯示自動取得 Anaconda 的 Python 虛擬環境 opencv 和 mp 等，請選**輸入解譯器路徑…**。

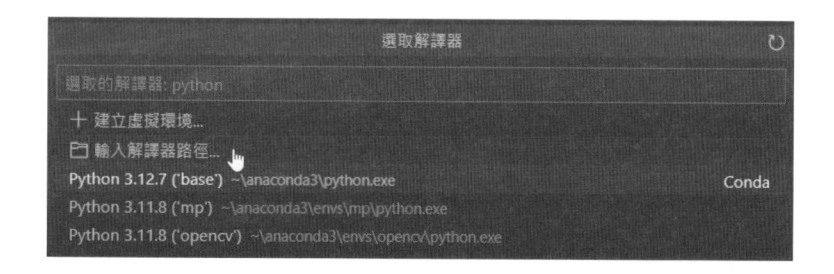

Step 4 可以直接在欄位輸入 Python 直譯器的路徑，也可在下方選**瀏覽您的檔案系統以尋找 Python 解譯器**。

1-23

Step 5　請切換至「C:\fChartThonny6_3.11Vision\WinPython\python-3.11.8.amd64」路徑選 python.exe 後，按**選取解譯器**鈕。

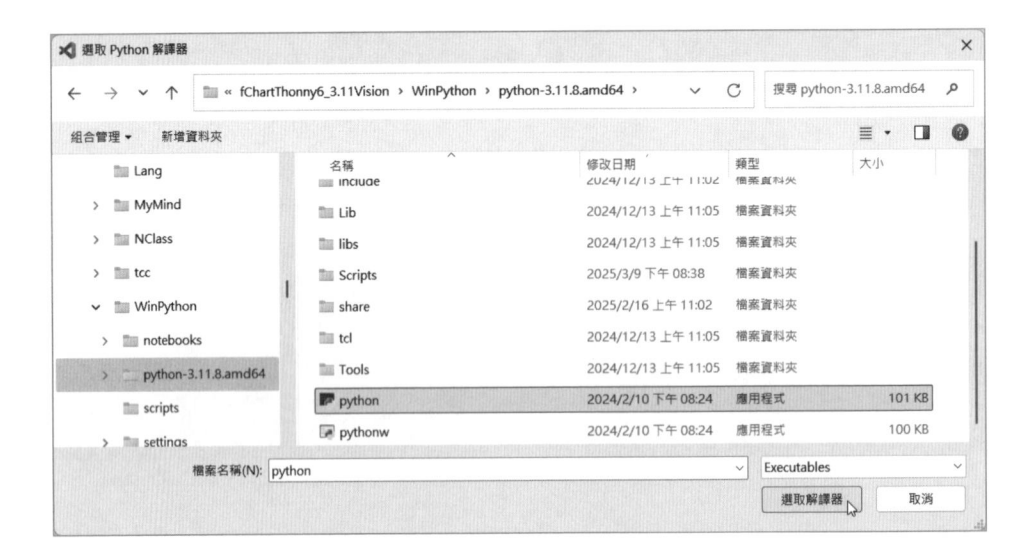

Step 6　右下角會顯示我們選擇的 Python 直譯器 3.11.8 版。接著，請按檔名 ch1-4-1.py 後的三角箭頭圖示執行此 Python 程式，即可在下方的**終端機**標籤看到 Python 程式的執行結果，如下圖所示：

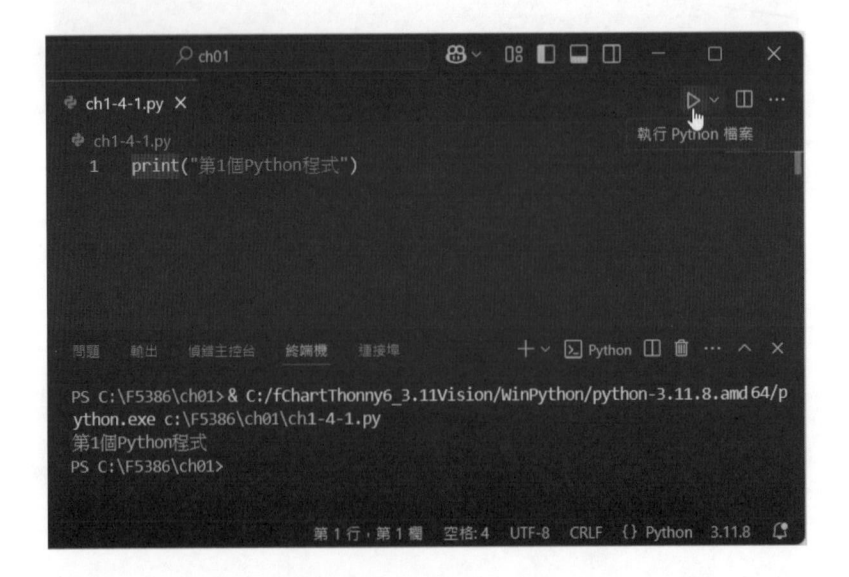

使用 Python 虛擬環境建立開發環境 **1**

從上述**終端機**標籤的訊息文字可以看出，Python 直譯器使用的是第 1-3 節安裝的客製化 WinPython 套件。

> **Tips** 只需執行 WinPython 套件目錄下的 **RunVSCode.exe**，即可自動啟動 Windows 作業系統安裝的 VS Code。

學習評量

1. 請說明什麼是 Python 虛擬環境？Anaconda 如何建立 Python 虛擬環境？

2. 請簡單說明安裝 Python 套件的命令，例如：OpenCV。如果是安裝指定版本的套件，請問命令如何使用？

3. 由於本書 Python 程式絕大多數都會使用 OpenCV 套件，在已經建立安裝好 OpenCV 套件的 Python 虛擬環境後，該如何直接複製此虛擬環境以建立新的 Python 虛擬環境，而不用重複安裝 OpenCV？

4. 如果讀者準備使用 Anaconda 學習本書的 AI Vision，請參閱第 1-2 節的說明來規劃和建立你執行本書 Python 程式所需的 Python 虛擬環境。

5. 請簡單說明如何在 VS Code 選擇使用的 Python 直譯器，例如：Anaconda 建立的 Python 虛擬環境 opencv，或本書的客製化 WinPython 套件。

MEMO

chapter 2 / OpenCV 基本使用與 Numpy

▷ 2-1　OpenCV 安裝與基本使用

▷ 2-2　OpenCV 影像處理

▷ 2-3　OpenCV 視訊處理與 Webcam

▷ 2-4　OpenCV 影像資料：NumPy 陣列

▷ 2-5　OpenCV 影像處理：負片和馬賽克效果

2-1 OpenCV 安裝與基本使用

OpenCV (Open Source Computer Vision Library) 是一套跨平台、採用 BSD 授權的電腦視覺庫 (Computer Vision Library)，由英特爾公司發起並參與開發，可用於影像處理與電腦視覺領域，適用於開發人臉偵測、物體辨識等人工智慧相關應用。

2-1-1 在 Python 虛擬環境安裝 OpenCV 套件

在 Python 虛擬環境 opencv 中安裝 OpenCV 套件，請先啟動 opencv 虛擬環境，再使用 pip install 命令安裝 OpenCV 套件，如下所示：

```
conda activate opencv  Enter
pip install opencv-python==4.10.0.84  Enter
```

成功安裝 OpenCV 後 (同時也會安裝第 2-4 節的 NumPy 套件)，即可在 Python 程式使用 OpenCV 進行影像處理及 Webcam 網路攝影機操作。在 Python 程式中使用 OpenCV 影像處理需匯入 cv2，如下所示：

```
import cv2
```

2-1-2 使用 OpenCV 讀取和顯示圖檔

Python 程式：ch2-1-1.py 中使用 OpenCV 的 imread() 方法讀取圖檔，再呼叫 imshow() 方法顯示圖檔影像。其執行結果可以看到讀取和顯示的 penguins.jpg 圖檔 (按任意鍵關閉視窗)，如下圖所示：

Python 程式碼首先匯入 OpenCV 的 cv2，接著呼叫 imread() 方法讀取圖檔，其參數為圖檔路徑字串，如下所示：

```
import cv2
img = cv2.imread("penguins.jpg")
cv2.imshow("Penguins", img)
```

上述程式碼的 imshow() 方法用於顯示影像，第 1 個參數為視窗標題文字，第 2 個是影像資料。顯示圖檔後，再透過 waitKey(0) 方法等待使用者按下任意鍵，才呼叫 destroyAllWindows() 方法關閉顯示影像的視窗，如下所示：

```
cv2.waitKey(0)
cv2.destroyAllWindows()
```

2-1-3 取得影像資訊和調整影像尺寸

成功使用 imread() 方法讀取圖檔後，可透過 shape 屬性取得影像尺寸和色彩數，或是使用 resize() 方法調整影像尺寸。

取得影像資訊：ch2-1-3.py

在 OpenCV 可透過 shape 屬性取得影像尺寸和色彩數，其執行結果如下所示：

```
(354, 234, 3)
影像高: 354
影像寬: 234
```

Python 程式碼在讀取 penguins.jpg 圖檔後，使用 shape 屬性取得**影像高度、寬度及色彩數**的元組，彩色影像的色彩數（即通道數）為 3，如下所示：

```
img = cv2.imread("penguins.jpg")
print(img.shape)
h, w, c = img.shape
print("影像高:", h)
print("影像寬:", w)
```

調整影像尺寸：ch2-1-3a.py

在 OpenCV 可使用 resize() 方法調整影像尺寸。其執行結果會先顯示影像調整前後的 shape 屬性值，可觀察到尺寸的差異，如下所示：

```
(354, 234, 3)
(300, 400, 3)
```

接著顯示調整尺寸後的影像內容，如右圖所示：

OpenCV 基本使用與 Numpy 2

　　Python 程式碼在讀取 penguins.jpg 圖檔後，呼叫 resize() 方法調整影像尺寸，其第 1 個參數是讀取的影像 img，第 2 個參數為 (寬 , 高) 元組的新尺寸，如下所示：

```
img = cv2.imread("penguins.jpg")
print(img.shape)
resized_img = cv2.resize(img, (400, 300))
print(resized_img.shape)
cv2.imshow("Penguins:resized", resized_img)
```

　　上述程式碼在呼叫 resize() 方法的前後顯示 shape 屬性值，並在最後呼叫 imshow() 方法顯示調整尺寸後的影像。

2-1-4　讀取灰階影像和寫入圖檔

　　在使用 OpenCV 的 imread() 方法讀取圖檔時，可透過參數指定將影像轉換成灰階；而若需要將影像寫入圖檔，則可用 imwrite() 方法。

讀取圖檔成灰階影像：ch2-1-4.py

　　在 imread() 方法的第 2 個參數中，可以使用常數來指定 3 種讀取格式，如下表所示：

常數	說明
cv2.IMREAD_COLOR	讀取彩色影像，此為預設值
cv2.IMREAD_GRAYSCALE	讀取灰階影像
cv2.IMREAD_UNCHANGED	以不變形式讀取影像，包含透明度資訊

　　例如：Python 程式讀取彩色圖檔 koala.jpg 成灰階影像。其執行結果可以看到顯示的是灰階影像，如下圖所示：

Python 程式碼是在 imread() 方法的第 2 個參數指定讀取成灰階影像，如下所示：

```
gray_img = cv2.imread("koala.jpg", cv2.IMREAD_GRAYSCALE)
cv2.imshow("Koala:gray", gray_img)
```

將影像內容寫入圖檔：ch2-1-4a.py

在 OpenCV 可呼叫 imwrite() 方法將影像寫入圖檔。其執行結果可以在相同目錄下看到名為 result.png 的灰階圖檔，如下圖所示：

Python 程式碼在讀取灰階影像 gray_img 後，呼叫 imwrite() 方法寫入圖檔，其第 1 個參數是圖檔名稱，OpenCV 會自動依據副檔名來儲存成指定格式的圖檔，如下所示：

```
gray_img = cv2.imread("koala.jpg", cv2.IMREAD_GRAYSCALE)
cv2.imwrite("result.png", gray_img)
```

2-2　OpenCV 影像處理

OpenCV 支援多種影像處理操作，能夠執行影像的幾何轉換、色彩空間轉換，也可在影像上繪圖或加上文字。

2-2-1　影像幾何轉換

影像幾何轉換是針對影像內容的影像進行縮放、翻轉、剪裁、旋轉和位移等操作。我們除了可以使用 OpenCV 的內建功能外，也可透過 imutils 套件，更方便地執行相關的影像處理。在 Python 虛擬環境安裝 imutils 套件的命令列命令，如下所示：

```
pip install imutils==0.5.4 Enter
```

調整影像尺寸：ch2-2-1.py

在第 2-1-3 節中，我們使用 resize() 方法調整影像尺寸，但此方法會改變影像的長寬比例。若希望保持影像的原始比例，可以改用 imutils 模組中的方法來進行尺寸調整，其執行結果如下圖所示：

Python 程式碼首先匯入 imutils 後，再呼叫 imutils.resize() 方法調整影像尺寸，如下所示：

```
import imutils
img = cv2.imread("koala.jpg")
resized_img = imutils.resize(img, width=200)
```

上述方法的第 1 個參數是讀取的影像 img，接著指定 width 或 height 參數的值（只需指定其中之一即可），imutils 模組就會自動依據影像的長寬比例來調整影像尺寸。

改變影像比例：ch2-2-1a.py

由於 OpenCV 的 resize() 方法會直接依據指定的寬高來調整影像，換句話說，我們也可利用此方法來刻意改變影像的比例。其執行結果可以看到比例已被改變，如右圖所示：

Python 程式碼首先設定寬度和高度的縮放比例，分別為 0.8 和 0.5，接著呼叫 resize() 方法來改變影像尺寸並調整影像的長寬比例，如下所示：

```
img = cv2.imread("koala.jpg")
width = int(img.shape[1] * 0.8)
height = int(img.shape[0] * 0.5)
resized_img = cv2.resize(img, (width, height))
```

剪裁影像：ch2-2-1b.py

由於 OpenCV 讀取的影像本質上是一個 NumPy 陣列（詳見第 2-4 節的說明），因此剪裁影像其實就是對 NumPy 陣列進行切割（如同使用切割運算子來切割巢狀串列）。其執行結果可以看到剪裁出的部分影像，如右圖所示：

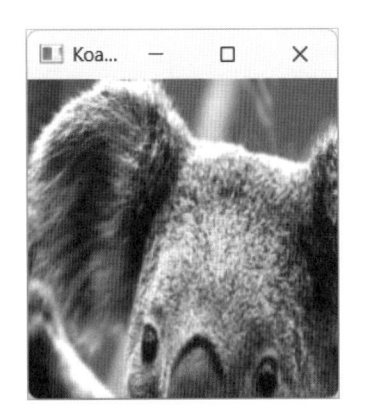

Python 程式碼是透過切割運算子來剪裁影像，首先指定左上角座標 x 和 y，再指定寬 w 和高 h，即可切割 NumPy 陣列以剪裁影像，如下所示：

```
img = cv2.imread("koala.jpg")
x = 10; y = 10
w = 200; h= 200
crop_img = img[y:y+h, x:x+w]
```

旋轉和位移影像：ch2-2-1c.py

在 OpenCV 中，旋轉和位移影像的程式碼相對複雜，需用到矩陣運算，故改以 imutils 模組來進行影像的旋轉與位移。首先是將影像旋轉 90 度，如下圖所示：

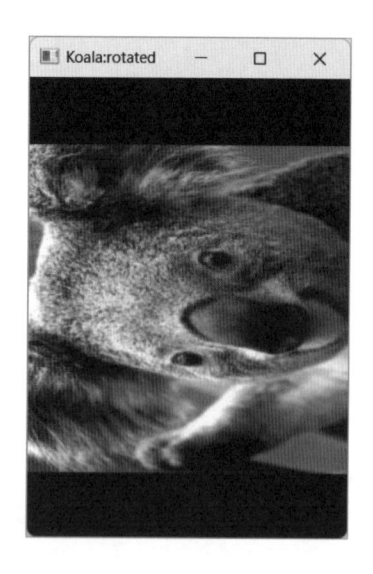

Python 程式碼是呼叫 imutils.rotate() 方法來旋轉影像,其第 1 個參數為影像,而 angle 參數則用來指定旋轉的角度,如下所示:

```
img = cv2.imread("koala.jpg")
rotated_img = imutils.rotate(img, angle=90)
```

接著是位移影像,其執行結果如下圖所示:

Python 程式碼是使用 imutils.translate() 方法來位移影像，其第 2 個參數值如果是正值，就是向右位移，負值則是向左位移；第 3 個參數值如為正值是向下位移，負值則是向上位移。以此例是向右位移 25 點，向上位移 75 點，如下所示：

```
img = cv2.imread("koala.jpg")
translated_img = imutils.translate(img, 25, -75)
```

翻轉影像：ch2-2-1d.py

在 OpenCV 可使用 cv2.flip() 方法來翻轉影像。其執行結果可以看到上下翻轉後的影像，如下圖所示：

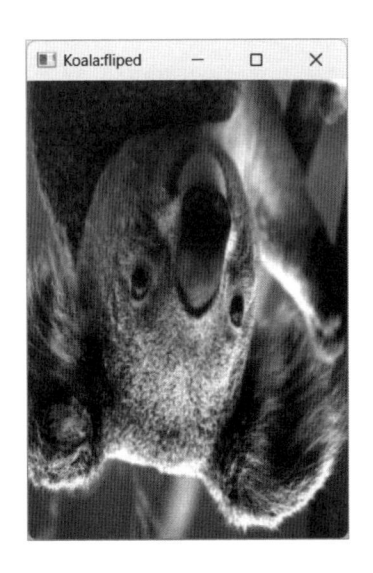

Python 程式碼是使用 cv2.flip() 方法進行影像翻轉，其第 2 個參數值若為 0，則沿 x 軸垂直翻轉影像；若大於 0，則沿 y 軸水平翻轉影像；若小於 0，則同時進行水平與垂直翻轉，如下所示：

```
img = cv2.imread("koala.jpg")
fliped_img = cv2.flip(img, -1)
```

2-2-2 影像色彩空間轉換

色彩空間是用來描述數位影像色彩的方法,我們可以透過色彩三原色——紅、綠、藍色來表示色彩,即 RGB 格式。除此之外,還有 BGR、HSV、HIS 和 HSL 等多種色彩空間格式。

> **Tips** 請注意!許多 Python 套件,例如:Pillow,其預設影像色彩為 RGB 格式,而 OpenCV 則採用 BGR 格式。由於 imread() 和 imshow() 方法皆使用 BGR 格式,在 Python 程式中無需特別進行色彩空間轉換;但若同時使用其他影像處理套件,則需注意是否需要進行影像色彩空間轉換。

轉換成灰階色彩:ch2-2-2.py

在 OpenCV 可呼叫 cvtColor() 方法將彩色影像轉換成灰階影像,其第 2 個參數值為 cv2.COLOR_BGR2GRAY 常數,如下所示:

```
gray_img = cv2.cvtColor(img, cv2.COLOR_BGR2GRAY)
```

轉換成 RGB 色彩:ch2-2-2a.py

如果影像需要使用 RGB 格式,請將 cvtColor() 方法的第 2 個參數值設為 cv2.COLOR_BGR2RGB 常數,即可將 BGR 轉換成 RGB 格式(若需將 RGB 轉換成 BGR 格式,請使用 cv2.COLOR_RGB2BGR 常數),其執行結果如右圖所示:

```
img = cv2.imread("penguins.jpg")
rgb_img = cv2.cvtColor(img, cv2.COLOR_BGR2RGB)
cv2.imshow("Penguins:rgb", rgb_img)
```

2-2-3 在影像上繪圖和寫上文字

可使用 OpenCV 在影像上繪圖或加上文字，例如：畫線、畫長方形、畫圓形、畫橢圓形、畫多邊形，或寫上文字內容等。

使用 OpenCV 在影像上繪圖：ch2-2-3.py

OpenCV 繪圖方法的基本語法，如下所示：

```
cv2.line(影像, 開始座標, 結束座標, 顏色, 線寬)
cv2.rectangle(影像, 開始座標, 結束座標, 顏色, 線寬)
cv2.circle(影像, 圓心座標, 半徑, 顏色, 線條寬度)
cv2.ellipse(影像, 中心座標, 軸長, 旋轉角度, 起始角度, 結束角度, 顏色, 線寬)
cv2.polylines(影像, 點座標串列, 是否關閉, 顏色, 線寬)
```

上述方法依序是畫線、畫長方形、畫圓形、畫橢圓形和畫多邊形。Python 程式在讀取影像後，即可呼叫上述繪圖方法來繪製圖形，其執行結果如右圖所示：

Python 程式碼依序畫出直線、2 個長方形和 2 個圓形 (線寬若為負值表示填滿)，最後是一個封閉的多邊形，其多邊形的座標串列是使用第 2-4 節介紹的 NumPy 整數二維陣列，如下所示：

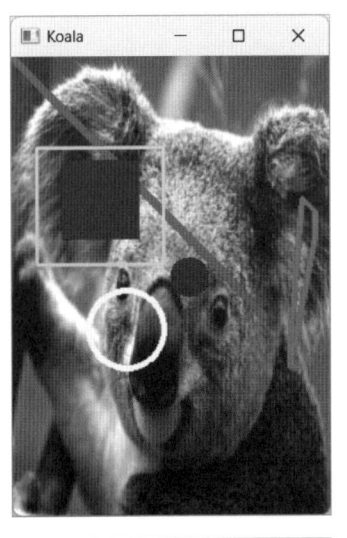

```
img = cv2.imread("koala.jpg")
cv2.line(img, (0,0), (200,200), (0,0,255), 5)
cv2.rectangle(img, (20,70), (120,160), (0,255,0), 2)
cv2.rectangle(img, (40,80), (100,140), (255,0,0), -1)
cv2.circle(img,(90,210), 30, (0,255,255), 3)
cv2.circle(img,(140,170), 15, (255,0,0), -1)
points = np.array([[220,220],[230,110],[240,120],
                   [240,140],[220,240]], np.int32)
cv2.polylines(img, [points], True, (255, 0, 255), 3)
cv2.imshow("Koala", img)
```

使用 OpenCV 在影像寫上文字內容：ch2-2-3a.py

在 OpenCV 可使用 putText() 方法在影像寫上文字內容，其基本語法如下所示：

```
cv2.putText(影像, 文字, 座標, 字型常數, 大小, 顏色, 線寬, 線型常數)
```

Python 程式在讀取影像後，即可呼叫上述方法在影像寫上文字內容（只支援英文），其執行結果如右圖所示：

Python 程式碼是呼叫 2 次 putText() 方法，依序寫上 OpenCV 和 Hello! 兩行不同色彩的文字。其參數值 cv2.FONT_HERSHEY_SIMPLEX 是字型常數，cv2.LINE_AA 是線型常數，如下所示：

```
img = cv2.imread("penguins.jpg")
cv2.putText(img, 'OpenCV', (10, 40),
            cv2.FONT_HERSHEY_SIMPLEX,
            1, (0,255,255), 5, cv2.LINE_AA)
cv2.putText(img, 'Hello!', (10, 100),
            cv2.FONT_HERSHEY_SIMPLEX,
            1, (255,0,255), 5, cv2.LINE_AA)
cv2.imshow("Penguins", img)
```

2-3 OpenCV 視訊處理與 Webcam

視訊（Video）是一種動態影像，亦稱為影片，這是由一連串連續的靜態影像所組成。每一個靜態影像稱為**影格**（Frame）或幀，而每秒播放的靜態影像數稱為影格率（Frame per Second，FPS），或稱幀率。

2-3-1 OpenCV 視訊處理

OpenCV 支援讀取與播放視訊檔案，也可取得視訊的相關資訊，或計算視訊的影格數和影格率（FPS）。

播放視訊檔：ch2-3-1.py

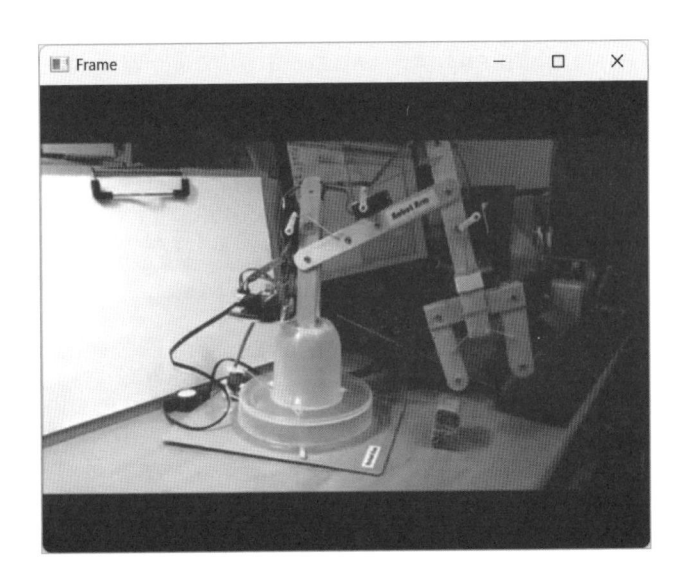

Python 程式是建立 OpenCV 的 VideoCapture 物件來播放視訊檔。其執行結果可以看到播放的視訊內容，如下圖所示：

Python 程式碼首先匯入 OpenCV，再建立 VideoCapture 物件，如下所示：

```
import cv2
cap = cv2.VideoCapture("YouTube.mp4")
```

　　上述程式碼的參數值是視訊檔路徑；而若使用的是本機連接的 Webcam 網路攝影機，其參數值則為數字編號（請參閱第 2-3-2 節）。接著使用 while 迴圈播放視訊的每一個影格，如下所示：

```
while(cap.isOpened()):
  ret, frame = cap.read()
  if not ret:
      break
  cv2.imshow("Frame", frame)
  if cv2.waitKey(1) & 0xFF == ord("q"):
      break
```

　　上述 while 迴圈首先呼叫 isOpened() 方法判斷是否已成功開啟視訊檔。如果是，就呼叫 VideoCapture 物件 cap 的 read() 方法讀取每一個影格（幀），回傳值為 ret 和 frame：其中 frame 是讀取到的影格，ret 為布林值，可讓我們透過 if 條件判斷是否讀取成功；若讀取失敗，則跳出迴圈。接著呼叫 imshow() 方法顯示影格。第 2 個 if 條件則判斷使用者是否按下 Q 鍵以結束播放。播放結束後，釋放 VideoCapture 物件並關閉視窗，如下所示：

```
cap.release()
cv2.destroyAllWindows()
```

取得視訊的相關資訊：ch2-3-1a.py

　　在 Python 程式建立 VideoCapture 物件後，即可取得視訊的相關資訊，如尺寸和編碼，其執行結果如下所示：

```
影格尺寸: 480.0 x 360.0
Codec編碼: h264
```

Python 程式碼在建立 VideoCapture 物件 cap 後,取得視訊尺寸,如下所示:

```
cap = cv2.VideoCapture("YouTube.mp4")
width = cap.get(cv2.CAP_PROP_FRAME_WIDTH)
height = cap.get(cv2.CAP_PROP_FRAME_HEIGHT)
print("影格尺寸:", width, "x", height)
```

上述程式碼使用 get() 方法取得視訊資訊 (若使用 set() 方法可更改視訊資訊),其參數為各種屬性值的常數,依序是影格的寬和高。詳細的常數說明 URL 網址,如下所示:

> https://docs.opencv.org/4.10.0/d4/d15/group__videoio__flags__base.html

接著取得視訊編碼,如下所示:

```
fourcc = int(cap.get(cv2.CAP_PROP_FOURCC))
codec = (chr(fourcc&0xFF)+chr((fourcc>>8)&0xFF)+
         chr((fourcc>>16)&0xFF)+chr((fourcc>>24)&0xFF))
print("Codec編碼:", codec)
```

上述程式碼在取得整數編碼 fourcc 後,透過位元運算來還原成 4 個字元的編碼字串。

計算視訊的總影格數:ch2-3-1b.py

Python 程式只需使用一個 frame_count 計數變數,就可計算出整個視訊檔的總影格數。其執行結果會顯示視訊的總影格數,如下所示:

```
總影格數 =  880
```

Python 程式碼是使用 frame_count 變數來計算影格數，並透過 if 條件判斷是否還有影格；若有，就將影格數加 1，如下所示：

```
cap = cv2.VideoCapture("YouTube.mp4")
frame_count = 0
while True:
    ret, frame = cap.read()
    if not ret:
        break
    frame_count = frame_count + 1
print("總影格數 =", frame_count)
```

取得視訊的影格率（FPS）：ch2-3-1c.py

Python 程式可取得視訊的影格率，其執行結果如下所示：

```
FPS = 29.97002997002997
```

Python 程式碼在建立 VideoCapture 物件 cap 後，使用 get() 方法，以 cv2.CAP_PROP_FPS 參數值取得視訊的影格率（FPS），如下所示：

```
fps = cap.get(cv2.CAP_PROP_FPS)
print("FPS =", fps)
```

2-3-2　OpenCV 網路攝影機操作

OpenCV 的 VideoCapture 物件除了可以播放視訊檔，亦可用來播放網路攝影機 Webcam 的影像。

取得網路攝影機的影像：ch2-3-2.py

在 OpenCV 使用 VideoCapture 物件開啟網路攝影機，其執行結果如下圖所示：

Python 程式碼建立 VideoCapture 物件時，第 1 個參數值設為 0 或 -1 表示使用第 1 台攝影機，若設為 1 則表示第 2 台，以此類推。第 2 個參數用來指定使用 DirectShow 介面，以提高硬體兼容性與效能。至於其他部分的程式碼與播放視訊檔的程式碼並無太大差異，如下所示：

```
cap = cv2.VideoCapture(0, cv2.CAP_DSHOW)
while(cap.isOpened()):
  ret, frame = cap.read()
  if not ret:
      break
  cv2.imshow("Frame", frame)
  if cv2.waitKey(1) & 0xFF == ord("q"):
      break

cap.release()
cv2.destroyAllWindows()
```

更改視訊的解析度：ch2-3-2a.py

此 Python 程式可更改視訊的解析度，例如：降低視訊的解析度。其執行結果可以明顯看出開啟的視窗尺寸變小了許多。

Python 程式碼在建立 VideoCapture 物件後，呼叫 set() 方法更改影格的寬、高和影格率（**請注意！**如果 Webcam 硬體不支援指定的解析度，執行 set() 方法將不會生效）。以此例是將解析度改成 320×180，如下所示：

```
cap = cv2.VideoCapture(0, cv2.CAP_DSHOW)
cap.set(cv2.CAP_PROP_FRAME_WIDTH, 320)
cap.set(cv2.CAP_PROP_FRAME_HEIGHT, 180)
cap.set(cv2.CAP_PROP_FPS, 25)
while(cap.isOpened()):
  ret, frame = cap.read()
  cv2.imshow("Frame", frame)
  if cv2.waitKey(1) & 0xFF == ord("q"):
      break
...
```

將影格寫入視訊檔案：ch2-3-2b.py

在 OpenCV 可建立 VideoWriter 物件來寫入視訊檔案，Python 程式的執行結果會建立名為 output.avi 的視訊檔，其錄影長度是直到使用者按下 Q 鍵後，才會結束並寫入視訊檔。

Python 程式碼建立了 VideoCapture 物件與 VideoWriter 物件，如下所示：

```
cap = cv2.VideoCapture(0, cv2.CAP_DSHOW)
fourcc = cv2.VideoWriter_fourcc(*"XVID")
out = cv2.VideoWriter("output.avi", fourcc, 20, (640,480))
```

上述程式碼首先建立視訊編碼 fourcc，其可用的編碼字串，如下表所示：

編碼名稱	編碼字串	視訊檔副檔名
YUV	*'I420'	.avi
MPEG-I	*'PIMT'	.avi
MPEG-4	*'XVID'	.avi
MP4	*'MP4V'	.mp4
Ogg Vorbis	*'THEO'	.ogv

接著建立 VideoWriter 物件來寫入視訊檔，其第 1 個參數是檔名，第 2 個參數是編碼格式，第 3 個參數是影格率，最後是影格尺寸的元組。Python 程式碼會在 while 迴圈呼叫 write() 方法，將影格寫入視訊檔，如下所示：

```
while(cap.isOpened()):
  ret, frame = cap.read()
  if ret == True:
    out.write(frame)
    cv2.imshow("Frame", frame)
    if cv2.waitKey(1) & 0xFF == ord("q"):
      break
  else:
    break
...
```

2-4 OpenCV 影像資料：NumPy 陣列

OpenCV 使用 imread() 方法讀取的影像是 NumPy 陣列。NumPy 套件全名為 Numeric Python 或 Numerical Python，提供一維、二維和多維陣列物件，支援高效率的陣列數學運算、邏輯運算、維度操作、排序、元素選取，以及基本線性代數與統計等。

基本上，AI 電腦視覺與人工智慧應用中的影像資料，都是以 NumPy 陣列的形式儲存。因此，我們需要透過 NumPy 套件來處理影像，以進行人工智慧的物體或文字偵測。

2-4-1 建立 NumPy 陣列

NumPy 陣列（Arrays）類似於 Python 串列（Lists），但陣列中的元素資料型態必須相同。NumPy 套件的核心是 ndarray 物件，這是一個由整數 int 或浮點數 float 所組成的序列，且每一個陣列元素都是相同的資料型態。在 Python 程式中，需要匯入 NumPy 套件並指定別名為 np，如下所示：

```
import numpy as np
```

使用串列與元組建立一維陣列：ch2-4-1.py

Python 程式是使用串列來建立 NumPy 陣列，其執行結果如下所示：

```
<class 'numpy.ndarray'>
1 2 3 4 5
```

Python 程式碼首先匯入 NumPy 套件，再使用 array() 方法建立 NumPy 陣列，如下所示：

```
import numpy as np
a = np.array([1, 2, 3, 4, 5])
print(type(a))
print(a[0], a[1], a[2], a[3], a[4])
```

上述程式碼使用 array() 方法建立陣列，其參數是串列（也可以是元組），接著使用 type() 函式顯示陣列型態為 numpy.ndarray 物件。

一維陣列的軸 axis 是指方向，其值為 0 代表橫向。我們可以使用索引值 0 開始，依序取出陣列的每一個元素，如下圖所示：

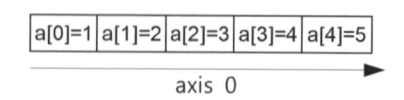

| a[0]=1 | a[1]=2 | a[2]=3 | a[3]=4 | a[4]=5 |

axis 0 →

更改一維陣列的元素值：ch2-4-1a.py

NumPy 陣列可以透過索引來更改陣列元素的值。其執行結果可以看到更改後的陣列元素值，如下所示：

```
[5 2 3 4 5]
[5 2 3 0 5]
```

Python 程式碼依序更改第 1 個（索引值 0）和第 4 個（索引值 3）元素的值，如下所示：

```
a = np.array([1, 2, 3, 4, 5])
a[0] = 5
print(a)
a[3] = 0
print(a)
```

使用巢狀串列建立二維陣列：ch2-4-1b.py

NumPy 二維陣列可以使用巢狀串列來建立，其執行結果可以看到 2×3 的二維陣列，如下所示：

```
1 2 3
4 5 6
```

Python 程式碼是使用 array() 方法建立二維陣列，其參數是一個 Python 巢狀串列，可以建立 2×3 的二維陣列，其中 2×3 稱為形狀（Shape），如下所示：

```
b = np.array([[1,2,3],[4,5,6]])
print(b[0, 0], b[0, 1], b[0, 2])
print(b[1, 0], b[1, 1], b[1, 2])
```

在二維陣列中，陣列的索引值有 2 個：[左索引值 , 右索引值]，我們需要使用 2 個索引來取出指定的元素。其軸 axis 中，0 表示直向，1 表示橫向，如下圖所示：

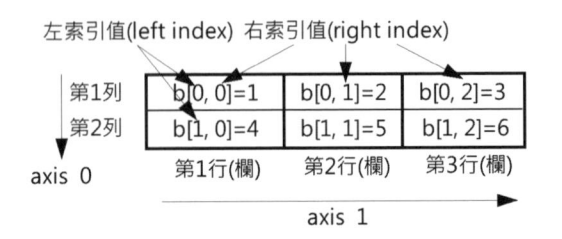

```
                左索引值(left index)  右索引值(right index)
        第1列    b[0, 0]=1   b[0, 1]=2   b[0, 2]=3
        第2列    b[1, 0]=4   b[1, 1]=5   b[1, 2]=6
   axis 0        第1行(欄)   第2行(欄)   第3行(欄)
                            axis 1
```

更改二維陣列的元素值：ch2-4-1c.py

Python 程式分別將左上角和右下角的 2 個元素值改成 6 和 1，如下所示：

```
[[6 2 3]
 [4 5 1]]
```

NumPy 二維陣列需使用 2 個索引值來存取其中的元素值，如下所示：

```
b = np.array([[1,2,3],[4,5,6]])
b[0, 0] = 6
b[1, 2] = 1
print(b)
```

建立指定元素型態的陣列：ch2-4-1d.py

Python 程式在建立 NumPy 陣列時，就可指定陣列元素為何種資料型態。其執行結果分別建立整數和浮點數的一維陣列，如下所示：

```
[1 2 3 4 5]
[1. 2. 3. 4. 5.]
```

Python 程式碼是在 array() 方法的第 2 個參數指定元素型態。第 1 個例子是整數 int，第 2 個則明確指定 dtype 參數值為浮點數 float，如下所示：

```
a = np.array([1, 2, 3, 4, 5], int)
print(a)
b = np.array((1, 2, 3, 4, 5), dtype=float)
print(b)
```

2-4-2　NumPy 陣列的屬性

NumPy 陣列是一種物件，提供了相關屬性來顯示陣列的資訊。相關屬性的說明如下表所示：

屬性	說明
dtype	陣列元素的資料型態，整數 int32/64 或浮點數 float32/64 等
size	陣列的元素總數
shape	N×M 陣列的形狀（Shape）
itemsize	陣列元素佔用的位元組數
ndim	幾維陣列，一維是 1、二維是 2
nbytes	整個陣列佔用的位元組數

Python 程式：ch2-4-2.py 可顯示 NumPy 陣列的相關屬性值，如下所示：

```
dtype= int32
size= 6
shape= (2, 3)
itemsize= 4
ndim= 2
nbytes= 24
```

Python 程式碼在建立 2×3 的二維陣列後，顯示此 NumPy 陣列在上表中的各種屬性值，如下所示：

2-25

```
a = np.array([[1,2,3],[4,5,6]])
print("dtype=", a.dtype)
print("size=", a.size)
print("shape=", a.shape)
print("itemsize=", a.itemsize)
print("ndim=", a.ndim)
print("nbytes=", a.nbytes)
```

2-4-3　NumPy 陣列內容與形狀操作

　　NumPy 陣列可以使用 reshape() 方法轉換陣列維度,如將二維改成一維,或將一維轉成二維。此外,也可以平坦化陣列、合併陣列、擴充與刪除陣列的維度、取得陣列中的最大 / 最小值,或使用切割運算子來擷取出部分陣列內容。

將一維陣列轉換成二維陣列:ch2-4-3.py

　　Python 程式可以使用 reshape() 方法將一維陣列轉換成 3×2 的二維陣列,其執行結果如下所示:

```
[1 2 3 4 5 6]
[[1 2]
 [3 4]
 [5 6]]
```

　　Python 程式碼首先建立元素值為 1~6 的一維陣列,再呼叫 reshape() 方法,將其轉換成形狀為 3×2 的二維陣列,如下所示:

```
a = np.array([1,2,3,4,5,6])
print(a)
b = a.reshape((3, 2))
print(b)
```

切割出部分陣列元素：ch2-4-3a.py

NumPy 陣列一樣可以使用串列的切割運算子來切割出部分陣列元素，其執行結果如下所示：

```
[1 2 3 4 5 6 7 8 9]
[2 3] [1 2 3 4] [4 5 6 7 8 9]
```

Python 程式碼是使用切割運算子來取出部分元素，其取出的索引範圍依序為：1, 2、0, 1, 2, 3 和 3, 4, 5, 6, 7, 8，如下所示：

```
a = np.array([1, 2, 3, 4, 5, 6, 7, 8, 9])
print(a)
b, c, d = a[1:3], a[:4], a[3:]
print(b, c, d)
```

平坦化陣列：ch2-4-3b.py

平坦化陣列是將二維陣列平坦化成一維陣列，在 NumPy 中是使用 flatten() 方法來執行陣列的平坦化，其執行結果如下所示：

```
[[1 2 3]
 [4 5 6]
 [7 8 9]]
[1 2 3 4 5 6 7 8 9]
```

Python 程式碼首先使用 reshape() 方法建立二維陣列 b，再呼叫陣列 b 的 flatten() 方法將二維平坦化成一維陣列，如下所示：

```
a = np.array([1, 2, 3, 4, 5, 6, 7, 8, 9])
b = a.reshape((3, 3))
print(b)
c = b.flatten()
print(c)
```

合併多個二維陣列：ch2-4-3c.py

NumPy 的 np.concatenate() 方法可用來合併多個二維陣列。NumPy 陣列 c 是直向合併的二維陣列，d 則是橫向合併，其執行結果如下所示：

```
[[1 2]
 [3 4]
 [5 6]
 [7 8]]
[[1 2 5 6]
 [3 4 7 8]]
```

Python 程式碼的 np.concatenate() 方法是透過參數 axis 來指定合併方向，值 0（預設值）表示直向合併，會將陣列合併到目前二維陣列的下方；值 1 則表示橫向合併，會將陣列合併到目前陣列的右方，如下所示：

```
a = np.array([[1,2],[3,4]])
b = np.array([[5,6],[7,8]])
c = np.concatenate((a, b), axis=0)
print(c)
d = np.concatenate((a, b), axis=1)
print(d)
```

擴充與刪除陣列的維度：ch2-4-3d.py

基本上，機器學習的輸入資料和回傳結果通常都是 NumPy 多維陣列，因此我們有時會需要擴充陣列的維度以符合輸入資料的形狀，或刪除陣列維度以便於存取資料。

Python 程式的執行結果首先是擴充陣列，可以看到陣列的原始形狀為 2×4，以及分別擴充維度後的形狀為：擴充在第 1 維的 1×2×4 (axis=0)，與擴充在第 2 維的 2×1×4 (axis=1)，如下所示：

```
(2, 4)
(1, 2, 4)  (2, 1, 4)
```

Python 程式碼首先透過 reshape() 方法建立形狀為 (2, 4) 的二維陣列，接著使用 np.expand_dims() 方法擴充 NumPy 維度，如下所示：

```
a = np.array([[1,2,3,4,5,6,7,8]])
b = a.reshape(2, 4)
print(b.shape)
c = np.expand_dims(b, axis=0)
d = np.expand_dims(b, axis=1)
print(c.shape, d.shape)
```

上述程式碼呼叫 2 次 np.expand_dims() 方法擴充維度，其參數 axis 指定擴充哪一維（從 0 開始）。

而刪除陣列維度則是將陣列 c 和 d 中 shape 屬性值為 1 的維度移除，其執行結果中兩個陣列的 shape 屬性值皆變為 (2, 4)，如下所示：

```
(2, 4) (2, 4)
```

Python 程式碼是使用 np.squeeze() 方法來刪除陣列中 shape 屬性值為 1 的維度，如下所示：

```
e = np.squeeze(c)
f = np.squeeze(d)
print(e.shape, f.shape)
```

取得陣列最大 / 最小值和索引：ch2-4-3e.py

Python 程式的執行結果分別顯示陣列的最小值和最大值，接著顯示最小值和最大值的索引值，如下所示：

```
6 74
5 3
```

Python 程式碼是使用 np.max() 方法取得陣列中的最大元素值，np.min() 方法取得最小值。如欲取得最大值或最小值所在的索引位置，則使用 np.argmax() 和 np.argmin() 方法，如下所示：

```
a = np.array([[11,22,13,74,35,6,27,18]])
min_value = np.min(a)
max_value = np.max(a)
print(min_value, max_value)
min_idx = np.argmin(a)
max_idx = np.argmax(a)
print(min_idx, max_idx)
```

2-5 OpenCV 影像處理：負片和馬賽克效果

　　OpenCV 提供多種影像處理方法，這些影響處理功能都可以直接詢問 ChatGPT，請它協助我們編寫相關的 Python 程式，例如：負片和馬賽克效果。

影像的負片效果：ch2-5~ch2-5a.py

　　請 ChatGPT 寫出負片效果 Python 程式的提示詞（ch2-5.txt），如下所示：

> 你是 Python 的 OpenCV 專家，請寫出一個 Python 程式：在載入 Happy.jpg 圖檔後，分別顯示原始影像和負片影像。

　　ChatGPT 寫出的 Python 程式能夠成功地顯示影像的負片效果，如下圖所示：

OpenCV 基本使用與 Numpy **2**

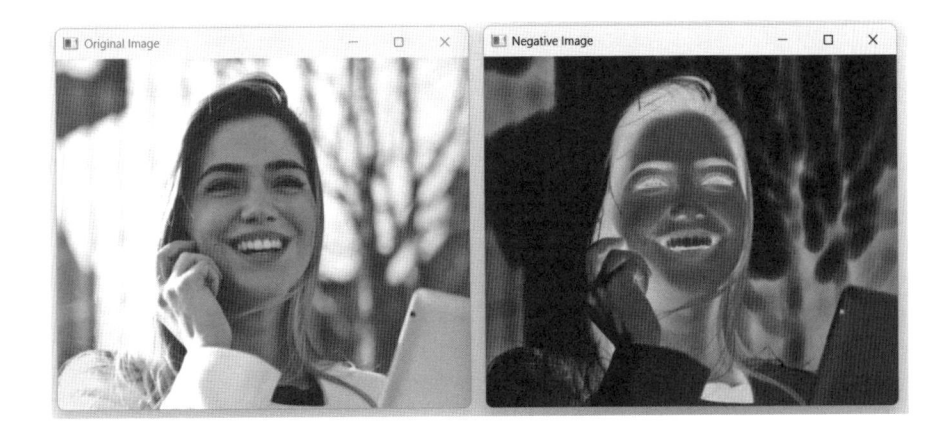

經筆者測試，ChatGPT 寫出的 Python 程式有 2 種作法。在 ch2-5.py 是使用其中的 cv2.bitwise_not() 方法，如下所示：

```
# 建立負片效果
negative_image = cv2.bitwise_not(image)
```

而在 Thonny 的 AI 輔助學習功能表中，可選取此列程式碼後，執行「AI 輔助學習 / 解釋程式」命令以自動產生提示詞至剪貼簿（ch2-5a.txt），ChatGPT 的回答如下所示：

1. **程式碼**：

   negative_image = cv2.bitwise_not(image)

2. **解釋**：

   - `cv2.bitwise_not(image)`：這行程式碼使用 OpenCV 函式 `bitwise_not()` 來對 `image` 進行位元反轉 (bitwise NOT) 運算。
   - `image`：這是一個影像變數，通常是透過 `cv2.imread()` 讀取的彩色或灰階影像。影像的每個像素值範圍在 0 到 255 之間。
   - `bitwise_not(image)` 會將影像的每個像素值 `p` 轉換為 `255 - p`，從而產生負片 (反相) 影像。例如：
     - 如果原始像素值為 `0`，轉換後變為 `255`（黑 → 白）。
     - 如果原始像素值為 `255`，轉換後變為 `0`（白 → 黑）。
     - 如果原始像素值為 `100`，轉換後變為 `155`（灰階反轉）。
   - `negative_image =`：將負片影像的結果指定給變數 `negative_image`，以便後續使用或顯示。

2-31

上述說明就是執行 255 - image 運算來產生負片效果，Python 程式：ch2-5a.py 即採用此作法，如下所示：

```
# 建立負片效果
negative_image = 255 - image
```

使用滑鼠選取區域來套用馬賽克效果：ch2-5b_gpt.py

在 OpenCV 開啟的視窗支援滑鼠事件（imshow() 方法的第 1 個參數為視窗名稱），也就是說，我們可以在顯示圖檔的視窗中，讓使用者選取長方形區域來套用馬賽克效果。Python 程式的執行結果可讓使用者透過滑鼠拖拉出長方形區域，如下圖所示：

然後放開滑鼠左鍵，即可在此選取區域套用馬賽克效果，如下圖所示：

請 ChatGPT 寫出此 Python 程式的提示詞（ch2-5b.txt），如下所示：

> 你是 Python 的 OpenCV 專家，請寫出一個 Python 程式：載入 Happy.jpg 圖檔後，讓使用者可以透過滑鼠拖拉出長方形區域，然後在此區域套用馬賽克效果。

ChatGPT 寫出的 Python 程式有時可能會有一些小問題，例如：拖拉時無法顯示方框，且會閃爍。因此，我們可能需要進一步與 ChatGPT 對話來修改並建立出此 Python 程式。

Python 程式碼主要有 2 個函式，其第 1 個是套用馬賽克效果的 apply_mosaic_to_selected_region() 函式，如下所示：

```
def apply_mosaic_to_selected_region(image,x_start, y_start, x_end, y_end):
    x1, y1 = min(x_start, x_end), min(y_start, y_end)
    x2, y2 = max(x_start, x_end), max(y_start, y_end)
    roi = image[y1:y2, x1:x2]
    small = cv2.resize(roi, (max(1, int((x2-x1) * 0.1)),
                             max(1, int((y2-y1) * 0.1))),
                       interpolation=cv2.INTER_LINEAR)
```

```
mosaic = cv2.resize(small, (x2-x1, y2-y1),
                    interpolation=cv2.INTER_NEAREST)
image[y1:y2, x1:x2] = mosaic
cv2.imshow('Image', image)
```

上述函式是將參數 img 的選取區域調整成較小尺寸後，再放大回原來尺寸，以達到馬賽克的模糊效果。在 Thonny 中，可以選取此函式的程式碼後，執行「AI 輔助學習 / 解釋程式」命令來自動產生提示詞至剪貼簿（ch2-5c.txt）。ChatGPT 的完整回答請參閱 ch2-5c.pdf。

第 2 個函式是處理滑鼠事件的回撥函式 select_region()，如下所示：

```
def select_region(event, x, y, flags, param):
    global x_start, y_start, x_end, y_end
    global selecting, image_temp
    if event == cv2.EVENT_LBUTTONDOWN:
        selecting = True
        x_start, y_start = x, y
        image_temp = image.copy()
    elif event == cv2.EVENT_MOUSEMOVE:
        if selecting:
            x_end, y_end = x, y
            image_temp = image.copy()
            cv2.rectangle(image_temp, (x_start, y_start),
                          (x_end, y_end), (0, 255, 0), 2)
            cv2.imshow('Image', image_temp)
    elif event == cv2.EVENT_LBUTTONUP:
        selecting = False
        x_end, y_end = x, y
        apply_mosaic_to_selected_region(image_temp, x_start,
                                        y_start, x_end, y_end)
```

上述函式使用 if/elif 條件敘述，分別處理滑鼠按下左鍵、滑鼠移動和釋放滑鼠左鍵的 3 個事件，如下所示：

- **滑鼠按下左鍵**：指定 selecting 變數值 True 進入選取繪圖狀態，並記錄左上角座標 (x_start, y_start)。

OpenCV 基本使用與 Numpy 2

- **滑鼠移動**：若處於選取繪圖狀態，就繪製長方形的框線。

- **釋放滑鼠左鍵**：結束選取繪圖狀態，並在取得右下角座標 (x_end, y_end) 後，將此長方形的選取區域套用馬賽克效果。

在 Thonny 中，同樣可以在選取此函式的程式碼後，執行「AI 輔助學習 / 解釋程式」命令來自動產生提示詞至剪貼簿（ch2-5d.txt）。ChatGPT 回答的完整說明請參閱 ch2-5d.pdf。

最後，使用 cv2.setMouseCallback() 方法，將 "Image" 視窗的回撥函式指定為 select_region()，如下所示：

```
cv2.namedWindow("Image")
cv2.setMouseCallback("Image", select_region)
```

而 Thonny 產生的 ChatGPT 提示詞（ch2-5e.txt），其回應如下所示：

1. `cv2.namedWindow("Image")`
   - `cv2.namedWindow` 函式用於建立一個視窗，名稱為 `"Image"`。這個視窗將用來顯示影像內容。
   - OpenCV 允許我們建立可視化視窗，以便顯示影像或進行互動操作。

2. `cv2.setMouseCallback("Image", select_region)`
   - `cv2.setMouseCallback` 函式用於為指定的視窗 `"Image"` 設定滑鼠回呼函式 (mouse callback function)。
   - 這行程式碼將 `select_region` 函式與 `"Image"` 視窗綁定，當使用者在該視窗內進行滑鼠操作時，OpenCV 會自動呼叫 `select_region` 函式來處理滑鼠事件。
   - `select_region` 應該是一個已定義的函式，負責處理滑鼠按下、釋放、移動等事件。

學習評量

1. 請說明什麼是 OpenCV？OpenCV 如何處理 Webcam 攝影機？
2. 請問 OpenCV 如何在影像繪圖和寫上文字？什麼是 imutils 套件？
3. 請問什麼是影像幾何轉換？何謂色彩空間？
4. 請說明什麼是 NumPy 陣列？NumPy 陣列和 Python 串列的差異為何？
5. 請建立 Python 程式：讀取 cat.jpg 圖檔後，轉換成灰階並旋轉 90 度，最後在影像上寫上你的名字。
6. 請建立 Python 程式：使用灰階方式播放 YouTube.mp4 視訊檔，並將其寫入視訊檔。換句話說，就是將彩色視訊檔轉換成灰階視訊檔。

chapter 3 / **OpenCV DNN 電腦視覺與文字識別**

▷ 3-1　OpenCV 哈爾特徵層級式分類器

▷ 3-2　OpenCV DNN 模組與預訓練模型

▷ 3-3　OpenCV DNN 影像分類與人臉偵測

▷ 3-4　OpenCV DNN 物體偵測與文字區域偵測

▷ 3-5　Tesseract-OCR 文字識別

3-1 OpenCV 哈爾特徵層級式分類器

電腦視覺（Computer Vision）旨在研究如何讓電腦看得到並了解影像或視訊中影格（幀）的內容，其應用領域包含：

- 自駕車（Autonomous Vehicles）。
- 人臉偵測（Face Detection）或人臉辨識（Facial Recognition）。
- 物體偵測（Object Detection）或圖片搜尋與物體辨識（Image Search and Object Recognition）。
- 機器人（Robotics）。

3-1-1 認識 OpenCV 哈爾特徵層級式分類器

OpenCV 內建「哈爾層級式分類器」（Haar Cascade Classifiers）的物體偵測技術，可以幫助我們進行影像和影格數位內容的物體偵測。不只如此，因為 OpenCV 已內建多種現成的**預訓練分類器**（Pre-trained Classifiers），所以，我們可立即建立 Python 程式，使用 OpenCV 預訓練分類器來偵測出人臉、眼睛、微笑和身體等物體。

哈爾層級式分類器是一種機器學習的物體偵測技術，其作法是使用邊界、直線和中心圍繞等十多種哈爾特徵（Harr Features）的數位遮罩，在目標影像或是影格（幀）的數位內容上滑動窗格區域，計算出特定區域的特徵值，進而根據這些特徵值來判斷是否內含特定種類的物體。

一般來說，偵測特定物體的特徵數非常多，假設偵測出一張人臉需要 6000 個特徵，我們並不可能在每一個窗格都套用 6000 個特徵，因為這種作法太沒效率。而 OpenCV 是使用層級式分類器（Cascade Classifiers），將特徵分成多個群組的弱分類器，每一個群組是一個階層，如同樓梯，通過第 1 階分類器才能進入第 2 階分類器，直到爬至最後一階分類器後，才能夠偵測出此為特定的物體。

簡單地說，層級式分類器就是使用很多層功能不強的弱分類器，採用「三個臭皮匠勝過一個諸葛亮」的策略，針對每一層分類器的錯誤再加強學習來建立出下一層分類器。經過層層助推（Boosting）後，錯誤就會愈來愈少，直到訓練出可以正確偵測出指定物體的分類器。

3-1-2 人臉偵測

人臉偵測可在任意一張影像或是影格的數位內容中，偵測出單張或多張人臉，並且標示出臉部的**邊界框**（Bounding Box，bbox）。重點是人臉偵測只會找出人臉，並忽略掉其他非人臉的物體，例如：身體、樹木和建築物等。

事實上，人臉偵測就是一種特殊版本的物體偵測（Object Detection），一種用來專門偵測人臉的電腦視覺。現在，我們可以建立 Python 程式，使用 OpenCV 哈爾特徵層級式分類器來進行影像內容的人臉偵測。

請在 https://github.com/opencv/opencv/tree/4.x/data/haarcascades 下載哈爾特徵層級式分類器。筆者已將其下載並儲存至「ch03/haarcascades」目錄，其中的 haarcascade_frontalface_default.xml 檔案即用於偵測人臉。

影像內容的人臉偵測：ch3-1-2.py

　　Python 程式先以 OpenCV 讀取圖檔，再使用 OpenCV 哈爾特徵層級式分類器來進行人臉偵測。其執行結果可以看到綠色邊界框所框出的多張人臉，如下圖所示：

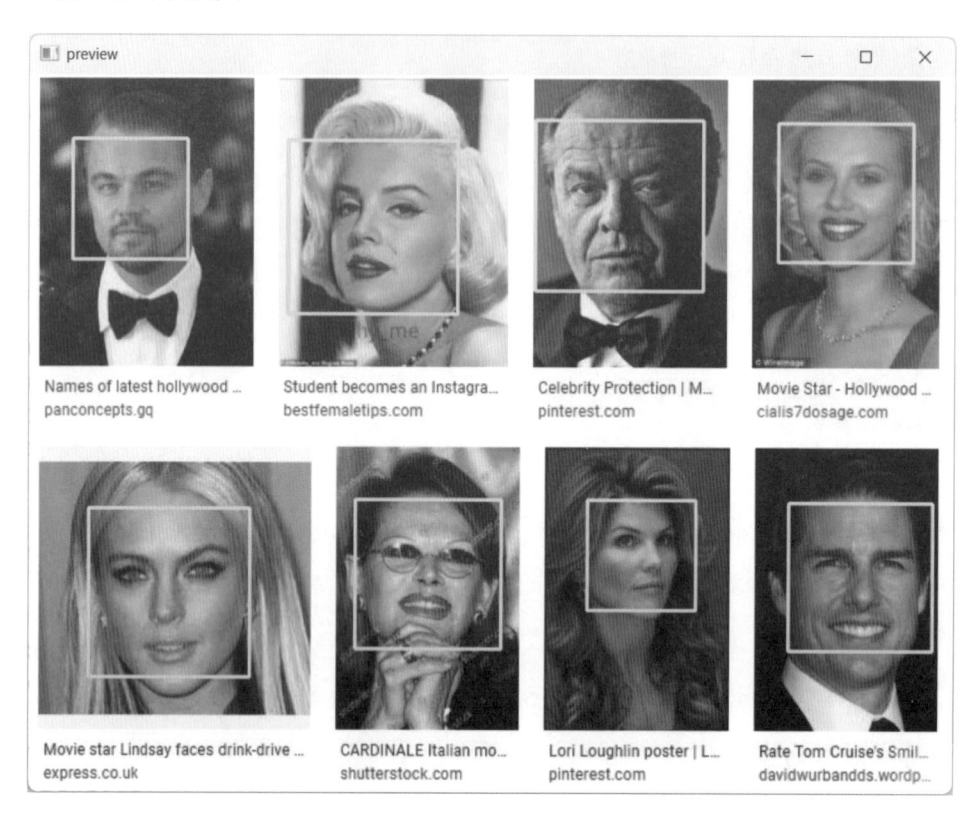

　　在 Python 程式碼首先匯入 OpenCV，然後建立 CascadeClassifier 物件載入預先訓練分類器 haarcascade_frontalface_default.xml（人臉偵測的分類器），如下所示：

```
import cv2

faceCascade = cv2.CascadeClassifier(
            "haarcascades/haarcascade_frontalface_default.xml")

image = cv2.imread("images/faces.jpg")
gray = cv2.cvtColor(image, cv2.COLOR_BGR2GRAY)
```

上述 imread() 方法讀取 faces.jpg 圖片並呼叫 cvtColor() 方法轉換成灰階影像 gray 後，在下方呼叫 detectMultiScale() 方法來偵測人臉，如下所示：

```
faces = faceCascade.detectMultiScale(
    gray,
    scaleFactor=1.1,
    minNeighbors=5,
    minSize=(30, 30)
)

print("人臉數:", len(faces))
```

上述方法的回傳值為偵測出物體的邊界框座標，一個邊界框是一張人臉。第 1 個參數是灰階影像 gray，其他參數的說明如下所示：

- **scaleFactor 參數**：指定影像每次縮小尺寸時的縮小比例，增加參數值可以加快偵測速度，但可能因此遺漏一些可辨識的物體。

- **minNegihbors 參數**：指定每一個候選框需要保留多少個鄰居，值愈高，偵測出的數量會較少，但品質較高。

- **minSize 參數**：最小可能的物體尺寸，小於此尺寸的物體會被忽略。

- **maxSize 參數**：最大可能的物體尺寸，大於此尺寸的物體會被忽略。

接著使用 len() 函式顯示偵測出的人臉數。在下方使用 for 迴圈繪製偵測出人臉的長方形外框後，呼叫 imshow() 方法顯示偵測結果的影像，如下所示：

```
for (x, y, w, h) in faces:
    cv2.rectangle(image, (x, y), (x+w, y+h), (0, 255, 0), 2)

cv2.imshow("preview", image)
cv2.waitKey(0)

cv2.destroyAllWindows()
```

即時影像的人臉偵測：ch3-1-2a.py

Python 程式是整合第 2-3-1 節的 Webcam 網路攝影機，和 OpenCV 哈爾特徵層級式分類器來進行即時影像的人臉偵測，其執行結果可以看到在攝影機的即時影像中，標示出多張人臉的綠色框。

在 Python 程式碼首先匯入 OpenCV，再載入預先訓練分類器 haarcascade_frontalface_default.xml，接著建立 VideoCapture 物件來開啟 Webcam 攝影機，如下所示：

```python
import cv2

faceCascade = cv2.CascadeClassifier(
            "haarcascades/haarcascade_frontalface_default.xml")

cap = cv2.VideoCapture(0, cv2.CAP_DSHOW)
cap.set(cv2.CAP_PROP_FRAME_WIDTH, 640)
cap.set(cv2.CAP_PROP_FRAME_HEIGHT, 480)
```

上述程式碼調整影格尺寸成 640×480 後，在下方 while 無窮迴圈呼叫 read() 方法――讀取攝影機的影格（幀），然後轉換成灰階影像，如下所示：

```python
while True:
    ret, frame = cap.read()
    gray = cv2.cvtColor(frame, cv2.COLOR_BGR2GRAY)
    faces = faceCascade.detectMultiScale(
        gray,
        scaleFactor=1.1,
        minNeighbors=5,
        minSize=(30, 30)
    )
    
    print("人臉數:", len(faces))
```

上述程式碼呼叫 detectMultiScale() 方法偵測人臉，並使用 len() 函式顯示偵測出的人臉數。在下方 for 迴圈繪出每張人臉的長方形外框，和顯示人臉偵測結果的影格，如下所示：

```
for (x, y, w, h) in faces:
    cv2.rectangle(frame, (x, y), (x+w, y+h), (0, 255, 0), 2)

cv2.imshow("preview", frame)
if cv2.waitKey(1) & 0xFF == ord("q"):
    break
cap.release()
cv2.destroyAllWindows()
```

3-1-3 更多 OpenCV 哈爾特徵層級式分類器

OpenCV 預設提供多種哈爾特徵層級式分類器，Python 程式可直接使用這些分類器來偵測影像中的眼睛、微笑、全身和半身等物體。由於程式結構和 ch3-1-2.py 的人臉偵測相似，筆者就不詳細說明程式碼。

眼睛偵測：ch3-1-3.py

眼睛偵測（Eyes Detection）是使用 haarcascade_eye.xml 分類器，其執行結果如右圖所示：

微笑偵測：ch3-1-3a.py

微笑偵測（Smiles Detection）是使用 haarcascade_smile.xml 分類器，其執行結果如右圖所示：

全身和半身偵測：ch3-1-3b~ch3-1-3c.py

全身偵測（Bodies Detection）和半身偵測（Upper Bodies Detection）分別使用的是 haarcascade_fullbody.xml 和 haarcascade_upperbody.xml 分類器，其執行結果如下圖所示：

3-2 OpenCV DNN 模組與預訓練模型

OpenCV DNN 模組可直接載入預訓練模型來進行人臉偵測、影像分類、物體偵測和文字區域偵測等人工智慧應用。

預訓練模型（Pre-trained Models）是指使用 Caffe、TensorFlow、Torch/PyTorch 和 Darknet 等框架已完成訓練的深度學習模型，除了模型結構，還包含訓練結果的權重檔。

3-2-1 認識 OpenCV DNN 模組

OpenCV 內建支援深度學習推論，在 Python 開發環境中無需任何額外套件的安裝，就可直接使用 OpenCV DNN 模組載入深度學習的預訓練模型來進行推論與預測。

OpenCV DNN 模組

OpenCV 是在 3.3 版加入 DNN 模組，全名 Deep Neural Networks Module 深度神經網路模組。目前只支援影像和視訊的深度學習推論，可使用 Caffe、TensorFlow、Torch/PyTorch 和 Darknet 等多種深度學習框架所訓練的深度學習模型。

目前 OpenCV DNN 模組已支援常見的預訓練模型：AlexNet、GoogLeNet V1、ResNet-34/50/…、SqueezeNet V1.1、VGG-based FCN、ENet、VGG-based SSD 和 MobileNet-based SSD 等。換句話說，我們只需下載這些預訓練模型檔，就可立即建立 Python 程式來實作人工智慧的相關應用。

> **Tips 請注意！** OpenCV DNN 模組目前只支援 CPU，不過，因模組已針對 Intel CPU 進行高度優化，如果 Windows 電腦是使用 Intel CPU，其執行效能有可能會優於原開發框架，提供更佳的推論速度。

OpenCV DNN 模組的預訓練模型

在 OpenCV 的官方 GitHub 網站已提供一些現成的預訓練模型和使用範例，其 URL 網址如下所示：

```
https://github.com/opencv/opencv_zoo/tree/main/models
```

Name	Last commit message	Last commit date
..		
edge_detection_dexined	Added dexined quantized model for edge detection (#272)	5 months ago
face_detection_yunet	Update README.md (#276)	3 months ago
face_image_quality_assessment_ediffiqa	Adding eDifFIQA(T) a light-weight model for face image quality assess...	6 months ago
face_recognition_sface	[GSoC] Add block quantized models (#270)	3 months ago
facial_expression_recognition	[GSoC] Add block quantized models (#270)	3 months ago
handpose_estimation_mediapipe	[GSoC] Add block quantized models (#270)	3 months ago
human_segmentation_pphumanseg	[GSoC] Add block quantized models (#270)	3 months ago
image_classification_mobilenet	[GSoC] Add block quantized models (#270)	3 months ago

上述目錄是官方的 DNN 預訓練模型，我們也能在 GitHub 或網路上，搜尋到更多支援 OpenCV DNN 模組的預訓練模型。

3-2-2 下載本書使用的預訓練模型

為了方便讀者執行本書 Python 程式的 AI Vision 應用，筆者已將本書使用的預訓練模型檔都上傳至 GitHub，其 URL 網址如下所示：

```
https://github.com/fchart/PythonCV/tree/master/models
```

Name	Last commit message	Last commit date
..		
DenseNet_121	Upload files	3 hours ago
EAST	Upload files	3 hours ago
Emotion	Upload files	3 hours ago
Face_recognition_models	Upload files	3 hours ago
MobileNet	Upload files	3 hours ago
MobileNetSSD	Upload files	3 hours ago
Res10_ssd	Upload files	3 hours ago

上述各目錄為本書 OpenCV DNN、LiteRT 和 Dlib 使用的預訓練模型。

從 GitHub 下載單一檔案

在 GitHub 網頁介面可下載指定的單一檔案，例如：點選 **MobileNetSSD** 目錄，可以看到支援 OpenCV DNN 模組和 LiteRT 的 MobileNet SSD 預訓練模型的檔案清單，如下圖所示：

PythonCV / models / MobileNetSSD /

Name	Last commit message	Last commit date
..		
MobileNetSSD_deploy.caffemodel	Upload files	3 hours ago
MobileNetSSD_deploy.prototxt.txt	Upload files	3 hours ago
MobileNetSSD_labels.txt	Upload files	3 hours ago
labelmap.txt	Upload files	3 hours ago
lite-model_ssd_mobilenet_v1_1_...	Upload files	3 hours ago

請點選檔名 **MobileNetSSD_deploy.caffemodel** 後，再按游標所在的圖示來下載此檔案，如下圖所示：

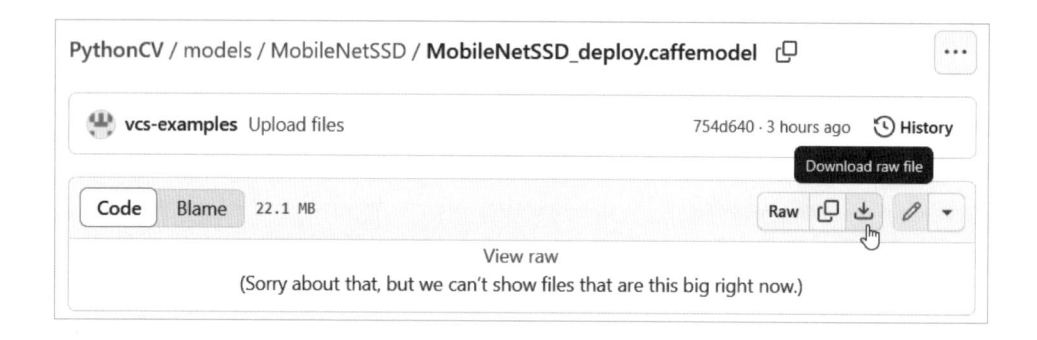

下載 GitHub 指定目錄下的所有檔案

DownGit：https://downgit.github.io/ 網頁可以幫忙我們下載指定 GitHub 目錄下的所有檔案。請切換至欲下載的 GitHub 目錄，再複製瀏覽器上方的 URL 網址，然後貼上至下方欄位後，按 **Download** 鈕打包成 ZIP 檔，來下載整個目錄的檔案，如下圖所示：

3-3　OpenCV DNN 影像分類與人臉偵測

影像分類（Image Classification）是指讓電腦分析影像內容，判斷其屬於哪一類影像，正確地說，是**預測最有可能的分類**，例如：提供一張無尾熊影像，影像分類可讓電腦分析並輸出其為無尾熊的可能性。

3-3-1　OpenCV DNN 影像分類

DenseNet 是 CNN 卷積神經網路的深度學習模型，OpenCV DNN 模組可以直接使用 DenseNet 預訓練模型來執行影像分類。

下載 DenseNet-Caffe 預訓練模型

請進入第 3-2-2 節本書預訓練模型「models/DenseNet_121」目錄的下載網頁，下載 DenseNet_121.caffemodel、DenseNet_121.prototxt.txt 和 classification_classes_ILSVRC2012.txt 三個檔案至「ch03/models」目錄。

OpenCV DNN 模組的影像分類：ch3-3-1.py

Python 程式在載入 DenseNet-Caffe 預訓練模型後，即可分類影像。此模型能夠分類 1000 種不同的物體，影像尺寸是 (224, 224)。其執行結果可以看到影像分類結果是虎斑貓（Tabby），可能性有 61.35%，如下圖所示：

3-13

Python 程式碼首先匯入 OpenCV 和 NumPy 套件，然後依序是模型檔、配置檔和分類檔的路徑，如下所示：

```
import cv2
import numpy as np

model_path = "models/DenseNet_121.caffemodel"
config_path = "models/DenseNet_121.prototxt.txt"
class_path = "models/classification_classes_ILSVRC2012.txt"
class_names = []
with open(class_path, "r") as f:
    for line in f.readlines():
        class_names.append(line.split(",")[0].strip())
```

　　上述 with/as 程式區塊開啟分類檔，讀取分類資料來建立 class_names 串列。在分類檔的每一行是一種分類清單，我們只取出「,」號前的分類名稱，例如：tench，如下所示：

```
tench, Tinca tinca
```

接著在下方呼叫 cv2.dnn.readNet() 方法載入預訓練模型，如下所示：

```
model = cv2.dnn.readNet(model=model_path, config=config_path,
                        framework="Caffe")
```

上述 model 參數是模型檔路徑，config 參數是配置檔路徑，framework 參數指定使用哪一種框架的預訓練模型，以此例是 Caffe，其參數值可以是 Caffe、TensorFlow、Torch 和 Darknet 等。在下方呼叫 cv2.imread() 方法讀取 cat3.jpg 圖檔的影像，如下所示：

```
img = cv2.imread("images/cat3.jpg")
blob = cv2.dnn.blobFromImage(image=img, scalefactor=0.01,
                             size=(224, 224), mean=(104, 117, 123))
```

上述 cv2.dnn.blobFromImage() 方法是 OpenCV DNN 模組的影像預處理，可以將欲推論的影像預處理成當初訓練時的輸入影像格式，此方法的回傳值是 Blob 物件，其參數說明如下所示：

- **image 參數**：NumPy 陣列的影像資料。
- **size 參數**：調整影像尺寸，DenseNet 是 (224, 224)。
- **scalefactor 參數**：標準化的縮放比例值，預設值是 1。
- **mean 參數**：均值減法是將 RGB 三原色的 0~255 值減去色彩平均值（色彩平均值視模型而定），其目的是解決光照變換的問題。
- **swapRB 參數**：是否交換 RB 影像從 OpenCV 的 BGR 轉換成 RGB，預設值是 True。

然後在下方呼叫 setInput() 方法指定輸入的 Blob 物件後，使用 forward() 方法執行前向傳播進行深度學習推論，其回傳值為辨識出物體的 NumPy 陣列 final_outputs，如下所示：

```
model.setInput(blob)
outputs = model.forward()
final_outputs = outputs[0].reshape(1000, 1)
```

上述程式碼呼叫 reshape() 方法轉換成 (1000, 1) 形狀。因為模型輸出值需經 Softmax 函數處理，所以在下方建立 softmax() 函式，使用 Softmax 公式將輸出轉換成可能性的信心指數值，如下所示：

```
def softmax(x):
    return np.exp(x)/np.sum(np.exp(x))
probs = softmax(final_outputs)
```

上述程式碼呼叫 softmax() 函式，參數是 final_outputs 陣列。在下方呼叫 np.max() 方法取出最大可能性的值，而因值為小於 1 的浮點數，故乘以 100 轉換成百分比。np.round() 方法是四捨五入，第 2 個參數值 2 是取小數點下 2 位，如下所示：

```
final_prob = np.round(np.max(probs)*100, 2)
label_id = np.argmax(probs)
out_name = class_names[label_id]
```

上述 np.argmax() 方法取出 probs 陣列最大元素值的索引值，即最有可能的物體，然後使用此索引值取出 class_names 串列的分類名稱。接著在下方標示推論結果的分類名稱和可能性的百分比，即可呼叫 cv2.imshow() 方法顯示標示影像，如下所示：

```
cv2.putText(img, out_name, (25, 50),
            cv2.FONT_HERSHEY_SIMPLEX, 1, (0, 255, 0), 2)
out_msg = str(final_prob) + "%"
cv2.putText(img, out_msg, (25, 100),
            cv2.FONT_HERSHEY_SIMPLEX, 1, (0, 255, 0), 2)
cv2.imshow("Image", img)
cv2.waitKey(0)
cv2.destroyAllWindows()
```

3-3-2 OpenCV DNN 人臉偵測

Res10_SSD_Caffe 預訓練模型是一個人臉偵測的深度學習模型，基於 SSD（Single Shot MultiBox Detector）架構，可在單一影像識別出多張人臉，並且一一取出其邊界框座標和可能性。

下載 Res10_SSD_Caffe 預訓練模型

請進入第 3-2-2 節本書預訓練模型「models/Res10_ssd」目錄的下載網頁，下載 res10_300x300_ssd_iter_140000_fp16.caffemodel 和 deploy.prototxt（此檔案描述模型架構和層次結構）二個檔案至「ch03/models」目錄。

OpenCV DNN 模組的人臉偵測：ch3-3-2.py

Python 程式是載入 Res10_SSD_Caffe 預訓練模型來執行人臉偵測，其執行結果可以看到影像標示偵測出的人臉，如下圖所示：

Python 程式碼首先匯入 OpenCV 套件，以及模型檔和配置檔，如下所示：

```python
import cv2

model_path = "models/res10_300x300_ssd_iter_140000_fp16.caffemodel"
config_path = "models/deploy.prototxt"
model = cv2.dnn.readNet(model=model_path, config=config_path,
                        framework="Caffe")
```

上述 cv2.dnn.readNet() 方法載入預訓練模型，其第 1 個參數是配置檔，第 2 個參數是模型檔路徑。在下方呼叫 cv2.imread() 方法讀取 face2.jpg 圖檔的影像，並取出影像尺寸，即高和寬後，呼叫 cv2.dnn.blobFromImage() 方法執行影像預處理，並回傳 Blob 物件，如下所示：

```python
image = cv2.imread("images/faces2.jpg")
image_height, image_width = image.shape[:2]
blob = cv2.dnn.blobFromImage(image, scalefactor=1.0,
                             size=(300, 300), mean=(104.0, 117.0, 123.0),
                             swapRB=False, crop=False)
model.setInput(blob)
results = model.forward()
```

上述程式碼呼叫 setInput() 方法指定輸入的 Blob 物件後，使用 forward() 方法執行前向傳播進行推論，其回傳值為辨識出所有人臉的 NumPy 陣列 results（在同一張影像可以識別出多張人臉），如下所示：

```python
for face in results[0][0]:
    face_confidence = face[2]   # 取得信心指數
    if face_confidence > 0.5:   # 只處理信心指數大於0.5
        x1 = int(face[3] * image_width)
        y1 = int(face[4] * image_height)
        x2 = int(face[5] * image_width)
        y2 = int(face[6] * image_height)
        cv2.rectangle(image, (x1, y1), (x2, y2), (255, 0, 0), 2)
```

上述 for 迴圈走訪每一個識別出的人臉，因為有些識別出的人臉可能性低，在取得 face_confidence 信心指數後，if 條件只取出大於 0.5 的人臉，即可計算出標示邊界框的左上角和右下角座標，和呼叫 cv2.rectangle() 方法來繪出邊界框。在下方呼叫 cv2.imshow() 方法顯示標示影像，如下所示：

```
cv2.imshow("Detected Faces", image)
cv2.waitKey(0)
cv2.destroyAllWindows()
```

3-4 OpenCV DNN 物體偵測與文字區域偵測

物體偵測（Object Detection）是一種可在影像的數位內容中，同時辨識出多種物體的電腦視覺應用領域，例如：在影像中辨識出人、車輛、椅子、石頭、建築物和各種動物等。事實上，物體偵測正是在回答下列 2 個基本問題，如下所示：

- 這是什麼東西？
- 這個東西在哪裡？

而文字區域偵測則是在影像中找出有文字內容的影像區域。

3-4-1 OpenCV DNN 物體偵測

MobileNet 是一種影像分類模型，MobileNet-SSD 是基於 MobileNet 的 SSD（Single Shot MultiBox Detector）架構，可在單一影像偵測出多個物體名稱，並且一一取出其邊界框座標、分類名稱和可能性。

下載 MobileNet-SSD 預訓練模型

請進入第 3-2-2 節本書預訓練模型「models/MobileNetSSD」目錄的下載網頁，下載 MobileNetSSD_deploy.caffemodel、MobileNetSSD_deploy.prototxt.txt 和 MobileNetSSD_labels.txt 三個檔案至「ch03/models」目錄。

OpenCV DNN 模組的物體識別：ch3-4-1.py

Python 程式是載入 MobileNet-SSD 預訓練模型來執行物體識別，此模型可以辨識 21 種不同物體，影像尺寸是 (300, 300)。其執行結果可以看到影像標示出偵測到物體的名稱和可能性 (信心指數)，如下圖所示：

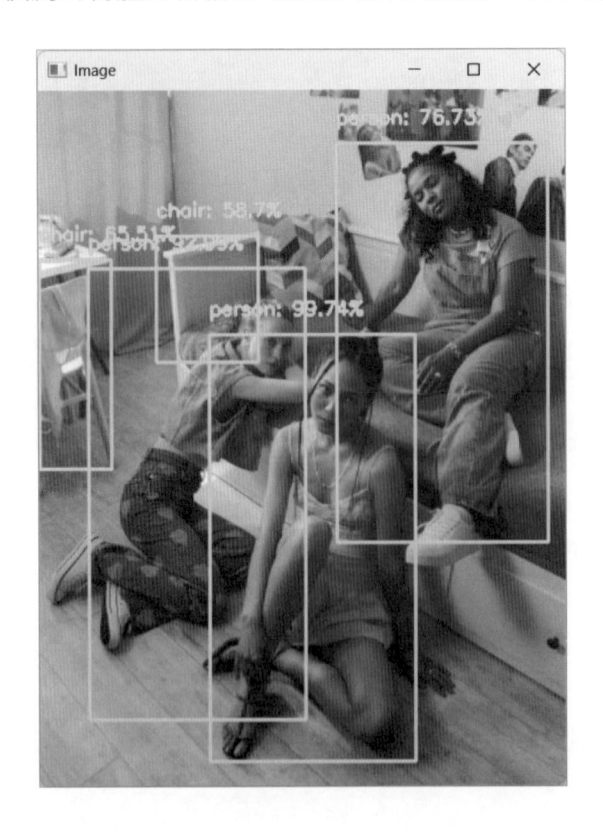

Python 程式碼首先匯入 OpenCV 和 NumPy 套件，然後依序是模型檔、配置檔和分類檔路徑，如下所示：

```
import numpy as np
import cv2

model_path = "models/MobileNetSSD_deploy.caffemodel"
config_path = "models/MobileNetSSD_deploy.prototxt.txt"
class_path = "models/MobileNetSSD_labels.txt"
class_names = []
with open(class_path, "r") as f:
    class_names = f.read().split("\n")
```

上述 with/as 程式區塊開啟分類檔,讀取分類來建立 class_names 串列,在分類檔的每一列是一種分類名稱。在下方呼叫 cv2.dnn.readNet() 方法載入預訓練模型,其第 1 個參數是網路配置檔,第 2 個參數是模型檔路徑,由於沒有指定框架,預設自動判斷為 Caffe,如下所示:

```
net = cv2.dnn.readNet(config_path, model_path)
img = cv2.imread("images/people.jpg")
h, w = img.shape[:2]
blob = cv2.dnn.blobFromImage(img, 0.007843, (300, 300), 127.5)
```

上述程式碼呼叫 cv2.imread() 方法讀取 people.jpg 圖檔的影像,並取出影像尺寸,接著呼叫 cv2.dnn.blobFromImage() 方法執行影像預處理,並回傳 Blob 物件。

在下方呼叫 setInput() 方法指定輸入的 Blob 物件後,使用 forward() 方法執行前向傳播進行推論,其回傳值為辨識出所有物體的 NumPy 陣列 detections(在同一張影像可以識別出多個物體),如下所示:

```
net.setInput(blob)
detections = net.forward()
print(detections.shape)
detections = np.squeeze(detections)
print(len(detections))   # 偵測到幾個
```

上述程式碼呼叫 np.squeeze() 方法刪除陣列維度值為 1 的維度後，呼叫 len() 函式取得偵測到的物體數。在下方 for 迴圈走訪每一個識別出的物體，因為有些識別出的物體可能性低，在取得 confidence 信心指數後，if 條件只取出大於 0.5 的物體，如下所示：

```python
for i in range(0, detections.shape[0]):
    confidence = detections[i, 2]
    if confidence > 0.5:
        idx = int(detections[i, 1])
        box = detections[i, 3:7] * np.array([w, h, w, h])
        (startX, startY, endX, endY) = box.astype("int")
        cv2.rectangle(img, (startX, startY), (endX, endY),
                    (10, 255, 0), 2)
```

上述程式碼依序取得索引值、物體邊界框座標，並將信心指數轉換成百分比的可能性後，呼叫 cv2.rectangle() 方法繪出邊界框。

在下方建立物體名稱和可能性的訊息字串後，計算出訊息字串的 Y 軸座標 y 後，呼叫 cv2.putText() 方法寫上訊息字串，如下所示：

```python
        prob = np.round(confidence*100, 2)
        label = class_names[idx] + ": " + str(prob) + "%"
        y = startY - 15 if startY - 15 > 15 else startY + 15
        cv2.putText(img, label, (startX, y),
                    cv2.FONT_HERSHEY_SIMPLEX,
                    0.5, (10, 255, 0), 2)
        print(label)
cv2.imshow("Image", img)
cv2.waitKey(0)
cv2.destroyAllWindows()
```

上述程式碼呼叫 cv2.imshow() 方法顯示標示影像。Python 程式：ch3-4-1a.py 是使用 OpenCV DNN 模組的即時物體識別，可以在視訊的影格中識別出多個物體，如下圖所示：

3-4-2　OpenCV DNN 文字區域偵測

　　EAST（An Efficient and Accurate Scene Text Detector）是一種高效能且高準確率的文字區域偵測的預訓練模型，在這一節我們準備使用 OpenCV DNN 模組來建立 EAST 文字區域偵測。

　　EAST 文字區域偵測是一種從影像中偵測出文字區域的技術，其主要目的是找出影像中存在的文字並標示其位置。EAST 模型的優點在於速度快且準確，適合即時應用，並且可以在複雜場景中精確地定位水平和多方向的文字區域。

下載 EAST 預訓練模型

　　請進入第 3-2-2 節本書預訓練模型「models/EAST」目錄的下載網頁，下載 frozen_east_text_detection.pb 檔案至「ch03/models」目錄。

EAST 文字區域偵測：ch3-4-2.py

　　Python 程式是載入 EAST 預訓練模型來進行文字偵測，可在影像中使用邊界框標示偵測出的文字內容。其執行結果可以看到使用邊界框標示出的文字區域，以此例為車牌的文字區域，如下圖所示：

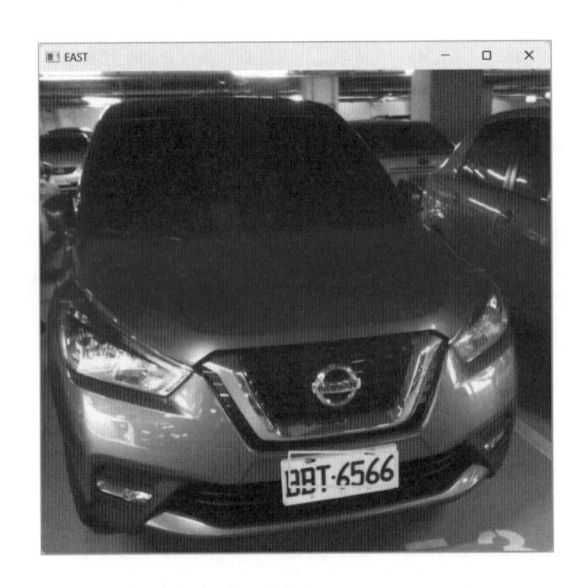

　　Python 程式碼首先匯入 OpenCV、NumPy 套件和 imutils.object_detection 的 non_max_suppression，接著是模型檔路徑，如下所示：

```
import cv2
import numpy as np
from imutils.object_detection import non_max_suppression

model_path = "models/frozen_east_text_detection.pb"
img = cv2.imread("images/car.jpg")
model = cv2.dnn.readNet(model_path)
```

　　上述程式碼呼叫 cv2.imread() 方法讀取 car.jpg 圖檔後，呼叫 cv2.dnn.readNet() 方法載入 EAST 模型。在下方建立輸出層 outputLayers 串列，依序是推論結果的可能性信心指數和邊界框座標兩層，如下所示：

```
outputLayers = []
outputLayers.append("feature_fusion/Conv_7/Sigmoid")
outputLayers.append("feature_fusion/concat_3")
height,width,colorch = img.shape
new_height = (height//32+1)*32
new_width = (width//32+1)*32
h_ratio = height/new_height
w_ratio = width/new_width
```

上述程式碼計算影像的新尺寸，因為 EAST 輸入影像尺寸需為 32 的倍數，在使用整數除法計算出 32 倍數的新尺寸後，再計算出與原尺寸的比例，以便之後調整座標。在下方呼叫 cv2.dnn.blobFromImage() 方法執行影像預處理，並回傳 Blob 物件，如下所示：

```
blob = cv2.dnn.blobFromImage(img ,1 ,(new_width, new_height),
                             (123.68,116.78,103.94), True)
model.setInput(blob)
(scores, geometry) = model.forward(outputLayers)
rectangles=[]
confidence_score=[]
```

上述程式碼呼叫 setInput() 方法指定輸入的 Blob 物件後，使用 forward() 方法執行前向傳播進行推論，其回傳值為所有偵測出文字區域的可能性分數 scores 和區域資訊 geometry，其 geometry 是使用列和欄方式儲存每一個偵測到文字區域的資訊。

在下方取出 geometry 的列 rows 和欄 cols 後，使用二層 for 迴圈來走訪列和欄，即可一一取出偵測到的每一個文字區域，如下所示：

```
rows = geometry.shape[2]
cols = geometry.shape[3]
for y in range(0, rows):
    for x in range(0, cols):
        if scores[0][0][y][x] < 0.5:
            continue
        offset_x = x*4
        offset_y = y*4
```

上述 if 條件判斷可能性分數 scores 如果小於 0.5，就直接執行下一次迴圈，故只會取出大於等於 0.5 的文字區域，並計算位移量。在下方使用位移量計算邊界框的左上角和右下角座標，如下所示：

```
bottom_x = int(offset_x + geometry[0][1][y][x])
bottom_y = int(offset_y + geometry[0][2][y][x])
top_x = int(offset_x - geometry[0][3][y][x])
top_y = int(offset_y - geometry[0][0][y][x])
rectangles.append((top_x, top_y, bottom_x, bottom_y))
confidence_score.append(float(scores[0][0][y][x]))
```

上述程式碼依序將邊界框座標和可能性信心指數的分數新增至 rectangles 和 confidence_score 串列。在下方呼叫 non_max_suppression() 的 NMS (Non Maximum Suppression) 處理，以清除辨識出相同物體的多個重疊邊界框雜訊，並從其中找出最佳的邊界框，如下所示：

```
final_boxes = non_max_suppression(np.array(rectangles),
                                  probs=confidence_score,
                                  overlapThresh=0.5)
for (x1,y1,x2,y2) in final_boxes:
    area = abs(x2-x1) * abs(y2-y1)
    if area > 4000:
        x1 = int(x1*w_ratio)
        y1 = int(y1*h_ratio)
        x2 = int(x2*w_ratio)
        y2 = int(y2*h_ratio)
        cv2.rectangle(img, (x1,y1), (x2,y2), (0,255,0), 2)
```

上述 for 迴圈走訪 NMS 處理後保留的邊界框座標，在計算出邊界框面積後，if 條件判斷面積是否大於 4000。如果是，就使用之前的比例來調整座標，並呼叫 cv2.rectangle() 方法繪出邊界框。在下方呼叫 cv2.imshow() 方法顯示標示影像，如下所示：

```
cv2.imshow("EAST", img)
cv2.waitKey(0)
cv2.destroyAllWindows()
```

3-5　Tesseract-OCR 文字識別

　　OCR 是 Optical Character Recognition 光學字元識別的縮寫，能自動識別出影像中的文字並將其轉換成字串。Tesseract-OCR 引擎最早由 HP 實驗室在 1985 年開發，目前已是 Google 的開源項目，提供一個命令列工具來執行 OCR 操作，讓我們從影像識別出其中的文字。

3-5-1　下載安裝 Tesseract-OCR 和語言包

　　Windows 版 Tesseract-OCR 安裝程式的下載網址：https://github.com/UB-Mannheim/tesseract/wiki，如下圖所示：

Tesseract installer for Windows

Normally we run Tesseract on Debian GNU Linux, but there was also the need for a Windows version. That's why we have built a Tesseract installer for Windows.

WARNING: Tesseract should be either installed in the directory which is suggested during the installation or in a new directory. The uninstaller removes the whole installation directory. If you installed Tesseract in an existing directory, that directory will be removed with all its subdirectories and files.

The latest installers can be downloaded here:

- tesseract-ocr-w64-setup-5.5.0.20241111.exe (64 bit)

There are also older versions for 32 and 64 bit Windows available.

　　請點選上述超連結下載安裝程式檔案，在本書是下載 64 位元版本的 **tesseract-ocr-w64-setup-5.5.0.20241111.exe**。成功下載後請執行安裝程式來安裝 Tesseract，其安裝過程首先請選 **English** 語言，然後按 **Next** 鈕，再按 **I Agree** 鈕同意授權後，按 3 次 **Next** 鈕，再按 **Install** 鈕開始安裝，最後按 **Next** 和 **Finish** 鈕完成安裝。

由於 Tesseract-OCR 預設只提供英文語言包，我們需自行至語言包網址：https://github.com/tesseract-ocr/tessdata_best 下載繁體和簡體中文語言包，如下圖所示：

chi_sim.traineddata	Initial import (on behalf of Ray)	8 years ago
chi_sim_vert.traineddata	Fix extra intra-word spacing for Chinese (GitHub issue #991)	6 years ago
chi_tra.traineddata	Initial import (on behalf of Ray)	8 years ago
chi_tra_vert.traineddata	Fix extra intra-word spacing for Chinese (GitHub issue #991)	6 years ago
chr.traineddata	Initial import (on behalf of Ray)	8 years ago

在上述網頁分別選 **chi_tra.traineddata** 和 **chi_sim.traineddata** 後，按下載圖示鈕下載 2 個語言包檔案（如果是垂直書寫的中文字，請再下載 chi_tra_vert.traineddata 和 chi_sim_vert.traineddata），如下所示：

```
繁體中文： chi_tra.traineddata
簡體中文： chi_sim.traineddata
```

請將上述 2 個檔案複製至 Tesseract-OCR 安裝的「C:\Program Files\Tesseract-OCR\tessdata」目錄，即完成 Tesseract 語言包的安裝。

3-5-2　Tesseract-OCR 基本使用

Python 程式需使用 pytesseract 套件來執行 Tesseract-OCR 命令列工具。在 Python 虛擬環境安裝 pytesseract 套件的命令列命令，如下所示：

```
pip install pytesseract==0.3.13  Enter
```

成功安裝 pytesseract 後，在 Python 程式可匯入此套件，如下所示：

```
import pytesseract
```

使用 pytesseract 將影像轉文字：ch3-5-2.py

Python 程式在開啟圖檔並改成 RGB 色彩後，使用 pytesseract.image_to_string() 方法將影像中的文字轉換成字串。其執行結果可以識別出影像中的英文字母和數字，以及繁體和簡體中文字串，不過，繁體中文的辨識效果並不是太好，如下所示：

```
K4P1K
更 改

片 尺寸 和 製作 縮
清明 时 节 雨 纷纷， 路 上 行人 欲 断 魂 。
```

Python 程式碼在匯入 pytesseract 套件後，指定 tesseract.exe 執行檔的路徑，如下所示：

```python
import cv2
import pytesseract

pytesseract.pytesseract.tesseract_cmd= \
        "C:\\Program Files\\Tesseract-OCR\\tesseract.exe"
img = cv2.imread("images/number.jpg")
img = cv2.cvtColor(img, cv2.COLOR_BGR2RGB)
text = pytesseract.image_to_string(img, lang="eng")
print(text.strip())
img = cv2.imread("images/traditional.jpg")
img = cv2.cvtColor(img, cv2.COLOR_BGR2RGB)
text = pytesseract.image_to_string(img, lang="chi_tra")
print(text.strip())
img = cv2.imread("images/simple.jpg")
img = cv2.cvtColor(img, cv2.COLOR_BGR2RGB)
text = pytesseract.image_to_string(img, lang="chi_sim")
print(text.strip())
```

上述 pytesseract.image_to_string() 方法的第 1 個參數是影像，第 2 個 lang 參數是語言：eng 是英文，chi_tra 是繁體中文，chi_sim 是簡體中文。辨識的三張影像分別是 number.jpg、traditional.jpg 和 simple.jpg 圖檔，從上而下如下圖所示：

> K4P1K
> 更改圖片尺寸和製作縮圖
> 清明时节雨纷纷，路上行人欲断魂。

辨識垂直書寫的中文字：ch3-5-2a.py

如果在第 3-5-1 節有安裝垂直書寫中文字的語言包，Python 程式就可辨識垂直書寫的中文字，如右圖所示：

> 測試垂直文字

Python 程式的執行結果可以識別出上述影像中垂直書寫的中文字，如右所示：

> 測試垂直文字

Python 程式碼在載入圖檔後，使用 pytesseract.image_to_string() 方法將影像中的文字轉換成字串，其 lang 參數是 "chi_tra_vert" 垂直書寫中文語言，如下所示：

```
pytesseract.pytesseract.tesseract_cmd=
        "C:\\Program Files\\Tesseract-OCR\\tesseract.exe"
img = cv2.imread("images/traditional2.jpg")
img = cv2.cvtColor(img, cv2.COLOR_BGR2RGB)
text = pytesseract.image_to_string(img, lang="chi_tra_vert")
print(text.strip())
```

在影像框出和顯示每一個字元內容：ch3-5-2b.py

在 pytesseract 模組提供 pytesseract.image_to_boxes() 方法，可從影像中識別出每一個字元的邊界框，其回傳值是辨識出的字元和框起這些字元的邊界框座標，即左上角和右下角 2 個端點的座標。其執行結果首先顯示邊界框座標，如下所示：

```
K 16 52 42 80 0
4 49 52 70 80 0
P 87 53 107 79 0
1 125 52 140 80 0
K 159 52 187 80 0
```

然後在顯示的影像標示出框起的字元，如下圖所示：

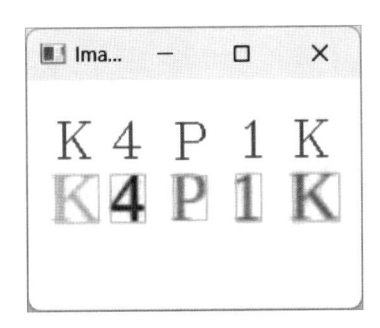

Python 程式碼首先使用 OpenCV 讀取 number.jpg 圖檔的影像，並轉換成 RGB 色彩，如下所示：

```
img = cv2.imread("images/number.jpg")
img = cv2.cvtColor(img, cv2.COLOR_BGR2RGB)
img_w = img.shape[1]
img_h = img.shape[0]
boxes = pytesseract.image_to_boxes(img)
print(boxes)
```

上述程式碼取得影像的寬和高後，呼叫 pytesseract.image_to_boxes() 方法取得每一字母的邊界框座標，其每一列是以識別出的字元開始，之後為空白字元分隔的邊界框座標。

接著呼叫 splitlines() 方法將每一列字串轉換成串列後，即可走訪每一列字串來繪出邊界框並顯示識別出的字元，如下所示：

```
for box in boxes.splitlines():
    box = box.split(" ")
    character = box[0]
```

```
        x = int(box[1])
        y = int(box[2])
        x2 = int(box[3])
        y2 = int(box[4])
        cv2.rectangle(img, (x, img_h - y),
                      (x2, img_h - y2), (0, 255, 0), 1)
        cv2.putText(img, character, (x, img_h - y2 - 10),
                    cv2.FONT_HERSHEY_COMPLEX, 1, (0, 0, 255), 1)
cv2.imshow("Image", img)
cv2.waitKey(0)
cv2.destroyAllWindows()
```

上述程式碼呼叫 split() 方法將字串使用空白字元切割成串列後，即可取出字元和座標，然後呼叫 cv2.rectangle() 和 cv2.putText() 方法繪出邊界框並寫上字元。

學習評量

1. 請問何謂電腦視覺（Computer Vision）？其應用領域有哪些？

2. 請問什麼是 OpenCV 哈爾特徵層級式分類器？什麼是 OpenCV DNN 模組？何謂預訓練分類器和預訓練模型？

3. 請簡單說明人臉偵測、影像分類、物體偵測和文字區域偵測是什麼？何謂 EAST？

4. 請問 Tesseract-OCR 是什麼？Python 程式如何使用 Tesseract-OCR？

5. 請整合 Python 程式 ch3-3-1.py 和 Webcam，以建立 OpenCV DNN 模組的即時影像分類，在視訊的影格中即時分類影像。

6. 請整合 Python 程式 ch3-4-2.py 和 Webcam，以建立 OpenCV DNN 模組的即時文字區域偵測，在視訊的影格中即時標示出偵測到的文字區域。

chapter 4　Mediapipe × CVZone：人臉與臉部網格偵測

▷　4-1　Google MediaPipe 機器學習框架

▷　4-2　CVZone 電腦視覺套件與 MediaPipe

▷　4-3　CVZone 人臉偵測

▷　4-4　CVZone 臉部網格

▷　4-5　CVZone 辨識臉部表情：張嘴 / 閉嘴與睜眼 / 閉眼

4-1 Google MediaPipe 機器學習框架

Google MediaPipe 是一種跨平台的機器學習解決方案,可以讓 AI 研究者和開發者建立世界等級,針對手機、PC、雲端、Web 和 IoT 裝置的機器學習應用程式和解決方案。

4-1-1 認識與安裝 MediaPipe

在認識 MediaPipe 之前,我們需要先了解什麼是「機器學習管線」(Machine Learning Pipeline,ML Pipeline)。這是一個編輯和自動化產生機器學習模型(ML Model)的工作流程,此工作流程是由多個循序步驟(子工作)所組成,從資料擷取、資料預處理、模型訓練到模型部署,建構出一個完整建立機器學習模型的工作流程。

對比應用程式開發的軟體開發生命周期(System Development Life Cycle,SDLC)是從規劃、建立、測試到最終完成部署的工作流程,機器學習管線就是開發機器學習模型的生命周期,可以提供自動化程序、版本控制、自動測試、效能監控與更快的迭代循環(Iterative Cycle)。

MediaPipe 是什麼

MediaPipe 是 Google 公司於 2019 年釋出的開放原始碼專案,此專案主要是針對即時串流媒體與電腦視覺(Computer Vision)應用,提供開放原始碼和跨平台的機器學習解決方案,使用的就是機器學習管線(ML Pipeline)。

基本上,Google MediaPipe 是一種圖表基礎系統(Diagram Based System),可以用來建構多模態視訊、聲音和感測器等應用的機器學習管線,我們可以使用圖形方式來組織模組元件,例如:TensorFlow 或 TensorFlow Lite 推論模型和多媒體處理函式等,來建構出一個擁有感知功能的機器學習管線,能夠即時從數位媒體偵測出人臉、手勢和姿勢等感知功能,其官方網址:https://ai.google.dev/edge/mediapipe/solutions/。

MediaPipe 跨平台支援 Android、iOS、Web 和邊緣運算裝置,並支援 C++、JavaScript 和 Python 程式語言。隨著平台釋出的相關應用範例,能讓我們立即執行相關的人工智慧應用,包含:人臉偵測(Face Detection)、多手勢追蹤(Multi-hand Tracking)、人體姿態估計(Human Pose Estimation)、物體偵測和追蹤(Object Detection and Tracking)和精細化影像分割(Hair Segmentation)等。

在 Python 虛擬環境安裝 MediaPipe

在 Python 虛擬環境 mp 安裝 MediaPipe 套件的命令列命令,如下所示:

```
pip install mediapipe==0.10.20  Enter
```

上述命令在安裝 mediapipe 的同時也會一併安裝 opencv-contrib-python 和相關套件。**請注意!**經測試本書使用的 MediaPipe 版本,在執行時會多出現一些 WARNING 警告訊息,這些警告訊息並不會影響執行結果,如下圖所示:

```
WARNING: All log messages before absl::InitializeLog() is called are writ
ten to STDERR
W0000 00:00:1734682689.572551    7664 inference_feedback_manager.cc:114]
Feedback manager requires a model with a single signature inference. Disa
bling support for feedback tensors.
```

基本上,目前 MediaPipe 的 Python 程式有兩種寫法,在第 4-2 節的 CVZone 套件是使用 MediaPipe 的傳統寫法,另一種全新架構的新版寫法,也會在本節之後的各小節一一說明。

4-1-2 MediaPipe 人臉偵測

MediaPipe 人臉偵測（Face Detection）是使用 Blazeface 模型的一種超快速人臉偵測技術。Blazeface 模型是 Google 開發的一種快速且輕量級的人臉偵測模型，可以在圖片中偵測出多張人臉並標示出臉部的 6 個關鍵點（Key Points）。此模型是基於 Single Shot Detector（SSD）架構和客製化編碼器所建立的人臉偵測模型。

MediaPipe 人臉偵測辨識出的臉部可以回傳臉部範圍的邊界框座標，以及左眼、右眼、鼻尖、嘴巴、左耳和右耳共 6 個關鍵點座標。

MediaPipe 人臉偵測（一）：ch4-1-2.py

Python 程式在讀取圖檔後，使用 MediaPipe 人臉偵測。其執行結果可以看到框出的人臉邊界框、可能性和紅色的 6 個關鍵點，如下圖所示：

Python 程式碼首先匯入 OpenCV 和 MediaPipe 套件的別名 mp，即可取得 face_detection 和 drawing_utils 模組的 mp_face_detection 和 mp_drawing，如下所示：

```
import cv2
import mediapipe as mp

mp_face_detection = mp.solutions.face_detection
mp_drawing = mp.solutions.drawing_utils
face_detection = mp_face_detection.FaceDetection(
                    min_detection_confidence=0.5)
```

上述程式碼建立 FaceDetection 物件,min_detection_confidence 參數是最低信心指數,其值介於 0~1,以此例是當超過 0.5 時,就表示偵測到人臉。在下方使用 OpenCV 讀取圖檔後,呼叫 process() 方法辨識人臉,參數是圖檔的影像 img,如下所示:

```
img = cv2.imread("images/face.jpg")
results = face_detection.process(cv2.cvtColor(img, cv2.COLOR_BGR2RGB))

if results.detections:
    for detection in results.detections:
        mp_drawing.draw_detection(img, detection)
```

上述 if 條件判斷是否有偵測到人臉,如果有,就使用 for 迴圈呼叫 draw_detection() 方法來繪出偵測到的人臉邊界框和 6 個關鍵點。然後在下方取得 bbox 邊界框座標和信心指數後,在邊界框上方寫上可能性百分比,如下所示:

```
        bbox = detection.location_data.relative_bounding_box
        ih, iw, _ = img.shape
        x, y = int(bbox.xmin * iw), int(bbox.ymin * ih)
        score = str(int(detection.score[0]*100)) + "%"
        cv2.putText(img, score, (x, y - 10),
                    cv2.FONT_HERSHEY_SIMPLEX, 1, (0, 255, 0), 2)

cv2.imshow("MediaPipe Face Detection", img)
cv2.waitKey(0)
cv2.destroyAllWindows()
```

MediaPipe 人臉偵測（二）：ch4-1-2a.py

Python 程式 ch4-1-2a.py 是使用新版 MediaPipe 的寫法來改寫 ch4-1-2.py。**請注意！**新版寫法需要自行下載模型檔，其 URL 網址如下所示：

```
https://ai.google.dev/edge/mediapipe/solutions/vision/face_detector?hl=zh-tw
```

BlazeFace (近距離)

輕量模型，可透過智慧型手機相機或網路攝影機，偵測自拍相片中的單一或多個面孔。這個模型經過最佳化處理，可處理近距離拍攝的前置手機鏡頭圖片。模型架構採用 Single Shot Detector (SSD) 卷積神經網路技術，並搭配自訂編碼器。如需更多資訊，請參閱 Single Shot MultiBox Detector 相關研究論文。

模型名稱	輸入形狀	量化類型	模型資訊卡	版本
BlazeFace (短程)	128 x 128	float 16	info	最新

請捲動網頁至最後，點選表格最後 1 欄的**最新**超連結，即可下載 blaze_face_short_range.tflite 模型檔，並請儲存至「models」目錄。

Python 程式在讀取圖檔後，使用 MediaPipe 人臉偵測。其執行結果可以看到框出的人臉邊界框、可能性和紅色的 6 個關鍵點，如下圖所示：

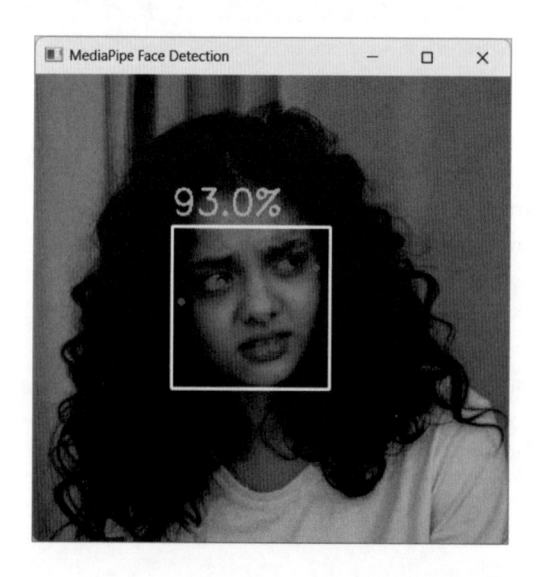

Python 程式碼首先匯入 MediaPipe 套件的別名 mp、python、vision、OpenCV 和 NumPy 套件，如下所示：

```
import mediapipe as mp
from mediapipe.tasks import python
from mediapipe.tasks.python import vision
import cv2
import numpy as np

base_options = python.BaseOptions(
        model_asset_path='models/blaze_face_short_range.tflite')
options = vision.FaceDetectorOptions(base_options=base_options)
detector = vision.FaceDetector.create_from_options(options)
```

上述程式碼建立 BaseOptions 物件指定載入的模型檔，即可使用此物件建立 FaceDetectorOptions 物件，再建立出 FaceDetector 人臉偵測物件。在下方是使用 MediaPipe 的方法來讀取圖檔（不是 OpenCV），再呼叫 detect() 方法來辨識人臉，其參數是圖檔的影像 img，如下所示：

```
img = mp.Image.create_from_file("images/face.jpg")
detection_result = detector.detect(img)
if detection_result:
    img = img.numpy_view()
    img = cv2.cvtColor(img, cv2.COLOR_BGR2RGB)
    height, width, _ = img.shape
    for detection in detection_result.detections:
        bbox = detection.bounding_box
        x1 = bbox.origin_x
        y1 = bbox.origin_y
        x2 = bbox.origin_x + bbox.width
        y2 = bbox.origin_y + bbox.height
        cv2.rectangle(img, (x1, y1), (x2, y2), (0, 255, 255), 2)
```

上述 if 條件判斷是否有偵測到人臉，如果有，就先將影像 img 轉換成 NumPy 陣列和 RGB 色彩，並取得影像尺寸。接著使用 for 迴圈走訪偵測結果，即可取得邊界框座標並繪出邊界框。在下方使用 for 迴圈繪出偵測人臉的 6 個關鍵點，如下所示：

```
            for keypoint in detection.keypoints:
                cx = int(keypoint.x * width)
                cy = int(keypoint.y * height)
                cv2.circle(img, (cx, cy), 2, (255, 0, 255), 2)

            category = detection.categories[0]
            probability = round(category.score, 2)
            score = str(probability * 100) + "%"
            cv2.putText(img, score, (x1, y1 - 10),
                        cv2.FONT_HERSHEY_SIMPLEX, 1, (0, 255, 0), 2)

cv2.imshow("MediaPipe Face Detection", img)
cv2.waitKey(0)
cv2.destroyAllWindows()
```

上述程式碼使用 detection.categories[0] 取出第一個分類資訊後，即可取出 score 信心指數，並在四捨五入到小數點後兩位後，在邊界框上方寫上可能性百分比。

4-1-3　MediaPipe 臉部網格

MediaPipe 臉部網格（MediaPipe Face Mesh）同樣是以 Blazeface 模型為基礎，可預測出 468 個關鍵點，和使用網格方式來繪出 3D 臉部模型。

MediaPipe 臉部網格：ch4-1-3.py

Python 程式在讀取圖檔後，使用 MediaPipe 臉部網格進行人臉偵測與繪出 3D 臉部模型。其執行結果可以標示出 3D 臉部網格，如下圖所示：

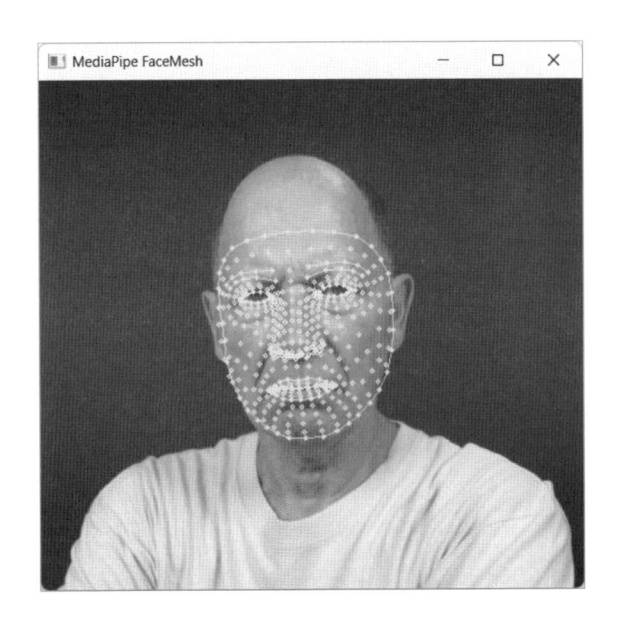

Python 程式碼在匯入 OpenCV 和 MediaPipe 套件的別名 mp 後，取得 face_mash 和 drawing_utils 模組的 mp_face_mash 和 mp_drawing，即可建立 DrawingSpec 物件的連接線規格，如下所示：

```
import cv2
import mediapipe as mp

mp_drawing = mp.solutions.drawing_utils
mp_face_mesh = mp.solutions.face_mesh
drawing_spec = mp_drawing.DrawingSpec(thickness=1, circle_radius=1)
face_mesh = mp_face_mesh.FaceMesh(min_detection_confidence=0.5,
                                  min_tracking_confidence=0.5)
```

上述程式碼建立 FaceMesh 物件，min_detection_confidence 參數是最低信心指數，其值介於 0~1，以此例是當超過 0.5 時，就表示偵測到人臉；min_tracking_confidence 參數是最低追蹤出臉部 3D 關鍵點的信心指數，超過 0.5 表示可以繪出臉部的 3D 網格。

在下方使用 OpenCV 讀取圖檔後，呼叫 process() 方法偵測人臉和繪出 3D 網格，其參數是圖檔的影像 img，如下所示：

```
img = cv2.imread("images/face2.jpg")
results = face_mesh.process(img)
if results.multi_face_landmarks:
    for face_landmarks in results.multi_face_landmarks:
        mp_drawing.draw_landmarks(image=img,
            landmark_list=face_landmarks,
            connections=mp_face_mesh.FACEMESH_CONTOURS,
            landmark_drawing_spec=drawing_spec,
            connection_drawing_spec=drawing_spec)

cv2.imshow("MediaPipe FaceMesh", img)
cv2.waitKey(0)
cv2.destroyAllWindows()
```

上述 if 條件判斷是否有偵測到人臉,如果有,就使用 for 迴圈呼叫 draw_landmarks() 方法繪出臉部的 468 個關鍵點,以及使用網格方式繪出 3D 臉部模型,並顯示偵測結果的影像。

Python 程式:ch4-1-3a.py 是 MediaPipe 的新版寫法,筆者已經加上詳細的註解,請在 MediaPipe 網頁左方選單選**臉部地標偵測 / 總覽**來下載 face_landmarker.task 模型檔。

4-1-4　MediaPipe 多手勢追蹤

MediaPipe 手勢(MediaPipe Hands)是使用手掌偵測模型(Palm Detection Model)來進行多手勢追蹤。在偵測出手掌和拳頭後,使用手部地標模型(Hand Landmark Model)偵測出手部的 21 個關鍵點的 3D 座標,其進一步的說明請參閱第 5-1 節。

MediaPipe 多手勢追蹤:ch4-1-4.py

Python 程式在讀取圖檔後,使用 MediaPipe 多手勢追蹤進行手勢偵測。其執行結果可以看到標示出 2 隻手部地標的 21 個關鍵點(紅色點),如下圖所示:

Mediapipe × CVZone：人臉與臉部網格偵測 4

Python 程式碼在匯入 OpenCV 和 MediaPipe 套件的別名 mp 後，取得 hands 和 drawing_utils 模組的 mp_hands 和 mp_drawing，如下所示：

```
import cv2
import mediapipe as mp

mp_drawing = mp.solutions.drawing_utils
mp_hands = mp.solutions.hands
hands = mp_hands.Hands(min_detection_confidence=0.5,
                       min_tracking_confidence=0.5)
```

上述程式碼建立 Hands 物件，min_detection_confidence 參數是最低信心指數，其值介於 0~1，以此例是當超過 0.5 時，就表示偵測到手掌；min_tracking_confidence 參數是最低追蹤出手勢關鍵點的信心指數，超過 0.5 表示偵測出手勢。

在下方使用 OpenCV 讀取圖檔後，呼叫 process() 方法偵測手勢，其參數是圖檔的影像 img，如下所示：

4-11

```
img = cv2.imread("images/hands.jpg")
results = hands.process(img)
if results.multi_hand_landmarks:
    for hand_landmarks in results.multi_hand_landmarks:
        mp_drawing.draw_landmarks(img, hand_landmarks,
                                  mp_hands.HAND_CONNECTIONS)

cv2.imshow("MediaPipe Hands", img)
cv2.waitKey(0)
cv2.destroyAllWindows()
```

上述 if 條件判斷是否有偵測到,如果有,就在 for 迴圈使用 draw_landmarks() 方法繪製偵測出手勢的 21 個紅色關鍵點,與連接線來連接關鍵點,並顯示偵測結果的影像。

Python 程式:ch4-1-4a.py 是 MediaPipe 的新版寫法,筆者已經加上詳細的註解,請在 MediaPipe 網頁左方選單選**手部地標偵測 / 總覽**來下載 hand_landmarker.task 模型檔。

4-1-5　MediaPipe 人體姿態估計

MediaPipe 姿勢(MediaPipe Pose)是使用 BlazePose 偵測模型來進行人體姿態估計(Human Pose Estimation)。在偵測出人體後,使用人體地標模型(Pose Landmark Model,BlazePose GHUM 3D)偵測出人體 33 個關鍵點的 3D 座標,其進一步說明請參閱第 5-4 節。

MediaPipe 人體姿態估計:ch4-1-5.py

Python 程式在讀取圖檔後,使用 MediaPipe 人體姿態估計進行姿勢偵測。其執行結果可以看到標示出人體骨架的 33 個關鍵點(紅色),如下圖所示:

Python 程式碼匯入 OpenCV 和 MediaPipe 套件的別名 mp 後，取得 pose 和 drawing_utils 模組的 mp_pose 和 mp_drawing，如下所示：

```
import cv2
import mediapipe as mp

mp_drawing = mp.solutions.drawing_utils
mp_pose = mp.solutions.pose
pose = mp_pose.Pose(min_detection_confidence=0.5,
                    min_tracking_confidence=0.5)
```

上述程式碼建立 Pose 物件，min_detection_confidence 參數是最低信心指數，其值介於 0~1，以此例是當超過 0.5 時，就表示偵測到人體；min_tracking_confidence 參數是最低追蹤出姿勢關鍵點的信心指數，超過 0.5 表示偵測出人體姿態。

在下方使用 OpenCV 讀取圖檔後，呼叫 process() 方法偵測人體姿態估計，其參數是圖檔的影像 img，如下所示：

```
img = cv2.imread("images/pose.jpg")
results = pose.process(img)
mp_drawing.draw_landmarks(
          img,
          results.pose_landmarks,
          mp_pose.POSE_CONNECTIONS)

cv2.imshow("MediaPipe Pose", img)
cv2.waitKey(0)
cv2.destroyAllWindows()
```

上述程式碼使用 draw_landmarks() 方法繪出偵測人體姿勢的 33 個紅色關鍵點，和連接線來連接關鍵點，並顯示偵測結果的影像。

Python 程式：ch4-1-5a.py 是 MediaPipe 的新版寫法 (ch4-1-5b.py 是視訊版)，筆者已經加上詳細的註解，請在 MediaPipe 網頁左方選單選**姿勢地標偵測 / 總覽**來下載 pose_landmarker_full.task 模型檔。

4-2 CVZone 電腦視覺套件與 MediaPipe

CVZone 是基於 OpenCV 和 MediaPipe 的 Python 電腦視學套件，可讓我們以更少的程式碼、更容易的方式來執行人臉偵測、3D 臉部網格、多手勢追蹤和人體姿態評估等電腦視覺應用。

在 Python 虛擬環境安裝 CVZone 套件

在 Python 虛擬環境 mp 安裝 CVZone 套件的命令列命令，如下所示：

```
pip install cvzone==1.6.1  Enter
```

成功安裝 CVZone 套件後，在 Python 程式匯入人臉偵測和臉部網格模組的程式碼（原版寫法），如下所示：

```
from cvzone.FaceDetectionModule import FaceDetector
from cvzone.FaceMeshModule import FaceMeshDetector
```

使用 MediaPipe 新版寫法改寫成 CVZone3D 套件

由於 MediaPipe 的手勢和姿態偵測皆已支援 3D 座標，因此筆者改寫了傳統 MediaPipe 寫法的 CVZone 套件。除了新增取出內部資料、計算 3D 長度/角度和 3D 圖形顯示的方法外，還改用新版寫法改寫 FaceDetectionModule.py 和 PoseModule.py 兩個模組建立成 CVZone3D 套件，其 4 個主要模組是位在「cvzone3d」子目錄，如右圖所示：

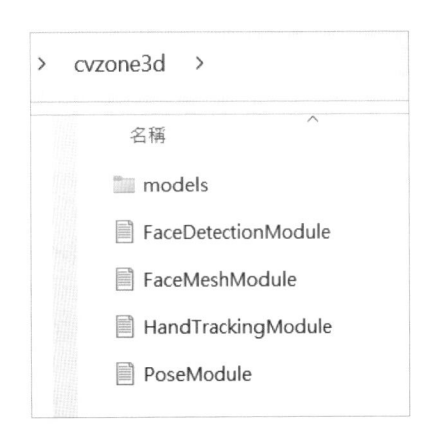

上述「models」子目錄是 MediaPipe 模型檔，2 個新版改寫的模組說明，如下所示：

- **cvzone3d/FaceDetectionModule.py 模組**：改寫原始 CVZone 套件的 FaceDetectionModule.py 模組，除了新增 getFaceKeypoints() 方法取出關鍵點座標外，再使用新版 MediaPipe 的寫法來改寫，並使用最新版的下載模型（因模型版本不同，與傳統 MediaPipe 版本的偵測結果有些許差異）。

- **cvzone3d/PoseModule.py 模組**：使用新版 MediaPipe 寫法來改寫原始 CVZone 套件的 PoseModule.py 模組，同時新增 3D 功能來計算角度和長度，以利於顯示 3D 圖形，其進一步說明請參閱第 5-4 節。

在 Python 程式匯入 CVZone3D 模組的程式碼，如下所示：

```
from cvzone3d.FaceDetectionModule import FaceDetector
from cvzone3d.FaceMeshModule import FaceMeshDetector
```

4-3 CVZone 人臉偵測

CVZone 人臉偵測是基於 MediaPipe 人臉偵測（Face Detection），一種採用 Blazeface 模型的超快速人臉偵測，可在影像中偵測出多張人臉，並標示臉部的 6 個關鍵點（Key Points）：左眼、右眼、鼻尖、嘴巴、左耳和右耳。

4-3-1 CVZone 人臉偵測的基本使用

在 Python 程式建立 CVZone 的 FaceDetector 物件後，即可呼叫 findFaces() 方法來偵測人臉。

影像的人臉偵測：ch4-3-1.py

在 Python 程式可偵測 faces.jpg 圖檔的所有人臉。其執行結果可以看到共偵測到 2 張臉（原始 CVZone 版本可偵測出 3 張臉，但因模型檔不同，CVZone3D 會有 1 張臉的信心指數小於 50%），如下所示：

```
偵測到人臉數: 2
```

然後，可以看到紅色邊界框標示出的人臉和上方的可能性百分比，如下圖所示：

Mediapipe × CVZone：人臉與臉部網格偵測 4

Python 程式碼首先從 CVZone3D 的 FaceDetectionModule 模組匯入 FaceDetector 類別（即匯入位在「cvzone3D」子目錄的 FaceDetectionModule.py），與 OpenCV 套件，如下所示：

```
from cvzone3d.FaceDetectionModule import FaceDetector
import cv2

img = cv2.imread("images/faces.jpg")
detector = FaceDetector(minDetectionCon=0.5)
```

上述程式碼讀取圖檔後，建立 FaceDetector 物件 detector，其參數 minDetectionCon 是最低信心指數（0~1），預設值 0.5 代表信心指數（即可能性）需超過 50% 才視為人臉。接著呼叫 findFaces() 方法偵測人臉，如下所示：

```
img, faces = detector.findFaces(img)
if faces:
    print("偵測到人臉數:", len(faces))
```

上述 findFaces() 方法的參數是影像內容，其回傳值有 2 個：第 1 個是已標示人臉邊界框與可能性的影像，第 2 個是偵測到的人臉資訊串列。然後使用 if 條件判斷是否偵測到人臉，如果有，就呼叫 len() 函式顯示偵測到的人臉數。在下方顯示已標示人臉邊界框和可能性的影像，如下所示：

4-17

```
cv2.imshow("Faces", img)
cv2.waitKey(0)
cv2.destroyAllWindows()
```

　　如果不需要 CVZone 在影像上標示人臉邊界框和可能性百分比,請在 findFaces() 方法指定 draw 參數值為 False(Python 程式:ch4-3-1a.py),如下所示:

```
img, faces = detector.findFaces(img, draw=False)
```

取得人臉的相關資訊:ch4-3-1b.py

　　Python 程式可以使用 CVZone 取得人臉的相關資訊,其執行結果如下所示:

```
偵測到人臉數: 2
id: 0
bbox: (93, 104, 152, 152)
score: [0.8917214870452881]
center: (169, 180)
```

　　上述訊息包含邊界框座標 bbox,信心指數的可能性 score 和中心點座標 center。Python 程式碼在讀取 faces.jpg 圖檔後,使用 findFaces() 方法取得偵測到人臉的相關資訊。因為偵測出的是多張人臉,所以是一個串列,其第 1 張人臉是 faces[0],第 2 張是 faces[1],以此類推,如下所示:

```
img = cv2.imread("images/faces.jpg")
detector = FaceDetector()
img, faces = detector.findFaces(img)
if faces:
    print("偵測到人臉數:", len(faces))
    face = faces[0]
    print("id:", face["id"])
    print("bbox:", face["bbox"])
    print("score:", face["score"])
    print("center:", face["center"])
```

上述 findFaces() 方法偵測出人臉並顯示人臉數後，使用 faces[0] 取得第 1 張臉。這是一個字典，其 "id" 是編號（從 0 開始），"bbox" 是邊界框座標的元組 (x, y, w, h)，分別是左上角座標 (x, y)、寬度和高度，"score" 是信心指數的可能性，最後的 "center" 是邊界框的中心點座標。

可能性值介於 0~1 之間的串列（此串列只有 1 個元素），可透過 face["score"][0] 取出值後，轉換成整數的百分比（Python 程式：ch4-3-1c.py），如下所示：

```
int(face["score"][0] * 100)
```

4-3-2 顯示臉部關鍵點和剪裁出人臉

CVZone 原始版本並沒有提供方法來取出臉部 6 個關鍵點座標，即左眼、右眼、鼻尖、嘴巴、左耳和右耳的座標。在筆者改寫的 FaceDetectionModule.py 模組已新增 getFaceKeypoints() 方法，可用於取得這些關鍵點座標。

顯示臉部 6 個關鍵點：ch4-3-2.py

Python 程式沒有使用 CVZone 內建的繪圖標示功能，而是自行取出座標來繪出 6 個臉部關鍵點，其執行結果如右圖所示：

同時顯示出關鍵點座標串列,每一個關鍵點是一個字典,如下所示:

```
[{'name': 'RIGHT_EYE', 'keypoint': (158, 174)}, {'name'
: 'LEFT_EYE', 'keypoint': (214, 160)}, {'name': 'NOSE_T
IP', 'keypoint': (196, 202)}, {'name': 'MOUTH_CENTER',
'keypoint': (201, 227)}, {'name': 'RIGHT_EAR_TRAGION',
'keypoint': (128, 190)}, {'name': 'LEFT_EAR_TRAGION', '
keypoint': (245, 161)}]
```

Python 程式碼首先匯入 FaceDetectionModule 的 FaceDetector 類別,如下所示:

```
from cvzone3d.FaceDetectionModule import FaceDetector
import cv2

img = cv2.imread("images/face.jpg")
detector = FaceDetector()
img, faces = detector.findFaces(img, draw=False)
if faces:
    keypoints = detector.getFaceKeypoints(img, face_idx=0)
    print(keypoints)
```

上述 getFaceKeypoints() 方法的第 1 個參數是影像,第 2 個參數 idx 是人臉 id 編號 (從 0 開始),可以回傳此張臉 6 個關鍵點座標的串列。每一個關鍵點是一個字典,"name" 鍵是關鍵點名稱,"keypoint" 鍵是座標。然後在下方使用 for 迴圈呼叫 cv2.circle() 方法來繪出這 6 個關鍵點,如下所示:

```
    for keypoint in keypoints:
        cv2.circle(img, keypoint["keypoint"],
                   5, (255, 0, 255), cv2.FILLED)

cv2.imshow("Face", img)
cv2.waitKey(0)
cv2.destroyAllWindows()
```

剪裁出臉部的部分影像：ch4-3-2a.py

　　Python 程式只需使用切割運算子就可剪裁出臉部的部分影像，我們一共剪裁 2 次：第 1 次是剪裁出邊界框區域，第 2 次有加上填充距離，故剪裁出較大的臉部影像。其執行結果如下圖所示：

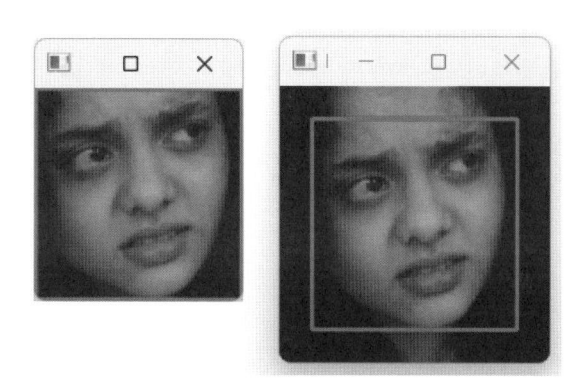

　　Python 程式碼在偵測出人臉後，使用 for 迴圈取得每一張人臉的邊界框座標，如下所示：

```
img, faces = detector.findFaces(img)
if faces:
    for face in faces:
        x, y, w, h = face["bbox"]
        face = img[y:y+h, x:x+w]
        cv2.imshow("Non Padded", face)
        padding = 20
        padded_face = img[y-padding:y+h+padding,x-padding:x+w+padding]
        cv2.imshow("Padded", padded_face)
        cv2.waitKey(0)
```

　　上述第 1 次使用 img[] 運算子是剪裁出 bbox 邊界框的臉部，第 2 次的 img[] 則剪裁出上下左右都填充 20 的臉部影像。

4-3-3 CVZone 即時人臉偵測

Python 程式：ch4-3-3.py 是整合第 2-3-2 節的 Webcam，建立 CVZone 即時人臉偵測。先使用 OpenCV 讀取影格，再使用 CVZone 進行人臉偵測，如下所示：

```python
from cvzone3d.FaceDetectionModule import FaceDetector
import cv2

cap = cv2.VideoCapture(0)
detector = FaceDetector()
```

上述程式碼建立 VideoCapture 物件 cap 和 FaceDetector 物件 detector。在下方 while 迴圈檢查攝影機是否開啟，如果是，就讀取影格和呼叫 findFaces() 方法來偵測人臉，並回傳已標示的臉部影像 img 和人臉資訊，如下所示：

```python
while cap.isOpened():
    success, img = cap.read()
    img, faces = detector.findFaces(img)
    if faces:
        center = faces[0]["center"]
        cv2.circle(img, center, 5, (255, 0, 255), cv2.FILLED)
```

上述 if 條件判斷 faces 是否有值，如果有，就表示有偵測到人臉，並取得中心點座標，再顯示 (255, 0, 255) 色彩的中心點。在下方呼叫 cv2.imshow() 方法顯示人臉偵測結果的影格，如下所示：

```python
    cv2.imshow("Faces", img)
    if cv2.waitKey(1) & 0xFF == ord('q'):
        break

cap.release()
cv2.destroyAllWindows()
```

Python 程式的執行結果可以看到人臉邊界框和上方的可能性百分比,並且標示出第 1 張人臉邊界框的中心點 (只有第 1 張)。

4-4 CVZone 臉部網格

CVZone 臉部網格是基於 MediaPipe 臉部網格 (MediaPipe Face Mesh),採用 Blazeface 模型預測出 468 個關鍵點,並以網格方式來繪出 3D 臉部模型。

4-4-1 CVZone 臉部網格的基本使用

CVZone 是使用 FaceMeshDetector 物件進行人臉偵測和繪出 3D 臉部網格,透過呼叫 findFaceMesh() 方法實現 3D 臉部網格的偵測和繪製。

人臉偵測和繪出臉部網格:ch4-4-1.py

Python 程式可偵測影像中的人臉並繪出臉部網格。其執行結果可以看到繪出 3D 臉部網格的 468 個關鍵點,如下圖所示:

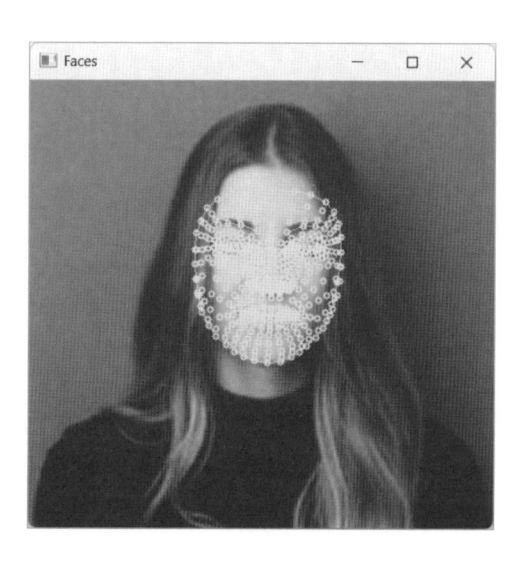

Python 程式碼首先從 CVZone 的 FaceMeshModule 模組匯入 FaceMeshDetector 類別，和 OpenCV 套件，如下所示：

```
from cvzone3d.FaceMeshModule import FaceMeshDetector
import cv2

img = cv2.imread("images/face4.jpg")
detector = FaceMeshDetector(maxFaces=2, minDetectionCon=0.5,
                            minTrackCon=0.5)
```

上述程式碼讀取圖檔後，建立 FaceMeshDetector 物件 detector，其 3 個參數的說明，如下所示：

- **maxFaces 參數**：最大偵測的人臉數，預設值 2。
- **minDetectionConce 參數**：最低信心指數（0~1），預設值 0.5 是當超過 0.5（50%）可能性時，就表示偵測到人臉。
- **minTrackCon 參數**：最低追蹤出臉部 3D 關鍵點的信心指數，超過預設值 0.5（50%）可能性，就表示可繪出臉部的 3D 網格。

接著呼叫 findFaceMesh() 方法偵測人臉，其第 1 個回傳值是已標示 3D 網格的影像，第 2 個是 468 個關鍵點座標，如下所示：

```
img, faces = detector.findFaceMesh(img)
if faces:
   print(len(faces[0]))
```

上述 if 條件判斷是否有偵測到人臉，如果有，就呼叫 len() 函式顯示第 1 張人臉的關鍵點座標數。在下方顯示 3D 臉部網格，如下所示：

```
cv2.imshow("Faces", img)
cv2.waitKey(0)
cv2.destroyAllWindows()
```

取得臉部網格的關鍵點座標：ch4-4-1a.py

Python 程式的執行結果是自行繪出的 468 個關鍵點，其執行結果如下圖所示：

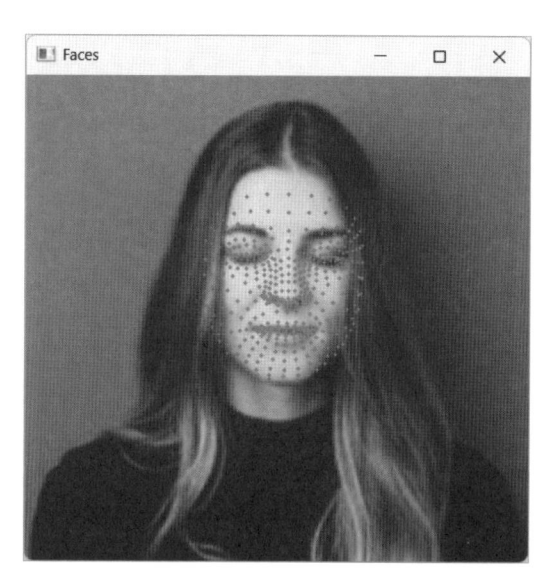

Python 程式碼是呼叫 findFaceMesh() 方法取得人臉的 468 個關鍵點座標 faces。由於此為串列，其第 1 張偵測到的人臉是 faces[0]，第 2 張是 faces[1]，以此類推，如下所示：

```
img = cv2.imread("images/face5.jpg")
detector = FaceMeshDetector(maxFaces=2)
img, faces = detector.findFaceMesh(img, draw=False)
if faces:
    print(len(faces[0]))
    for point in faces[0]:
        cv2.circle(img, point, 1, (255, 0, 255), cv2.FILLED)
```

上述 findFaceMesh() 方法使用參數 draw=False，所以 CVZone 並不會繪出 3D 網格。接著使用 for 迴圈呼叫 cv2.circle() 方法繪出 faces[0] 第 1 張臉 468 個關鍵點座標的小紅點。

4-4-2 取出臉部特徵資訊

CVZone 原始版本只能取出 468 個關鍵點座標,筆者已改寫 FaceMeshModule.py 新增 2 個方法來取出臉部特徵資訊,其說明如下所示:

- **getFacePart() 方法**:只需指定臉部特徵參數,就可取得此特徵的座標串列,例如:"FACE_OVAL"(臉形)、"LIPS"(嘴唇)、"LEFT_EYE"(左眼)、"RIGHT_EYE"(右眼)、"LEFT_EYEBROW"(左眉)和 "RIGHT_EYEBROW"(右眉)的臉部特徵座標等。

- **getFacePartSize() 方法**:計算出這些臉部特徵參數的尺寸。

取出臉部特徵資訊:ch4-4-2.py

Python 程式的執行結果可以繪出臉部特徵的臉形(FACE_OVAL)和左眼(LEFT_EYE),如下圖所示:

Python 程式碼首先匯入 FaceMeshModule 的 FaceMeshDetector 類別，如下所示：

```python
from cvzone3d.FaceMeshModule import FaceMeshDetector
import cv2
import numpy as np

img = cv2.imread("images/face.jpg")
detector = FaceMeshDetector(maxFaces=2)
img, faces = detector.findFaceMesh(img, draw=False)
```

上述程式碼建立 FaceMeshDetector 物件，並呼叫 findFaceMesh() 方法來取得 3D 臉部網格的座標，但沒有標示影像（draw=False）。在下方的 if 條件判斷是否有偵測到 3D 臉部網格，如下所示：

```python
if faces:
    face_oval = detector.getFacePart(img, 0, "FACE_OVAL")
    points = np.array(face_oval, np.int32)
    cv2.polylines(img, [points], True, (0, 0, 255), 1)
    face_leye = detector.getFacePart(img, 0, "LEFT_EYE")
    points = np.array(face_leye, np.int32)
    cv2.polylines(img, [points], True, (0, 255, 255), 1)
```

上述 2 個 getFacePart() 方法回傳第 2 個參數 0（索引值），即第 1 張臉的 "FACE_OVAL" 和 "LEFT_EYE" 座標串列，然後繪出座標串列的多邊形。

計算臉部特徵的尺寸：ch4-4-2a.py

Python 程式的執行結果可以計算並顯示臉部特徵尺寸的寬和高，如下所示：

```
LEFT_EYE: 26 10
FACE_OVAL: 127 145
```

Python 程式碼在取得指定臉部特徵的座標串列（即依序呼叫 2 次 getFacePart() 方法取得左眼和臉形座標）後，即可使用回傳值作為參數，再呼叫 getFacePartSize() 方法計算臉部特徵尺寸，即寬和高，如下所示：

```
face_leye = detector.getFacePart(img, 0, "LEFT_EYE")
height_leye, width_leye = detector.getFacePartSize(face_leye)
print("LEFT_EYE:", width_leye, height_leye)
face_oval = detector.getFacePart(img, 0, "FACE_OVAL")
height_oval, width_oval = detector.getFacePartSize(face_oval)
print("FACE OVAL:", width_oval, height_oval)
```

4-4-3 計算臉部網格 2 個關鍵點的距離

在 FaceMeshDetector 物件提供 findDistance() 方法來計算臉部網格 2 個關鍵點的距離，我們可以詢問 ChatGPT 取得臉部網格的關鍵點索引。**請注意！**ChatGPT 提示詞需明確說明是針對 468 點模型，而不是有輔助點索引的 478 點模型（ch4-4-3.txt），如下所示：

> 你是 MediaPipe 專家，根據官方 MediaPipe Face Mesh 468 點模型，請問左眼和右眼的中央關鍵點索引（非輔助點）分別是什麼？
> 請不要用 478 點模型。

ChatGPT 回答的右眼是 159、左眼是 386，如下所示：

> 在 **MediaPipe Face Mesh (468點模型)** 中，左眼和右眼的 **中央關鍵點（非輔助點）** 的索引分別如下：
> - **右眼中央點索引：** `159`
> - **左眼中央點索引：** `386`
>
> 這些點代表了眼睛的 **中心位置**，通常用於偵測眨眼、注視方向等應用。如果有需要更詳細的眼部特徵點分佈，請告知！

Python 程式的執行結果可以繪出 2 個關鍵點座標,並在左上角顯示之間的距離,如下圖所示:

Python 程式碼在偵測臉部網格後取得第 1 張人臉來計算距離,因 draw=False 故沒有繪出臉部網格,如下所示:

```
img, faces = detector.findFaceMesh(img, draw=False)
if faces:
    face = faces[0]
    leftEyePoint = face[386]
    rightEyePoint = face[159]
    cv2.circle(img, leftEyePoint, 5, (255, 0, 255), cv2.FILLED)
    cv2.circle(img, rightEyePoint, 5, (0, 255, 0), cv2.FILLED)
    EyeDistance, info = detector.findDistance(leftEyePoint, rightEyePoint)
    text = "Distance : " + str(int(EyeDistance))
    cv2.putText(img, text, (20, 30),
                cv2.FONT_HERSHEY_SIMPLEX, 0.7, (0 , 255, 0), 2)
```

上述程式碼取出和繪出 2 個關鍵點座標後,呼叫 findDistance() 方法計算 2 個關鍵點的距離,並在影像寫上距離資料。

4-4-4 CVZone 即時顯示臉部網格

Python 程式：ch4-4-4.py 是整合第 2-3-2 節的 Webcam，以建立 CVZone 即時顯示 3D 臉部網格。先使用 OpenCV 讀取影格，再使用 CVZone 進行人臉偵測並繪出臉部的 3D 網格，如下所示：

```python
from cvzone3d.FaceMeshModule import FaceMeshDetector
import cv2

cap = cv2.VideoCapture(0)
detector = FaceMeshDetector(maxFaces=2)
```

上述程式碼建立 VideoCapture 物件 cap 和 FaceMeshDetector 物件 detector，其 maxFaces 參數是最大偵測的人臉數。

在下方 while 迴圈檢查攝影機是否開啟，如果是，就讀取影格進行偵測。這是呼叫 findFaceMesh() 方法偵測人臉和繪出臉部 3D 網格，可以回傳已標示臉部 3D 網格的影像 img 和人臉資訊 faces，如下所示：

```python
while cap.isOpened():
    success, img = cap.read()
    img, faces = detector.findFaceMesh(img)
    if faces:
        print(faces[0])
    cv2.imshow("Faces", img)
    if cv2.waitKey(1) & 0xFF == ord('q'):
        break

cap.release()
cv2.destroyAllWindows()
```

上述 if 條件判斷 faces 是否有偵測到，如果有，就使用 print() 函式顯示第 1 張臉部 3D 網格的關鍵點座標，再呼叫 cv2.imshow() 方法顯示偵測結果的影格。

4-5 CVZone 辨識臉部表情：張嘴 / 閉嘴與睜眼 / 閉眼

　　CVZone 臉部網格可以取得嘴唇和眼睛等臉部特徵座標，和計算出臉部特徵尺寸。換句話說，我們可以依據特徵尺寸和整個臉形的比例來判斷臉部表情，例如：張嘴 / 閉嘴或睜眼 / 閉眼。**請注意！**因為影像尺寸差異，判斷條件的比例值也會有些差異，需自行調整此比例值。

辨識臉部表情是張嘴 / 閉嘴：ch4-5.py

　　Python 程式的執行結果可以判斷臉部表情是張嘴 / 閉嘴（下圖左是 face.jpg，下圖右是 face4.jpg），如下圖所示：

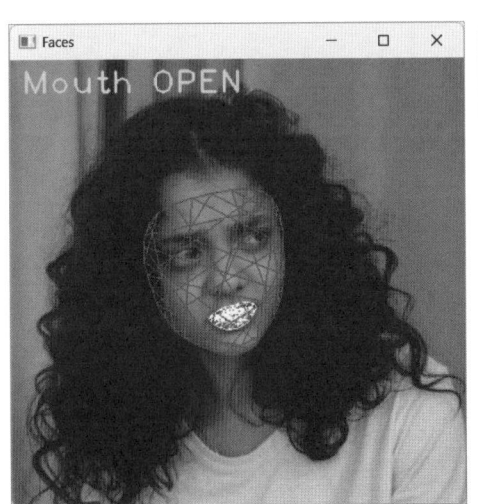

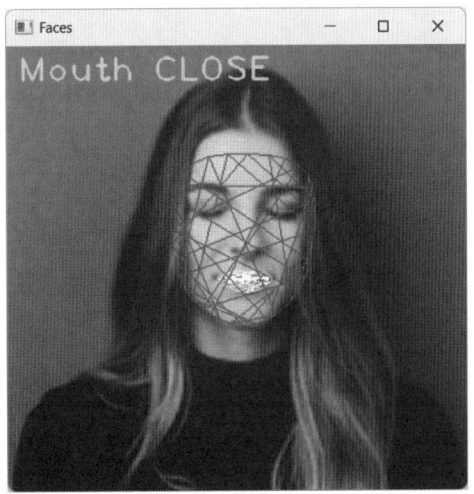

　　Python 程式碼是呼叫 getFacePart() 方法取得 "FACE_OVAL"（臉形）和 "LIPS"（嘴唇）臉部特徵，即可判斷臉部表情是張嘴或閉嘴，如下所示：

```
img = cv2.imread("images/face.jpg")
detector = FaceMeshDetector(maxFaces=8)
img, faces = detector.findFaceMesh(img, draw=False)
```

上述程式碼建立 FaceMeshDetector 物件,並呼叫 findFaceMesh() 方法取得 3D 臉部網格的座標,但沒有標示影像(draw=False)。在下方 if 條件判斷是否有偵測到 3D 臉部網格,如下所示:

```
if faces:
    face_lips = detector.getFacePart(img, 0, "LIPS")
    height_lips, width_lips = detector.getFacePartSize(face_lips)
    print(width_lips, height_lips)
    face_oval = detector.getFacePart(img, 0, "FACE_OVAL")
    height_oval, width_oval = detector.getFacePartSize(face_oval)
    print(width_oval, height_oval)
```

上述 2 個 getFacePart() 方法回傳第 2 個參數 0(即第 1 張臉)的 "FACE_OVAL" 和 "LIPS" 臉部特徵座標串列,再呼叫 getFacePartSize() 方法計算出特徵的尺寸。在下方 if/else 條件判斷臉部表情是張嘴或閉嘴,如下所示:

```
if (height_lips/height_oval)*100 > 15:
    msg = 'Mouth OPEN'
else:
    msg = 'Mouth CLOSE'
```

上述條件是嘴唇除以整張臉形的比例再乘以 100,如果大於 15 即為張嘴,否則是閉嘴(因為影像尺寸會影響此值,請自行調整)。接著繪出臉部特徵座標的多邊形,分別是嘴唇和臉形,並呼叫 cv2.putText() 方法在影像寫上嘴巴是張嘴或閉嘴,如下所示:

```
    points = np.array(face_lips, np.int32)
    cv2.polylines(img, [points], True, (0, 255, 255), 1)
    points = np.array(face_oval, np.int32)
    cv2.polylines(img, [points], True, (0, 0, 255), 1)
    cv2.putText(img, msg, (10, 30),
                cv2.FONT_HERSHEY_PLAIN, 2, (0, 255, 0), 2)
cv2.imshow("Faces", img)
cv2.waitKey(0)
cv2.destroyAllWindows()
```

辨識臉部表情是睜眼 / 閉眼：ch4-5a.py

Python 程式的執行結果顯示臉部表情是睜眼 / 閉眼（下圖左是 face.jpg，下圖右是 face4.jpg），如下圖所示：

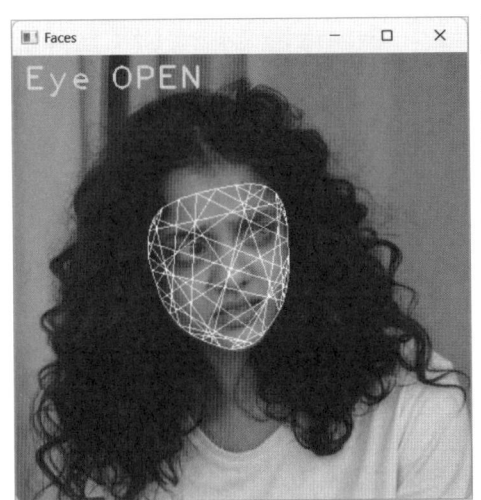

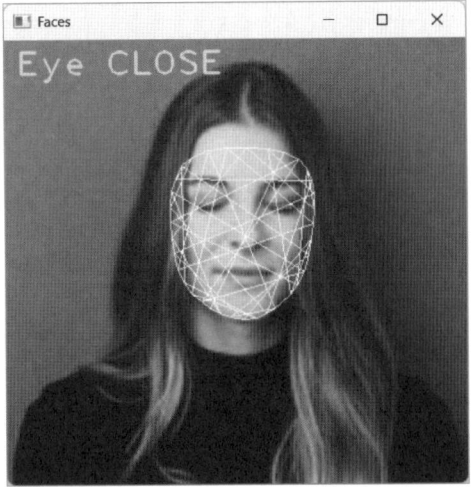

Python 程式碼是呼叫 getFacePart() 方法取得 "FACE_OVAL"（臉形）和 "LEFT_EYE"（左眼）臉部特徵，即可判斷臉部表情的左眼是睜開或閉著，如下所示：

```
img = cv2.imread("images/face.jpg")
detector = FaceMeshDetector(maxFaces=2)
img, faces = detector.findFaceMesh(img, draw=False)
```

上述程式碼建立 FaceMeshDetector 物件，並呼叫 findFaceMesh() 方法取得 3D 臉部網格的座標，但沒有標示影像（draw=False）。在下方 if 條件判斷是否有偵測到 3D 臉部網格，如下所示：

```
if faces:
    face_leye = detector.getFacePart(img, 0, "LEFT_EYE")
    height_leye, width_leye = detector.getFacePartSize(face_leye)
    print(width_leye, height_leye)
```

```
face_oval = detector.getFacePart(img, 0, "FACE_OVAL")
height_oval, width_oval = detector.getFacePartSize(face_oval)
print(width_oval, height_oval)
```

上述 2 個 getFacePart() 方法回傳第 2 個參數 0（即第 1 張臉）的 "FACE_OVAL" 和 "LEFT_EYE" 臉部特徵座標串列，再呼叫 getFacePartSize() 方法計算出特徵的尺寸。在下方 if/else 條件判斷臉部表情是睜眼或閉眼，如下所示：

```
if (height_leye/height_oval)*100 > 5:
    msg = 'Eye OPEN'
else:
    msg = 'Eye CLOSE'
```

上述 if/else 條件是眼睛除以整張臉形的比例再乘以 100，如果大於 5 即為睜眼，否則是閉眼（因為影像尺寸會影響此值，請自行調整）。接著繪出臉部特徵座標的多邊形，分別是左眼和臉形，並呼叫 cv2.putText() 方法在影像寫上眼睛是睜開或閉著，如下所示：

```
    points = np.array(face_leye, np.int32)
    cv2.polylines(img, [points], True, (0, 0, 255), 1)
    points = np.array(face_oval, np.int32)
    cv2.polylines(img, [points], True, (0, 255, 255), 1)
    cv2.putText(img, msg, (10, 30),
                cv2.FONT_HERSHEY_PLAIN, 2, (0, 255, 0), 2)
cv2.imshow("Faces", img)
cv2.waitKey(0)
cv2.destroyAllWindows()
```

學習評量

1. 請問什麼是 MediaPipe？CVZone 套件的用途？

2. 請參考第 4-1 節的程式範例，比較 MediaPipe 新版和舊版寫法上的差異。

3. 請簡單說明人臉偵測和臉部網格之間的差異。

4. 請建立 Python 程式開啟 Webcam，計算在目前影格中有多少人，並且將人數寫在影格的左上角（提示：顯示出偵測的人臉數）。

5. 請建立 Python 程式判斷臉部表情的右眼是睜開或閉著。

MEMO

chapter 5　Mediapipe × CVZone：3D 手勢偵測與 3D 姿態評估

▷ 5-1　Mediapipe × CVZone 3D 多手勢追蹤

▷ 5-2　Mediapipe × CVZone 3D 辨識手勢：剪刀、石頭與布

▷ 5-3　Mediapipe × CVZone 3D 辨識手勢：OK 手勢

▷ 5-4　Mediapipe × CVZone 3D 人體姿態評估

▷ 5-5　Mediapipe × CVZone e 3D 辨識人體姿勢：仰臥起坐

▷ 5-6　Mediapipe × CVZone 3D 辨識人體姿勢：伏地挺身

5-1 Mediapipe × CVZone 3D 多手勢追蹤

　　CVZone 多手勢追蹤是基於 MediaPipe 手勢（MediaPipe Hands），採用手掌偵測模型（Palm Detection Model）進行多手勢追蹤。首先偵測出手掌和拳頭，再使用手部地標模型（Hand Landmark Model）偵測出手部 21 個關鍵點（下圖的數字為關鍵點索引值），並可取得其 3D 座標 (x, y, z)，如下圖所示：

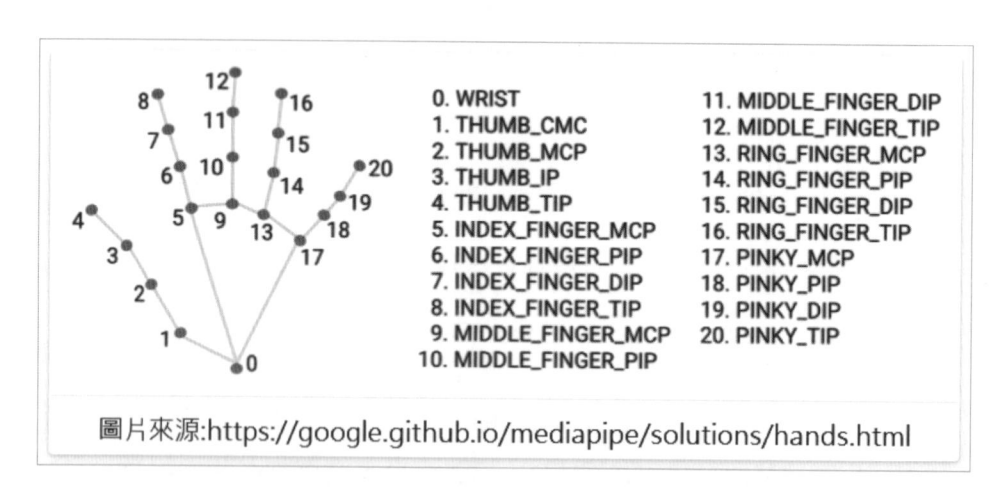

```
 8     12
 7  11    16
     10  15
 6        14    20
        9      19
 4  5         18
   3    13
      2     17
         1
            0

0. WRIST              11. MIDDLE_FINGER_DIP
1. THUMB_CMC          12. MIDDLE_FINGER_TIP
2. THUMB_MCP          13. RING_FINGER_MCP
3. THUMB_IP           14. RING_FINGER_PIP
4. THUMB_TIP          15. RING_FINGER_DIP
5. INDEX_FINGER_MCP   16. RING_FINGER_TIP
6. INDEX_FINGER_PIP   17. PINKY_MCP
7. INDEX_FINGER_DIP   18. PINKY_PIP
8. INDEX_FINGER_TIP   19. PINKY_DIP
9. MIDDLE_FINGER_MCP  20. PINKY_TIP
10. MIDDLE_FINGER_PIP
```

圖片來源：https://google.github.io/mediapipe/solutions/hands.html

cvzone3d/HandTrackingModule.py 模組

　　由於 MediaPipe 手勢（MediaPipe Hands）支援 3D 座標，故筆者已改寫 CVZone 的 HandTrackingModule.py 模組，新增多種 3D 方法，其說明如下所示：

- findDistance3D() 方法：計算 3D 的 2 個關鍵點之間的距離。

- findAngle() 和 findAngle3D() 方法：分別計算 3 個關鍵點夾角的 2D 和 3D 角度。

- plotHandLandmarks3D() 方法：繪出 3D 手勢圖形。

在 Python 程式是匯入「cvzone3d」目錄 HandTrackingModule.py 的 HandDetector 類別，如下所示：

```
from cvzone3d.HandTrackingModule import HandDetector
```

5-1-1 多手勢追蹤的基本使用

CVZone 的 HandDetector 物件可以偵測多個手勢，和取得手勢相關資訊：中心點座標、左手或右手、手勢邊界框和 21 個關鍵點的 3D 座標。

影像的單手偵測：ch5-1-1.py

CVZone 的 HandDetector 物件可以追蹤多個手勢，並且判斷是左手或右手。其執行結果可以顯示中心點座標和左手 Left 或右手 Right，如下所示：

```
(100, 197)
Right
```

然後顯示影像標示偵測出的單手手勢、中心點座標和左上角顯示的 Right 右手，如下圖所示：

最後，可以看到 3D 手勢圖形，並可透過旋轉 3D 手勢來用不同角度檢視這隻手，如下圖所示：

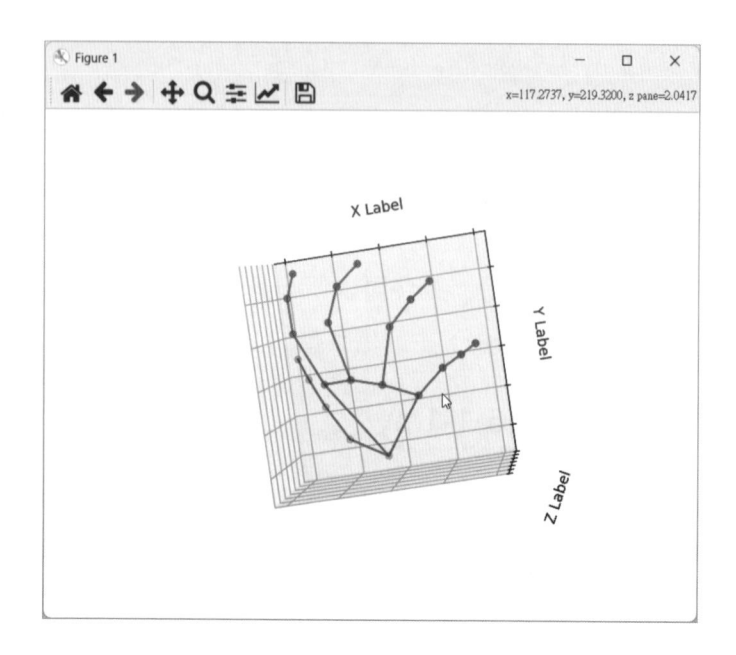

Python 程式碼首先從 HandTrackingModule 模組匯入 HandDetector 類別，和 OpenCV 套件，如下所示：

```
from cvzone3d.HandTrackingModule import HandDetector
import cv2

img = cv2.imread("images/hand.jpg")
detector = HandDetector(detectionCon=0.5, maxHands=1)
```

上述程式碼讀取圖檔後，建立 HandDetector 物件 detector，其第 1 個參數是信心指數（即可能性），超過 0.5（50%）表示偵測到手勢，第 2 個參數是最多可偵測幾個手勢。然後呼叫 findHands() 方法執行影像的手勢偵測，如下所示：

```
hands, img = detector.findHands(img)
```

上述 findHands() 方法的參數是影像，回傳值是偵測到的手勢串列和已標示的影像。在下方的 if 條件判斷 hands 是否為空的，如果不是，就表示有偵測到手勢。其 hands[0] 是第 1 隻手的手勢資訊字典，"center" 鍵是中心點座標，"type" 鍵是左手或右手，如下所示：

```
if hands:
    hand1 = hands[0]      # 第1隻手
    centerPoint1 = hand1["center"]
    print(centerPoint1)
    cv2.circle(img, centerPoint1, 10, (0, 255, 255), cv2.FILLED)
    handType1 = hand1["type"]
    print(handType1)
    cv2.putText(img, handType1, (10, 30),
                cv2.FONT_HERSHEY_PLAIN, 2, (0, 255, 0), 2)
```

上述程式碼取出中心點座標，以及左手或右手後，繪出中心點並在左上角寫上左手或右手。在下方顯示已標示的影像，並呼叫 plotHandLandmarks3D() 方法繪出 3D 手勢的圖形，如下所示：

```
cv2.imshow("Hand", img)
detector.plotHandLandmarks3D()
cv2.waitKey(0)
cv2.destroyAllWindows()
```

影像的雙手偵測：ch5-1-1a.py

Python 程式可以偵測影像中的左右 2 隻手勢，其執行結果顯示偵測到的 2 隻手勢，如下圖所示：

並且可以顯示 2 隻手勢的 3D 圖例，如下圖所示：

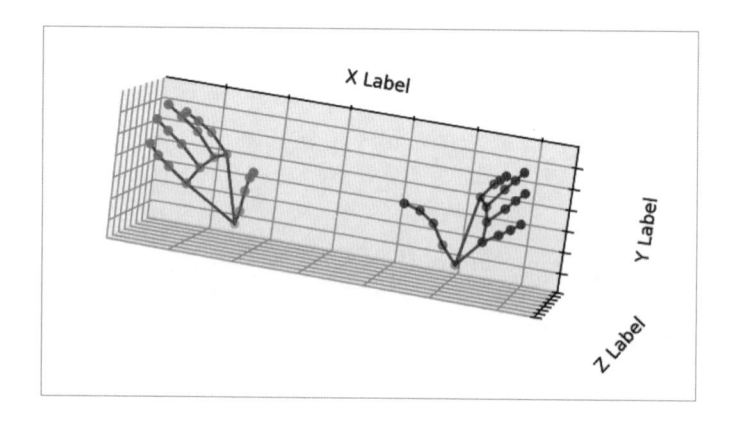

Python 程式碼在讀取圖檔 hands.jpg 後，建立 HandDetector 物件，並指定 maxHands 參數為 2，即最多偵測 2 隻手。然後呼叫 findHands() 方法偵測影像中的多隻手勢，而 if 條件判斷是否有偵測到手勢，如下所示：

```
img = cv2.imread("images/hands.jpg")
detector = HandDetector(detectionCon=0.5, maxHands=2)
hands, img = detector.findHands(img)
if hands:
    hand1 = hands[0]    # 第1隻手
    centerPoint1 = hand1["center"]
    cv2.circle(img, centerPoint1, 10, (0, 255, 255), cv2.FILLED)
```

上述 hands[0] 是第 1 隻手，在取出中心點座標後，標示第 1 隻手的中心點。在下方的 if 條件判斷 hands 串列的尺寸，如果是 2，就表示有偵測到第 2 隻手，如下所示：

```python
if len(hands) == 2:
    hand2 = hands[1]    # 第2隻手
    centerPoint2 = hand2["center"]
    print(centerPoint2)
    cv2.circle(img, centerPoint2, 10, (0, 255, 255), cv2.FILLED)
```

上述 hands[1] 是第 2 隻手，在取出中心點座標後，標示第 2 隻手的中心點。在下方 plotHandLandmark3D() 方法可指定 box_aspect 參數的 x、y 和 z 軸的比例，如下所示：

```python
cv2.imshow("Hands", img)
detector.plotHandLandmarks3D(box_aspect=[3, 1, 1])
```

取得單手邊界框和 21 個關鍵點座標：ch5-1-1b.py

在 Python 程式呼叫 findHands() 方法除了回傳中心點和左右手資訊外，還可取得手勢邊界框和 21 個關鍵點座標，其執行結果如下圖所示：

Python 程式碼在讀取 hands.jpg 圖檔後，呼叫 findHands() 方法，其參數 draw 為 False 表示不標示影像，如下所示：

```
hands = detector.findHands(img, draw=False)
```

上述方法的回傳值只含偵測到的手勢資訊 hands，並沒有 img。接著使用下方的 if 條件判斷是否有偵測到手勢，如下所示：

```
if hands:
    hand1 = hands[0]    # 第1隻手
    bbox1 = hand1["bbox"]
    x, y, w, h = bbox1
    cv2.rectangle(img, (x, y), (x+w, y+h),
                              (0, 0, 255), 2)
    lmList1 = hand1["lmList"]
    for point in lmList1:
        x, y = point
        cv2.circle(img, (x, y), 3, (0, 255, 255), cv2.FILLED)
```

上述 hands[0] 是第 1 隻手，在取出 "bbox" 鍵的手勢邊界框座標 (x, y, w, h) 後，呼叫 cv2.rectangle() 方法繪出邊界框；以及 "lmList" 鍵取出手勢 21 個關鍵點座標串列後，在 for 迴圈呼叫 cv2.circle() 方法標示出關鍵點。

取得雙手邊界框和 21 個關鍵點座標：ch5-1-1c.py

同樣方法，此 Python 程式是擴充 ch5-1-1b.py，可取得並繪出雙手的邊界框和 21 個關鍵點座標，其執行結果如下圖所示：

Mediapipe x CVZone：3D 手勢偵測與 3D 姿態評估

在 Python 程式碼的 hands[0] 是第 1 隻手，hands[1] 是第 2 隻手。分別取出 "bbox" 鍵的手勢邊界框座標 (x, y, w, h)，以及 "lmList" 鍵取出手勢 21 個關鍵點座標串列後，即可在影像中標示出邊界框和關鍵點，如下所示：

```
if hands:
    hand1 = hands[0]    # 第1隻手
    x, y, w, h = hand1["bbox"]
    cv2.rectangle(img, (x, y), (x+w, y+h),
                                (0, 0, 255), 2)
    for point in hand1["lmList"]:
        cv2.circle(img, point, 3, (0, 255, 255), cv2.FILLED)
    if len(hands) == 2:
        hand2 = hands[1]    # 第2隻手
        x, y, w, h = hand2["bbox"]
        cv2.rectangle(img, (x, y), (x+w, y+h),
                                    (0, 0, 255), 2)
        for point in hand2["lmList"]:
            cv2.circle(img, point, 3, (0, 255, 255), cv2.FILLED)
```

5-1-2 偵測伸出幾根手指、取得距離和角度

CVZone 的 HandDetector 物件可偵測共伸出幾根手指，和測量 2 根手指關鍵點之間的距離。筆者已在模組中新增計算角度的方法。

偵測共伸出幾根手指：ch5-1-2.py

Python 程式的執行結果可以看到 fingers 串列的內容（從姆指至小指），如下所示：

```
[1, 1, 1, 1, 0]
```

並且在影像邊界框的右上角標示共伸出幾根手指，如下圖所示：

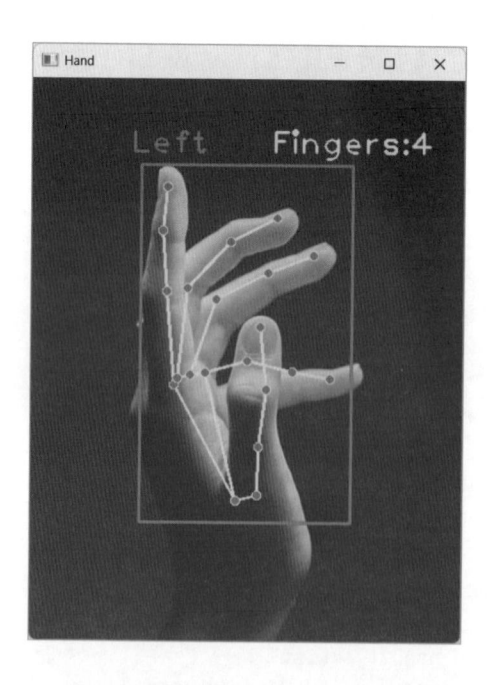

Python 程式碼取得 hand2.jpg 圖檔手勢資訊的 hands 字典串列後，呼叫 fingersUp() 方法判斷伸出幾根手指，其參數是 hand 字典。之所以取出 hand["bbox"] 邊界框座標，是為了計算 cv2.putText() 方法寫上文字的位置座標，如下所示：

```
hand = hands[0]
bbox = hand["bbox"]
fingers = detector.fingersUp(hand)
print(fingers)
totalFingers = fingers.count(1)
msg = "Fingers:" + str(totalFingers)
cv2.putText(img, msg, (bbox[0]+100,bbox[1]-30),
            cv2.FONT_HERSHEY_PLAIN, 2, (0, 255, 0), 2)
```

上述 fingersUp() 方法的回傳值為 5 個元素的串列，每一個元素代表一根手指，值 1 是伸出，0 是沒有。fingers.count(1) 方法計算值 1 出現的數量，即共伸出幾根手指，最後在邊界框右上角寫上手指數。

計算單手關鍵點之間的距離：ch5-1-2a.py

Python 程式的執行結果可標示 2 根指尖之間的距離，分別是 2D 的 85 和 3D 的 92，如下圖所示：

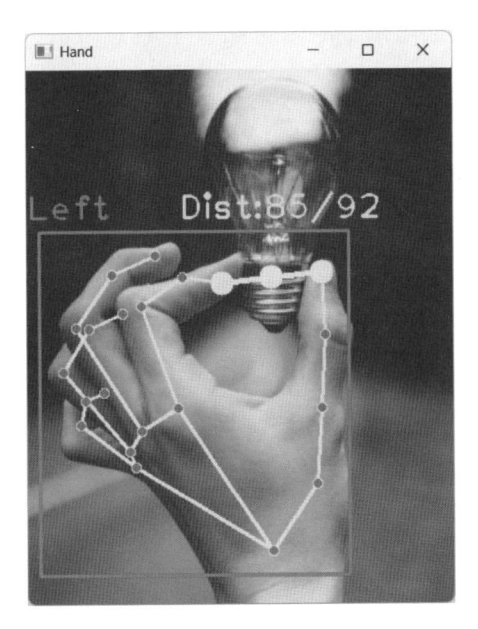

Python 程式碼在取得 hand3.jpg 圖檔手勢資訊的 hands 字典串列後，呼叫 findDistance() 和 findDistance3D() 方法計算 2 個關鍵點之間的距離，如下所示：

```
hand1 = hands[0]
lmList1 = hand1["lmList"]
bbox1 = hand1["bbox"]
length, info, img = detector.findDistance(lmList1[4],lmList1[8], img,
                                color=(255, 255, 0), scale=10)
length2, info2 = detector.findDistance3D(lmList1[4],lmList1[8])
```

上述 findDistance() 方法是計算 2D 距離,前 2 個參數是姆指的指尖 (4) 和食指的指尖 (8) 的關鍵點座標,其索引值請參閱第 5-1 節的 21 個關鍵點圖例,在圖例手形上方標示的數字即為索引值;第 3 個參數是影像 img,可在此影像標示距離和直線(color 是色彩,scale 是比例)。其回傳值是距離,info 是包含開始和結束 2 個端點,再加上中間點座標,最後是已標示的影像。而 findDistance3D() 方法的參數相同,但因沒有回傳 img,故不會回傳已標示的影像。

接著在下方顯示 length 和 length2,以及 info 和 info2 串列的 3 個座標,最後在邊界框右上角寫上距離,如下所示:

```
print(int(length))
print(info)
print(int(length2))
print(info2)
msg = "Dist:" + str(int(length)) + "/" + str(int(length2))
cv2.putText(img, msg, (bbox1[0]+100,bbox1[1]-30),
            cv2.FONT_HERSHEY_PLAIN, 2, (0, 255, 0), 2)
```

其執行結果的 info 和 info2 串列依序是 2 個關鍵點和中心點座標(2D 是 (x, y),3D 則是 (x, y, z)),如下所示:

```
85
(251, 169, 166, 178, 208, 173)
92
(251, 169, -110, 166, 178, -74, 208, 173, -92)
```

計算雙手關鍵點之間的距離：ch5-1-2b.py

Python 程式是修改 ch5-1-2a.py 計算左右 2 隻手上的 2 個食指指尖之間的距離，並顯示食指指尖之間的距離，如右圖所示：

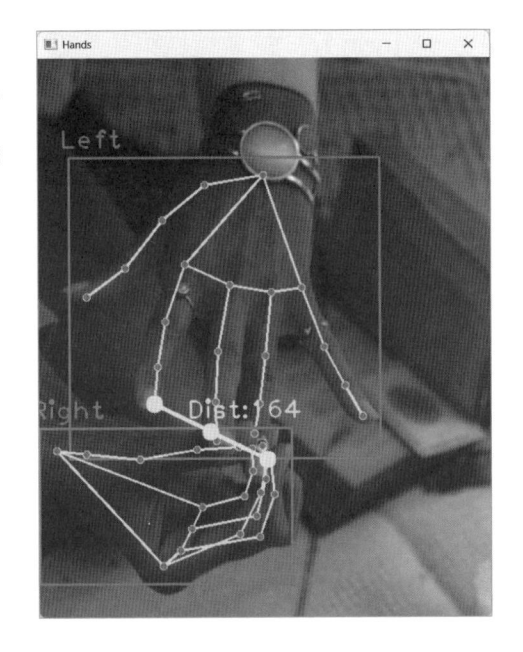

Python 程式碼在讀取 hands3.jpg 圖檔手勢資訊的 hands 字典串列後，取得第 1 隻手 hand1["lmList"] 關鍵點，而 if 條件判斷是否有第 2 隻手，如下所示：

```
hand1 = hands[0]
lmList1 = hand1["lmList"]
if len(hands) == 2:
    hand2 = hands[1]
    lmList2 = hand2["lmList"]
    bbox2 = hand2["bbox"]
    length, info, img = detector.findDistance3D(lmList1[8], lmList2[8], img,
                                    color=(255, 255, 0), scale=10)
    print(info)
    msg = "Dist:" + str(int(length))
    cv2.putText(img, msg,(bbox2[0]+150,bbox2[1]-30),
            cv2.FONT_HERSHEY_PLAIN, 2, (0, 255, 0), 2)
```

上述程式碼取得第 2 隻手的關鍵點座標後，呼叫 findDistance3D() 方法，其前 2 個參數分別是 2 隻手的食指指尖（8）。

計算手指關鍵點之間的角度：ch5-1-2c.py

Python 程式的執行結果依序顯示 2D/3D 角度，並判斷角度是否在 130~170 和 80~120 之間的範圍，如右所示：

```
142.66067164163093
True
144.5973092707573
False
```

上述 2D 角度約為 142，在範圍之內；3D 角度 144 並不在第 2 個範圍之內。接著同時在 2 張影像標示 3 個關鍵點的直線和角度，如下圖所示：

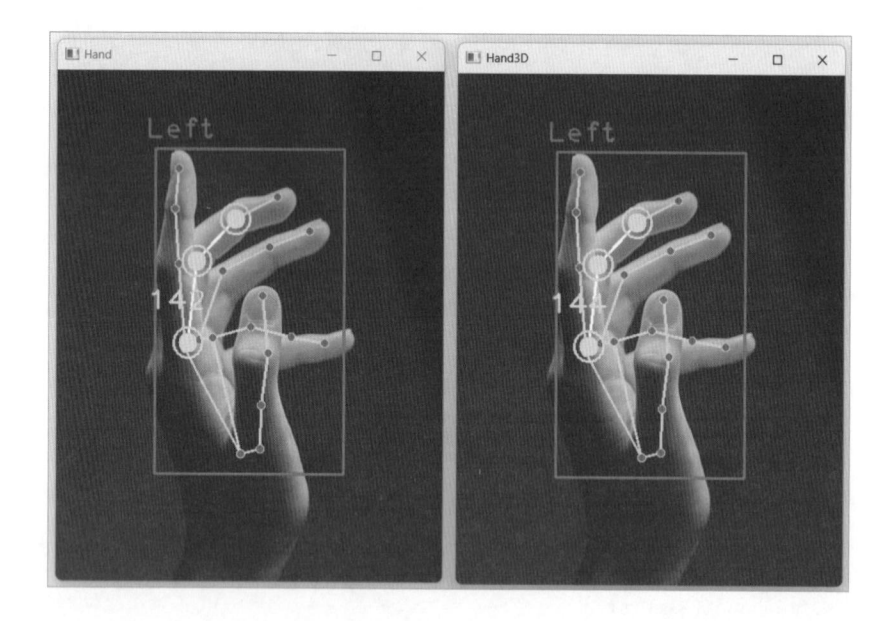

Python 程式碼在取得 21 個關鍵點座標後，只需指定 3 個關鍵點，即可呼叫 findAngle() 方法計算出這 3 個關鍵點的 2D 角度。首先使用 copy() 方法複製影像，如下所示：

```
hand1 = hands[0]
lmList1 = hand1["lmList"]
img_copy = img.copy()
angle, img2D = detector.findAngle(lmList1[9], lmList1[10],
                                  lmList1[11], img_copy,
                                  color=(255, 255, 0),
                                  scale=10)
```

上述 findAngle() 方法的前 3 個參數是關鍵點座標，以此例是中指的 3 個關鍵點（9, 10, 11）；第 4 個參數是影像，可在此影像標示角度和直線（color 參數是色彩，scale 是比例）。其回傳值是角度和已標示的影像。

然後顯示 angle 變數的角度，而 angleCheck() 方法可判斷第 1 個參數是否位在第 2 個參數正負第 3 個參數值的範圍之內，以此例是位在 130~170 度的範圍，如下所示：

```
print(angle)
print(detector.angleCheck(angle, 150, offset=20))
cv2.imshow("Hand", img2D)
```

接著是 3D 角度，檢查範圍是 80~120 度之間，如下所示：

```
angle3D, img3D = detector.findAngle3D(lmList1[9], lmList1[10],
                                      lmList1[11], img,
                                      color=(255, 255, 0),
                                      scale=10)
print(angle3D)
print(detector.angleCheck(angle3D, 100, offset=20))
cv2.imshow("Hand3D", img3D)
```

> **補充說明**
>
> 如果 findAngle() 和 findAngle3D() 方法沒有第 4 個 img 參數，就不會標示影像，也不會回傳已標示的影像，如下所示：
>
> ```
> angle = detector.findAngle(lmList1[9], lmList1[10], lmList1[11])
> ```

5-1-3 即時多手勢追蹤

Python 程式：ch5-1-3.py 是整合第 2-3-2 節的 Webcam，以建立 CVZone 即時多手勢追蹤。先使用 OpenCV 讀取影格，再使用 CVZone 進行多手勢追蹤，如下所示：

```
from cvzone3d.HandTrackingModule import HandDetector
import cv2

cap = cv2.VideoCapture(0, cv2.CAP_DSHOW)
detector = HandDetector(detectionCon=0.5, maxHands=2)
```

上述程式碼建立 VideoCapture 物件 cap 和 HandDetector 物件 detector，其第 1 個參數是信心指數，第 2 個參數是最多偵測 2 個手勢。

在下方 while 迴圈檢查攝影機是否開啟，如果是，就讀取影格進行偵測。透過呼叫 findHands() 方法偵測多個手勢，並回傳手勢資訊 hands 字典串列，和已標示的影像 img，如下所示：

```
while cap.isOpened():
    success, img = cap.read()
    hands, img = detector.findHands(img)
    if hands:
        hand1 = hands[0]
        centerPoint1 = hand1["center"]
        cv2.circle(img, centerPoint1, 10, (0, 255, 255),
                   cv2.FILLED)
        if len(hands) == 2:
            hand2 = hands[1]
            centerPoint2 = hand2["center"]
            cv2.circle(img, centerPoint2, 10, (0, 255, 255),
                       cv2.FILLED)
```

上述第 1 個 if 條件判斷是否有偵測到，如果有，就取出第 1 個手勢 hands[0] 的中心點座標並繪出中心點。第 2 個 if 條件判斷是否有第 2 隻手勢，如果有，就取出第 2 個手勢 hands[1] 的中心點座標並繪出中心點。在下方呼叫 cv2.imshow() 方法顯示偵測結果的影格，如下所示：

```
    cv2.imshow("Image", img)
    if cv2.waitKey(1) & 0xFF == ord('q'):
        break
cap.release()
cv2.destroyAllWindows()
```

Python 程式：ch5-1-3a.py 可即時顯示共伸出幾根手指。Python 程式：ch5-1-3b.py 可即時顯示 2 根手指指尖之間的 3D 距離。

5-2 MediaPipe × CVZone 3D 辨識手勢：剪刀、石頭與布

Python 程式可使用 HandDetector 物件的 fingersUp() 方法，偵測出手掌伸出了哪幾根手指，如下所示：

```
fingers = detector.fingersUp(hand)
```

上述方法的回傳值是 5 根手指（從姆指開始至小指）的串列，例如：[0, 1, 1, 0, 0]，值 1 是伸出，0 則沒有，以此例是伸出食指和中指。所以，我們可以使用此串列來辨識手勢為：剪刀、石頭或布。

Python 程式：ch5-2.py 在讀取影像後，使用 CVZone 進行手勢追蹤，可偵測出手掌伸出哪幾根手指，以辨識出手勢為剪刀、石頭或布，其執行結果如下圖所示：

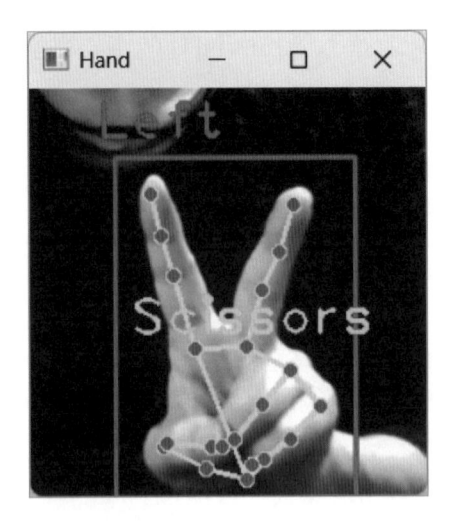

上述圖例可以看到辨識出左手，且伸出食指和中指 2 根指頭，所以判斷出手勢為剪刀 Scissors。Python 程式碼在呼叫 cv2.imread() 方法讀取 Scissors.png 圖檔後，呼叫 findHands() 方法偵測手勢，可以回傳手勢資訊 hands 字典串列，和已標示的影像 img，如下所示：

```
hand = hands[0]
fingers = detector.fingersUp(hand)
print(fingers)
totalFingers = fingers.count(1)
```

上述程式碼呼叫 fingersUp() 方法和 fingers.count(1) 方法計算手掌伸出的手指數。在下方的 2 個 if 條件分別依據手指數來判斷是布或石頭的手勢，如下所示：

```
if totalFingers == 5:
    msg = "Paper"
if totalFingers == 0:
    msg = "Rock"
if totalFingers == 2:
    if fingers[1] == 1 and fingers[2] == 1:
        msg = "Scissors"
cv2.putText(img, msg, (10, 30),
            cv2.FONT_HERSHEY_PLAIN, 2, (0, 255, 0), 2)
```

上述最後 1 個 if 條件先判斷手指數是否為 2，如果是，再使用 if 條件判斷是否伸出食指和中指，如果是，即為剪刀手勢。最後在影像上標示出手勢。

Python 程式：ch5-2a.py 結合 CVZone + Webcam 攝影機的即時影像辨識，可即時辨識出手勢為剪刀、石頭或布。**請注意！**此種偵測方法會有比較大的誤差，如果需要更準確的結果，請使用 YOLO 或 Teachable Machine 訓練 AI 模型來辨識手勢。

5-3 MediaPipe × CVZone 3D 辨識手勢：OK 手勢

CVZone 多手勢追蹤可判斷伸出幾隻手指、計算指關節角度和指尖距離，我們能透過這些資訊來判斷各種手勢，例如：OK 手勢可根據下列特徵來進行判斷，如下圖所示：

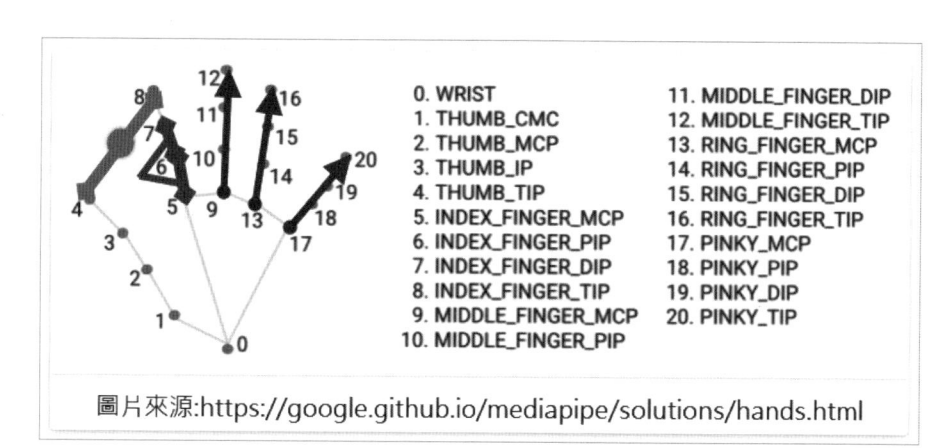

```
0. WRIST                  11. MIDDLE_FINGER_DIP
1. THUMB_CMC              12. MIDDLE_FINGER_TIP
2. THUMB_MCP              13. RING_FINGER_MCP
3. THUMB_IP               14. RING_FINGER_PIP
4. THUMB_TIP              15. RING_FINGER_DIP
5. INDEX_FINGER_MCP       16. RING_FINGER_TIP
6. INDEX_FINGER_PIP       17. PINKY_MCP
7. INDEX_FINGER_DIP       18. PINKY_PIP
8. INDEX_FINGER_TIP       19. PINKY_DIP
9. MIDDLE_FINGER_MCP      20. PINKY_TIP
10. MIDDLE_FINGER_PIP
```

圖片來源:https://google.github.io/mediapipe/solutions/hands.html

- 伸出中指、無名指和小指。

- 食指和姆指指尖的距離很近。

- 食指關節 (5, 6, 7) 的角度在 80~120 度。

Python 程式：ch5-3.py 在讀取影像後，使用 CVZone 進行手勢追蹤，可辨識手勢是否為 OK 手勢，其執行結果如右圖所示：

Python 程式碼呼叫 cv2.imread() 方法讀取 OK.jpg 圖檔後，呼叫 findHands() 方法偵測手勢和 fingersUp() 方法取得伸出手指的 fingers 串列，再使用 if 條件判斷是否有伸出中指、無名指和小指，如下所示：

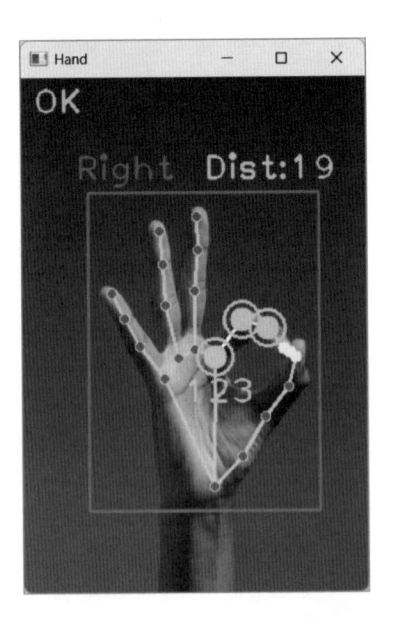

```
if fingers[2] == 1 and fingers[3] == 1 and fingers[4] == 1:
    length, info, img = detector.findDistance3D(
                               lmList1[8], lmList1[4],
                               img, color=(0, 255, 255))
    print("Length:", length)
    msg_len = "Dist:" + str(int(length))
    cv2.putText(img, msg_len, (bbox2[0]+80,bbox2[1]-30),
             cv2.FONT_HERSHEY_PLAIN, 2, (0, 255, 0), 2)
    if length <= 30:
```

上述程式碼呼叫 findDistance3D() 方法計算食指和姆指指尖之間的距離並顯示距離，再使用 if 條件判斷是否小於 30，如果是（表示很近），就呼叫 findAngle3D() 方法計算食指關節 (5, 6, 7) 的角度，如下所示：

```
        angle, img = detector.findAngle3D(
                            lmList1[5], lmList1[6], lmList1[7],
                            img, color=(0, 255, 0), scale=10)
        print("Angle:", angle)
        if detector.angleCheck(angle, 120, offset=20):
            msg = "OK"
```

上述 if 條件呼叫 angleCheck() 方法判斷角度是否位在 80~120 度範圍之中，如果是，即符合 OK 手勢的三個特徵，故判斷此為 OK 手勢。

Python 程式：ch5-3a.py 結合 CVZone+Webcam 攝影機的即時影像辨識，可即時辨識手勢是否為 OK 手勢。

5-4 MediaPipe × CVZone 3D 人體姿態評估

CVZone 人體姿態評估是基於 MediaPipe 姿勢 (MediaPipe Pose)，採用 BlazePose 偵測模型來進行單人的人體姿態估計 (Human Pose Estimation)。首先偵測出人體，再使用人體地標模型 (Pose Landmark Model，BlazePose GHUM 3D) 偵測出人體 33 個關鍵點的 3D 座標 (x, y, z)，如下圖所示：

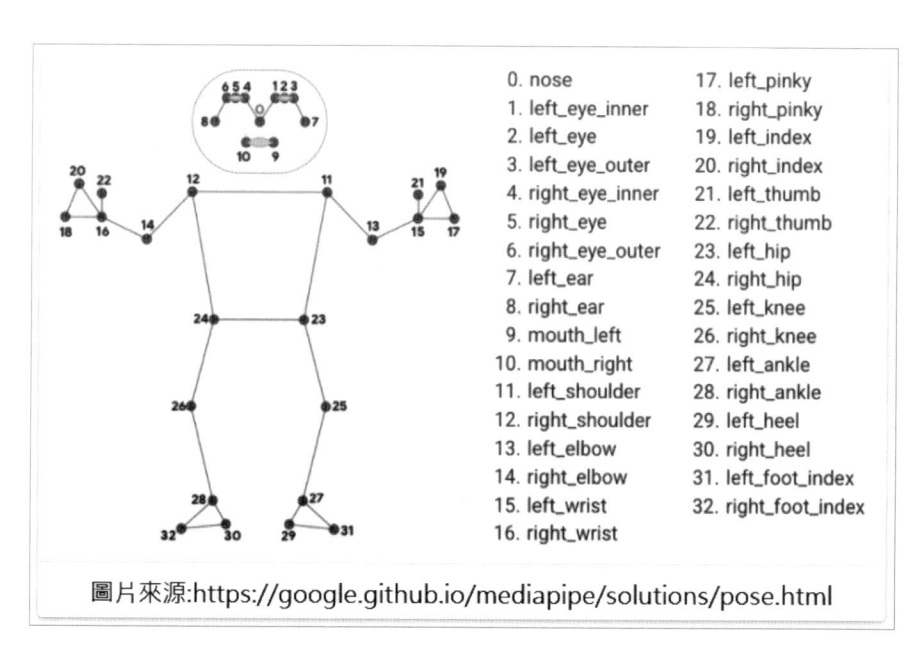

圖片來源:https://google.github.io/mediapipe/solutions/pose.html

cvzone3d/PoseModule3D.py 模組

由於 MediaPipe 姿勢（MediaPipe Pose）支援 3D 座標，故筆者已改寫 CVZone 的 PoseModule.py 模組以支援 3D 功能，並且改用 MediaPipe 的新版寫法來改寫。其使用的 pose_landmarker_full.task 模型檔是位在「cvzone3d/models」目錄，在此模組新增了多種 3D 方法，其說明如下所示：

- **findDistance3D() 方法**：計算 3D 的 2 個關鍵點之間的距離。
- **findDistance() 和 findDistance3D() 方法**：修改回傳值與 HandTrackingModule.py 同名方法一致，其 3 個回傳值依序調整成 length, info, img（原來是 length, img, info）。
- **findAngle3D() 方法**：計算 3 個關鍵點夾角的 3D 角度。
- **plotPoseLandmarks3D() 方法**：繪出 3D 人體姿態的圖形。

在 Python 程式是匯入「cvzone3d」目錄 PoseModule.py 的 PoseDetector 類別，如下所示：

```
from cvzone3d.PoseModule import PoseDetector
```

5-4-1 人體姿態評估的基本使用

CVZone 是使用 PoseDetector 物件進行人體姿態評估，我們可以呼叫 findPose() 方法偵測出人體姿勢並取出 33 個關鍵點。

影像的人體姿態評估：ch5-4-1.py

Python 程式的執行結果顯示影像中偵測出的姿勢，並標示邊界框和中心點座標，如下圖所示：

然後顯示 3D 人體姿態，可透過旋轉 3D 人體姿態以不同角度檢視人體骨架，如下圖所示：

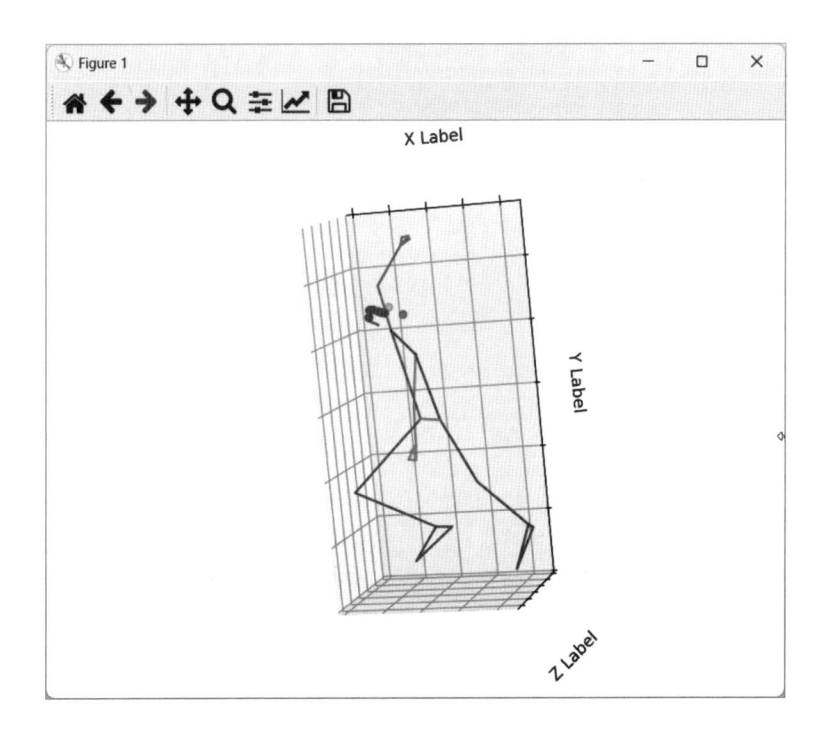

Python 程式碼首先從 CVZone 的 PoseModule 模組匯入 PoseDetector 類別，和 OpenCV 套件，如下所示：

```
from cvzone3d.PoseModule import PoseDetector
import cv2

img = cv2.imread("images/woman.jpg")
detector = PoseDetector(detectionCon=0.5, trackCon=0.5)
```

上述程式碼讀取圖檔後，建立 PoseDetector 物件 detector，其第 1 個參數是信心指數（可能性），超過 0.5（50%）表示偵測到人體；第 2 個參數是最低追蹤出姿勢關鍵點的信心指數（可能性），超過 0.5（50%）表示偵測出人體姿態。在下方呼叫 findPose() 方法執行姿勢偵測，其參數是影像，預設會標示偵測到的人體骨架（draw=True），如下所示：

```
img = detector.findPose(img)
lmList, bboxInfo = detector.findPosition(img, draw=False,
                                         bboxWithHands=False)
```

上述 findPosition() 方法可回傳姿勢資訊字典和已標示的影像，其第 1 個參數是影像，draw=False 表示不繪出姿勢邊界框和中心點，bboxWithHands 參數則設定姿勢的邊界框是否包含雙手。在下方的 if 條件判斷 lmList 是否為空的，如果不是，就表示偵測到姿勢。"bbox" 鍵是姿勢邊界框左上角座標、寬度和高度，"center" 鍵是中心點座標，如下所示：

```
if lmList:
    x1, y1, w, h = bboxInfo["bbox"]
    cv2.rectangle(img, (x1, y1),
                       (x1 + w, y1 + h),
                       (255, 0, 255), 2)
    center = bboxInfo["center"]
    cv2.circle(img, center, 15, (0, 255, 255), cv2.FILLED)
```

上述程式碼取出邊界框和中心點座標後，即可自行繪出長方形的姿勢邊界框和中心點座標的圓形。在下方顯示已標示的影像，再以 plotPoseLandmarks3D() 方法繪出人體骨架的 3D 圖形，如下所示：

```
cv2.imshow("Pose", img)
detector.plotPoseLandmarks3D()
cv2.waitKey(0)
cv2.destroyAllWindows()
```

取得 33 個關鍵點座標：ch5-4-1a.py

Python 程式使用 findPosition() 方法取得 33 個關鍵點的座標，而我們可以自行繪出這 33 個關鍵點和 3D 人體骨架，其執行結果如下圖所示：

Python 程式碼在讀取圖檔 woman2.jpg 後，呼叫 findPose() 方法偵測姿勢，再使用 findPosition() 方法取得關鍵點，但沒有標示影像 (draw=False)。即可在回傳值 lmList 取出 33 個關鍵點座標，如下所示：

```
detector = PoseDetector(detectionCon=0.5, trackCon=0.5)
img = detector.findPose(img, draw=False)
lmList, bboxInfo = detector.findPosition(img, draw=False)
if lmList:
    for point in lmList:
        cv2.circle(img, (point[0], point[1]), 3,
                   (0, 255, 255), cv2.FILLED)

cv2.imshow("Pose", img)
detector.plotPoseLandmarks3D(box_aspect=[1, 1, .5])
```

上述 for 迴圈標示這 33 個關鍵點,並在 plotPoseLandmark3D() 方法指定 box_aspect 參數的 x、y 和 z 軸的比例。

5-4-2 計算關鍵點之間的距離和角度

CVZone 的 PoseDetector 物件同樣可以計算 3 個關鍵點的角度 (已修改角度範圍為 0~180 度),並新增測量 2 個關鍵點之間距離的功能。

計算 3 個關鍵點之間的角度:ch5-4-2.py

Python 程式在取得 fitness.jpg 圖檔姿勢資訊的 33 個關鍵點座標後,呼叫 findAngle() 和 findAngle3D() 方法計算指定 3 個關鍵點的角度,其執行結果如下所示:

```
150.393174884742
True
141.9144732432707
False
```

上述角度 150.3,在第 1 個範圍之內;而 141.9 不在第 2 個範圍之內。接著在影像上標示 3 個關鍵點的直線和角度,如下圖所示:

Python 程式碼首先取出 33 個關鍵點座標 lmList，然後呼叫 findAngle() 方法計算 3 個關鍵點的夾角，如下所示：

```
img_copy = img.copy()
angle, img2D = detector.findAngle(lmList[24], lmList[26], lmList[28],
                                  img_copy, color=(255, 255, 0), scale=10)
print(angle)
print(detector.angleCheck(angle, 140, offset=20))
```

上述 findAngle() 方法的前 3 個參數為 3 個關鍵點座標，以此例的 3 個關鍵點分別是 24、26 和 28，其索引值請參閱第 5-4 節的 33 個關鍵點圖例，在圖例人形上方標示的數字即為索引值；最後 1 個參數是影像，可在此影像標示角度和直線（color 參數是色彩，scale 是比例）。其回傳值是角度和已標示的影像。

最後顯示 angle 變數的角度，angleCheck() 方法可判斷第 1 個參數是否位在第 2 個參數正負第 3 個參數值的範圍之內，以此例是 120~160 度。在下方改用 findAngle3D() 方法，其範圍是 70~110 度，如下所示：

```
cv2.imshow("Pose", img2D)
angle3D, img3D = detector.findAngle3D(lmList[24], lmList[26], lmList[28],
                                      img, color=(255, 255, 0), scale=10)
print(angle3D)
print(detector.angleCheck(angle, 90, offset=20))
cv2.imshow("Pose3D", img3D)
```

> **補充說明**
>
> 　　如果 findAngle() 方法沒有最後 1 個 img 參數，就不會標示影像，也不會回傳已標示的影像 (Python 程式：ch5-4-2a.py)，如下所示：
>
> ```
> angle = detector.findAngle(lmList[24], lmList[26], lmList[28])
> ```

計算 2 個關鍵點之間的距離：ch5-4-2b.py

　　Python 程式在取得 fitness.jpg 圖檔姿勢資訊的 33 個關鍵點座標後，計算並標示 2 個關鍵點之間的距離 (前方是 2D，後方是 3D 距離)，如下圖所示：

Python 程式碼分別呼叫 findDistance() 和 findDistance3D() 方法來計算 2 個關鍵點之間的距離，如下所示：

```
length, distInfo, img = detector.findDistance(
                        lmList[11], lmList[25], img,
                        color=(255, 255, 0), scale=10)
print(length, distInfo)
length2, distInfo2 = detector.findDistance3D(
                        lmList[11], lmList[25])
print(length2, distInfo2)
msg = "Dist:" + str(int(length)) + "/" + str(int(length2))
cv2.putText(img, msg, (10, 30),
            cv2.FONT_HERSHEY_PLAIN, 2, (0, 255, 0), 2)
```

上述 findDistance() 和 findDistance3D() 方法的前 2 個參數是關鍵點座標 11 和 25，其索引值請參閱第 5-4 節的 33 個關鍵點圖例；第 3 個參數是影像 img，可在此影像標示連接的直線（第 2 個 findDistance3D() 方法沒有 img 參數，所以不會回傳標示的影像）。第 1 個回傳值是距離，第 2 個是包含開始和結束 2 個端點和中間點座標的元組。其執行結果的前者為距離，後者元組為 2 個關鍵點和中心點座標（2D 是 (x, y)，3D 是 (x, y, z)），如下所示：

```
176.9773996870787 (194, 136, 29, 200, 111, 168)
182.12632978237934 (194, 136, 61, 29, 200, 61, 111, 168, 82)
```

5-4-3 即時人體姿態評估

Python 程式：ch5-4-3.py 是整合第 2-3-2 節的 Webcam，以建立 CVZone 即時人體姿態評估。先使用 OpenCV 讀取影格，再使用 CVZone 進行人體姿態評估，如下所示：

```
from cvzone3d.PoseModule import PoseDetector
import cv2

cap = cv2.VideoCapture(0)
detector = PoseDetector()
```

　　上述程式碼建立 VideoCapture 物件 cap 和 PoseDetector 物件 detector。在下方 while 迴圈檢查攝影機是否開啟，如果是，就讀取影格進行偵測，呼叫 findPose() 方法偵測人體。其回傳值是偵測到的人體姿勢資訊 pose 和已標示的影像 img，如下所示：

```
while cap.isOpened():
    success, img = cap.read()
    pose, img = detector.findPose(img)
    if pose:
        x1, y1, w, h = pose["bbox"]
        cv2.rectangle(img, (x1, y1),
                           (x1 + w, y1 + h),
                           (255, 0, 255), 2)
        center = pose["center"]
        cv2.circle(img, center, 5, (255, 0, 255), cv2.FILLED)
```

　　上述 if 條件判斷是否偵測到，如果有，就取出座標繪出邊界框和中心點。在下方呼叫 cv2.imshow() 方法顯示偵測結果的影格，如下所示：

```
    cv2.imshow("Pose", img)
    if cv2.waitKey(1) & 0xFF == ord("q"):
        break

cap.release()
cv2.destroyAllWindows()
```

5-5 MediaPipe × CVZone 3D 辨識人體姿勢：仰臥起坐

　　CVZone 人體姿態評估可用於辨識人體姿勢，主要是使用關鍵點的角度來進行判斷，例如：伏地挺身的姿勢有 2 種狀態：仰臥和起坐，完整一次循環才是做一次仰臥起坐。顯然我們可以根據腰部角度來判斷目前的狀態，即關鍵點 11、23 和 25，如下圖所示：

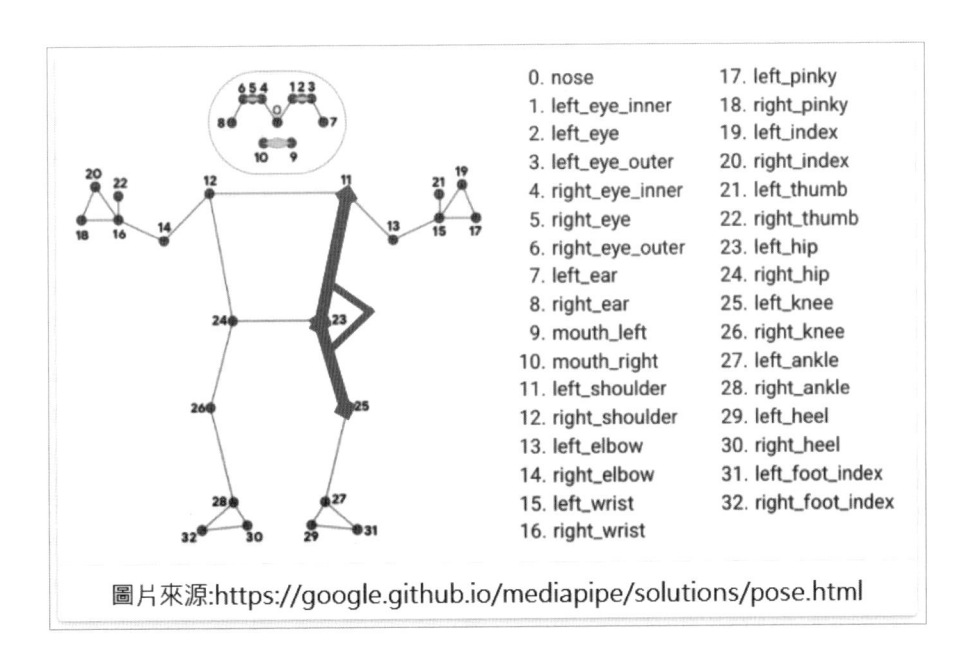

```
0. nose              17. left_pinky
1. left_eye_inner    18. right_pinky
2. left_eye          19. left_index
3. left_eye_outer    20. right_index
4. right_eye_inner   21. left_thumb
5. right_eye         22. right_thumb
6. right_eye_outer   23. left_hip
7. left_ear          24. right_hip
8. right_ear         25. left_knee
9. mouth_left        26. right_knee
10. mouth_right      27. left_ankle
11. left_shoulder    28. right_ankle
12. right_shoulder   29. left_heel
13. left_elbow       30. right_heel
14. right_elbow      31. left_foot_index
15. left_wrist       32. right_foot_index
16. right_wrist
```

圖片來源:https://google.github.io/mediapipe/solutions/pose.html

　　上述關鍵點也可使用 12、24 和 26，但因影像角度問題，在本節是使用 11、23 和 25。Python 程式：ch5-5.py 在讀取**仰臥**影像 site_up.jpg（這是 YouTube 視訊的截圖）後，使用 CVZone 辨識仰臥起坐的姿勢，計算出腰部角度是 153。透過更多視訊截圖的測試，我們就可找出腰部角度範圍以判斷姿勢是否為**仰臥**，其執行結果如下圖所示：

讀取**起坐**影像 site_up2.jpg，可計算出腰部角度是 80。透過更多測試，我們可以找出腰部角度範圍以判斷姿勢否為是**起坐**，其執行結果如下圖所示：

Python 程式碼在呼叫 cv2.imread() 方法讀取圖檔後，呼叫 findPose() 方法偵測姿勢，並在取得關鍵點座標後，呼叫 findAngle3D() 方法計算腰部 11、23 和 25 的 3D 角度，如下所示：

```
angle, img = detector.findAngle3D(lmList[11], lmList[23], lmList[25],
                        img, color=(255, 255, 0), scale=10)
print(angle)
```

5-6　MediaPipe × CVZone 3D 辨識人體姿勢：伏地挺身

當使用 CVZone 辨識伏地挺身的人體姿勢時，會需要 2 個關鍵點角度：第 1 個是腰部角度，即關鍵點 11、23 和 25；第 2 個是手臂關節的角度，即關鍵點 11、13 和 15，如下圖所示：

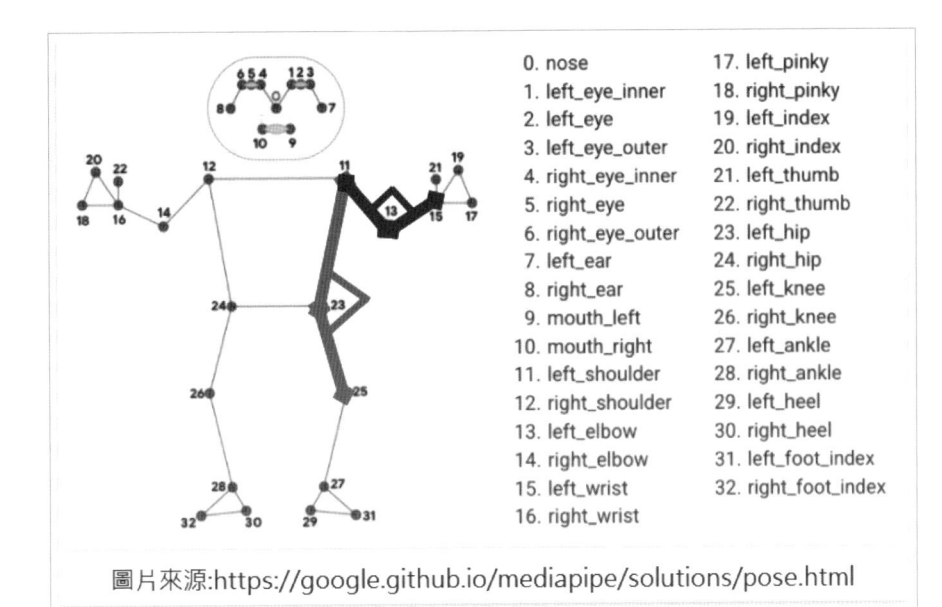

編號	名稱	編號	名稱
0.	nose	17.	left_pinky
1.	left_eye_inner	18.	right_pinky
2.	left_eye	19.	left_index
3.	left_eye_outer	20.	right_index
4.	right_eye_inner	21.	left_thumb
5.	right_eye	22.	right_thumb
6.	right_eye_outer	23.	left_hip
7.	left_ear	24.	right_hip
8.	right_ear	25.	left_knee
9.	mouth_left	26.	right_knee
10.	mouth_right	27.	left_ankle
11.	left_shoulder	28.	right_ankle
12.	right_shoulder	29.	left_heel
13.	left_elbow	30.	right_heel
14.	right_elbow	31.	left_foot_index
15.	left_wrist	32.	right_foot_index
16.	right_wrist		

圖片來源：https://google.github.io/mediapipe/solutions/pose.html

Python 程式：ch5-6.py 在讀取**挺身**影像 push_up.jpg（這是 YouTube 視訊的截圖）後，使用 CVZone 辨識伏地挺身的姿勢，計算出腰部角度是 171，手臂關節角度是 158。透過更多的測試，我們可找出 2 個角度的範圍以判斷姿勢是否為**挺身**，其執行結果如下圖所示：

如果讀取**伏地**影像 push_up2.jpg，可計算出腰部角度是 172，手臂關節角度是 114。透過更多的測試，我們可以找出 2 個角度的範圍以判斷姿勢是否為**伏地**，其執行結果如下圖所示：

Python 程式碼呼叫 cv2.imread() 方法讀取圖檔後，呼叫 findPose() 方法偵測姿勢，並在取得關鍵點座標後，呼叫 findAngle3D() 方法計算出腰部 11、23 和 25 的角度，和手臂關節 11、13 和 15 的 3D 角度，如下所示：

```
angle1, img = detector.findAngle3D(lmList[11], lmList[23], lmList[25],
                        img, color=(255, 255, 0), scale=10)
print(angle1)
angle2, img = detector.findAngle3D(lmList[11], lmList[13], lmList[15],
                        img, color=(255, 255, 0), scale=10)
print(angle2)
```

學習評量

1. CVZone 多手勢追蹤可以偵測出手部 ____ 個關鍵點。CVZone 人體姿態評估可以偵測出人體姿勢的 _____ 個關鍵點。

2. 請問 CVZone 多手勢追蹤是如何知道伸出哪幾根手指，該如何計算伸出的總手指數？

3. 請參考第 5-2 節的 Python 程式範例，使用 CVZone 辨識出剪刀手勢後，再判斷剪刀的 2 根手指是合起或張開。

4. 在第 5-2 節的 Python 程式偵測「布」手勢是因為伸出 5 根手指，問題是並沒有判斷手指之間是否展開，請進一步判斷各手指之間需要超過多少距離，才是真正的「布」手勢。

5. 深蹲姿勢有 2 個狀態：站起和蹲下，請建立 Python 程式判斷人體姿態是「站起」或「蹲下」(提示：判斷腳部膝蓋的角度)。

6. 請整合 Python 程式 ch5-5.py 和 Webcam，以即時標示影格的姿勢是「仰臥」或「起坐」。

MEMO

chapter 6 LiteRT × Dlib × Deepface 電腦視覺應用

▷ 6-1　認識與安裝 LiteRT（TensorFlow Lite）

▷ 6-2　LiteRT 影像分類與物體偵測

▷ 6-3　Dlib 人臉偵測、臉部網格與特徵提取

▷ 6-4　face-recognition 人臉識別

▷ 6-5　Deepface 情緒辨識與年齡偵測

▷ 6-6　OpenCV DNN 預訓練模型：情緒辨識

6-1 認識與安裝 LiteRT (TensorFlow Lite)

TensorFlow 是 Google 公司 Brain Team 開發的機器學習 / 深度學習框架。之所以稱為 TensorFlow，是因為其輸入 / 輸出的運算資料是向量、矩陣等多維度的數值資料，稱為**張量**（Tensor）；而我們建立的機器學習模型需要使用流程圖來描述訓練過程的所有數值運算操作，稱為**計算圖**（Computational Graphs）。Tensor 張量就是經過這些流程 Flow 的數值運算來產生輸出結果：Tensor + Flow = TensorFlow。

LiteRT（舊稱 TensorFlow Lite）是一套輕量版的 TensorFlow，只提供 LiteRT 模型的推論功能，幾 MB 的尺寸，小到可以在行動裝置或 IoT 裝置上部署與運行機器學習模型，直接在裝置端載入模型來執行推論，輕鬆建立邊緣運算的應用。

在這一章我們準備使用 LiteRT 載入預訓練模型來進行影像分類和物體偵測等人工智慧應用，使用的是 LiteRT 預訓練模型（Pre-trained Models）。

使用 .whl 檔安裝 LiteRT

目前新版 LiteRT 只支援 Linux 和 macOS 作業系統，Windows 版本官方只支援到 Python 3.9 版。不過，筆者已從網路上找到 GitHub 開發者針對 Python 3.11 版預編譯的 .whl 檔案。.whl 檔案為已編譯好的 Python 套件安裝檔案，其下載網址如下所示：

```
https://github.com/fchart/PythonCV/tree/main/whl_files/tflite
```

Name	Last commit message
..	
tflite_runtime-2.11.1-cp311-cp311-win_amd64.whl	Upload files
tflite_runtime-2.12.0-cp311-cp311-win_amd64.whl	Upload files
tflite_runtime-2.13.0-cp311-cp311-win_amd64.whl	Upload files
tflite_runtime-2.5.0-cp310-cp310-linux_aarch64.whl	Upload files
tflite_runtime-2.5.0.post1-cp39-cp39-win_amd64.whl	Upload files

請點選 **tflite_runtime-2.13.0-cp311-cp311-win_amd64.whl** 超連結，然後在 **View raw** 上，執行**右鍵**快顯功能表的**複製連結網址**命令，即可複製 .whl 檔的 URL 網址，如下圖所示：

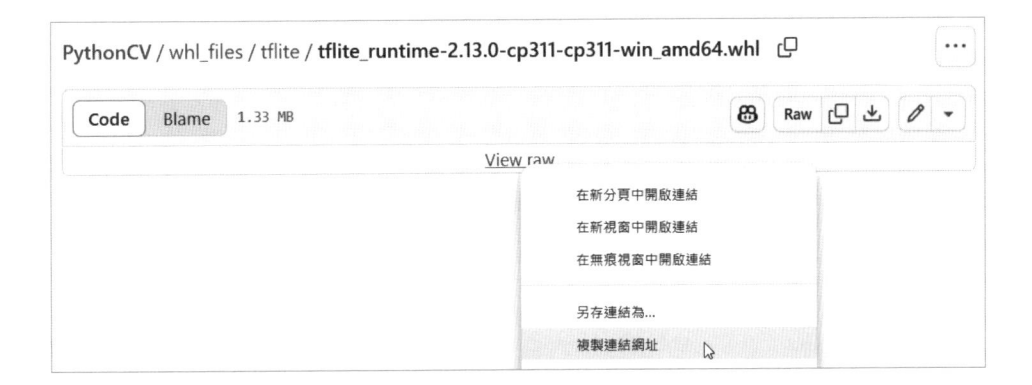

我們複製的 URL 網址，如下所示：

```
https://github.com/fchart/PythonCV/raw/refs/heads/main/whl_files/tflite/
tflite_runtime-2.13.0-cp311-cp311-win_amd64.whl
```

接著，請在 Python 3.11 版的 Python 虛擬環境 mp 安裝 LiteRT。下方的 <Wheel 檔的 URL 網址 > 為先前取得的 URL 網址，其安裝命令如下所示：

```
pip install <Wheel檔的URL網址> Enter
```

如果 Python 是使用 3.10 版，或 3.12 之後的版本，在 Windows 作業系統需要安裝完整 TensorFlow 套件（CPU 版的尺寸超過 1GB），才能使用 LiteRT，其安裝命令如下所示：

```
pip install tensorflow==2.18.0 Enter
```

在 Python 程式使用 LiteRT

成功安裝 LiteRT 後，在 Python 程式是從 tflite_runtime.interpreter 匯入 Interpreter 類別來執行 LiteRT 模型推論，如下所示：

```
from tflite_runtime.interpreter import Interpreter
```

如果是安裝 TensorFlow，則是從 tensorflow.lite.python.interpreter 匯入 Interpreter 類別，如下所示：

```
from tensorflow.lite.python.interpreter import Interpreter
```

為了讓本書的 Python 程式能夠適用上述 2 種匯入方式，使用的是 try/except 程式敘述來匯入正確的 Interpreter 類別，如下所示：

```
try:
    from tflite_runtime.interpreter import Interpreter
except ImportError:
    from tensorflow.lite.python.interpreter import Interpreter
```

LiteRT 預訓練模型

　　LiteRT 預訓練模型可從 Kaggle Models 取得。請進入下列網址後，輸入 **TFLite** 來搜尋可用的預訓練模型，其 URL 網址如下所示：

```
https://www.kaggle.com/models
```

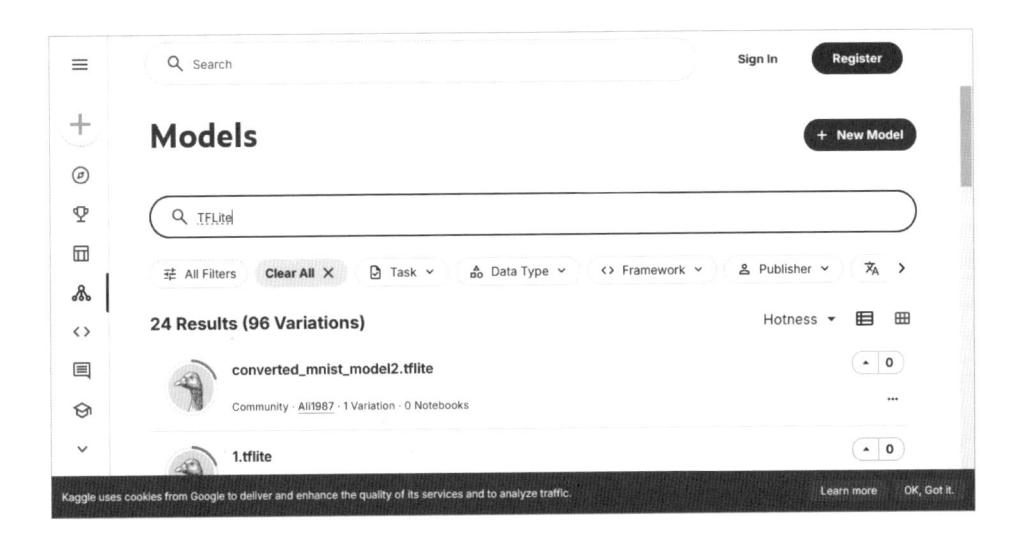

> **Tips** 在第 15-1 節將使用 Teachable Machine 網頁工具來訓練出你自己的 LiteRT 影像分類模型。

6-2　LiteRT 影像分類與物體偵測

　　如同 OpenCV DNN，LiteRT 預訓練模型也一樣支援影像分類（Image Classification）和物體偵測（Object Detection）。

6-2-1 LiteRT 的影像分類

MobileNet 是 Google 研究團隊提出的 CNN 模型，因其神經網路層的深度較淺，所以準確度較低，但適合用在計算能力較差的行動裝置上執行 LiteRT 影像分類。

下載 MobileNet V1 版預訓練模型

請進入第 3-2-2 節本書預訓練模型「models/MobileNet」目錄的下載網頁，下載 mobilenet_v1_1.0_224_quantized_1_metadata_1.tflite 和 labels.txt 二個檔案至「ch06/models」目錄。

LiteRT 的影像分類：ch6-2-1.py

Python 程式在載入 MobileNet V1 預訓練模型後，即可分類影像，此模型能分類 1000 種不同的物體，影像尺寸是 (224, 224)。Python 程式的執行結果可以看到圖檔 dog.jpg 影像分類結果為小獵犬（Beagle），可能性有 70.7%，如下圖所示：

```
成功載入模型...
INFO: Created TensorFlow Lite XNNPACK delegate for CPU.
影像尺寸: ( 224 , 224 )
分類名稱 = beagle
影像可能性 = 70.7 %
```

在 Python 程式碼首先匯入 Interpreter 類別、OpenCV 和 NumPy 套件，然後依序是模型檔和分類檔的路徑，如下所示：

```
try:
    from tflite_runtime.interpreter import Interpreter
except ImportError:
    from tensorflow.lite.python.interpreter import Interpreter
import cv2
import numpy as np
```

```
model_path = "models/mobilenet_v1_1.0_224_quantized_1_metadata_1.tflite"
label_path = "models/labels.txt"
label_names = []
with open(label_path, "r") as f:
    for line in f.readlines():
        label_names.append(line.strip())
```

上述 with/as 程式區塊開啟分類檔,讀取分類並建立成 label_names 串列,在分類檔的每一列是一種分類。在下方建立 Interpreter 物件載入模型,其參數是模型檔路徑,接著呼叫 allocate_tensors() 方法配置所需的張量,如下所示:

```
interpreter = Interpreter(model_path)
print("成功載入模型...")
interpreter.allocate_tensors()
_, height, width, _ = interpreter.get_input_details()[0]["shape"]
print("影像尺寸: (", width, ",", height, ")")
```

上述程式碼使用 "shape" 鍵取得輸入影像的形狀和尺寸。在下方呼叫 cv2.imread() 方法讀取 dog.jpg 圖檔的影像後,進行影像預處理,依序改成 RGB 色彩並調整成輸入影像的尺寸,如下所示:

```
image = cv2.imread("images/dog.jpg")
image_rgb = cv2.cvtColor(image, cv2.COLOR_BGR2RGB)
image_resized = cv2.resize(image_rgb, (width, height))
input_data = np.expand_dims(image_resized, axis=0)
interpreter.set_tensor(
    interpreter.get_input_details()[0]["index"], input_data)
```

上述程式碼接著呼叫 np.expand_dims() 方法擴充影像陣列維度 0 的輸入資料,再呼叫 set_tensor() 方法指定輸入資料 input_data。然後在下方呼叫 invoke() 方法進行影像分類推論,如下所示:

```
interpreter.invoke()
output_details = interpreter.get_output_details()[0]
```

上述程式碼呼叫 get_output_details() 方法取得回傳分類結果的陣列第 1 個元素，即 [0]。在下方呼叫 np.squeeze() 方法刪除陣列維度值 1 的維度後，呼叫 np.argmax() 方法取出最大可能分類的索引值，如下所示：

```
output = np.squeeze(interpreter.get_tensor(output_details["index"]))
label_id = np.argmax(output)
scale, zero_point = output_details["quantization"]
prob = scale * (output[label_id] - zero_point)
```

上述程式碼取出 "quantization" 鍵的量化值後，使用量化值計算可能性的值。在下方取出分類名稱後，顯示分類名稱和計算出的可能性值，如下所示：

```
classification_label = label_names[label_id]
print("分類名稱 =", classification_label)
print("影像可能性 =", np.round(prob*100, 2), "%")
```

6-2-2 LiteRT 的物體偵測

LiteRT 一樣可以使用 MobileNet-SSD 預訓練模型來建立物體偵測，此模型能辨識 90 種不同的物體。

下載 MobileNet-SSD 預訓練模型

請進入第 3-2-2 節本書預訓練模型「models/MobileNetSSD」目錄的下載網頁，下載 lite-model_ssd_mobilenet_v1_1_metadata_2.tflite 和 labelmap.txt 二個檔案至「ch06/models」目錄。

LiteRT 的物體偵測：ch6-2-2.py

Python 程式是載入 SSD MobileNet V1 預訓練模型來進行 90 種物體的物體偵測，影像尺寸為 (300, 300)。其執行結果可以看到使用邊界框標示出識別的物體、名稱和可能性百分比，如右圖所示：

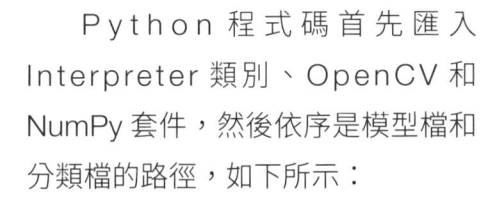

Python 程式碼首先匯入 Interpreter 類別、OpenCV 和 NumPy 套件，然後依序是模型檔和分類檔的路徑，如下所示：

```
try:
    from tflite_runtime.interpreter import Interpreter
except ImportError:
    from tensorflow.lite.python.interpreter import Interpreter
import cv2
import numpy as np

model_path = "models/lite-model_ssd_mobilenet_v1_1_metadata_2.tflite"
label_path = "models/labelmap.txt"
label_names = []
with open(label_path, "r") as f:
    for line in f.readlines():
        label_names.append(line.strip())
```

上述 with/as 程式區塊開啟分類檔，讀取分類並建立成 label_names 串列，在分類檔的每一列是一種分類。在下方建立 Interpreter 物件載入模型，參數是模型檔路徑，接著呼叫 allocate_tensors() 方法配置張量，如下所示：

6-9

```
interpreter = Interpreter(model_path=model_path)
print("成功載入模型...")
interpreter.allocate_tensors()
input_details = interpreter.get_input_details()
output_details = interpreter.get_output_details()
_, height, width, _ = input_details[0]["shape"]
print("圖片資訊: (", width, ",", height, ")")
```

上述程式碼取得輸入／輸出的影像資料後,即可取出輸入影像的形狀。在下方呼叫 cv2.imread() 方法讀取 people.jpg 圖檔的影像後,進行影像預處理,依序改成 RGB 色彩並調整成輸入影像的尺寸,如下所示:

```
img = cv2.imread("images/people.jpg")
imgHeight, imgWidth, _ = img.shape
img_rgb = cv2.cvtColor(img, cv2.COLOR_BGR2RGB)
img_resized = cv2.resize(img_rgb, (width, height))
input_data = np.expand_dims(img_resized, axis=0)
interpreter.set_tensor(input_details[0]["index"],input_data)
```

上述程式碼呼叫 np.expand_dims() 方法擴充影像陣列維度 0 的輸入資料,再呼叫 set_tensor() 方法指定輸入資料 input_data。然後在下方呼叫 invoke() 方法進行推論,如下所示:

```
interpreter.invoke()
boxes = interpreter.get_tensor(output_details[0]["index"])[0]
classes = interpreter.get_tensor(output_details[1]["index"])[0]
scores = interpreter.get_tensor(output_details[2]["index"])[0]
```

上述程式碼依序取得識別結果的邊界框座標、分類和可能性分數。在下方使用 for 迴圈繪出偵測物體的邊界框、分類和可能性,如下所示:

```
for i in range(len(scores)):
    if ((scores[i] > 0.5) and (scores[i] <= 1.0)):
        startY = int(max(1,(boxes[i][0] * imgHeight)))
        startX = int(max(1,(boxes[i][1] * imgWidth)))
        endY = int(min(imgHeight,(boxes[i][2] * imgHeight)))
        endX = int(min(imgWidth,(boxes[i][3] * imgWidth)))
        cv2.rectangle(img, (startX, startY), (endX, endY),
                    (10, 255, 0), 2)
```

上述 if 條件判斷可能性的信心指數是否大於 0.5 且小於等於 1，如果成立，就計算出物體的邊界框座標，並呼叫 cv2.rectangle() 方法在影像上繪出邊界框。

在下方取得分類名稱，計算出可能性百分比後，建立訊息字串。在計算出訊息字串的 Y 軸座標 y 後，呼叫 cv2.putText() 方法在影像寫上訊息字串，如下所示：

```
        object_name = label_names[int(classes[i])]
        prob = np.round(scores[i]*100, 2)
        label = object_name + ": " + str(prob) + "%"
        y = startY - 15 if startY - 15 > 15 else startY + 15
        cv2.putText(img, label, (startX, y),
                    cv2.FONT_HERSHEY_SIMPLEX,
                    0.5, (10, 255, 0), 2)
cv2.imshow("Object Detector", img)
cv2.waitKey(0)
cv2.destroyAllWindows()
```

Python 程式：ch6-2-2a.py 是 LiteRT 即時物體偵測，可以在視訊的影格中識別出多個物體，如下圖所示：

6-3 Dlib 人臉偵測、臉部網格與特徵提取

　　Dlib 是一個開放原始碼的 C++ 函式庫，主要應用在機器學習、電腦視覺、影像處理和影像辨識等領域，目前已廣泛運用在工業界、學術界、機器人、嵌入式系統、手機和大型運算架構。

6-3-1 安裝 Dlib 函式庫的 Python 套件

　　Dlib 官方未提供 Python 安裝套件，且在 Windows 作業系統的安裝步驟十分繁複。為了方便讀者安裝 Dlib 的 Python 套件，本書採用已編譯好的 .whl 檔來進行安裝。

使用 .whl 檔安裝 Dlib 函式庫的 Python 套件

Dlib 預編譯套件的 .whl 檔案可在 GitHub 下載，其 URL 網址如下所示：

```
https://github.com/fchart/PythonCV/tree/main/whl_files/Dlib
```

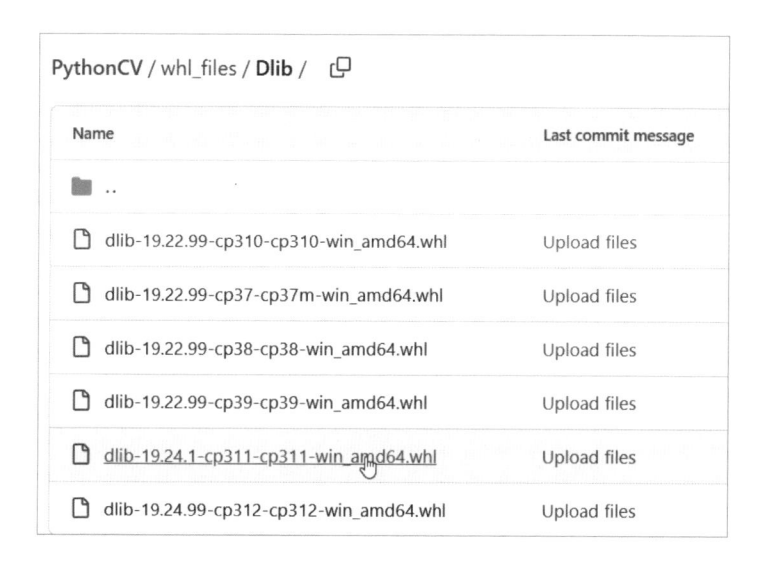

上述檔案分別支援 Python 3.10 版（cp310）、3.11 版（cp311）和 3.12 版（cp312）。由於本書是使用 Python 3.11 版，請點選 **dlib-19.24.1-cp311-cp311-win_amd64.whl**，然後在 **View raw** 上，執行**右**鍵快顯功能表的**複製連結網址**命令，即可複製 .whl 檔的 URL 網址，如下圖所示：

我們複製的 URL 網址,如下所示:

```
https://github.com/fchart/PythonCV/raw/refs/heads/main/whl_files/Dlib/
dlib-19.24.1-cp311-cp311-win_amd64.whl
```

接著,我們就可在 Python 3.11 版的 Python 虛擬環境 mp 安裝 Dlib。下方的 <Wheel 檔的 URL 網址> 為先前取得的 URL 網址,其安裝命令如下所示:

```
pip install <Wheel檔的URL網址> Enter
```

Dlib 預訓練模型檔

如同 OpenCV DNN 預訓練模型,Dlib 也有提供預訓練模型檔,其下載的 URL 網址如下所示:

```
https://dlib.net/files/
```

mmod_dog_hipsterizer.dat.bz2	2016-10-02 10:02	17M
mmod_front_and_rear_end_vehicle_detector.dat.bz2	2017-09-11 04:21	3.7M
mmod_human_face_detector.dat.bz2	2016-10-07 19:01	678K
mmod_rear_end_vehicle_detector.dat.bz2	2017-08-25 15:32	3.6M
resnet34_1000_imagenet_classifier.dnn.bz2	2016-06-25 18:54	79M
resnet50_1000_imagenet_classifier.dnn.bz2	2020-02-07 06:05	83M
semantic_segmentation_voc2012net.dnn	2017-12-18 07:29	148M
semantic_segmentation_voc2012net_v2.dnn	2019-01-06 07:04	153M
shape_predictor_5_face_landmarks.dat.bz2	2017-09-15 16:51	5.4M
shape_predictor_68_face_landmarks.dat.bz2	2015-07-24 05:19	61M

上述檔案清單的最後為 .bz2 壓縮格式檔案,這是副檔名 .dat 的模型檔,在下載後請使用 7-Zip 來解壓縮檔案。

6-3-2 Dlib 人臉偵測

Dlib 提供功能強大的人臉偵測功能，在這一節我們將分別使用預訓練 HoG 人臉偵測器和 Dlib 預訓練模型來進行人臉偵測。

使用預訓練 HoG 人臉偵測器：ch6-3-2.py

HoG 全名為 Histogram of Oriented Gradients，是一種使用在影像處理和特徵提取的技術。HoG 的運作原理是透過計算圖像局部區域梯度方向的直方圖來捕捉圖像的局部特徵，然後使用這些特徵來進行人臉識別和物體偵測等電腦視覺應用。

由於 Dlib 內建預訓練 HoG 人臉偵測器，Python 程式可直接將其載入來進行人臉偵測，其執行結果如下圖所示：

Python 程式碼首先匯入 Dlib 和 OpenCV 套件，然後讀取 faces.jpg 圖檔並轉換成 RGB 色彩（因為 OpenCV 預設讀取影像為 BGR 格式，但是 Dlib 是用 RGB 格式，所以需要先轉換才能執行偵測），如下所示：

```
import dlib
import cv2
```

```
img = cv2.imread("images/faces.jpg")
imgRGB = cv2.cvtColor(img, cv2.COLOR_BGR2RGB)
hog_face_detector = dlib.get_frontal_face_detector()
results = hog_face_detector(imgRGB, 0)
```

上述程式碼呼叫 dlib.get_frontal_face_detector() 方法載入預訓練 HoG 人臉偵測器 hog_face_detector 物件後，即可傳入 RGB 影像來偵測人臉。在下方是使用 for 迴圈標示影像中偵測到的人臉，如下所示：

```
for bbox in results:
    x1 = bbox.left()      # 左上角x坐標
    y1 = bbox.top()       # 左上角y坐標
    x2 = bbox.right()     # 右下角x坐標
    y2 = bbox.bottom()    # 右下角y坐標
    cv2.rectangle(img, (x1, y1), (x2, y2), (255, 0, 0), 2)

cv2.imshow("Detected Faces", img)
cv2.waitKey(0)
cv2.destroyAllWindows()
```

上述 for 迴圈首先取出每一張偵測到人臉的左上角和右下角邊界框座標，即 bbox，然後繪出每一張人臉的邊界框。

下載人臉偵測的 Dlib 預訓練模型

請進入第 3-2-2 節本書預訓練模型「models/Face_recognition_models」目錄的下載網頁，下載 mmod_human_face_detector.dat 檔案至「ch06/models」目錄。

Dlib 的 mmod_human_face_detector.dat 模型是基於 Max-Margin Object Detection（MMOD）演算法的預訓練模型檔案，能夠高效地進行人臉偵測，並且在不同光照和角度下仍保有很高的準確度。

使用 Dlib 預訓練模型的人臉偵測：ch6-3-2a.py

Python 程式是使用 Dlib 預訓練模型 mmod_human_face_detector.dat 來進行人臉偵測，其執行結果如下圖所示：

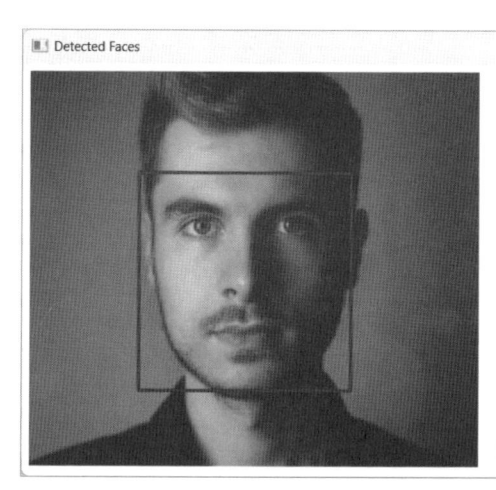

Python 程式碼首先匯入 Dlib 和 OpenCV 套件，然後讀取 faces2.jpg 圖檔並轉換成 RGB 色彩（因為 OpenCV 預設讀取影像為 BGR 格式，但是 Dlib 是用 RGB 格式，所以需要先轉換才能執行偵測），如下所示：

```
import dlib
import cv2

img = cv2.imread("images/faces2.jpg")
imgRGB = cv2.cvtColor(img, cv2.COLOR_BGR2RGB)
cnn_face_detector = dlib.cnn_face_detection_model_v1(
                    "models/mmod_human_face_detector.dat")
results = cnn_face_detector(imgRGB, 0)
```

上述程式碼呼叫 dlib.cnn_face_detection_model_v1() 方法載入預訓練模型建立 cnn_face_detector 物件後，即可傳入 RGB 影像來偵測人臉。在下方使用 for 迴圈來標示影像中偵測到的人臉，如下所示：

```
height, width = img.shape[:2]
for face in results:
    bbox = face.rect
    x1 = bbox.left()    # 取得邊界框的座標
    y1 = bbox.top()
    x2 = bbox.right()
    y2 = bbox.bottom()
    cv2.rectangle(img, (x1, y1), (x2, y2), (255, 0, 0), 2)

cv2.imshow("Detected Faces", img)
cv2.waitKey(0)
cv2.destroyAllWindows()
```

上述 for 迴圈取出每一張偵測到的人臉方框 face.rect，即 bbox，然後以取出座標來繪出每一張人臉的邊界框。

6-3-3 Dlib 臉部網格與特徵提取

Dlib 預訓練模型也支援偵測臉部 68 個特徵點來繪出臉部網格，以及計算人臉 128 維的特徵向量。

下載偵測臉部特徵點的 Dlib 預訓練模型

請進入第 3-2-2 節本書預訓練模型「models/Face_recognition_models」目錄的下載網頁，下載 shape_predictor_68_face_landmarks.dat 檔案至「ch06/models」目錄。

Dlib 的 shape_predictor_68_face_landmarks.dat 模型檔能夠識別和標記人臉的 68 個特徵點，包含：眼睛、眉毛、鼻子、嘴巴和臉部輪廓等，可幫助我們進行表情分析與面部對齊等電腦視覺應用。

使用 Dlib 預訓練模型偵測與繪出臉部網格：ch6-3-3.py

Python 程式在使用 Dlib 的 HoG 人臉偵測器偵測出人臉後，再使用 shape_predictor_68_face_landmarks.dat 預訓練模型檔識別和標記人臉的 68 個特徵點，其執行結果如下圖所示：

Python 程式碼在讀取 face4.jpg 圖檔並轉換成灰階影像後，建立預訓練模型檔的 shape_predictor 物件，再使用 HoG 人臉偵測器進行人臉偵測，如下所示：

```
image = cv2.imread("images/face4.jpg")
image_gray = cv2.cvtColor(image, cv2.COLOR_BGR2GRAY)
hog_face_detector = dlib.get_frontal_face_detector()
shape_predictor = dlib.shape_predictor(
                "models/shape_predictor_68_face_landmarks.dat")
faces = hog_face_detector(image_gray, 1)
for face in faces:
    landmarks = shape_predictor(image_gray, face)
```

上述 for 迴圈可以走訪偵測到的每一張人臉，在傳入灰階影像和 face 後，就可取得人臉的 68 個特徵點。在下方的 key_regions 定義了連接主要面部特徵各區域的關鍵點串列，如下所示：

```
key_regions = [
    range(0, 17),    # 下巴線
    range(17, 22),   # 左眉毛
    range(22, 27),   # 右眉毛
    range(27, 36),   # 鼻子
    [31, 27], [30, 35],
    range(36, 42),   # 左眼
    range(42, 48),   # 右眼
    range(48, 60),   # 外唇
    range(60, 68)    # 內唇
]
for region in key_regions:
    prev_x, prev_y = None, None
    for n in region:
        x = landmarks.part(n).x
        y = landmarks.part(n).y
        cv2.circle(image, (x, y), 2, (0, 0, 255), -1)
        if prev_x is not None and prev_y is not None:
            cv2.line(image, (prev_x, prev_y), (x, y),
                     (0, 255, 0), 1)
        prev_x, prev_y = x, y
```

上述程式碼是使用二層 for 迴圈來繪製特徵點：在外層 for 迴圈走訪各面部特徵的區域，內層 for 迴圈則繪製並連接此區域的特徵點來繪出臉部網格。在下方的 if 條件判斷關鍵點數是否超過 3 點，如果超過，就連接區域的第一點和最後一點，如下所示：

```
if len(region) >= 3:
    x0 = landmarks.part(region[0]).x
    y0 = landmarks.part(region[0]).y
    cv2.line(image, (x, y), (x0, y0), (0, 255, 0), 1)
```

下載計算人臉特徵向量的 Dlib 預訓練模型

請進入第 3-2-2 節本書預訓練模型「models/Face_recognition_models」目錄的下載網頁，下載 dlib_face_recognition_resnet_model_v1.dat 檔案至「ch06/models」目錄。

Dlib 的 dlib_face_recognition_resnet_model_v1.dat 模型是基於 ResNet 架構的深度神經網路，可用在高精度的人臉特徵提取與識別。其作法是將人臉影像映射至 128 維的向量空間中，以這些向量來代表人臉的特徵，即可用來比較並識別出不同的人臉。

使用 Dlib 預訓練模型計算人臉特徵向量：ch6-3-3a.py

Python 程式是直接使用 get_frontal_face_detector() 方法，以內建偵測器進行人臉偵測，然後使用 shape_predictor_68_face_landmarks.dat 預訓練模型檔識別和標記人臉的 68 個特徵點，最後使用 dlib_face_recognition_resnet_model_v1.dat 模型計算 128 維的特徵向量，其執行結果如下所示：

```
128維特徵向量：
 [-1.86092034e-01  8.29769000e-02  9.05037895e-02 -7.98602551e-02
 -7.44832009e-02 -1.03764692e-02  4.00368497e-03 -3.40720378e-02
  2.26688266e-01 -9.27592739e-02  1.64998323e-01  4.60552052e-02
 -2.00279057e-01 -6.65111886e-03  2.49003805e-02  1.54209554e-01
 -2.32727662e-01 -1.18445262e-01 -6.82873875e-02  2.69463696e-02
  1.29848599e-01  3.72014232e-02  8.35793540e-02  1.24745809e-01
 -1.62538171e-01 -3.61601979e-01 -8.92719552e-02 -4.61532772e-02
 -4.92201559e-02 -9.68317538e-02  1.95759106e-02  7.02162534e-02
 -2.38138303e-01 -3.80062610e-02 -4.70832363e-02  1.04538478e-01
 -6.48431182e-02 -5.79046793e-02  1.96477860e-01  8.22470784e-02
 -2.69944191e-01 -1.91021226e-02  4.91643995e-02  2.63248354e-01]
```

Python 程式碼在匯入 Dlib、OpenCV 和 NumPy 套件後，讀取 Happy.jpg 圖檔並轉換成灰階影像後，建立預訓練模型檔的 predictor 和 facerec 物件，再使用 dlib.get_frontal_face_detector() 方法進行人臉偵測，如下所示：

```python
import dlib
import cv2
import numpy as np

image = cv2.imread("images/Happy.jpg")
gray = cv2.cvtColor(image, cv2.COLOR_BGR2GRAY)
detector = dlib.get_frontal_face_detector()
predictor = dlib.shape_predictor(
            "models/shape_predictor_68_face_landmarks.dat")
facerec = dlib.face_recognition_model_v1(
          "models/dlib_face_recognition_resnet_model_v1.dat")
faces = detector(gray)
for face in faces:
    shape = predictor(gray, face)
    face_descriptor = facerec.compute_face_descriptor(image, shape)
    face_descriptor_np = np.array(face_descriptor)
    print("128維特徵向量：\n", face_descriptor_np)
```

上述 for 迴圈可以走訪偵測到的每一張人臉，在傳入灰階影像取得人臉的 68 個特徵點後，就可呼叫 facerec.compute_face_descriptor() 方法計算出人臉的 128 維特徵向量，再將特徵向量轉換成 Numpy 陣列並顯示。

6-4 face-recognition 人臉識別

Python 的 face_recognition 套件基於 Dlib 函式庫，是一套目前已知最簡單的人臉識別套件。人臉偵測和人臉識別的差異，如下所示：

- **人臉偵測（Face Detection）**：偵測影像或影格中是否有人臉。

- **人臉識別（Face Recognition）**：不只偵測出人臉，還需判斷這張臉是誰？還可進一步辨識出情緒、種族和年齡等資訊。

由於人臉識別（Face Recognition）需認出這張臉是誰，因此需要預先建立好人臉編碼，如此才能判斷其他的人臉是否為同一張人臉。

安裝 face-recognition 套件

成功安裝 Dlib 後，即可在 Windows 作業系統的 Python 虛擬環境 mp 安裝 face-recognition 人臉識別套件，如下所示：

```
pip install face-recognition==1.3.0  Enter
```

在 Python 程式使用 face-recognition 需要先匯入此套件，如下所示：

```
import face_recognition
```

人臉偵測：ch6-4.py

人臉識別的第一步是人臉偵測，face-recognition 套件本身就支援人臉偵測，預設是使用 Dlib 的人臉偵測功能。Python 程式的執行結果可以顯示偵測到 2 張臉，如下圖所示：

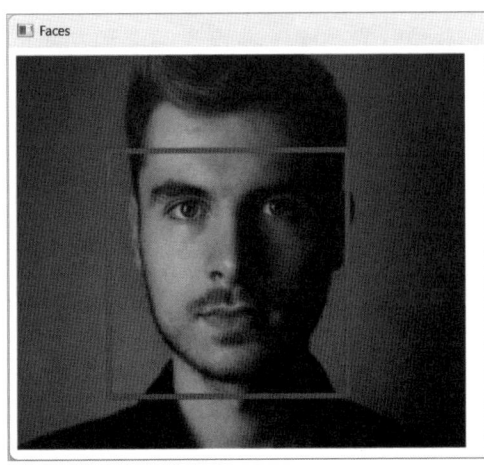

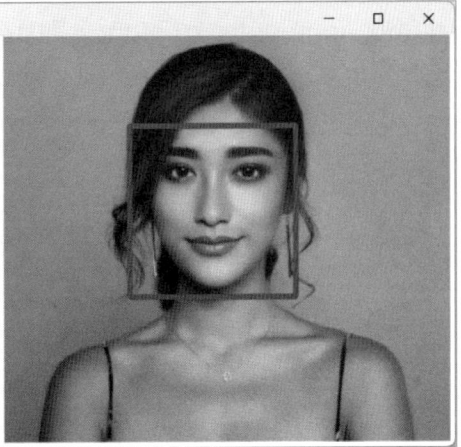

Python 程式碼在匯入 face_recognition 和 OpenCV 套件後,呼叫 face_locations() 方法進行人臉偵測,如下所示:

```
import face_recognition
import cv2

img = cv2.imread("images/faces2.jpg")
faces = face_recognition.face_locations(img,
                    number_of_times_to_upsample=1,
                    model="hog")
```

上述 face_locations() 方法的第 1 個參數是影像(使用 OpenCV 讀取的圖檔),其他 2 個參數的說明,如下所示:

- **number_of_times_to_upsample 參數**:影像採樣次數,次數愈多辨識率愈高,如果影像中的人臉較小,就需增加採樣次數,預設值是 1。
- **model 參數**:指定人臉偵測使用的模型,預設值 hog 是使用 CPU 版模型,值 cnn 則使用 GPU 版,但因我們安裝的 Dlib 並沒有支援 GPU,雖然仍可使用,速度卻比 CPU 慢。

此方法的回傳值是影像中偵測出人臉的邊界框座標,此為 4 個值的元組 (top, right, bottom, left),分別代表邊界框的頂邊、右邊、底邊和左邊的座標。接著在下方使用 len() 函式取得偵測出的人臉數,如下所示:

```
print("臉數=", len(faces))
for face in faces:
    top, right, bottom, left = face
    cv2.rectangle(img, (left, top), (right, bottom),
                                (0, 0, 255), 3)
```

上述 for 迴圈取出每一張人臉的左上角和右下角座標,並繪出長方形的邊界框。在下方顯示偵測出的人臉影像,如下所示:

```
cv2.imshow("Faces", img)
cv2.waitKey(0)
cv2.destroyAllWindows()
```

臉部資料編碼：ch6-4a.py

　　為了能夠識別出人臉，我們首先將人臉的臉部資料進行 128 維度的編碼來計算出特徵向量，然後使用此編碼資料比對與其他人臉的相似度。Python 程式的執行結果可以看到臉部資料編碼的內容，如下所示：

```
臉數= 2
128維度的編碼= 2
[-2.96564754e-02   1.10021852e-01   9.14874896e-02  -1.20425045e-01
 -1.47280857e-01   1.04343351e-02  -1.32587299e-01  -1.78796370e-02
  2.07746774e-02  -1.91455856e-01   7.82406554e-02  -1.34450039e-02
 -1.57731488e-01   4.99139205e-02  -6.53298646e-02   2.05416560e-01
 -1.87848300e-01  -2.02384993e-01  -1.13510182e-02  -4.32226919e-02
  1.80882942e-02   3.92391235e-02   1.42670516e-03   6.41412064e-02
 -1.69491246e-01  -3.34575623e-01  -5.63390329e-02  -5.80907520e-03
 -5.16134612e-02  -8.25918391e-02  -2.42109094e-02   9.43148732e-02
 -1.94079712e-01   4.95731495e-02   1.30431699e-02   1.51747778e-01
```

　　Python 程式碼在讀取圖檔後，首先偵測人臉，如下所示：

```
img = cv2.imread("images/faces2.jpg")
faces = face_recognition.face_locations(img)
print("臉數=", len(faces))
img_encodings = face_recognition.face_encodings(img,
            known_face_locations=faces, num_jitters=10)
```

　　上述程式碼在偵測出人臉的邊界框座標後，將偵測出的人臉進行編碼，這是呼叫 face_encodings() 方法進行臉部資料編碼，其第 1 個參數是欲編碼的人臉影像，其他 2 個參數的說明，如下所示：

- **know_face_locations 參數**：人臉邊界框座標的串列，即 face_locations() 方法的回傳值，如果沒有指定此參數值，就會自動執行第 1 個參數影像的人臉偵測來取得人臉邊界框座標的串列。

- **num_jitters 參數**：編碼時重新採樣的次數，次數愈多可以提高辨識率，但需更長的計算時間，預設值是 1。

此方法的回傳值是每一張臉部資料編碼的串列。在下方顯示成功產生編碼的人臉數，和第 1 張人臉的編碼，即索引值 0，如下所示：

```
print("128維度的編碼=", len(img_encodings))
print(img_encodings[0])
```

人臉識別：ch6-4b.py

在 Python 程式進行人臉識別至少需要 2 張人臉影像，在將 2 張人臉都進行臉部資料編碼後，就可比較這 2 張是否為同一張臉。其執行結果是 True，如下所示：

```
[True]
```

Python 程式碼依序讀取並編碼 2 張 mary.jpg 和 mary2.jpg 的圖檔，如下所示：

```
img = cv2.imread("images/mary.jpg")
known_encoding = face_recognition.face_encodings(img)[0]
new_img = cv2.imread("images/mary2.jpg")
new_encoding = face_recognition.face_encodings(new_img)[0]
```

上述程式碼編碼這 2 張圖檔，由於沒有 known_face_locations 參數值，所以會先自動執行人臉偵測後，再依結果進行編碼。成功完成臉部資料編碼後，再使用 compare_faces() 方法進行人臉識別，如下所示：

```
result = face_recognition.compare_faces([known_encoding],
                             new_encoding, tolerance=0.6)
print(result)
```

上述 compare_faces() 方法的第 1 個參數是已知臉部資料編碼的串列，第 2 個參數是未知人臉的編碼；tolerance 參數是相似度值，值愈小愈相似，預設值是 0.6。

方法的回傳值是和第 1 個參數相同尺寸的串列，元素值是布林值，指出是否和已知臉部資料編碼相似（即小於等於 0.6）。

計算兩張人臉之間差異的距離：ch6-4c.py

在 face-recognition 套件的 compare_faces() 方法能計算歐式距離（Euclidean Distance），我們可以根據此距離值來判斷人臉之間的相似度，距離愈小，表示愈相似（即 tolerance 參數值）。如果需要，我們也可自行分別計算出歐式距離來判斷人臉的相似度。

Python 程式的執行結果顯示第 1 個距離是 0.25766463，第 2 個是 0.81334325。以 compare_faces() 方法 tolerance 參數值 0.6 來說，第 1 張是 mary（小於等於 0.6），第 2 張不是 mary（大於 0.6），如下所示：

```
[0.25766463 0.81334325]
```

Python 程式碼首先建立 mary 和 jane 共 2 張圖檔的臉部資料編碼，這是 2 張已知人臉的編碼，如下所示：

```
img = cv2.imread("images/mary.jpg")
known1_encoding = face_recognition.face_encodings(img)[0]
img = cv2.imread("images/jane.jpg")
known2_encoding = face_recognition.face_encodings(img)[0]
```

然後，再建立另一張 mary 圖檔 mary2.jpg 的人臉編碼，如下所示：

```
new_img = cv2.imread("images/mary2.jpg")
new_encoding = face_recognition.face_encodings(new_img)[0]
```

```
know_encodings = [known1_encoding, known2_encoding]
distance = face_recognition.face_distance(know_encodings,
                                          new_encoding)
print(distance)
```

上述程式碼建立已知臉部資料編碼串列 know_encodings 後，呼叫 face_distance() 方法計算歐式距離，其 2 個參數和 compare_faces() 方法的前 2 個參數相同，回傳值是歐式距離的串列。

識別和繪出臉部特徵：ch6-4d.py

在 face-recognition 套件的 face_landmarks() 方法可識別出臉部的 9 種特徵，其執行結果如下圖所示：

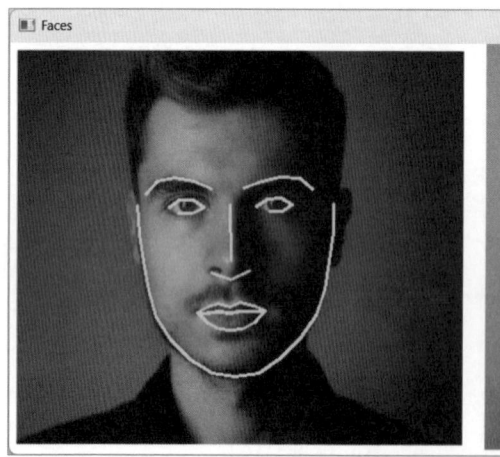

Python 程式首先載入圖檔並呼叫 face_locations() 方法進行人臉偵測，如下所示：

```
img = cv2.imread("images/faces2.jpg")
faces = face_recognition.face_locations(img)
landmarks = face_recognition.face_landmarks(img, face_locations=faces)
```

上述 face_landmarks() 方法的第 1 個參數是影像，第 2 個參數是偵測出人臉邊界框座標的串列（即 face_locations() 方法的回傳值），其回傳值是每一張人臉的臉部特徵字典串列。

在下方是臉部特徵串列 features，這是模型可識別出的 9 種臉部特徵，即臉部特徵字典的鍵，如下所示

```
features = ["chin",           # 下巴
            "left_eyebrow",   # 左眉
            "right_eyebrow",  # 右眉
            "nose_bridge",    # 鼻樑
            "nose_tip",       # 鼻尖
            "left_eye",       # 左眼
            "right_eye",      # 右眼
            "top_lip",        # 上嘴唇
            "bottom_lip"]     # 下嘴唇
for landmark in landmarks:
    for feature in features:
        points = np.array(landmark[feature], np.int32)
        points = points.reshape((-1, 1, 2))
        cv2.polylines(img, [points], False, (255, 255, 0), 2)
```

上述二層 for 迴圈的第 1 層是走訪每一張人臉的臉部特徵字典，在第 2 層走訪字典中的每一個特徵鍵 landmark[feature]，其值為此特徵的座標串列，然後呼叫 cv2.polylines() 多邊形方法繪出這些臉部特徵。

6-5 Deepface 情緒辨識與年齡偵測

Deepface 套件是由 Facebook AI Research Group 開發並開放原始碼的 Python 套件，這是一個建立在深度學習基礎上的臉部辨識（Face Recognition）函式庫，提供高效能的人臉分析功能，包含：人臉驗證、人臉屬性偵測（年齡、性別、情緒等）和臉部比對等。

安裝 Deepface 套件

在 Python 虛擬環境 deepface 中可使用 pip 安裝 Deepface 套件，如下所示：

```
pip install deepface==0.0.93  Enter
```

由於 Deepface 套件是使用 TensorFlow 和 Keras 開發的深度學習模型，在安裝 Deepface 套件的同時，就會安裝最新版 TensorFlow（本書是安裝 2.18.0 版），但因 Deepface 是使用舊版 Keras，所以，我們還需要安裝 tf_keras 套件（2.18.0 是對應 TensorFlow 的版本），如下所示：

```
pip install tf_keras==2.18.0  Enter
```

人臉驗證：ch6-5.py

人臉驗證（Face Verification）是在比對兩張人臉影像是否屬於同一個人。例如：驗證 mary.jpg 和 mary2.jpg 是否為同一人。如果是第 1 次執行 Python 程式，會自動建立目錄和下載 .h5 模型檔，然後就能看到執行結果的 JSON 資料，如下所示：

```
25-02-24 09:44:02 - Directory C:\Users\User\.deepface has been created
25-02-24 09:44:02 - Directory C:\Users\User\.deepface\weights has been created
25-02-24 09:44:02 - vgg_face_weights.h5 will be downloaded...
Downloading...
From: https://github.com/serengil/deepface_models/releases/download/v1.0/vgg_face_weights.h5
To: C:\Users\User\.deepface\weights\vgg_face_weights.h5
100%|████████████| 580M/580M [10:49<00:00, 894kB/s]
{'verified': True, 'distance': 0.2789364434468963, 'threshold': 0.68, 'model': 'VGG-Face', '
detector_backend': 'opencv', 'similarity_metric': 'cosine', 'facial_areas': {'img1': {'x': 1
43, 'y': 90, 'w': 109, 'h': 109, 'left_eye': (217, 137), 'right_eye': (182, 129)}, 'img2': {
'x': 293, 'y': 65, 'w': 116, 'h': 116, 'left_eye': (367, 108), 'right_eye': (328, 114)}}, 't
ime': 652.51}
```

上述 'verified': True 表示是同一人。在 Python 程式碼首先匯入 DeepFace 和 OpenCV 套件，接著讀取這 2 張圖檔的影像，即可呼叫 DeepFace.verify() 方法驗證 mary.jpg 和 mary2.jpg 是否為同一個人，如下所示：

```
from deepface import DeepFace
import cv2

img1 = cv2.imread("images/mary.jpg")
img2 = cv2.imread("images/mary2.jpg")
result = DeepFace.verify(img1, img2)
print(result)
```

人臉分析：ch6-5a.py

Deepface 的人臉分析（Face Analysis）可以分析人臉影像，偵測出年齡、性別、情緒、種族資訊，幫助我們進行情緒辨識與年齡偵測。Python 程式是分析 Surprise.jpg 圖檔，同樣地，第 1 次執行會自動下載模型，因模型有些大，請耐心等待下載，如下所示：

```
25-02-24 10:17:23 - facial_expression_model_weights.h5 will be downloaded...
Downloading...
From: https://github.com/serengil/deepface_models/releases/download/v1.0/facial_expression_model_weights.h5
To: C:\Users\User\.deepface\weights\facial_expression_model_weights.h5
100%|██████████| 5.98M/5.98M [00:13<00:00, 453kB/s]
25-02-24 10:17:39 - age_model_weights.h5 will be downloaded...
Downloading...
From: https://github.com/serengil/deepface_models/releases/download/v1.0/age_model_weights.h5
To: C:\Users\User\.deepface\weights\age_model_weights.h5
100%|██████████| 539M/539M [20:08<00:00, 446kB/s]
25-02-24 10:37:51 - race_model_single_batch.h5 will be downloaded...
Downloading...
From: https://github.com/serengil/deepface_models/releases/download/v1.0/race_model_single_batch.h5
To: C:\Users\User\.deepface\weights\race_model_single_batch.h5
100%|██████████| 537M/537M [09:37<00:00, 929kB/s]
25-02-24 10:47:33 - gender_model_weights.h5 will be downloaded...
Downloading...
From: https://github.com/serengil/deepface_models/releases/download/v1.0/gender_model_weights.h5
To: C:\Users\User\.deepface\weights\gender_model_weights.h5
100%|██████████| 537M/537M [09:39<00:00, 926kB/s]
```

等到模型下載完成，就能看到分析結果，如下所示：

```
情緒: surprise
年齡 31
種族 white
性別 {'Woman': 0.008286994852824137, 'Man': 99.99171495437622}
```

Python 程式碼首先匯入 DeepFace 和 OpenCV 套件，接著讀取 Surprise.jpg 圖檔的影像，即可使用 try/except 程式敘述來進行人臉分析，以避免無法分析的錯誤，如下所示：

```
import cv2
from deepface import DeepFace

img = cv2.imread("images/Surprise.jpg")
try:
    emotion = DeepFace.analyze(img, actions=["emotion"])   # 情緒
    age = DeepFace.analyze(img, actions=["age"])           # 年齡
    race = DeepFace.analyze(img, actions=["race"])         # 種族
    gender = DeepFace.analyze(img, actions=["gender"])     # 性別
```

上述程式碼共呼叫 4 次 DeepFace.analyze() 方法來進行人臉分析，第 1 個參數是影像，actions 參數指定執行何種分析，其分析結果為一個字典串列。在下方是取得第 1 個字典來顯示分析結果，如下所示：

```
    print("情緒:", emotion[0]["dominant_emotion"])
    print("年齡", age[0]["age"])
    print("種族", race[0]["dominant_race"])
    print("性別", gender[0]["gender"])
except:
    print("Deepface人臉分析錯誤...")

cv2.imshow("Face Analysis", img)
cv2.waitKey(0)
cv2.destroyAllWindows()
```

人臉特徵提取：ch6-5b.py

人臉特徵提取即為計算人臉的特徵向量，其維度需視使用的模型而定，預設的 VGG-Face 是 4096 維度，其執行結果如下圖所示：

```
4096 維特徵向量:
[0.0, 0.0, 0.0, 0.0, 0.0, 0.0, 0.0, 0.0, 0.0, 0.0, 0.00143651030661492 ...
```

Python 程式碼是使用 DeepFace.represnt() 方法來提取人臉特徵向量。此範例並沒有使用 OpenCV 讀取圖檔，而是直接在 img_path 參數指定圖檔的路徑，如下所示：

```
from deepface import DeepFace

results = DeepFace.represent(img_path="images/obama.png")
print(len(results[0]["embedding"]), "維特徵向量:")
print(results[0]["embedding"])
```

上述方法的回傳值是字典串列，我們取出第 1 個字典的 "embedding" 鍵值。

人臉識別：ch6-5c.py

人臉識別（Face Recognition）是在人臉圖檔的「face_database」目錄之下搜尋最相似的人臉。首先需要建立圖檔資料庫的目錄，如右圖所示：

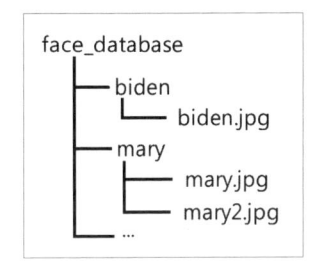

```
face_database
├── biden
│   └── biden.jpg
├── mary
│   ├── mary.jpg
│   └── mary2.jpg
...
```

上述目錄是使用姓名來分成多個子目錄，而在每一個子目錄中為指定姓名的人臉圖檔。

Python 程式的執行結果會先編碼提取「face_database」目錄下所有圖檔的特徵向量，才比對最接近的人臉，其回傳的是一個 DataFrame 物件，如下所示：

```
25-02-24 14:01:49 - Found 5 newly added image(s), 0 removed image(s), 0 replaced image(s).
Finding representations: 100%|█████████| 5/5 [00:02<00:00,  1.79it/s]
25-02-24 14:01:52 - There are now 5 representations in ds_model_vggface_detector_opencv_al
igned_normalization_base_expand_0.pkl
25-02-24 14:01:52 - Searching images/obama.png in 5 length datastore
25-02-24 14:01:52 - find function duration 3.0365705490112305 seconds
                         identity  ...  distance
0  face_database/obama\obama2.jpg  ...  0.639368
1   face_database/obama\obama.jpg  ...  0.650459

[2 rows x 12 columns]
```

上述執行結果找出 2 張位在「obama」子目錄的圖檔。Python 程式碼是使用 Deepface.find() 方法來進行人臉識別，其 db_path 參數是人臉圖檔資料庫的路徑，如下所示：

```
from deepface import DeepFace

results = DeepFace.find(img_path="images/obama.png",
                        db_path="face_database/")
print(results[0])
```

指定使用的人臉辨識模型：ch6-5d.py

　　Deepface 支援多種深度學習模型：VGG-Face（預設值）、Google FaceNet、OpenFace、DeepID、ArcFace 等。我們可依據需求選擇所需的辨識模型，如下表所示：

模型名稱	開發單位	準確率
VGG-Face	Oxford VGG	97.7%
Google FaceNet	Google	99.63%
OpenFace	Facebook	92.9%
DeepID	Chinese Univ.	97.45%
ArcFace	Microsoft	99.83%

　　在 DeepFace 的方法是使用 model_name 參數來指定使用的模型，如下所示：

```
result = DeepFace.verify("images/mary.jpg",
                         "images/mary2.jpg",
                         model_name="Facenet")
```

辨識多張人臉的情緒：ch6-5e.py

　　Python 程式整合第 3-1-2 節的 OpenCV 人臉偵測，在影像中偵測出多張人臉後，再一一切割出人臉區域來讓 Deepface 辨識情緒，如此就能讓 Deepface 辨識多張人臉的情緒，其執行結果如下圖所示：

LiteRT×Dlib×Deepface 電腦視覺應用 **6**

Python 程式碼首先匯入 OpenCV 和 DeepFace 套件，再讀取 faces3.jpg 圖檔並轉換成灰階影像，接著使用 OpenCV 哈爾特徵層級式分類器來執行人臉偵測，如下所示：

```python
import cv2
from deepface import DeepFace

img = cv2.imread("images/faces3.jpg")
gray = cv2.cvtColor(img, cv2.COLOR_BGR2GRAY)
faceCascade = cv2.CascadeClassifier(
        "haarcascades/haarcascade_frontalface_default.xml")
faces = faceCascade.detectMultiScale(gray)

for (x, y, w, h) in faces:
    if w < 100 or h < 100:
        continue
    padding = 20
    face = img[y-padding:y+h+padding,
               x-padding:x+w+padding]
```

上述 for 迴圈走訪每一張偵測到的人臉，而 if 條件可略過誤偵測尺寸過小的人臉。然後填充人臉的邊界框，在四周都增加 20 點。在下方的 try/except 程式敘述使用 Deepface 執行情緒辨識，可標示情緒文字和邊界框，如下所示：

6-35

```
    try:
        analyze = DeepFace.analyze(face, actions=['emotion'])
        emotion = analyze[0]['dominant_emotion']
        print(emotion)
        cv2.putText(img, emotion, (x, y - 10),
                    cv2.FONT_HERSHEY_SIMPLEX, 1, (0, 255, 0), 2)
    except:
        pass
    cv2.rectangle(img, (x, y), (x+w, y+h), (0, 255, 0), 5)

cv2.imshow("Emotions Detection", img)
cv2.waitKey(0)
cv2.destroyAllWindows()
```

Python 程式：ch6-5f.py 是 Deepface 即時情緒辨識，可在視訊的影格中識別出臉部表情的情緒，如下圖所示：

6-6 OpenCV DNN 預訓練模型：情緒辨識

OpenCV DNN 的 emotion-ferplus-8.onnx 為預訓練的情感識別模型，使用的是 ONNX 格式。此模型可分析面部表情，識別出不同情感，例如：快樂、悲傷、憤怒和驚訝等。

下載 Emotion-Ferplus 預訓練模型

請進入第 3-2-2 節本書預訓練模型「models/Emotion」目錄的下載網頁，下載 emotion-ferplus-8.onnx 檔案至「ch06/models」目錄。

OpenCV DNN 模組的情緒辨識：ch6-6.py

Python 程式在載入 Emotion-Ferplus 預訓練模型後，使用 CVZone 偵測人臉並以預訓練模型進行情緒辨識，可以看到執行結果是 Happy，如下圖所示：

Python 程式碼首先匯入 OpenCV、FaceDetector（使用原始 CVZone）和 NumPy 套件，然後呼叫 cv2.dnn.readNetFromONNX() 方法載入 ONNX 格式的預訓練模型，接著讀取 Happy.jpg 圖檔的影像，如下所示：

```python
import cv2
from cvzone.FaceDetectionModule import FaceDetector
import numpy as np

model = cv2.dnn.readNetFromONNX("models/emotion-ferplus-8.onnx")
img = cv2.imread("images/Happy.jpg")
emotions = ['Neutral', 'Happy', 'Surprise', 'Sad',
            'Anger', 'Disgust', 'Fear', 'Contempt']
detector = FaceDetector()
img, faces = detector.findFaces(img)
```

上述 emotions 串列是模型可辨識的分類，接著建立 FaceDetector 物件並偵測人臉。在下方的 if 條件判斷是否有偵測到，如果有，就顯示偵測到幾張人臉，並取出第 1 張人臉的邊界框座標，如下所示：

```python
if faces:
    print("偵測到人臉數:", len(faces))
    x, y, w, h = faces[0]["bbox"]
    print(x, y, w, h)

    padding = 20
    padded_face = img[y-padding:y+h+padding,
                      x-padding:x+w+padding]
    gray = cv2.cvtColor(padded_face, cv2.COLOR_BGR2GRAY)
```

上述程式碼是填充人臉的邊界框，在四周都增加 20 點後轉換成灰階色彩。在下方為影像預處理，將欲推論的影像預處理成當初訓練時的輸入影像格式，即調整尺寸和維度，如下所示：

```
    resized_face = cv2.resize(gray, (64, 64))
    processed_face = resized_face.reshape(1, 1, 64, 64)
    model.setInput(processed_face)
    outputs = model.forward()
    print(outputs.shape)
    print(outputs)
```

上述程式碼呼叫 setInput() 方法指定輸入的影像資料後，使用 forward() 方法執行前向傳播進行深度學習推論，其回傳值是辨識出物體的 NumPy 陣列 outputs。然後在下方使用數學公式計算分數的 Softmax 值，和取得最後的可能性 prob 陣列，如下所示：

```
    expanded = np.exp(outputs - np.max(outputs))
    probablities =  expanded / expanded.sum()
    prob = np.squeeze(probablities)
    print(prob)
    predicted_emotion = emotions[prob.argmax()]
    print("可能的表情:", predicted_emotion)
```

上述 prob.argmax() 方法取出陣列最大元素值的索引值，即最有可能的表情，然後使用此索引值取出 emotions 串列的分類名稱。在下方是在影像寫上推論結果的分類名稱，如下所示：

```
    cv2.putText(img, predicted_emotion,(x,y+h+75),
                cv2.FONT_HERSHEY_SIMPLEX, 2, (255,0,255), 5)

cv2.imshow("Emotion Recognition", img)
cv2.waitKey(0)
cv2.destroyAllWindows()
```

Python 程式：ch6-6a.py 是使用 OpenCV DNN 模組的即時情緒辨識，可以在視訊的影格中識別出臉部表情的情緒，如下圖所示：

學習評量

1. 請簡單說明什麼是 TensorFlow 和 TensorFlow Lite（LiteRT）？

2. 請問什麼是 Dlib 函式庫？Dlib 如何執行人臉偵測與臉部網格？

3. 請簡單說明人臉偵測和人臉識別的差異為何？並且列出 face-recognition 套件的主要功能。

4. 請問什麼是 Deepface 套件？其主要功能為何？

5. 由於 Dlib、face-recognition 和 Deepface 都可針對人臉進行特徵提取，請分別說明 Python 程式如何使用這些套件來提取人臉特徵？

6. 請整合 Python 程式 ch6-2-2.py 和 Webcam，以建立 TensorFlow Lite（LiteRT）的即時影像分類，並在視訊的影格中分類影像。

7 YOLO 電腦視覺應用：物體偵測與追蹤

▷ 7-1　認識 YOLO
▷ 7-2　YOLO 物體偵測
▷ 7-3　YOLO 物體追蹤
▷ 7-4　YOLO 電腦視覺應用：即時計算視訊的人數和車輛數
▷ 7-5　YOLO 電腦視覺應用：繪出視訊的車輛追蹤線

7-1 認識 YOLO

YOLO 原名 You only look once，代表只需看一次，就可快速且準確地偵測出影像或視訊影格等數位內容中的多種物體。

7-1-1 YOLO 物體偵測的深度學習演算法

YOLO 是一種快速且準確的物體偵測（Object Detection）演算法，也是一種深度學習演算法（Deep Learning Algorithms）。

YOLO 演算法是採用深度學習的「卷積神經網路」（Convolutional Neural Networks，CNN），如其英文名稱所述，YOLO 只需單次神經網路的前向傳播（Forward Propagation），就能準確地偵測出多個物體。其官方網址如下所示：

https://pjreddie.com/darknet/yolo/

什麼是深度學習

深度學習是一種機器學習，這是使用模仿人類大腦神經元（Neuron）傳輸所建立的一種神經網路架構（Neural Network Architectures），這也是深度學習演算法的核心，如右圖所示：

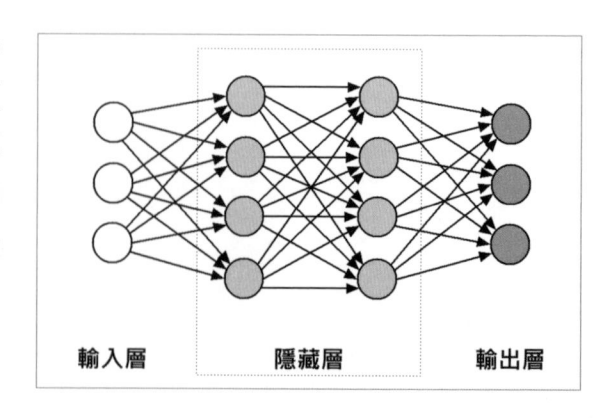

輸入層　　隱藏層　　輸出層

上述圖例是多層神經網路，每一個圓形的頂點是一個神經元，整個神經網路包含「輸入層」(Input Layer)、中間的「隱藏層」(Hidden Layers) 和最後的「輸出層」(Output Layer)。

深度學習使用的神經網路稱為「深度神經網路」(Deep Neural Networks，DNNs)，其中間的隱藏層有很多層，意味著整個神經網路十分地深 (Deep)，可能多達 150 層隱藏層。

> **補充說明**
>
> 深度學習的深度神經網路是一種神經網路，早在 1950 年就已經出現，只是受限早期電腦的硬體效能和技術不純熟，傳統多層神經網路並沒有成功。為了擺脫之前失敗的經驗，所以重新包裝成一個新名稱：「深度學習」。

卷積神經網路 CNN

卷積神經網路 (Convolutional Neural Network，CNN) 簡稱 CNNs 或 ConvNets，其基礎是 1998 年 Yann LeCun 提出名為 LeNet-5 的卷積神經網路架構。基本上，卷積神經網路是模仿人腦視覺處理區域的神經迴路，主要針對影像處理的神經網路，可應用於影像分類、人臉偵測和手寫辨識等。

卷積神經網路的基本結構是卷積層 (Convolution Layers) 和池化層 (Pooling Layers)，使用多種不同的神經層來依序連接成神經網路，可以執行特徵萃取和進行影像分類，如下圖所示：

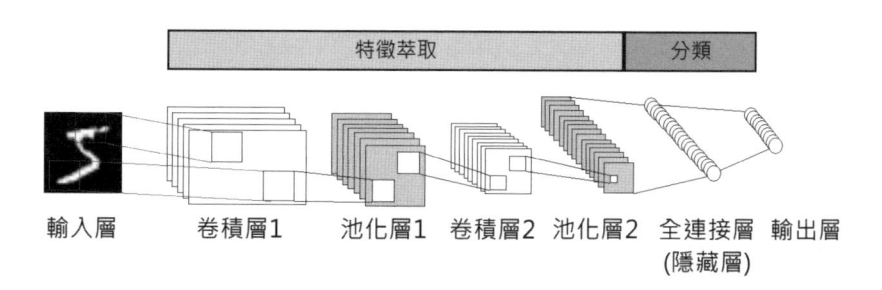

YOLO 演算法是卷積神經網路 CNN 的物體偵測技術，其效能超過 Fast R-CNN、Retina-Net 和 SSD（Single Shot MultiBox Detector）等其他著名的物體偵測技術。

7-1-2 Ultralytics 的 YOLO

Ultralytics 公司開發的 YOLO 模型是使用優化的 YOLO 模型結構，提供更靈活的架構來幫助開發者開發更快速、更準確且易於使用的 AI Vision 電腦視覺解決方案，包含：物體偵測、影像分割和姿態評估等。

YOLO 模型目前仍在持續優化與更新中，Ultralytics 公司在 2024 年 9 月 27 日釋出 YOLO11，這是繼 YOLOv8 版之後，Ultralytics 官方釋出的 YOLO 最新版本。而本書是使用 2025 年 2 月 18 推出的 YOLO12。

YOLO12 預訓練模型

YOLO12 引入了**注意力機制**（Attention Mechanism）與創新的整體網路架構，不僅成功提升了最先進物體偵測技術的準確性，也有別於先前 YOLO 版本所採用的卷積神經網路（CNN），然而，YOLO12 依然保持即時推論所需的速度。

在 Ultralytics 官方網站可查詢 YOLO12 預訓練模型，其 URL 網址如下所示：

> https://docs.ultralytics.com/models/yolo12/

Model Type	Task	Inference	Validation	Training	Export
YOLO12	Detection	✅	✅	✅	✅
YOLO12-seg	Segmentation	✅	✅	✅	✅
YOLO12-pose	Pose	✅	✅	✅	✅
YOLO12-cls	Classification	✅	✅	✅	✅
YOLO12-obb	OBB	✅	✅	✅	✅

上述 YOLO 預訓練模型的副檔名 .pt 是 PyTorch 格式，其檔案格式如下所示：

```
yolo<版本><尺寸>-<任務>.pt
```

上述 yolo 之後的 < 版本 > 是指 YOLO 版本，YOLO12 是 12，YOLO11 是 11，YOLO8 是 v8；< 尺寸 > 可以是 n（Nano）、s（Small）、m（Medium）、l（Large）和 x（Extra Large）代表不同尺寸和複雜度的模型。位在「-」符號之後的 < 任務 > 可以是 seg、pose、cls 和 obb，此為 Task 欄支援的電腦視覺應用（若沒指定 < 任務 > 則是物體偵測和追蹤模型）。

例如：YOLO12 版的物體偵測和物體追蹤是使用相同模型，此模型沒有任務名稱，其 Nano 版的檔名是 yolo12n.pt；YOLO11 版姿態評估的任務是 pose，其 Medium 版的檔名是 yolo11m-pose.pt。

YOLO 開發者可以依據不同應用和裝置的運算能力，以及專案所需的執行速度和準確度來選擇使用的 YOLO 預訓練模型。不同尺寸物體偵測模型的執行效能，如下圖所示：

Performance

Detection (COCO)

Model	size (pixels)	mAP^{val} 50-95	Speed CPU ONNX (ms)	Speed T4 TensorRT (ms)	params (M)	FLOPs (B)	Comparison (mAP/Speed)
YOLO12n	640	40.6	-	1.64	2.6	6.5	+2.1%/-9% (vs. YOLOv10n)
YOLO12s	640	48.0	-	2.61	9.3	21.4	+0.1%/+42% (vs. RT-DETRv2)
YOLO12m	640	52.5	-	4.86	20.2	67.5	+1.0%/-3% (vs. YOLO11m)
YOLO12l	640	53.7	-	6.77	26.4	88.9	+0.4%/-8% (vs. YOLO11l)
YOLO12x	640	55.2	-	11.79	59.1	199.0	+0.6%/-4% (vs. YOLO11x)

安裝 Ultralytics 的 YOLO12

如果電腦硬體沒有安裝支援 CUDA 的 GPU 獨立顯示卡，在 Python 虛擬環境 yolo 安裝 YOLO12 即為安裝 ultralytics 套件，其命令如下所示：

```
pip install ultralytics==8.3.85  Enter
```

上述命令安裝的版號需大於 8.3.0 版才會支援 YOLO11；大於 8.3.78 版才會支援 YOLO12。在安裝時也會一併安裝 PyTorch、OpenCV 和 Numpy 等相關套件。

> **Tips** 請注意！由於沒有安裝 CUDA，YOLO 只支援 CPU；關於支援 GPU 版 YOLO 的安裝，請參閱第 9-1 節。

因為 YOLO 版本的更新較快，更新現有安裝套件請執行下列 pip 命令，如下所示：

```
pip install -U ultralytics  Enter
```

> **Tips** 請注意！在本書完稿時，YOLO12 版的 Python 程式只支援物體偵測和物體追蹤模型，在本章使用的模型檔是：yolo12n.pt（n 是 Nano 模型，可自行更改成不同尺寸和複雜度的模型）。

7-2 YOLO 物體偵測

物體偵測（Object Detection）是一種電腦視覺技術，可以識別並定位影像或影格中的物體是什麼和在哪裡。具體來說，物體偵測會在偵測到的物體周圍畫出邊界框，並且顯示分類和信心指數。

7-2-1 使用 YOLO 物體偵測

我們只需使用 OpenCV 開啟圖檔或指定圖檔的路徑，就可使用 YOLO 進行物體偵測。如同 CVZone，YOLO 內建偵測結果的影像標示功能，可直接回傳已標示偵測結果的影像。

YOLO 物體偵測的基本使用：ch7-2-1.py

Python 程式在執行時會先自動下載 YOLO 模型。完成下載後，會顯示圖檔偵測結果所花費的時間與偵測到了什麼，如下所示：

```
Downloading https://github.com/ultralytics/assets/releases/download/v8.3.0/yolo12n.pt to 'yolo12n.pt'...
100%|██████████| 5.34M/5.34M [00:07<00:00, 790kB/s]
image 1/1 C:\PythonCV\ch07\images\road.png: 384x640 6 persons, 3 bicycles, 12 cars, 1 traffic light, 58.2ms
Speed: 1.6ms preprocess, 58.2ms inference, 0.8ms postprocess per image at shape (1, 3, 384, 640)
```

接著，會看到 OpenCV 顯示的影像偵測結果，如下圖所示：

Python 程式碼首先匯入 YOLO 類別和 OpenCV 套件，然後建立 YOLO 物件，其參數是 YOLO 模型的權重檔 yolo12n.pt（可使用其他不同尺寸和版本模型的權重檔，例如：yolo11n.py 或 yolov8n.pt），如下所示：

```
from ultralytics import YOLO
import cv2

model = YOLO("yolo12n.pt")

results = model("images/road.png")
annotated_image = results[0].plot()
```

上述程式碼使用 model 物件偵測參數 road.png 圖檔路徑影像中的物體，並回傳偵測結果至 results 變數。results[0] 是第 1 張影像的偵測結果（YOLO 允許使用串列傳入多張圖檔的影像），在第 1 張影像呼叫 plot() 方法就能在影像上繪製物體偵測結果的邊界框和分類名稱，並回傳變數名為 annotated_image 的影像。在下方是使用 OpenCV 來顯示偵測結果的影像，如下所示：

```
cv2.imshow("Detected Objects", annotated_image)
cv2.waitKey(0)
cv2.destroyAllWindows()
```

指定偵測物體的分類：ch7-2-1a.py

在「ch07」目錄下的 classNames.txt 是 YOLO 可偵測物體的分類文字檔案，其 0、1、2 是分類索引，如下所示：

```
{0: 'person',
 1: 'bicycle',
 2: 'car',
 3: 'motorcycle',
 4: 'airplane',
```

```
 5: 'bus',
 6: 'train',
 ...
```

Python 程式可指定偵測分類為 0 的物體,即 "person"。可以看到影像的偵測結果只有 "person" 分類,如下圖所示:

Python 程式碼是在 model() 的 classes 參數指定篩選的分類,這是一個串列,其中的 0 就是 "person" 分類,如下所示:

```
results = model("images/road.png", classes=[0])
```

由於 "car" 的分類索引是 2,我們也可修改上述程式碼,多加上偵測 "car",如下所示:

```
results = model("images/road.png", classes=[0, 2])
```

指定物體偵測的信心指數：ch7-2-1b.py

Python 程式可以篩選信心指數高於 0.84 的偵測物體，也就是說，只會偵測到信心指數超過 0.84 的物體，如下圖所示：

Python 程式碼是在 model() 的 conf 參數指定信心指數，如下所示：

```
results = model("images/road.png", conf=0.84)
```

Python 程式：ch7-2-1c.py 在 model() 多加上 verbose 參數來取消顯示 YOLO 預設顯示的偵測結果訊息文字，如下所示：

```
results = model("images/road.png", conf=0.84,
                verbose=False)
```

上述程式碼取消的是 ch7-2-1.py 執行結果下載模型後，顯示的偵測結果訊息文字。

使用 OpenCV 開啟圖檔：ch7-2-1d.py

Python 程式也可使用 OpenCV 開啟圖檔 road.png 後，將讀取的影像傳入 YOLO。除了使用 model()，也可以呼叫 model.predict() 方法（參數與 model() 相同），如下所示：

```
image = cv2.imread("images/road.png")
results = model.predict(image, conf=0.84)
```

如果想進一步了解方法的參數，可以詢問 ChatGPT，請它詳細列出 model.predict() 方法的參數。ChatGPT 提示詞（ch7-2-1.txt）如下所示：

```
你是 Python 和 Ultralytics YOLO 專家，請使用繁體中文說明 model.predict() 方法的參數。
```

ChatGPT 回答的完整說明請參閱 ch7-2-1.pdf。

同時偵測多張圖檔的影像（一）：ch7-2-1e.py

Python 程式可將圖檔路徑串列傳入 YOLO，也就是同時偵測多張圖檔的影像，如下所示：

```
image_paths = ["images/road.png", "images/persons.jpg"]
results = model(image_paths)
for result in results:
    annotated_image = result.plot()
    cv2.imshow(result.path, annotated_image)
```

上述 results 是回傳的偵測結果串列，我們可以使用 for 迴圈來一一繪出並顯示偵測結果的影像。

> **Tips** 請注意！cv2.imshow() 方法的第 1 個參數是視窗名稱，需使用不同名稱才會顯示 2 個視窗，以此例是使用 result.path 檔案路徑為名稱。

同時偵測多張圖檔的影像（二）：ch7-2-1f.py

除了使用 for 迴圈來一一取出 YOLO 偵測結果，我們也能自行使用索引來取出第 1 張（索引 0）和第 2 張（索引 1）的偵測結果，並且改用 model.predict() 方法，如下所示：

```
image_paths = ["images/road.png", "images/persons.jpg"]
results = model.predict(image_paths)
annotated_image = results[0].plot()
cv2.imshow("Road", annotated_image)
annotated_image = results[1].plot()
cv2.imshow("Persons", annotated_image)
```

7-2-2 取得 YOLO 物體偵測的結果

在第 7-2-1 節是使用 YOLO 內建功能在影像標示偵測結果，但實務上，我們常常需要自行取得 YOLO 物體偵測結果來進行處理。

顯示分類名稱和偵測結果：ch7-2-2.py

Python 程式的執行結果首先顯示 model.names 屬性的分類名稱字典和預設的偵測結果字串，如下所示：

```
{0: 'person', 1: 'bicycle', 2: 'car', 3: 'motorcycle', 4: 'airplane', …
image 1/1 C:\PythonCV\ch07\images\cars.jpg: 384x640 6 cars, 60.9ms
Speed: 1.4ms preprocess, 60.9ms inference, 0.8ms postprocess per image at shape
  (1, 3, 384, 640)
```

然後顯示偵測結果 ultralytics.engine.results.Results 物件 results[0]，其 boxes 屬性是邊界框座標的 Boxes 物件，沒有 keypoints 和 masks 屬性值，names 屬性也是分類名稱字典，沒有 obb 屬性值，orig_img 屬性是原始影像的 NumPy 陣列，如下所示：

```
============================
ultralytics.engine.results.Results object with attributes:

boxes: ultralytics.engine.results.Boxes object
keypoints: None
masks: None
names: {0: 'person', 1: 'bicycle', 2: 'car', 3: 'motorcycle', 4: 'airp …
obb: None
orig_img: array([[[231, 224, 205],
        [231, 224, 205],
        [231, 224, 205],
        ...,
        [ 67,  84,  97],
        [ 72,  89, 102],
        [ 75,  92, 105]],
```

在原始影像之後的 orig_shape 屬性是形狀，path 屬性是圖檔路徑，接著是儲存預測結果的路徑和偵測速度等屬性，如下所示：

```
        ...,
        [107,  89,  88],
        [107,  89,  88],
        [107,  89,  88]]], dtype=uint8)
orig_shape: (458, 765)
path: 'C:\\PythonCV\\ch07\\images\\cars.jpg'
probs: None
save_dir: 'runs\\detect\\predict'
speed: {'preprocess': 1.4403999998648942, 'inference': 60.8738999999332, 'postprocess': 0.7757000003039138}
```

Python 程式碼在載入模型後，使用 model.names 屬性取得 80 種分類名稱，如下所示：

```
model = YOLO("yolo12n.pt")
print(model.names)
results = model("images/cars.jpg")
annotated_image = results[0].plot()
print("==========================")
print(results[0])
```

上述程式碼在偵測圖檔 cars.jpg 後，顯示偵測結果 results[0]。

顯示偵測結果的物體數：ch7-2-2a.py

Python 程式的執行結果顯示共偵測到 4 個物體，如下所示：

```
image 1/1 C:\PythonCV\ch07\images\cars.jpg: 384x640 4 cars, 60.7ms
Speed: 2.2ms preprocess, 60.7ms inference, 0.7ms postprocess per image at shape
    (1, 3, 384, 640)
===========================
4
```

在 Python 程式碼是使用 len() 函式取得 boxes 屬性的長度，即為偵測到的物體數，如下所示：

```
results = model.predict("images/cars.jpg", conf=0.8)
annotated_image = results[0].plot()
print("===========================")
result = results[0]
print(len(result.boxes))
```

顯示偵測結果的 boxes.data：ch7-2-2b.py

Python 程式可使用 boxes.data 取得偵測結果的 PyTorch 張量，此程式接續 ch7-2-2a.py，顯示 4 個偵測到物體的資訊，如下所示：

```
image 1/1 C:\PythonCV\ch07\images\cars.jpg: 384x640 4 cars, 62.1ms
Speed: 2.2ms preprocess, 62.1ms inference, 0.9ms postprocess per image at shape
    (1, 3, 384, 640)
===========================
tensor([[348.6895, 269.5759, 574.0115, 450.3105,   0.8914,   2.0000],
        [186.9643,  97.9048, 366.6591, 240.2261,   0.8426,   2.0000],
        [268.5850, 186.5182, 499.8515, 343.6421,   0.8329,   2.0000],
        [541.8655, 116.1315, 727.3326, 265.6637,   0.8279,   2.0000]])
```

筆者直接詢問 Copilot 來說明 boxes.data 張量的內容，如下所示：

`result.boxes.data` 回傳的資料內容

`result.boxes.data` 是一個 PyTorch 張量，它的每一行代表一個偵測到的物體，包括以下資訊：

- `x1`：邊界框的左上角 x 座標。
- `y1`：邊界框的左上角 y 座標。
- `x2`：邊界框的右下角 x 座標。
- `y2`：邊界框的右下角 y 座標。
- `conf`：邊界框的置信度分數，即模型對於該偵測結果的信心。
- `class`：物體的類別標籤，這是模型所預測的物體類別編號。

Python 程式碼在取得偵測結果的 result 變數後，顯示 boxes.data 張量的內容，如下所示：

```
results = model.predict("images/cars.jpg", conf=0.8)
annotated_image = results[0].plot()
print("==========================")
result = results[0]
print(result.boxes.data)
```

顯示 YOLO 第 1 個偵測結果的資訊：ch7-2-2c.py

由於 YOLO 回傳的偵測資訊是 PyTorch 張量，而且是多維張量，在 Python 程式需轉換成 Python 資料型態後才能進行處理。其執行結果的上方是原始張量，下方則轉換成 Python 資料型態，如下所示：

```
==========================
分類索引: tensor(2.)
邊界框座標: tensor([348.6895, 269.5759, 574.0115, 450.3105])
可能性: tensor(0.8914)
==========================
分類索引: 2
分類名稱: car
分類名稱: car
邊界座標: [349, 270, 574, 450]
可能性: 89.14 %
```

Python 程式碼在取得偵測結果 result 後，取出第 1 個偵測結果的 box，然後依序顯示分類索引、邊界框座標和信心指數。因為回傳的是 2 維陣列，所以需要取出陣列的第 1 個元素，即 [0]，如下所示：

```python
result = results[0]
print("==========================")
box = result.boxes[0]
print("分類索引:",box.cls[0])
print("邊界框座標:",box.xyxy[0])
print("可能性:",box.conf[0])
print("==========================")
cords = box.xyxy[0].tolist()
cords = [round(x) for x in cords]
class_id = int(box.cls[0].item())
conf = box.conf[0].item()
conf = round(conf*100, 2)
```

上述程式碼一一轉換成 Python 資料型態，邊界框座標是使用 tolist() 方法轉換成串列後，使用串列推導進行四捨五入轉換成整數；在分類索引是先使用 item() 方法轉換成 Python 數值型態後，再用 int() 函式轉換成整數；最後的信心指數在轉換成 Python 數值型態後，將信心分數轉換為百分比格式。即可在下方顯示第 1 個偵測結果的相關資訊，如下所示：

```python
print("分類索引:", class_id)
print("分類名稱:", model.names[class_id])
print("分類名稱:", result.names[class_id])
print("邊界框座標:", cords)
print("可能性:", conf, "%")
```

顯示 YOLO 每 1 個偵測結果的資訊：ch7-2-2d.py

在了解如何顯示 YOLO 第 1 個偵測結果的資訊後，Python 程式就可使用 for 迴圈來顯示 YOLO 每 1 個偵測結果的資訊，如下所示：

```
results = model.predict("images/cars.jpg", conf=0.8)
annotated_image = results[0].plot()
result = results[0]
print("===========================")
for box in result.boxes:
    cords = box.xyxy[0].tolist()
    cords = [round(x) for x in cords]
    class_id = int(box.cls[0].item())
    conf = box.conf[0].item()
    conf = round(conf*100, 2)
    print("分類索引:", class_id)
    print("分類名稱:", model.names[class_id])
    print("邊界框座標:", cords)
    print("可能性:", conf, "%")
    print("------------------------")
```

7-2-3　YOLO + OpenCV 顯示物體偵測結果

在本節之前都是使用 YOLO 內建功能來替影像標示偵測結果的物體，但由於第 7-2-2 節已經知道如何取出 YOLO 的偵測結構，因此，我們可以自行使用 OpenCV 在影像上標示物體偵測的結果。

Python 程式：ch7-2-3.py 的執行結果是自行使用 OpenCV 來標示偵測結果的邊界框、分類名稱和可能性，如下圖所示：

Python 程式碼首先匯入 YOLO 類別和 OpenCV 套件，再載入 YOLO 模型。在使用 OpenCV 開啟圖檔 road.png 後，執行 YOLO 物體偵測，如下所示：

```python
from ultralytics import YOLO
import cv2

model = YOLO("yolo12n.pt")

image_path = "images/road.png"
image = cv2.imread(image_path)
results = model(image)
if results:
    boxes = results[0].boxes
    for box in boxes:
        x1, y1, x2, y2 = map(int, box.xyxy[0])
        conf = box.conf[0].item()
        conf = round(conf*100, 2)
        class_id = int(box.cls[0])
        class_name = model.names[class_id]
```

上述 if 條件判斷是否有偵測到，如果有，就使用 for 迴圈走訪每一個偵測到的物體。首先取得邊界框座標並使用 map() 函式轉換成整數的座標，接著取得信心指數並轉換成百分比，而物體分類索引因為已使用 int() 函式轉換成整數，就不用呼叫 item() 方法來轉換成 Python 數值型態，即可取得分類名稱。

在下方依序繪出綠色邊界框、在邊界框左上角寫上黃色分類名稱和可能性的百分比，如下所示：

```python
cv2.rectangle(image, (x1, y1), (x2, y2),
              (0, 255, 0), 2)
label = class_name + " " + str(conf) + "%"
cv2.putText(image, label, (x1, y1 - 10),
            cv2.FONT_HERSHEY_SIMPLEX,
            0.5, (0, 255, 255), 2)
```

```
cv2.imshow("Detected Objects", image)
cv2.waitKey(0)
cv2.destroyAllWindows()
```

7-2-4 視訊版的 YOLO 物體偵測

我們可以將 Python 程式：ch7-2-1.py 改寫成 ch7-2-4.py 視訊版的 YOLO 物體偵測，其執行結果如下圖所示：

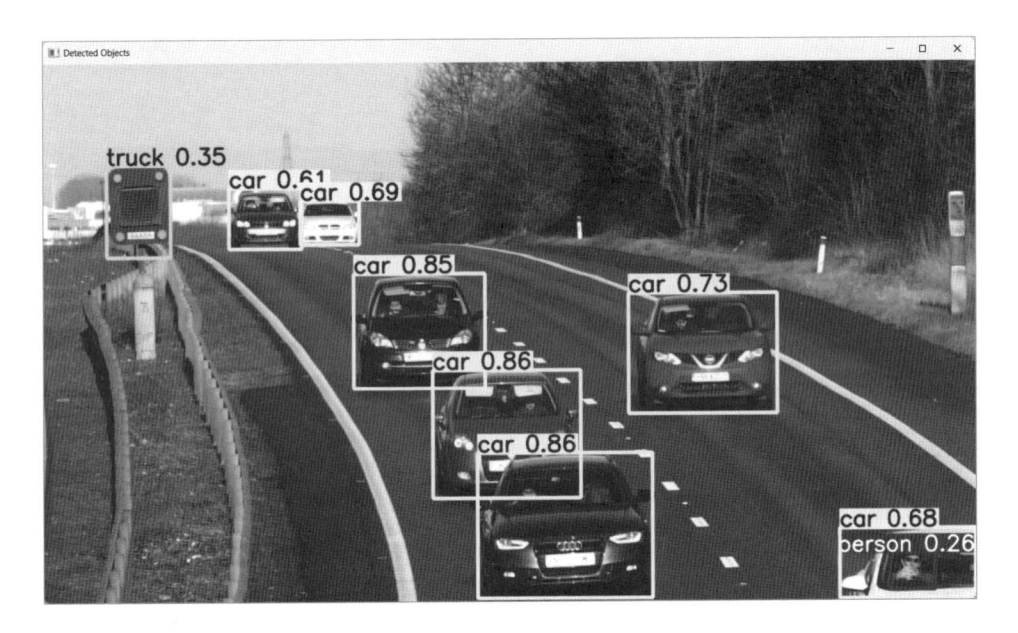

Python 程式碼首先匯入類別 / 套件並載入模型檔，再開啟視訊檔 highway.mp4，如下所示：

```
from ultralytics import YOLO
import cv2

model = YOLO("yolo12n.pt")

cap = cv2.VideoCapture("media/highway.mp4")
while True:
    success, frame = cap.read()
```

```
    if not success:
        break
    results = model(frame)
    annotated_image = results[0].plot()
```

上述 read() 方法讀取影格,在執行 YOLO 物體偵測後,取得標示的影像,即可在下方顯示偵測結果的影格,如下所示:

```
    cv2.imshow("Detected Objects", annotated_image)
    if cv2.waitKey(1) & 0xFF == ord("q"):
        break

cap.release()
cv2.destroyAllWindows()
```

Python 程式:ch7-2-4a.py 是整合 ch7-2-4.py 和 ch7-2-3.py 來建立使用 OpenCV 標示偵測結果的視訊版 YOLO 偵測,其中標示部分的程式碼如下所示:

```
results = model(frame)
if results:
    boxes = results[0].boxes
    for box in boxes:
        x1, y1, x2, y2 = box.xyxy[0]
        x1, y1, x2, y2 = int(x1), int(y1), int(x2), int(y2)
        w, h = x2-x1, y2-y1
        conf = round((box.conf[0].item()*100), 2)
        cls = box.cls[0].item()
        class_name = results[0].names[int(cls)]
        cv2.rectangle(frame, (x1, y1), (x2, y2), (0, 255, 0), 2)
        label = class_name + " " + str(conf) + "%"
        cv2.putText(frame, label, (x1, y1 - 10),
            cv2.FONT_HERSHEY_SIMPLEX, 0.5, (0, 255, 0), 2)
```

7-3　YOLO 物體追蹤

　　物體追蹤（Object Tracking）的目標不是單一影像或視訊的某個影格（Frame，幀），而是針對連續影格的視訊影片，追蹤視訊中的物體移動。換句話說，YOLO 物體追蹤一定是用於視訊影片，其常見的實際應用，如下圖所示：

Real-world Applications

Transportation	Retail	Aquaculture
Vehicle Tracking	People Tracking	Fish Tracking

7-3-1　物體偵測與物體追蹤的差異

　　物體偵測與物體追蹤的區別在於物體追蹤不只識別出物體，還可在**連續影格**中，追蹤物體在視訊流中的移動過程。事實上，物體偵測只是物體追蹤過程的一部分。更具體地說，物體偵測只是物體追蹤的初始階段，而物體追蹤可以追蹤目標物體在多張影格中的移動，並估計目標物體在後續影格中的位置。在 YouTube 視訊是使用多張圖例來解說之間的差異，其 URL 網址如下所示：

https://www.youtube.com/watch?v=RWl1KZY65q8

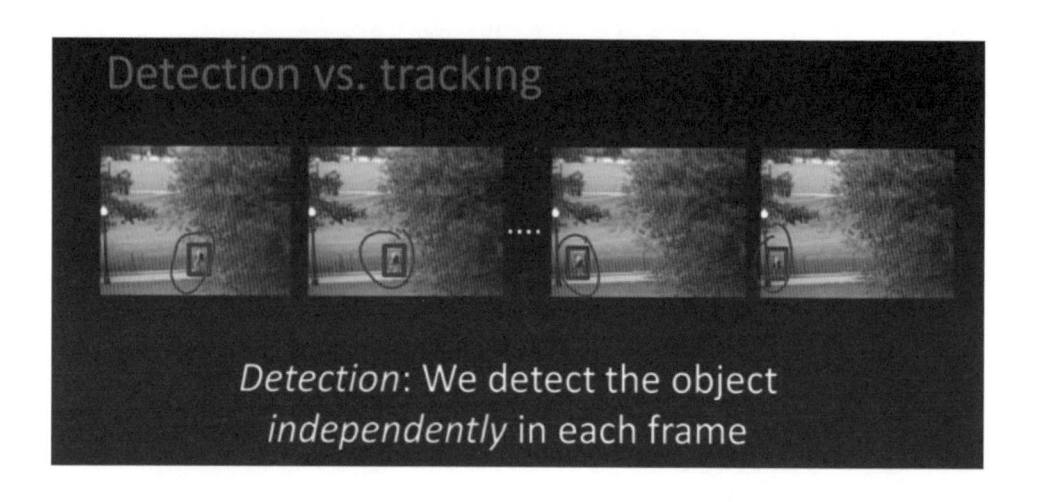

![Detection vs. tracking - Detection: We detect the object independently in each frame]

　　上述多張影格為物體偵測，是在不同影格中獨立偵測出每一張影格的物體。物體追蹤則是在此基礎上，預測下一張影格中物體的新位置，如下圖所示：

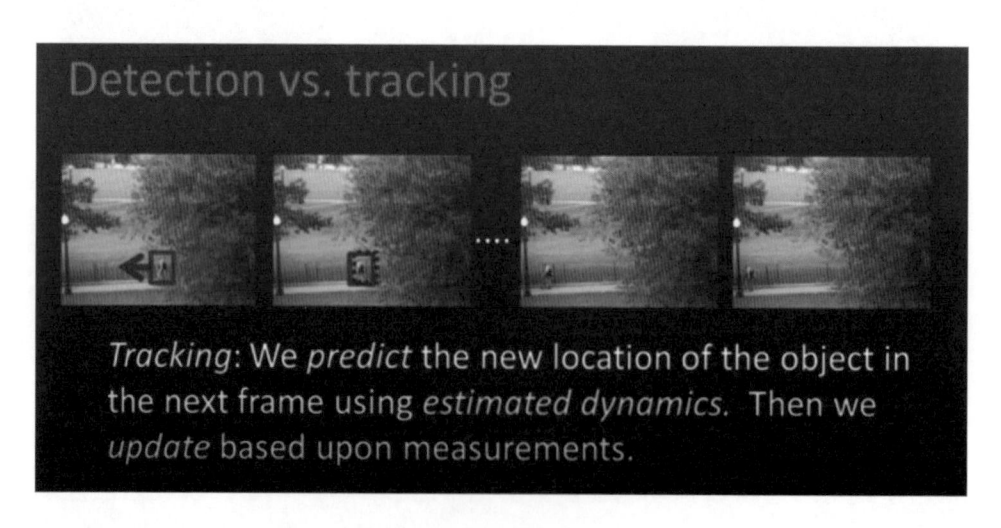

![Detection vs. tracking - Tracking: We predict the new location of the object in the next frame using estimated dynamics. Then we update based upon measurements.]

7-3-2　使用 YOLO 物體追蹤

　　YOLO 已內建物體追蹤演算法，我們只需改用 model.track() 方法就能使用 YOLO 進行物體追蹤。

使用 YOLO 物體追蹤：ch7-3-2.py

Python 程式是使用 YOLO 物體追蹤來追蹤視訊中的車輛，可以看到邊界框上多顯示了 id 值，這個值是用來跨影格追蹤物體的編號，相同的 id 表示同一台車，如下圖所示：

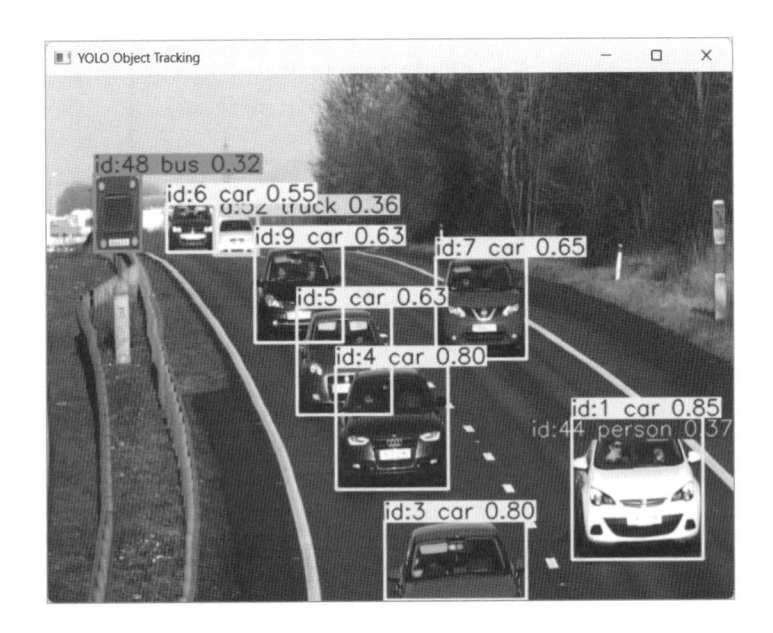

Python 程式碼的結構和 ch7-2-4.py 十分相似，只有在偵測前多呼叫了 cv2.resize() 方法調整影格尺寸成 (640, 480)，如下所示：

```python
from ultralytics import YOLO
import cv2

model = YOLO("yolo12n.pt")

cap = cv2.VideoCapture("media/highway.mp4")
while cap.isOpened():
    success, frame = cap.read()
    if not success:
        break
    frame = cv2.resize(frame, (640, 480))
    results = model.track(frame, persist=True,
                          verbose=False)
```

上述程式碼在調整尺寸後，改用 model.track() 方法執行 YOLO 物體追蹤，其第 1 個參數是影格；persist 參數 True 表示在之後的影格維持物體 id，以確保同一個物體在每一個影格中擁有相同的 id；verbose=False 表示不顯示預設偵測結果的訊息文字。在下方取得標示追蹤結果的影格後，使用 cv2.imshow() 方法顯示影格，如下所示：

```
    annotated_frame = results[0].plot()
    cv2.imshow("YOLO Object Tracking", annotated_frame)
    if cv2.waitKey(1) & 0xFF == ord("q"):
        break

cap.release()
cv2.destroyAllWindows()
```

Python 程式 ch7-3-2a.py 改用 imutils.resize() 方法來調整影格尺寸，

```
frame = imutils.resize(frame, width=640)
```

上述方法只需指定寬度，可以看到影格仍然維持長寬的比例，如下圖所示：

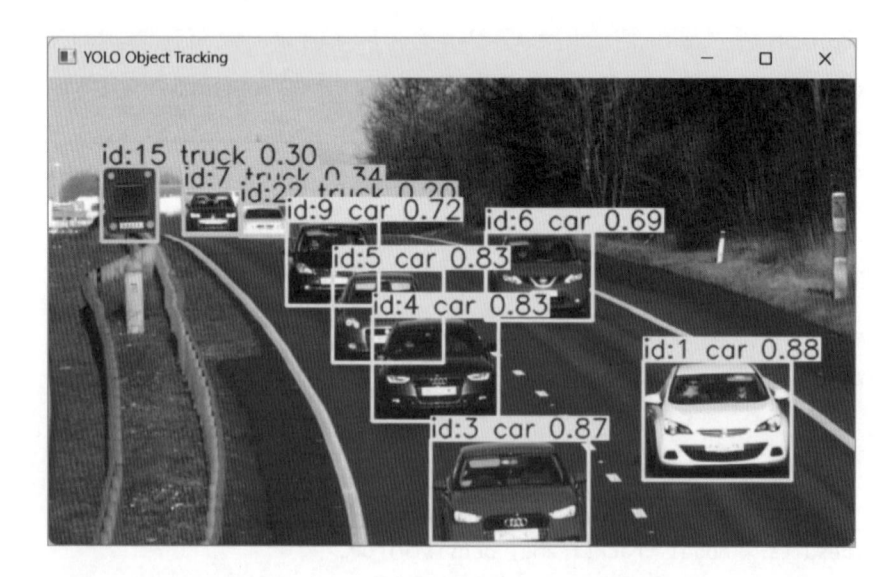

限制信心指數和分類：ch7-3-2b.py

如同 YOLO 物體偵測，Python 程式也可限制信心指數和分類來執行 YOLO 物體追蹤。以此例是只追蹤 "car" 分類，而且信心指數需超過 0.8，如下圖所示：

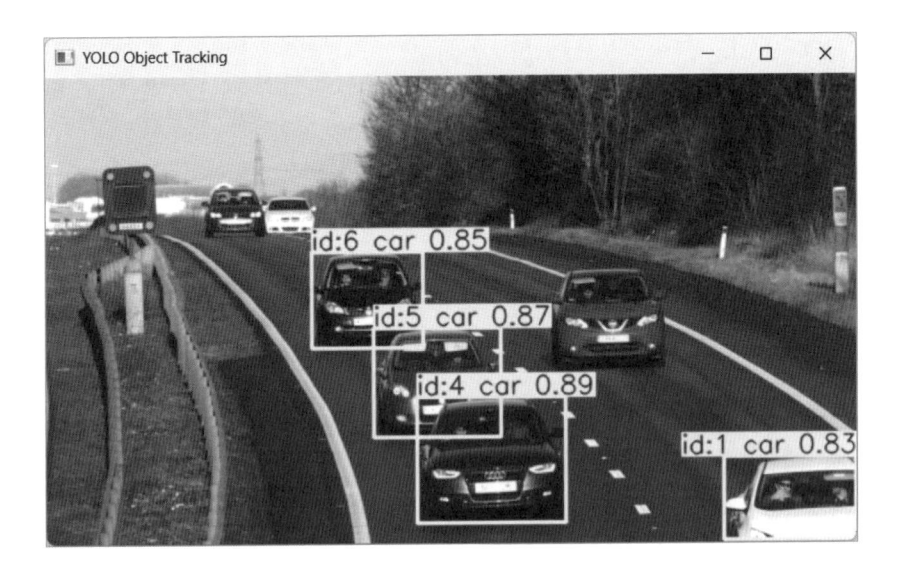

Python 程式碼是在 model.track() 方法使用 classes 和 conf 參數來限制信心指數和分類，如下所示：

```
results = model.track(frame, persist=True,
                      verbose=False,
                      conf=0.8, classes=[2])
```

7-3-3 取得 YOLO 物體追蹤的結果

在第 7-3-1 節是使用 YOLO 內建功能在影像標示偵測結果，但實務上，我們常常需要自行取得 YOLO 物體追蹤結果來進行處理。其取出的資料比物體偵測多了 1 個 track_id 編號。

取得 YOLO 物體追蹤結果：ch7-3-3.py

　　Python 程式是使用 boxes.data 來取得 YOLO 物體追蹤結果。其執行結果顯示每一個影格追蹤物體的數量，以及第 1 個追蹤物體資料的張量，如下所示：

```
第1個: tensor([511.6166, 263.7161, 640.0000, 359.1852,    1.0000,   0.8709,   2.0000])
追蹤數: 8
第1個: tensor([512.7541, 265.6289, 640.0000, 359.1494,    1.0000,   0.8708,   2.0000])
追蹤數: 8
第1個: tensor([514.3302, 267.6190, 640.0000, 358.9240,    1.0000,   0.8579,   2.0000])
追蹤數: 7
第1個: tensor([515.5103, 269.5815, 640.0000, 358.7531,    1.0000,   0.8863,   2.0000])
追蹤數: 7
```

　　上述張量共有 7 個元素，我們可以直接詢問 Copilot 這些元素為何，如下所示：

1. `x1`：邊界框的左上角 x 座標，表示物體在圖像中的水平起始位置。
2. `y1`：邊界框的左上角 y 座標，表示物體在圖像中的垂直起始位置。
3. `x2`：邊界框的右下角 x 座標，表示物體在圖像中的水平結束位置。
4. `y2`：邊界框的右下角 y 座標，表示物體在圖像中的垂直結束位置。
5. `track_id`：物體的追蹤 ID，唯一標識該物體，以便在多幀之間保持一致。
6. `conf`：置信度分數，表示模型對於該物體屬於特定類別的信心程度。
7. `class_id`：物體的類別標籤，代表該物體的類別（例如：人、車等）。

　　Python 程式碼是修改自 ch7-3-2a.py，使用 imutils.resize() 方法調整影格尺寸成 (640, 480)，如下所示：

```python
from ultralytics import YOLO
import cv2, imutils

model = YOLO("yolo12n.pt")

cap = cv2.VideoCapture("media/highway.mp4")
```

```
while cap.isOpened():
    success, frame = cap.read()
    if not success:
        break
    frame = imutils.resize(frame, width=640)
    results = model.track(frame, persist=True,
                          verbose=False, classes=[2])
    if results[0].boxes.id is None:
        continue
    print("追蹤數:", len(results[0].boxes.data))
    print("第1個:", results[0].boxes.data[0])
```

上述 if 條件判斷是否有找到追蹤物體，如果沒有，就直接處理下一個影格。接著使用 len() 函式取得追蹤物體數，results[0].boxes.data[0] 取得第 1 個追蹤物體的資訊。在下方是使用內建功能 plot() 方法來標示影格，並呼叫 cv2.imshow() 方法顯示標示的影格，如下所示：

```
    annotated_frame = results[0].plot()
    cv2.imshow("YOLO Object Tracking", annotated_frame)
    if cv2.waitKey(1) & 0xFF == ord("q"):
        break

cap.release()
cv2.destroyAllWindows()
```

取出 boxes 邊界框和 id：ch7-3-3a.py

Python 程式進一步從 boxes.data 取出邊界框座標和 id 值，其執行結果如下所示：

```
==============================
追蹤數: 8
第1個: tensor([449.1376, 193.0313, 558.7503, 279.0803,   1.0000,   0.8521,   2.0000])
[503.9439697265625, 236.05581665039062, 109.6126708984375, 86.04902648925781]
1
==============================
追蹤數: 8
第1個: tensor([450.3318, 193.8529, 560.6078, 280.7052,   1.0000,   0.8652,   2.0000])
[505.4698181152344, 237.27902221679688, 110.27606201171875, 86.852294921875]
1
```

上述每一個項目的最後 2 個值，依序是第 1 個追蹤物體的邊界框座標和 id 值。

Python 程式碼是使用 boxes.xywh 取得邊界框座標（x, y, w, h），即中心點座標、寬與高；boxes.id 取得 id 值後，使用 int() 方法轉換成整數，如下所示：

```
print("==============================")
print("追蹤數:", len(results[0].boxes.data))
print("第1個:", results[0].boxes.data[0])
boxes = results[0].boxes.xywh.tolist()
print(boxes[0])
track_ids = results[0].boxes.id.int().tolist()
print(track_ids[0])
```

上述程式碼是用 tolist() 方法將張量轉換成串列，print() 函式顯示 boxes[0] 和 track_ids[0] 的值，其索引值 0 為第 1 個追蹤物體。

7-4 YOLO 電腦視覺應用：即時計算視訊的人數和車輛數

Python 程式：ch7-4.py 是使用 YOLO 物體偵測來計算視訊中的人數，並將結果直接寫在影格的左上角，其執行結果如下圖所示：

Python 程式碼首先匯入 YOLO 類別和 OpenCV 套件，再載入 YOLO 模型並開啟影片檔的視訊。在讀取影格與調整尺寸後，進行 YOLO 物體偵測，如下所示：

```python
from ultralytics import YOLO
import cv2

model = YOLO("yolo12n.pt")

cap = cv2.VideoCapture("media/demo.mp4")
while True:
    ret, frame = cap.read()
    if not ret:
        break
    frame = cv2.resize(frame, (640, 480))
    results = model(frame)
    # 計算檢測到的 "person" 數量
    person_count = sum(1 for box in results[0].boxes
                       if model.names[int(box.cls[0])] == "person")
```

上述 model() 並沒有指定分類,而是透過 sum() 函式搭配 Python 的「生成器運算式」(Generator Expression) 來加總人數,此語法類似於串列推導式。以此例是走訪 results[0].boxes,將所有分類是 "person" 的物體數量加總。我們可以將其展開成完整 Python 程式碼(Python 程式:ch7-4a.py),如下所示:

```
counter_list = []
for box in results[0].boxes:
    class_index = int(box.cls[0])
    class_name = model.names[class_index]
    if class_name == "person":
        counter_list.append(1)
person_count = sum(counter_list)
```

上述生成器運算式就像在建立 counter_list 串列,當偵測到 1 個人時就新增一個 1。for 迴圈會走訪所有邊界框,在取得每個物體的分類索引和名稱後,使用 if 條件判斷是否為 "person",如果是,就在串列新增一個 1。最後再使用 sum() 函式計算總人數。

回到 Python 程式 ch7-4.py,影格是使用 YOLO 內建功能 plot() 來進行標示,但人數是使用 OpenCV 寫在影格的左上角,如下所示:

```
    annotated_frame = results[0].plot()
    cv2.putText(annotated_frame, "Count: " + str(person_count),
                (10, 30), cv2.FONT_HERSHEY_SIMPLEX, 1, (0, 255, 0), 2)
    cv2.imshow("YOLO Person Counting", annotated_frame)
    if cv2.waitKey(1) & 0xFF == ord("q"):
        break
cap.release()
cv2.destroyAllWindows()
```

Python 程式:ch7-4b.py 是使用 YOLO 物體偵測來計算視訊中的車輛數,其執行結果如下圖所示:

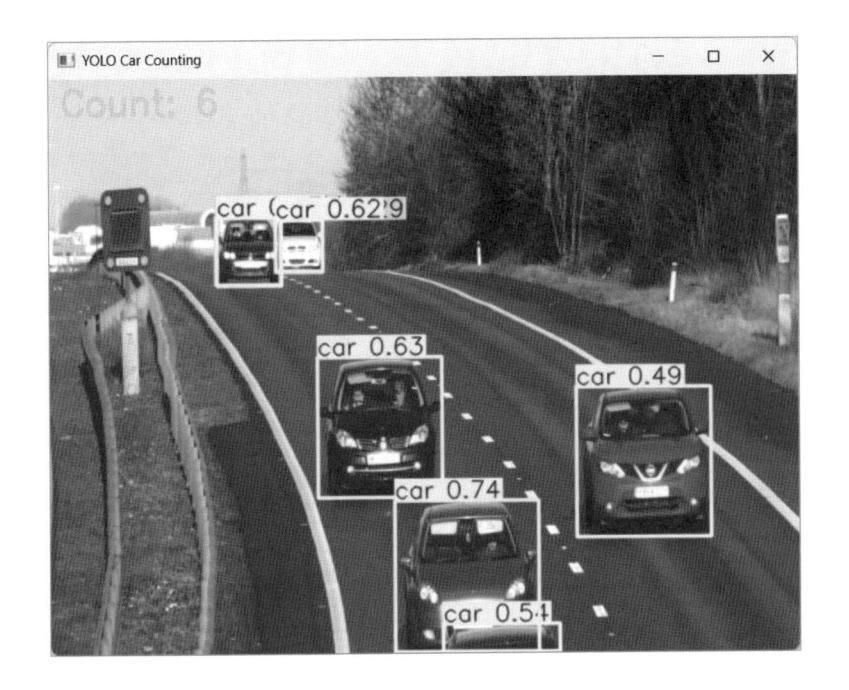

YOLO 電腦視覺應用：物體偵測與追蹤 **7**

Python 程式碼只是將生成器運算式的條件改成 "car"，如下所示：

```
person_count = sum(1 for box in results[0].boxes
                   if model.names[int(box.cls[0])] == "car")
```

7-5 YOLO 電腦視覺應用：繪出視訊的車輛追蹤線

　　YOLO 物體追蹤可以記錄相同 id 物體的資訊，例如：邊界框的中心點座標。換句話說，我們只需記錄相同 id 的中心點座標，然後將這些座標連接起來，就能在視訊中繪出車輛的追蹤線。

　　Python 程式：ch7-5.py 可以繪出視訊中每一台車輛中心點的追蹤線（最多追蹤之前的 90 個影格），其執行結果如下圖所示：

Python 程式碼首先匯入所需的類別和套件，defaultdict 類別是一種擁有預設函式的字典類別，我們就是使用此物件來儲存追蹤記錄，如下所示：

```
from collections import defaultdict
from ultralytics import YOLO
import cv2
import numpy as np
import imutils

model = YOLO("yolo12n.pt")
cap = cv2.VideoCapture("media/highway.mp4")
track_history = defaultdict(lambda: [])
```

上述程式碼載入 YOLO 模型後，開啟影片檔案 highway.mp4，並建立儲存追蹤記錄的 track_history 字典物件，其預設的 Lambda 函式是建立空串列。每一個 id 對應一個串列 (當 id 尚未存在，就呼叫 Lambda 函式建立對應的空串列)，此串列的元素即為物體中心點座標的歷史記錄。在下方的 while 迴圈讀取影格來進行 YOLO 物體追蹤，參數 classes=[2] 指定只追蹤 "car" 車輛，如下所示：

```
while cap.isOpened():
    success, frame = cap.read()
    if not success:
        break
    frame = imutils.resize(frame, width=640)
    results = model.track(frame, persist=True,
                          verbose=False, classes=[2])
    if results[0].boxes.id is None:
        continue
    boxes = results[0].boxes.xywh
    track_ids = results[0].boxes.id.int().tolist()
    annotated_frame = results[0].plot()
    for box, track_id in zip(boxes, track_ids):
```

上述 zip(boxes, track_ids) 函式將每一個 boxes 與對應位置的 id 配對打包成一個元組，以便 for 迴圈逐一處理每一個追蹤物體。在下方取出邊界框座標後，透過 id 取得該物體追蹤記錄的 track 串列（如果 id 尚未存在，則會自動建立一個空串列），如下所示：

```
        x, y, w, h = box
        track = track_history[track_id]
        track.append((float(x), float(y)))
        if len(track) > 90:
            track.pop(0)
```

上述 track 串列是透過 append() 方法新增中心點座標的追蹤記錄，if 條件只保留最後 90 個影格的追蹤記錄，如果超過，就呼叫 pop() 方法刪除最舊的記錄，所以 track 串列最多只會儲存 90 筆記錄。

在下方使用 OpenCV 繪出追蹤線，首先透過 np.hstack() 方法將 track 串列的座標點水平堆疊起來，即展開成一個單一陣列，接著轉換成 int32 整數型別，並呼叫 reshape() 方法重塑形狀成 (N, 1, 2)，就可呼叫 cv2.polylines() 方法畫出多條連續的直線，即物體追蹤線，如下所示：

```
            points = np.hstack(track).astype(np.int32).reshape((-1, 1, 2))
            cv2.polylines(annotated_frame, [points], isClosed=False,
                          color=(255, 255, 0), thickness=5)

        cv2.imshow("YOLO Object Tracking", annotated_frame)
        if cv2.waitKey(1) & 0xFF == ord("q"):
            break
print(track_history[2])
print(len(track_history[2]))
cap.release()
cv2.destroyAllWindows()
```

上述程式碼在最後使用 print() 函式顯示 id 為 2 的歷史追蹤記錄，其內容為至多 90 個影格的中心點座標，len() 函式則顯示記錄數。

學習評量

1. 請簡單說明什麼是深度學習和卷積神經網路 CNN？

2. 請問什麼是 Ultralytics 公司開發的 YOLO？其提供的功能為何？

3. 請問 YOLO 物體偵測可以使用哪兩種方法來取得偵測物體的資訊（即邊界框座標、分類和信心指數）？

4. 請問 YOLO 物體偵測和 YOLO 物體追蹤的差異在哪裡？

5. 請建立 Python 程式使用 YOLO 物體偵測來偵測物體，然後將所有偵測到的物體透過邊界框切割出來後，使用分類名稱加上流水編號作為檔名，一一儲存至「objects」子目錄。

6. 請參考第 7-5 節的 Python 程式範例，修改第 7-4 節的人數計算範例，建立 Python 程式以追蹤視訊中的 "person" 物體和繪出物體追蹤線。

Chapter 8 YOLO 電腦視覺應用：影像分類 / 分割與姿態評估

▷ 8-1　YOLO 影像分類

▷ 8-2　YOLO 影像分割

▷ 8-3　YOLO 姿態評估

▷ 8-4　YOLO 電腦視覺應用：影像分割的背景替換

▷ 8-5　YOLO 電腦視覺應用：辨識人體姿勢

8-1 YOLO 影像分類

影像分類（Image Classification）可讓電腦分析影像內容是屬於哪一類影像，更準確地說，是最有可能屬於哪一類影像。例如：提供一張無尾熊影像，影像分類技術能讓電腦分析，並告訴我們這是一隻無尾熊。

YOLO 影像分類的模型檔名稱在「-」後為 cls，在完稿前 Python 只支援到 11 版，所以，本節使用的模型檔是：yolo11n-cls.pt（n 是 Nano 模型，可自行更改成不同尺寸和複雜度的模型）。

使用 YOLO 影像分類：ch8-1.py

Python 程式的執行結果如果尚未下載 YOLO 模型，就會先自動下載 YOLO 影像分類模型。成功下載後，會在左上角顯示前 5 項最有可能的分類名稱和信心指數（可能性），如下圖所示：

Python 程式碼首先匯入 YOLO 類別和 OpenCV 套件，然後建立 YOLO 物件，其參數是 YOLO 模型的權重檔 yolo11n-cls.pt（可使用其他不同尺寸和版本模型的權重檔，例如：yolov8n-cls.pt），接著使用 OpenCV 開啟圖檔 cat.jpg，如下所示：

```
from ultralytics import YOLO
import cv2

model = YOLO("yolo11n-cls.pt")

image = cv2.imread("images/cat.jpg")
results = model(image)
annotated_image = results[0].plot()
```

上述程式碼使用 model 物件來分類參數的 image 影像，並回傳分類結果的 results 變數。results[0] 為第一張影像的分類結果（YOLO 允許使用串列傳入多張圖檔的影像），然後呼叫 plot() 方法，使用內建功能在影像上標示分類結果，即可在左上角顯示前 5 項最有可能的分類和信心指數。在下方使用 OpenCV 顯示影像分類結果的影像，如下所示：

```
cv2.imshow("Image Classification", annotated_image)
cv2.waitKey(0)
cv2.destroyAllWindows()
```

取得 YOLO 影像分類的結果：ch8-1a.py

Python 程式的執行結果首先顯示最有可能的分類，然後是前 5 項最有可能的分類和信心指數，如下所示：

```
最有可能的分類: Egyptian_cat, 信心指數: 0.33
前5個最有可能的分類和信心指數:
============================
1. Egyptian_cat: 0.33
2. tiger_cat: 0.32
3. tabby: 0.31
4. lynx: 0.02
5. Persian_cat: 0.00
```

接著，顯示自行使用 OpenCV 標示的分類結果，如下圖所示：

Python 程式碼在匯入相關類別和套件後，即可載入 YOLO 模型，如下所示：

```
from ultralytics import YOLO
import cv2

model = YOLO("yolo11n-cls.pt")

image = cv2.imread("images/cat.jpg")
results = model(image, verbose=False)
```

上述程式碼在開啟圖檔 cat.jpg 後，進行 YOLO 影像分類，並回傳分類結果 results。在下方使用 for 迴圈走訪每一張影像的分類結果 result，在取得 result.probs 機率資訊後，即可取出機率最高 top1 和前 5 高 top5 的分類索引，如下所示：

```
for result in results:
    probs = result.probs
    top1_idx = probs.top1
    top5_idx = probs.top5
    # 使用 .data
    top1_conf = float(probs.data[top1_idx])   # top-1 分類的信心指數
    top5_conf = [float(probs.data[idx])       # top-5 分類的信心指數
                 for idx in top5_idx]
```

上述程式碼是使用 probs.data 取得 top1 和 top5 的信心指數後,在下方取得分類名稱,前 5 項是一個串列。然後使用 print() 函式顯示最有可能的影像分類和信心指數,如下所示:

```
    top1_class = str(result.names[top1_idx])
    top5_classes = [str(result.names[idx]) for idx in top5_idx]

    print(f"最有可能的分類: {top1_class}, 信心指數: {top1_conf:.2f}")
    print("前5個最有可能的分類和信心指數:")
    print("===========================")
    for i, (cls, conf) in enumerate(zip(top5_classes, top5_conf)):
        label = f"{i+1}. {cls}: {conf:.2f}"
        print(label)
        cv2.putText(image, label, (10, 30 + i * 25),
                    cv2.FONT_HERSHEY_SIMPLEX, 0.6, (0, 255, 0), 2)
```

上述 for 迴圈可以顯示前 5 項最有可能的分類和信心指數,並且寫在影像的左上角。在下方顯示標示影像分類結果的影像,如下所示:

```
cv2.imshow("Image Classification", image)
cv2.waitKey(0)
cv2.destroyAllWindows()
```

8-2 YOLO 影像分割

　　影像分割（Image Segmentation）是電腦視覺領域的一種技術，可將數位影像分割成不同的像素群組，稱為影像區塊。這些區域即為描繪出影像偵測結果的物體外框區域，能夠簡化影像的表達形式，使影像更容易理解與分析，如下圖所示：

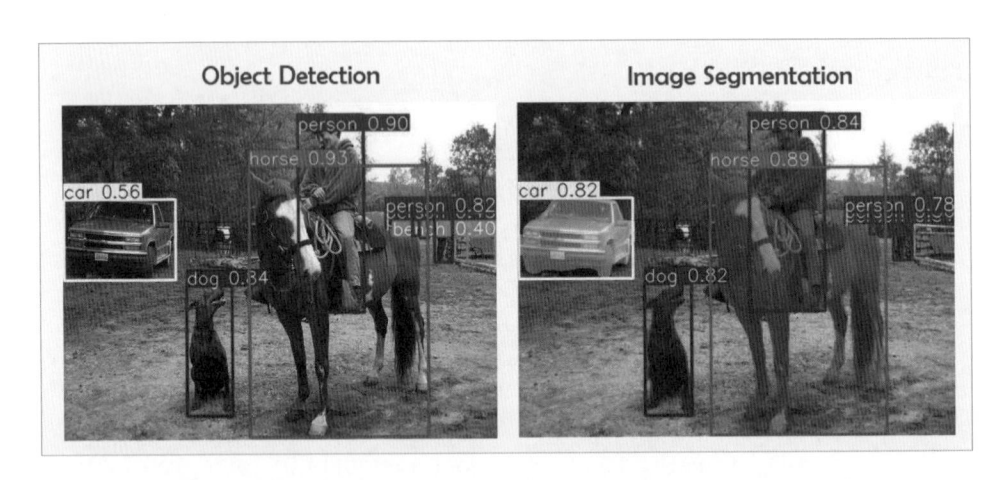

　　上述圖例的左圖是 YOLO 物體偵測，右圖是 YOLO 影像分割。影像分割的輸出是一組輪廓的遮罩，用於勾勒出物體的邊界，當電腦視覺應用不只需要識別出物體位置，還需要確認形狀時，就可以使用影像分割。

　　YOLO 影像分割的模型檔名稱在「-」後為 seg，在完稿前 Python 只支援到 11 版，所以，本節使用的模型檔是：yolo11n-seg.pt（n 是 Nano 模型，可自行更改成不同尺寸和複雜度的模型）。

8-2-1 使用 YOLO 影像分割

YOLO 影像分割是擴充第 7 章的 YOLO 物體偵測，當在影像中偵測出物體時，還可以再輸出一組輪廓遮罩，用來勾勒出偵測到物體的邊界外框。

使用 YOLO 影像分割：ch8-2-1.py

Python 程式的執行結果如果尚未下載 YOLO 模型，就會先自動下載 YOLO 影像分割模型。成功下載後，會看到偵測出 2 個人和一隻狗，並且使用遮罩勾勒出偵測物體的邊界外框，這就是影像分割，如下圖所示：

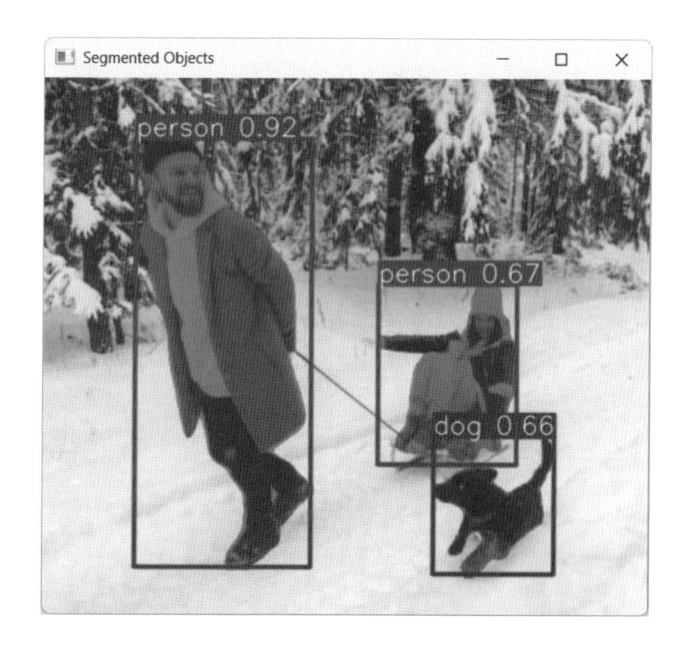

Python 程式碼首先匯入 YOLO 類別和 OpenCV 套件，然後建立 YOLO 物件，其參數是 YOLO 模型的權重檔 yolo11n-seg.pt（可使用其他不同尺寸和版本模型的權重檔，例如：yolov8n-seg.pt），如下所示：

```
from ultralytics import YOLO
import cv2

model = YOLO("yolo11n-seg.pt")

results = model("images/dog_person.jpg")
annotated_image = results[0].plot()
```

上述程式碼使用 model 物件來偵測參數的圖檔，並回傳偵測結果至 results 變數。results[0] 為第 1 張影像的分割結果（YOLO 允許使用串列傳入多張圖檔的影像）。在第 1 張影像是呼叫 plot() 方法在影像上繪製輪廓遮罩的影像分割，並回傳 annotated_image 變數的影像。在下方使用 OpenCV 顯示影像分割結果的影像，如下所示：

```
cv2.imshow("Segmented Objects", annotated_image)
cv2.waitKey(0)
cv2.destroyAllWindows()
```

繪出物體的多邊形輪廓線：ch8-2-1a.py

Python 程式的執行結果可繪出影像分割的外框線，會看到 2 個人和 1 隻狗分別使用不同色彩來繪出物體的輪廓線，如右圖所示：

Python 程式碼首先匯入所需的類別和套件，random 模組是用來產生隨機的輪廓線色彩，並指定亂數種子 11，如下所示：

```
from ultralytics import YOLO
import random
import cv2
import numpy as np

random.seed(11)
model = YOLO("yolo11n-seg.pt")
img = cv2.imread("images/dog_person.jpg")
yolo_classes = list(model.names.values())
classes_ids = [yolo_classes.index(clas) for clas in yolo_classes]
```

上述程式碼取出 YOLO 物體分類的字典後，呼叫 values() 方法取出分類名稱，並使用 list() 轉換成 yolo_classes 串列。接著建立 classes_ids 串列，其內容是每一種分類在 yolo_classes 串列的索引值（位置），以便於之後使用分類索引來取得亂數產生的色彩。在下方改用 model.predict() 方法執行 YOLO 影像分割，如下所示：

```
results = model.predict(img)
colors = [random.choices(range(256), k=3) for _ in classes_ids]
```

上述程式碼使用串列推導式建立 colors 串列，替每一種分類隨機選擇出一組 RGB 色彩（3 個 0~255 的數字）。在下方使用 results[0] 取得第一張影像的偵測結果 result，如下所示：

```
result = results[0]
for mask, box in zip(result.masks.xy, result.boxes):
    points = np.int32([mask])
    color_number = classes_ids.index(int(box.cls[0]))
    cv2.polylines(img, points, isClosed=True,
                  color=colors[color_number], thickness=2)
```

上述程式碼使用 zip() 函式打包 result.masks.xy（物體分割的遮罩座標）和 result.boxes（物體的邊界框座標），就能走訪 mask 遮罩和 box 邊界框座標。在使用 np.int32() 方法轉換成 NumPy 整數陣列後，取得亂數的色彩，即可呼叫 cv2.polylines() 方法在 img 影像上繪製多邊形外框的輪廓線，其色彩是 colors[color_number]，線條寬度是 2。

在下方使用 OpenCV 顯示使用不同色彩繪出的物體輪廓線，如下所示：

```
cv2.imshow("Segmented Objects", img)
cv2.waitKey(0)
cv2.destroyAllWindows()
```

填滿物體的輪廓：ch8-2-1b.py

Python 程式的執行結果是填滿影像分割的物體輪廓，每一種分類是使用隨機色彩來填滿物體的輪廓，如下圖所示：

Python 程式碼和 ch8-2-1a.py 幾乎相同，只是將 cv2.polylines() 方法改為 fillPoly() 方法來繪出填滿的多邊形，如下所示：

```
cv2.fillPoly(img, points, colors[color_number])
```

8-2-2 剪裁出分割影像

基本上，YOLO 影像分割能同時找出偵測到物體的邊界框和外觀輪廓。也就是說，我們可以使用邊界框剪裁出物體的分割影像，也可以使用物體輪廓來替影像去背。

剪裁出偵測物體的邊界框影像：ch8-2-2.py

Python 程式的執行結果共偵測出 2 隻狗的影像分割，可以看到標示的邊界框與其上方顯示的信心指數，如下圖所示：

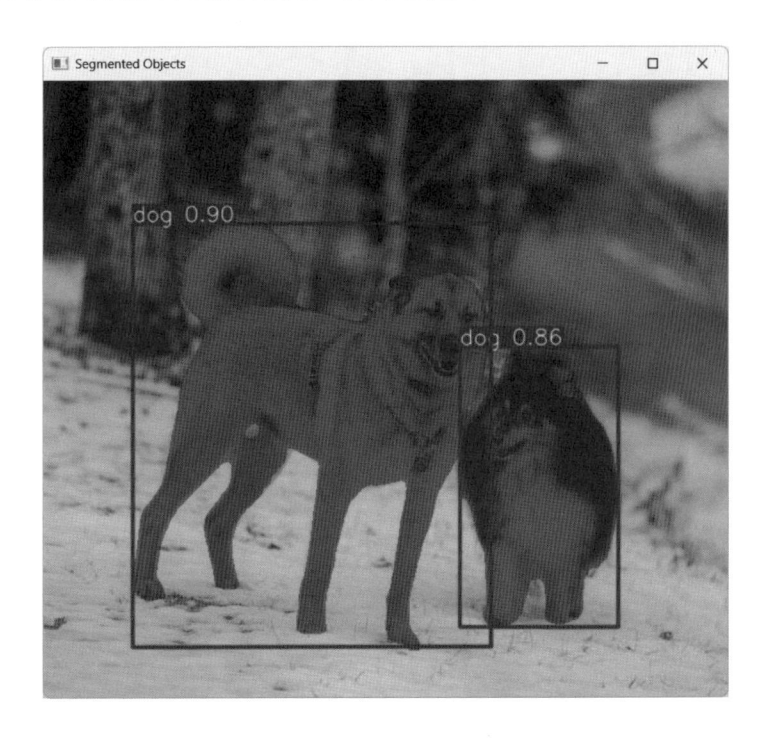

然後，我們就能取出邊界框座標，將每一個物體的影像剪裁出來。在「output」子目錄可以看到這 2 個物體的圖檔，如下圖所示：

Python 程式碼首先匯入相關類別和套件，os 模組是用來確保輸出的「output」目錄存在。接著執行 dogs.jpg 的 YOLO 影像分割，如下所示：

```
from ultralytics import YOLO
import cv2
import os

output_path = "output"
os.makedirs(output_path, exist_ok=True)
model = YOLO("yolo11n-seg.pt")

image_path = "images/dogs.jpg"
results = model(image_path)
annotated_image = results[0].plot()
cv2.imshow("Segmented Objects", annotated_image)

result = results[0]
img = cv2.imread(image_path)
for idx,box in enumerate(result.boxes.xyxy):
    x1,y1,x2,y2 = box.numpy().astype(int)
    cv2.imwrite(f"{output_path}/image{idx}.png",
                img[y1:y2,x1:x2,:])
```

上述程式碼取得第 1 張影像的偵測結果 result 後，即可取出 result. boxes.xyxy 的邊界框座標，並在轉換成整數座標後，呼叫 cv2.imwrite() 方法儲存成 PNG 圖檔。這是使用切割運算子 img[y1:y2, x1:x2, :] 來剪裁影像，只保留該物體的邊界框區域，換句話說，就是將切割出的影像儲存成圖檔。

```
cv2.waitKey(0)
cv2.destroyAllWindows()
```

剪裁成去背的分割影像檔：ch8-2-2a.py

Python 程式是擴充 ch8-2-2.py，能夠剪裁成去背的分割影像。其執行結果可以在「output2」子目錄看到 2 張去背的圖檔，如下圖所示：

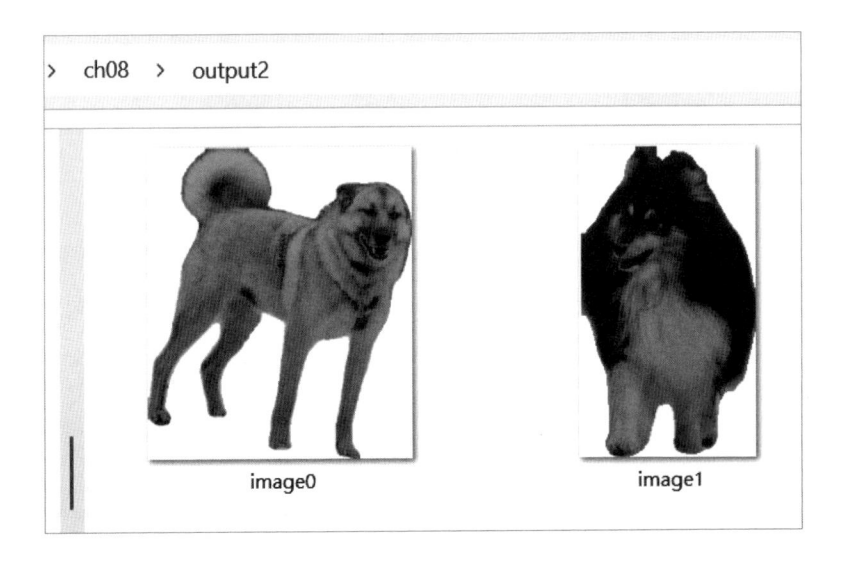

Python 程式碼在取得第一張影像的偵測結果 result 後，使用 enumerate() 函式走訪 result.masks.xy。這是每一個偵測到物體的遮罩輪廓座標，idx 是索引，polygon 是該物體的多邊形座標，如下所示：

```
result = results[0]
for idx,polygon in enumerate(result.masks.xy):
    polygon = polygon.astype(np.int32)
    img = cv2.imread(image_path)
    img = cv2.cvtColor(img,cv2.COLOR_BGR2BGRA)
    mask = np.zeros_like(img,dtype=np.int32)
```

上述程式碼使用 astype() 方法將 polygon 座標轉換成整數後,開啟圖檔 img,並將影像從 BGR 格式轉換成 BGRA 格式,即增加 Alpha 通道的透明度,然後建立與 img 影像同尺寸且全為 0 的 mask 陣列。

在下方使用 cv2.fillPoly() 方法在 mask 影像填充 polygon 多邊形,填滿色彩是白色 (255, 255, 255),然後取得該物體的邊界框座標 (x1, y1, x2, y2),如下所示:

```
cv2.fillPoly(mask,[polygon],color=(255, 255, 255))
x1,y1,x2,y2 = result.boxes.xyxy[idx].numpy().astype(int)
img = cv2.bitwise_and(img, img, mask=mask[:,:,0].astype('uint8'))
cv2.imwrite(f"{output_path}/image{idx}.png", img[y1:y2,x1:x2,:])
```

上述程式碼是使用 cv2.bitwise_and() 方法將影像和自己執行位元運算,並且套用 mask 遮罩,如此可以確保僅保留目標物體的區域。接著呼叫 cv2.imwrite() 方法儲存成 PNG 圖檔,這是使用切割運算子 img[y1:y2, x1:x2, :] 來剪裁影像,只保留該物體邊界框內的區域。

8-3 YOLO 姿態評估

YOLO 姿態評估可以偵測影像中的所有人體骨架 (MediaPipe Pose 主要是針對單人的姿態評估),並使用 17 個關鍵點 (索引 0~16) 來標示出人體骨架,其說明如下圖所示:

Index	Key point
0	Nose
1	Left-eye
2	Right-eye
3	Left-ear
4	Right-ear
5	Left-shoulder
6	Right-shoulder
7	Left-elbow
8	Right-elbow
9	Left-wrist
10	Right-wrist
11	Left-hip
12	Right-hip
13	Left-knee
14	Right-knee
15	Left-ankle
16	Right-ankle

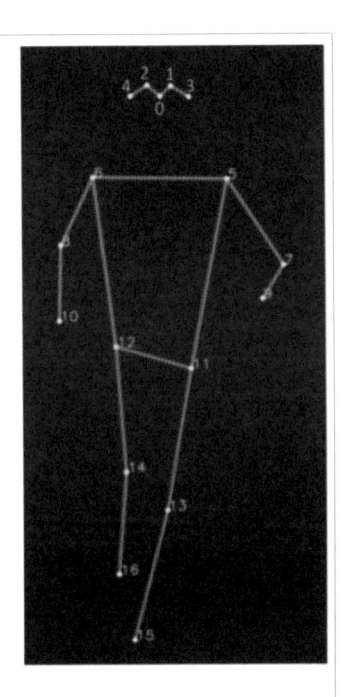

source : https://learnopencv.com/wp-content/uploads/2021/05/fix-overlay-issue.jpg

　　YOLO 姿態評估的模型檔名稱在「-」後為 pose，在完稿前 Python 只支援到 11 版，所以，本節使用的模型檔是：yolo11m-pose.pt（因為 Nano 效果不佳，所以改用 m（Medium）模型，可自行更改成不同尺寸和複雜度的模型）。

使用 YOLO 姿態評估：ch8-3.py

　　Python 程式的執行結果如果尚未下載 YOLO 模型，就會先自動下載 YOLO 姿態評估模型。成功下載後，可以看到 YOLO 物體偵測結果是 "person"，同時繪出物體的邊界框和 17 個關鍵點的人體骨架，如下圖所示：

8-15

Python 程式碼首先匯入 YOLO 類別和 OpenCV 套件，然後建立 YOLO 物件，其參數是 YOLO 模型的權重檔 yolo11m-pose.pt（可使用其他不同尺寸和版本模型的權重檔，例如：yolov8m-seg.pt），如下所示：

```
from ultralytics import YOLO
import cv2

model = YOLO("yolo11m-pose.pt")

image_path = "images/pose.jpg"
results = model(image_path)
annotated_image = results[0].plot()
```

上述程式碼指定圖檔路徑後，使用 model 物件來執行參數圖檔的姿態評估，並回傳評估結果 results。results[0] 是第一張影像的姿態評估結果（YOLO 允許使用串列傳入多張圖檔的影像），然後呼叫 plot() 方法在影像上標示 17 個關鍵點的人體骨架後，在下方使用 OpenCV 顯示姿態評估結果的影像，如下所示：

```
cv2.imshow("Pose Estimation", annotated_image)
cv2.waitKey(0)
cv2.destroyAllWindows()
```

視訊版的 YOLO 姿態評估：ch8-3a.py

　　Python 程式是偵測影格中所有 "person" 物體的姿態評估，可以看到播放視訊時顯示的所有人體骨架，如下圖所示：

　　Python 程式碼在匯入相關類別和套件後，載入 YOLO 模型，然後使用 VideoCapture 開啟影片檔 demo.mp4，如下圖所示：

```
from ultralytics import YOLO
import cv2
import imutils
```

```
model = YOLO("yolo11m-pose.pt")

cap = cv2.VideoCapture("media/demo.mp4")
while True:
    success, frame = cap.read()
    if not success:
        break
    frame = imutils.resize(frame, width=640)
    results = model(frame)
    annotated_image = results[0].plot()
```

上述程式碼讀取每一個影格後，調整尺寸，即可進行 YOLO 姿態評估並繪出 17 個關鍵點的人體骨架。在下方使用 OpenCV 顯示姿態評估結果的影格，如下所示：

```
    cv2.imshow("Pose Estimation", annotated_image)
    if cv2.waitKey(1) & 0xFF == ord('q'):
        break

cap.release()
cv2.destroyAllWindows()
```

取出偵測結果的關鍵點座標：ch8-3b.py

Python 程式的執行結果首先顯示 "person" 物體的偵測結果，然後是人體骨架的 17 個關鍵點座標，如右所示：

```
分類索引: 0
分類名稱: person
邊界框座標: [4, 18, 529, 533]
可能性: 92.75 %
================================
0: (416, 95)
1: (0, 0)
2: (411, 85)
3: (0, 0)
4: (387, 76)
5: (367, 128)
6: (352, 93)
7: (425, 158)
8: (236, 88)
9: (483, 143)
10: (170, 64)
11: (239, 252)
12: (269, 230)
13: (167, 363)
14: (369, 320)
15: (48, 482)
16: (310, 445)
```

Python 程式碼在取得圖檔 pose.jpg 的姿態評估結果後，使用 results[0] 取得第 1 張影像結果的 result 變數，就可取得 result.boxes 的邊界框座標和 result.keypoints 的關鍵點座標，如下所示：

```python
result = results[0]
boxes = result.boxes
keypoints = result.keypoints
for box, keypoint in zip(boxes, keypoints):
    cords = box.xyxy[0].tolist()
    cords = [round(x) for x in cords]
    class_id = int(box.cls[0].item())
    conf = box.conf[0].item()
    conf = round(conf*100, 2)
    print("分類索引:", class_id)
    print("分類名稱:", model.names[class_id])
    print("邊界框座標:", cords)
    print("可能性:", conf, "%")
```

上述 for 迴圈使用 zip() 函式打包影像中所有邊界框座標和關鍵點座標，即可走訪每一個人體姿態評估的結果，這部分與 YOLO 物體偵測相同。在下方使用 data.tolist() 方法，將關鍵點座標轉換成串列後，使用 for 迴圈一一顯示這些關鍵點座標，如下所示：

```python
    print("=============================")
    list_p = keypoint.data.tolist()
    for i, point in enumerate(list_p[0]):
        x = int(point[0])
        y = int(point[1])
        print(f"{i}: ({x}, {y})")
```

上述 for 迴圈是使用 enumerate() 函式來取得索引，在從串列取出 x 和 y 座標後，顯示指定索引值的關鍵點座標。

使用 OpenCV 繪出人體骨架：ch8-3c.py

Python 程式的執行結果可以看到我們自行使用 OpenCV 繪出的人體骨架，如下圖所示：

Python 程式碼是建立多個函式來繪出連接人體骨架的 17 個關鍵點。首先匯入相關類別和套件，然後載入 YOLO 模型並讀取 pose.jpg 圖檔，即可執行 YOLO 姿態評估，如下所示：

```
from ultralytics import YOLO
import cv2
import numpy as np

model = YOLO("yolo11m-pose.pt")
```

```
image = cv2.imread("images/pose.jpg")
results = model(image)

def draw_head(img, list_p):
    list_p = list_p[0]
    for p in list_p[:5]:
        if p[0]!=0 and p[1]!=0:
            cv2.circle(img, (int(p[0]), int(p[1])), 8, (0,255,0),-1)
    return img
```

上述 draw_head() 函式是使用小圓點來繪出頭部的 5 個關鍵點 (索引 0~4)。在下方的 draw_body() 函式是繪出身體的關鍵點 5、6、11 和 12，首先繪出圓形的關鍵點，然後將 4 個關鍵點連接成身體部分，如下所示：

```
def draw_body(img, list_p):
    list_p = list_p[0]
    points = []
    for p in [list_p[5], list_p[6], list_p[12],list_p[11]]:
        cv2.circle(img, (int(p[0]), int(p[1])), 12, (0,255,0),-1)
        point = (int(p[0]), int(p[1]))
        points.append(point)

    points = np.array(points)
    points = points.reshape((-1, 1, 2))
    isClosed = True
    color = (0, 0, 255)
    thickness = 3
    img = cv2.polylines(img, [points], isClosed, color, thickness)
    return img

def draw_upper(img, list_p):
    list_p = list_p[0]
    # upper left
    for i, p in enumerate([list_p[5], list_p[7], list_p[9]]):
        cv2.circle(img, (int(p[0]), int(p[1])), 8, (0,255,0),-1)
    lines = [(5,7), (7,9)]
    for n in lines:
        start = (int(list_p[n[0]][0]), int(list_p[n[0]][1]))
        end = (int(list_p[n[1]][0]), int(list_p[n[1]][1]))
        cv2.line(img, start, end, (0,0,255), 3)
```

```python
    # upper right
    for i, p in enumerate([list_p[6], list_p[8], list_p[10]]):
        cv2.circle(img, (int(p[0]), int(p[1])), 8, (0,255,0),-1)
    lines = [(6,8), (8,10)]
    for n in lines:
        start = (int(list_p[n[0]][0]), int(list_p[n[0]][1]))
        end = (int(list_p[n[1]][0]), int(list_p[n[1]][1]))
        cv2.line(img, start, end, (0,0,255), 3)
    return img
```

上述 draw_upper() 函式是繪出上半身的左臂和右臂，即關鍵點 5、7 和 9 的左臂，與 6、8 和 10 的右臂。在下方的 draw_lower() 函式是繪出下半身的左腳和右腳，即關鍵點 11、13 和 15 的左腳，與 12、14 和 16 的右腳，如下所示：

```python
def draw_lower(img, list_p):
    list_p = list_p[0]
    # lower left
    for i, p in enumerate([list_p[11], list_p[13], list_p[15]]):
        cv2.circle(img, (int(p[0]), int(p[1])), 8, (0,255,0),-1)
    lines = [(11,13), (13,15)]
    for n in lines:
        start = (int(list_p[n[0]][0]), int(list_p[n[0]][1]))
        end = (int(list_p[n[1]][0]), int(list_p[n[1]][1]))
        cv2.line(img, start, end, (0,0,255), 3)
    # lower right
    for i, p in enumerate([list_p[12], list_p[14], list_p[16]]):
        cv2.circle(img, (int(p[0]), int(p[1])), 8, (0,255,0),-1)
    lines = [(12,14), (14,16)]
    for n in lines:
        start = (int(list_p[n[0]][0]), int(list_p[n[0]][1]))
        end = (int(list_p[n[1]][0]), int(list_p[n[1]][1]))
        cv2.line(img, start, end, (0,0,255), 3)
    return img
```

上述 4 個函式就是使用 OpenCV 繪出 17 個關鍵點的人體骨架。在下方取得第 1 張影像結果的 result 變數後，即可取得 result.keypoints 的關鍵點座標，如下所示：

```
result = results[0]
keypoints = result.keypoints
for keypoint in keypoints:
    list_p = keypoint.data.tolist()
    draw_head(image, list_p)
    draw_body(image, list_p)
    draw_upper(image, list_p)
    draw_lower(image, list_p)
```

上述 for 迴圈走訪每一個偵測出人體姿態評估的關鍵點座標，在使用 data.tolist() 方法將關鍵點座標轉換成串列後，呼叫上述 4 個函式來繪出人體骨架。在下方使用 OpenCV 顯示姿態評估結果的影像，如下所示：

```
cv2.imshow("Pose Estimation", image)
cv2.waitKey(0)
cv2.destroyAllWindows()
```

8-4 YOLO 電腦視覺應用：影像分割的背景替換

YOLO 影像分割最常見的應用為背景替換。由於第 4~5 章的 MediaPipe / CVZone 除了支援人臉偵測和姿態評估外，也同樣支援第 8-2 節的影像分割（稱為 Selfie Segmentation），因此，這一節我們準備分別使用 YOLO 和 CVZone 的 SelfiSegmentationModule 模組來執行背景替換。

YOLO 影像分割的背景替換：ch8-4.py

　　Python 程式是使用 YOLO 影像分割來替換掉貓咪影像的背景，其執行結果如下圖所示：

　　Python 程式碼首先匯入所需的類別和套件，在載入 YOLO 模型後，依序讀取 cat.jpg 的貓咪圖檔和 background.jpg 的背景圖檔。也就是說，我們準備使用背景圖檔來替換掉貓咪圖檔的背景，如下所示：

```
from ultralytics import YOLO
import cv2
import numpy as np

model = YOLO("yolo11n-seg.pt")

image_path = "images/cat.jpg"
background_path = "images/background.jpg"
image = cv2.imread(image_path)
```

```
background = cv2.imread(background_path)
background = cv2.resize(background, (image.shape[1],
                                     image.shape[0]))
results = model(image)
```

上述程式碼在讀取圖檔後，呼叫 cv2.resize() 方法使背景影像和貓咪影像的尺寸一致，就能執行影像分割，偵測出貓咪物體輪廓的遮罩。在下方取得分割遮罩的多邊形並轉換成整數後，使用 np.zero() 方法建立無符號 8 位元整數且符合原始影像尺寸的遮罩，即可使用 cv2.fillPoly() 方法在 mask 影像填充 polygon 多邊形，填滿色彩為白色 (255, 255, 255)，如下所示：

```
polygon = results[0].masks.xy[0]
polygon = polygon.astype(np.int32)
mask = np.zeros(image.shape[:2], dtype=np.uint8)
cv2.fillPoly(mask, [polygon], color=(255))
mask = (mask > 0.5).astype(np.uint8)
inverse_mask = 1 - mask
```

上述程式碼依序建立遮罩與反遮罩，首先將 mask 轉換為二值遮罩，即所有像素值大於 0.5 設為 1，否則為 0。然後建立 inverse_mask（反遮罩），這是將 mask 的 1 變成 0，0 變成 1，即 mask 的相反區域。

在下方使用遮罩來更新影像的背景，這是使用 OpenCV 的 bitwise_and() 方法，將 image 與自身做位元運算，並且使用 mask 作為遮罩，如此就可保留 mask 為 1 的區域，將 image 前景的貓咪部分提取出來。然後再次呼叫 bitwise_and() 方法，將 background 與自身做位元運算，這次是改用 inverse_mask 作為遮罩，可以保留 inverse_mask 為 1 的區域，也就是保留貓咪之外的背景影像，如下所示：

```
foreground = cv2.bitwise_and(image, image, mask=mask)
background = cv2.bitwise_and(background, background,
                             mask=inverse_mask)
result = cv2.add(foreground, background)
```

上述程式碼使用 cv2.add() 方法,將 foreground 前景影像與 background 背景影像相加,即可合併成貓咪加上新背景的影像 result。在下方顯示出替換背景的貓咪影像,如下所示:

```
cv2.imshow("Result", result)
cv2.waitKey(0)
cv2.destroyAllWindows()
```

CVZone 影像分割的背景替換:ch8-4a.py

Python 程式改用 CVZone 的影像分割來替換掉小狗影像的背景 (此程式需要使用 mp 虛擬環境來執行),其執行結果如下圖所示:

Python 程式碼首先從 CVZone 的 SelfiSegmentationModule 模組匯入 SelfiSegmentation 類別，並在匯入 OpenCV 套件後，建立 SelfiSegmentation 物件，如下所示：

```
from cvzone.SelfiSegmentationModule import SelfiSegmentation
import cv2

segmentor = SelfiSegmentation()

image_path = "images/dog.jpg"
background_path = "images/background.jpg"
image = cv2.imread(image_path)
background = cv2.imread(background_path)
# 確保背景影像和原始影像大小一致
background = cv2.resize(background, (image.shape[1],
                                    image.shape[0]))
```

上述程式碼讀取 2 個圖檔後，呼叫 cv2.resize() 方法使背景影像和小狗影像的尺寸一致，就可以執行影像分割的背景替換，使用的是 removeBG() 方法，如下所示：

```
segmented_img = segmentor.removeBG(image, background,
                                   cutThreshold=0.1)
```

上述方法一併執行影像分割與背景替換，其 image 參數是小狗影像，background 是背景影像，參數 cutThreshold 是分割敏感度，回傳的是已替換背景的影像。在下方顯示出替換背景的小狗影像，如下所示：

```
cv2.imshow("Result", segmented_img)
cv2.waitKey(0)
cv2.destroyAllWindows()
```

8-5 YOLO 電腦視覺應用：辨識人體姿勢

如同第 5-4 節的 MediaPipe × CVZone 3D 人體姿態評估，我們準備改寫第 5-5 節的範例，改用 YOLO 姿態評估來辨識人體姿勢，其對應的關鍵點是 5、11 和 13。

Python 程式：ch8-5.py 在讀取**仰臥**影像 site_up.jpg（這是 YouTube 視訊的截圖）後，計算出腰部角度是 125（這是 2D 角度），其執行結果如下圖所示：

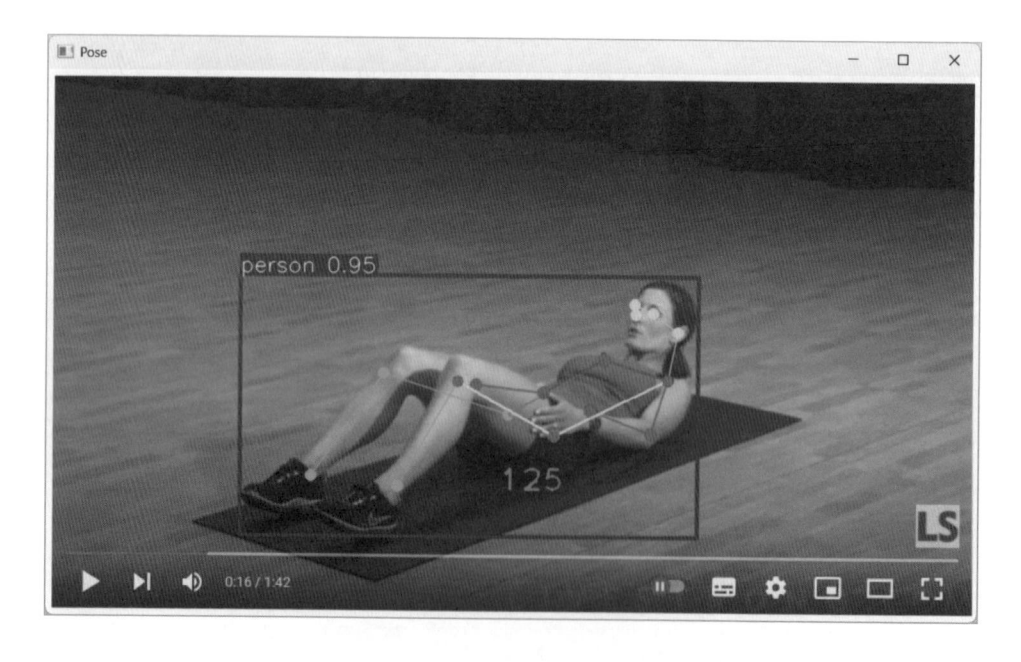

Python 程式碼首先匯入 YOLO 類別和 OpenCV 套件，再匯入 math 模組來計算關鍵點的角度，這是修改 CVZone 計算角度方法所改寫的 calculate_angle() 函式，如下所示：

```
from ultralytics import YOLO
import cv2
```

```python
import math

def calculate_angle(img, p1, p2, p3, draw=True):
    x1, y1 = p1
    x2, y2 = p2
    x3, y3 = p3
    angle = math.degrees(math.atan2(y3 - y2, x3 - x2) -
                         math.atan2(y1 - y2, x1 - x2))
    if angle < 0:
        angle = -angle
    if draw:
        cv2.line(img, p1, p2, (0, 255, 0), 2)
        cv2.line(img, p2, p3, (0, 255, 0), 2)
        cv2.circle(img, p1, 5, (0, 0, 255), cv2.FILLED)
        cv2.circle(img, p2, 5, (0, 0, 255), cv2.FILLED)
        cv2.circle(img, p3, 5, (0, 0, 255), cv2.FILLED)
        cv2.putText(img, str(int(angle)), (x2 - 50, y2 + 50),
                    cv2.FONT_HERSHEY_PLAIN, 2, (255, 0, 255), 2)

    return angle, img
```

上述函式使用 math.degrees() 方法計算傳入 3 個點座標的夾角後，繪出 3 個點和之間的連接線，並且寫上角度值。在下方載入 YOLO 模型後，使用 OpenCV 開啟圖檔 site_up.jpg，如下所示：

```python
model = YOLO("yolo11m-pose.pt")

img = cv2.imread("images/site_up.jpg")
results = model(img)
img = results[0].plot()
result = results[0]
keypoints = result.keypoints[0].data.tolist()[0]
```

上述程式碼執行 YOLO 姿態評估後，使用 plot() 方法繪出關鍵點的人體骨架，即可取出第 1 張影像的偵測結果，與第 1 個人體骨架的關鍵點座標。在下方使用 if 條件判斷是否找到關鍵點，如果有，就取出關鍵點 5、11 和 13 的座標，如下所示：

```
if keypoints is not None:
    p5 = (int(keypoints[5][0]), int(keypoints[5][1]))
    p11 = (int(keypoints[11][0]), int(keypoints[11][1]))
    p13 = (int(keypoints[13][0]), int(keypoints[13][1]))
    print(p5, p11, p13)
    angle, img = calculate_angle(img, p5, p11, p13)
    print("Angle:", int(angle))
```

上述程式碼呼叫 calculate_angle() 函式來計算並標示角度。在下方顯示姿態評估結果的影像與計算出的角度，如下所示：

```
cv2.imshow("Pose", img)
cv2.waitKey(0)
cv2.destroyAllWindows()
```

學習評量

1. 請簡單說明影像分割。再說明影像分割和影像分類的差異為何？YOLO 姿態評估偵測的關鍵點有 ＿＿＿＿＿ 個。

2. YOLO 專案是採用 Nano 尺寸的模型，請問 YOLO11 版影像分類模型檔名稱是 ＿＿＿＿＿＿＿＿＿；YOLO11 版影像分割模型檔名稱是 ＿＿＿＿＿＿＿＿＿。

3. YOLO 姿態評估的模型因為 Nano 效果不佳，所以改用 Medium 模型，請問 YOLO11 版姿態評估模型檔名稱是 ＿＿＿＿＿＿＿＿＿；YOLOv8 版的檔名是 ＿＿＿＿＿＿＿＿＿。

4. 請整合第 8-1 節的 Python 程式和 Webcam，以建立 YOLO 即時影像分類，並在視訊的影格中顯示影像分類的結果。

5. 在第 8-2-2 節的 Python 程式是剪裁出邊界框尺寸的物體，請在邊界框加上四周的填充，以剪裁出較大尺寸的圖檔。

6. 請擴充第 8-4 節的 Python 程式範例，以置換多個物體的背景影像。

Chapter 9 訓練你自己的 YOLO 物體偵測模型

▷ 9-1　安裝 GPU 版的 YOLO

▷ 9-2　取得訓練 YOLO 模型所需的圖檔資料

▷ 9-3　使用 LabelImg 標註影像建立資料集

▷ 9-4　整理與瀏覽 Roboflow 取得的資料集

▷ 9-5　建立 YAML 檔訓練與驗證你的 YOLO 模型

9-1 安裝 GPU 版的 YOLO

YOLO（You Only Look Once）是一種即時物體偵測演算法，因其快速且準確的偵測效果而廣受歡迎，可以幫助我們實作高效率且快速的物體偵測、影像分類 / 分割和姿態評估等電腦視覺應用。

在 Python 虛擬環境安裝 YOLO 即安裝 ultralytics 套件，共有二種情況，如下所示：

- **電腦沒有安裝支援 CUDA 的 GPU 獨立顯示卡**：預設安裝的 ultralytics 套件是安裝 CPU 版的 PyTorch 套件（沒有安裝 CUDA 函式庫），詳見第 7-1-2 節。

- **電腦有安裝支援 CUDA 的 GPU 獨立顯示卡**：請先安裝 PyTorch 的 GPU 版本（安裝 CUDA 函式庫）後，再安裝 ultralytics 套件。

> **Tips 請注意！** 本章內容也可以使用第 7~8 章 CPU 版的 YOLO，只是訓練 YOLO 模型需花費的時間較多，如果使用 GPU 版的 YOLO 就可以省下大量的訓練時間。

在電腦安裝 GPU 版的 YOLO，其步驟如下所示：

Step 1 請從 NVIDIA 官網下載並安裝最新版 GPU 獨立顯示卡的驅動程式，其 URL 網址如下所示：

```
https://www.nvidia.com/zh-tw/geforce/drivers/
```

Step 2 安裝支援 GPU 的 PyTorch，我們可以從 PyTorch 官網取得 pip 的安裝命令，其 URL 網址如下所示：

```
https://pytorch.org/get-started/locally/
```

Step 3 請在 PyTorch 官方網頁選擇穩定版本，然後依序選擇作業系統（Your OS）、套件管理工具（Package）、程式語言（Language）和 CUDA 平台（Compute Platform）。以此例是選 Windows、Pip、Python 和 CUDA 11.8，即可在下方看到安裝 PyTorch 的命令，如下圖所示：

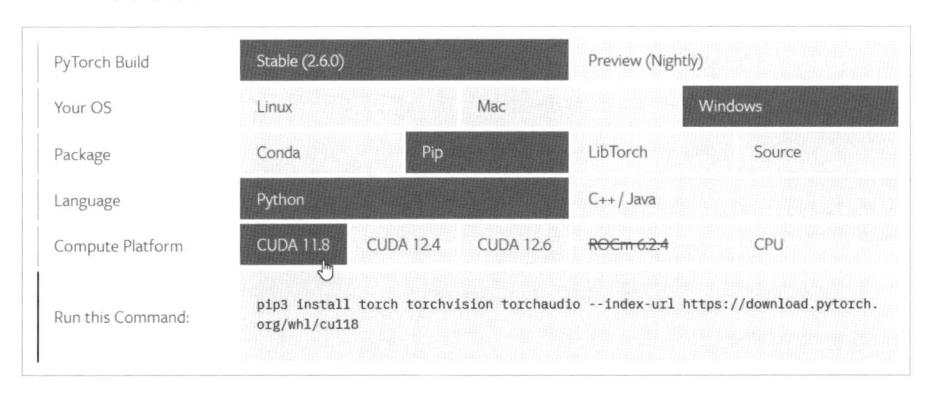

PyTorch Build	Stable (2.6.0)			Preview (Nightly)	
Your OS	Linux		Mac		Windows
Package	Conda	Pip		LibTorch	Source
Language	Python			C++ / Java	
Compute Platform	CUDA 11.8	CUDA 12.4	CUDA 12.6	ROCm 6.2.4	CPU
Run this Command:	pip3 install torch torchvision torchaudio --index-url https://download.pytorch.org/whl/cu118				

Step 4 現在，我們就能在 Python 虛擬環境 yolo_gpu，使用 **Step 3** 複製的命令來安裝 PyTorch，如下所示：

```
pip3 install torch torchvision torchaudio --index-url https://download.
pytorch.org/whl/cu118  Enter
```

請注意！為了和第 10 章 Streamlit 版本相容，在本書是安裝 2.4.1 版的 torch 和 torchaudio，0.19.1 版的 torchvision，其命令如下所示：

```
pip3 install torch==2.4.1 torchvision==0.19.1 torchaudio==2.4.1 --index-url
https://download.pytorch.org/whl/cu118  Enter
```

Step 5 在成功安裝支援 GPU 的 PyTorch 後，就可在 Python 虛擬環境 yolo_gpu 安裝 ultralytics 套件，或執行 pip install -U ultralytics 命令更新現有已安裝的 ultralytics 套件，如下所示：

```
pip install ultralytics==8.3.85  Enter
```

9-2 取得訓練 YOLO 模型所需的圖檔資料

基本上，訓練 YOLO 物體偵測模型的第一步就是取得訓練模型所需的圖檔資料。我們可以從網路或 GitHub 搜尋取得訓練資料的圖檔，或是從一些提供現成資料集的網站來取得，例如：Roboflow Universal，也可自行從影片檔分割出影格來產生訓練所需的圖檔資料。

9-2-1 從 Roboflow 下載訓練 YOLO 模型的資料集

Roboflow 是一個網路平台，提供完整的模型建構、訓練與部署功能，可以幫助我們管理資料集、標註影像、訓練模型和部署模型。Roboflow Universal 是 Roboflow 提供的服務，這是開放原始碼的資料集，收錄超過 3.5 億張圖檔和 50 萬個資料集，其 URL 網址如下所示：

https://universe.roboflow.com/

我們準備在 Roboflow Universal 搜尋和下載 hamster recognition 資料集來訓練偵測倉鼠的 YOLO 物體偵測模型，其步驟如下所示：

Step 1 請啟動瀏覽器進入 Roboflow Universe 網頁後，輸入 **hamster recognition**，按游標所在圖示來搜尋資料集。

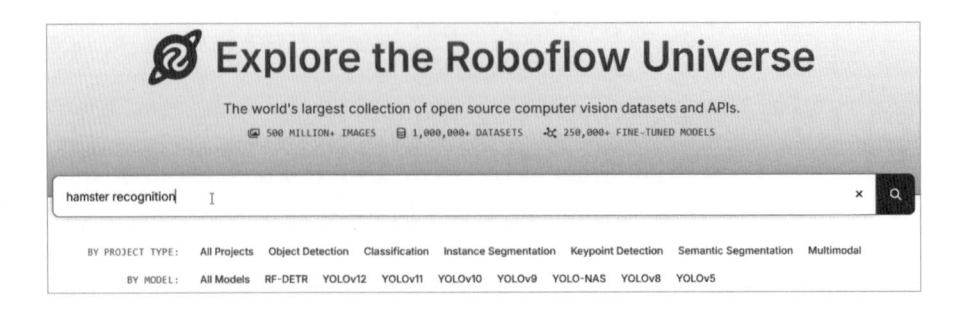

Explore the Roboflow Universe

The world's largest collection of open source computer vision datasets and APIs.

500 MILLION+ IMAGES　1,000,000+ DATASETS　250,000+ FINE-TUNED MODELS

hamster recognition

BY PROJECT TYPE:　All Projects　Object Detection　Classification　Instance Segmentation　Keypoint Detection　Semantic Segmentation　Multimodal

BY MODEL:　All Models　RF-DETR　YOLOv12　YOLOv11　YOLOv10　YOLOv9　YOLO-NAS　YOLOv8　YOLOv5

訓練你自己的 YOLO 物體偵測模型

Step 2 可以看到搜尋結果，請捲動視窗找到使用者승강（韓文）的 hamster recognition，點選即可開啟資料集。

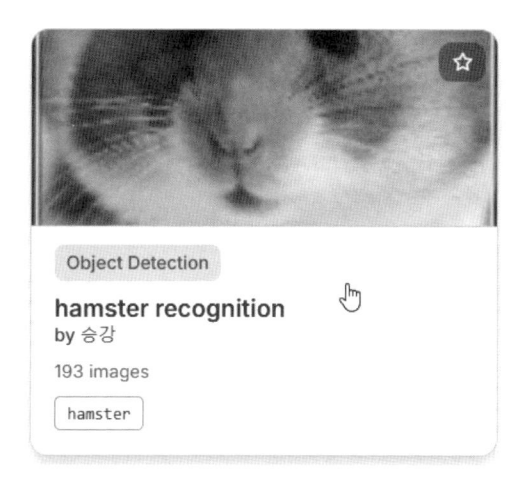

Step 3 下載資料集需登入 Roboflow，請點選左上角第 2 個圖示登入網站，然後點選 **Sign in with Google** 使用 Google 帳號來登入 Roboflow。

9-5

Step 4 成功登入後，請在左邊選 **Dataset**，右邊點選 **YOLOv11** 來下載資料集（YOLOv11 資料集，在 YOLO12 一樣可以使用）。

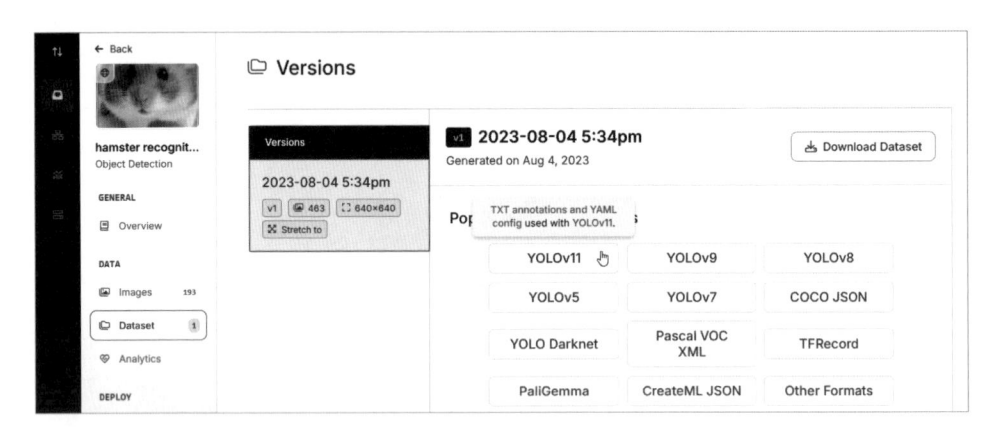

Step 5 選擇 Download dataset 後，按 Continue 鈕繼續。

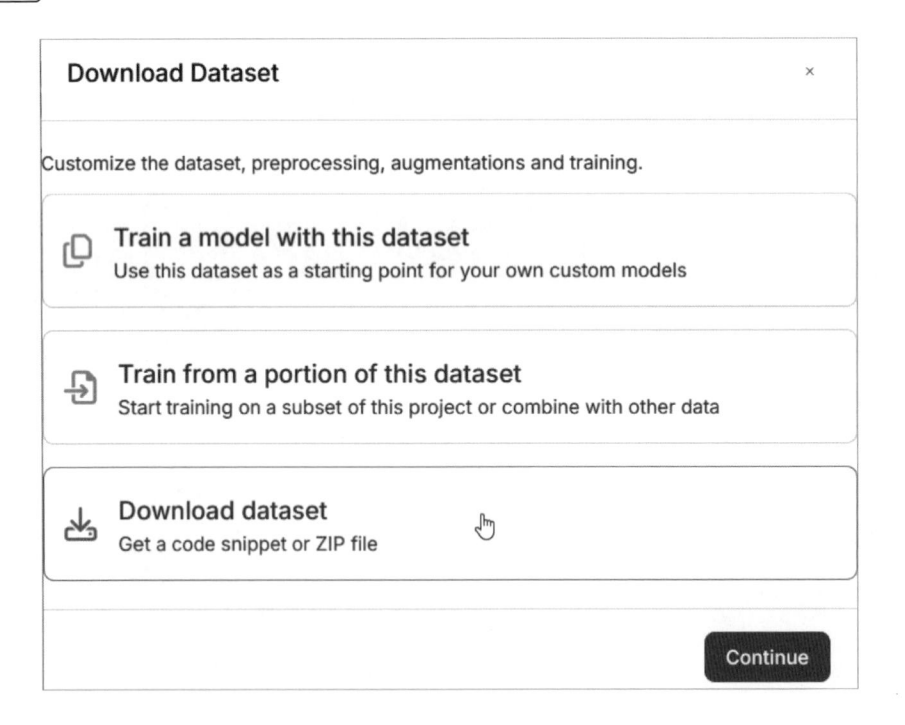

訓練你自己的 YOLO 物體偵測模型 9

Step 6 選擇 **Download zip to computer**，再按 **Continue** 鈕下載 ZIP 格式檔案的資料集。

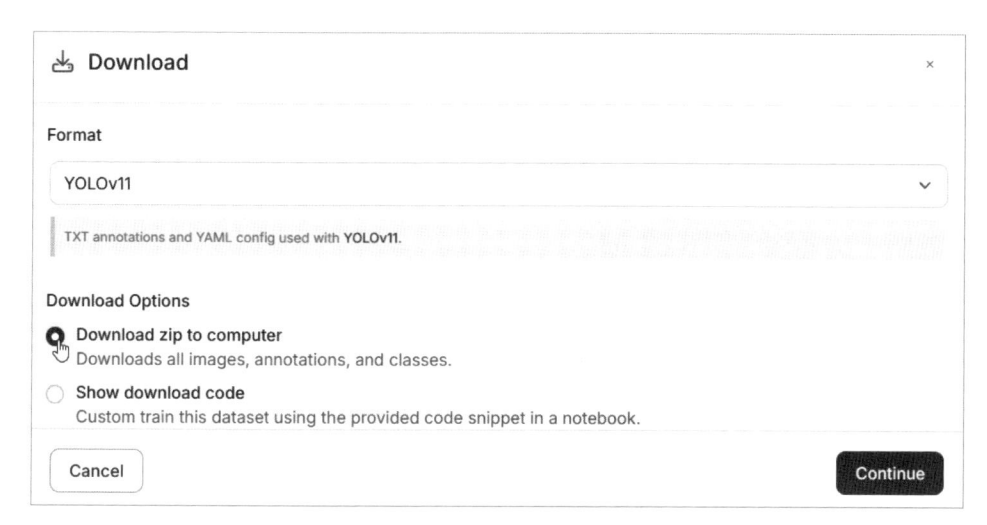

Step 7 完成下載後，請按右上角 **X** 鈕關閉視窗。

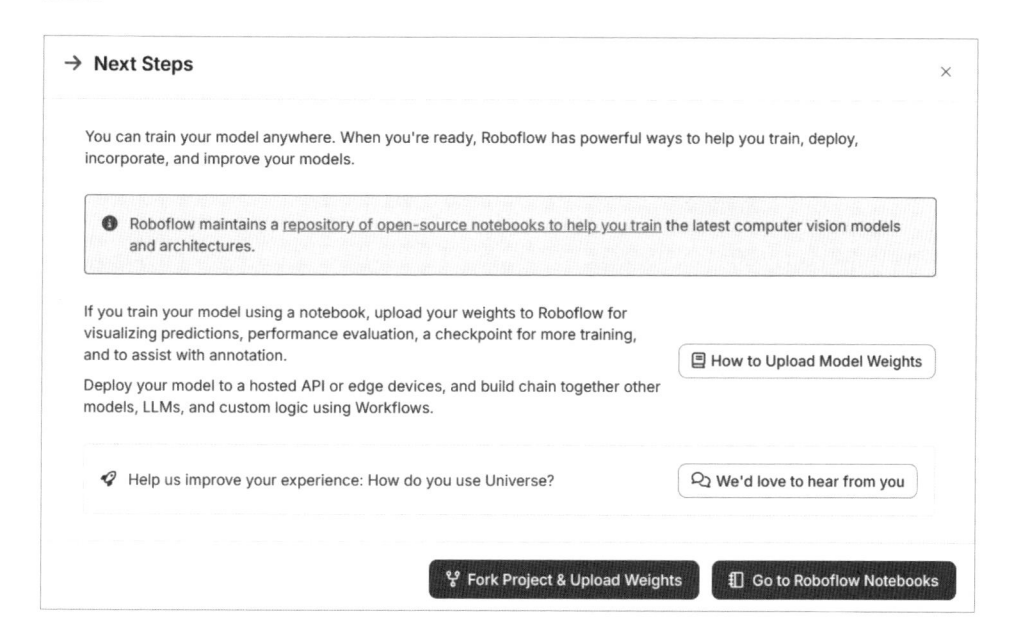

在本書下載的資料集檔名為 hamster recognition.v1i.yolov11.zip。

9-2-2 使用視訊影片取得訓練模型的圖檔

如果有 YouTube 影片檔或監控視訊影片檔,例如:一段星際大戰電影預告的影片檔,我們就可以從視訊抽出每一張影格來另存成圖檔。然後在圖檔的影像標註**鈦戰機**或**千年鷹號**,即可用來訓練偵測這 2 種戰機的 YOLO 物體偵測模型。

步驟一:從網路下載 MP4 影片檔

Python 程式:ch9-2-2/step1_video_downloader.py 只需更改影片檔的 URL 網址和檔名,就可從網路下載 MP4 影片檔。程式執行結果為下載 starwars.mp4 檔案,在「ch9-2-2」子目錄可以看到這個檔案。

Python 程式碼是使用 requests 模組來下載影片檔,其變數 url 是下載網址,output_file 變數是下載檔名,如下所示:

```
import requests

url = "https://github.com/fchart/PythonCV/raw/refs/heads/main/media_files/starwars.mp4"
output_file = "starwars.mp4"
response = requests.get(url)
with open(output_file, "wb") as file:
    file.write(response.content)

print(f"影片已下載並儲存為 {output_file}")
```

上述程式碼呼叫 requests.get() 方法送出 HTTP 請求,open() 函式開啟二進位寫入檔案後,即可將回應資料 response.content 儲存成影片檔。

步驟二:將 MP4 影片檔的影格輸出成 JPG 圖檔

Python 程式:ch9-2-2/step2_frame_splitter.py 只需更改影片檔路徑和輸出目錄,就可將影片檔的每一個影格抽出並儲存成 JPG 圖檔。其執行結果可以在「ch9-2-2/frames」子目錄看到儲存的圖檔,如下圖所示:

訓練你自己的 YOLO 物體偵測模型 **9**

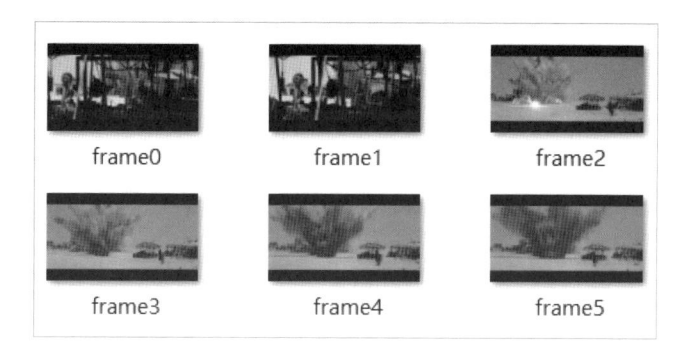

| frame0 | frame1 | frame2 |
| frame3 | frame4 | frame5 |

Python 程式碼是使用 OpenCV 開啟影片檔來讀取影格和輸出成 JPG 圖檔，其 video_file 變數是影片檔名，output_dir 變數是輸出目錄，如下所示：

```
import cv2
import os

video_file = "starwars.mp4"
output_dir = "frames"
os.makedirs(output_dir, exist_ok=True)
```

上述 os.makedirs() 方法確認建立輸出目錄後，即可在下方開啟影片檔，frame_count 變數是用來計數輸出的影格數，以便建立影格的檔名，如下所示：

```
cap = cv2.VideoCapture(video_file)
frame_count = 0
while True:
    ret, frame = cap.read()
    if not ret:
        break
    frame_name = os.path.join(output_dir, f"frame{frame_count:d}.jpg")
    cv2.imwrite(frame_name, frame)
    frame_count += 1

cap.release()
print(f"總共 {frame_count} 個影格被抽出儲存至 '{output_dir}' 子目錄.")
```

9-9

上述 while 迴圈呼叫 cap.read() 方法讀取影格後，建立輸出檔名 frame?.jpg（? 是影格計數值），即可呼叫 cv2.imwrite() 方法將影格儲存成 JPG 圖檔。

9-3 使用 LabelImg 標註影像建立資料集

成功取得訓練資料的圖檔後，我們就可以自行使用 LabelImg 工具來標註影像，並將資料切割成訓練和驗證資料集，即可建立屬於自己的 YOLO 資料集。

> **Tips** 請注意！從 Robflow 下載的資料集已包含標註檔，請直接參閱第 9-4 節的說明，整理成第 9-5 節所需的目錄結構即可。

9-3-1 認識 LabelImg 與 YOLO 標註檔

LabelImg 是一個開放原始碼的影像標註工具，這是使用 Python 語言所開發的工具程式。在「ch9-3-2/YOLO_labelImg」目錄是中文版 LabelImg 影像標註工具，已設定其預設輸出格式為 YOLO 標註檔。在 Python 開發環境需安裝 PyQt5 和 lxml 套件，其命令如下所示：

```
pip install pyqt5==5.15.10  Enter
pip install lxml==5.3.1  Enter
```

YOLO 標註檔是一個副檔名 .txt 的文字檔案，每一個圖檔對應一個同名的標註檔，例如：frame1.jpg 是對應 frame1.txt。其檔案內容的每一列可標註影像中的一個物體資訊，如下所示：

```
0 0.557000 0.662811 0.586000 0.282918
1 0.855500 0.462633 0.065000 0.096085
```

上述每一列使用空白字元分隔的 5 項資料（數值已分別除以影像的寬度和高度），其格式如下所示：

```
<分類索引> <中心點座標x> <中心點座標y> <邊界框的寬> <邊界框的高>
```

上述第 1 項資料是物體分類索引（從 0 開始），之後 2 個是中心點座標，接著是標示物體邊界框的寬度和高度，如下圖所示：

```
Class ID: 0, Center: (0.557000, 0.662811), Width: 0.586000, Height: 0.282918
Class ID: 1, Center: (0.855500, 0.462633), Width: 0.065000, Height: 0.096085
```

上述邊界框是用來標示出影像中欲偵測的物體外框（同一張影像可標註多個物體）。分類索引 0 是 "Millennium Falcon" 千年鷹號，索引 1 是 "Tie Fighter" 鈦戰機。

9-3-2 自行標註影像建立資料集

在了解 YOLO 標註檔的格式後，我們就能啟動 LabelImg 工具來標註影像。首先，請將第 9-2-2 節從影片檔抽出的「frames」圖檔目錄複製至「ch09/ch9-3-2」目錄下，如下圖所示：

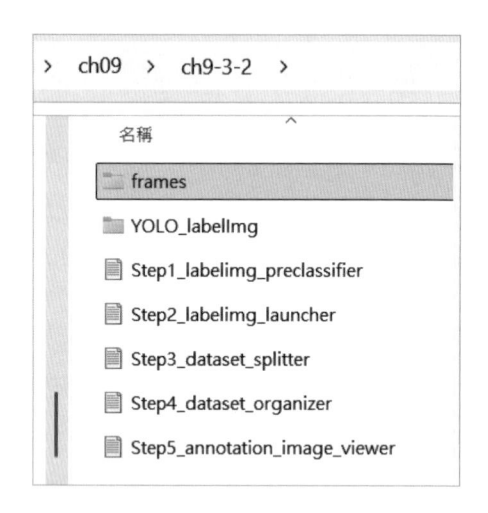

上述「Step1~5」開頭的 Python 程式為本節使用的工具程式，可以幫助我們建立訓練 YOLO 模型的資料集。

步驟一：設定 LabelImg 預分類資料

LabelImg 工具可以在啟動前預先設定標註影像的分類資料，這是位在「YOLO_labelImg/data」目錄的 predefined_classes.txt 檔案，此文字檔案內容的每一列為一種分類。

Python 程式：ch9-3-2/Step1_labelimg_preclassifier.py 可自動將 Python 串列的分類資料寫入 predefined_classes.txt 檔案。其執行結果的檔案內容，如下圖所示：

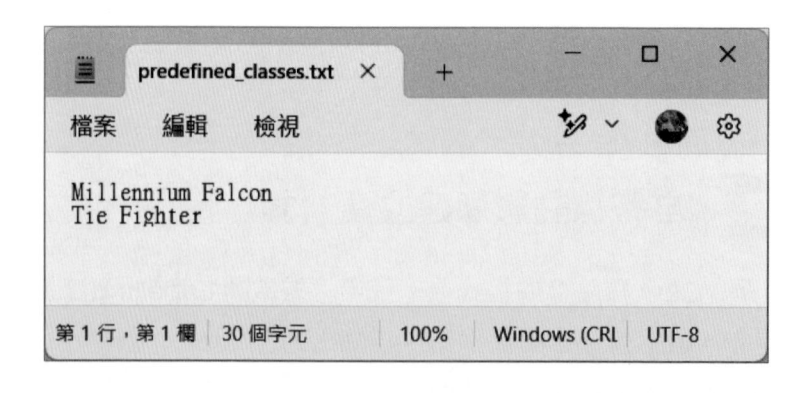

Python 程式碼是使用 class_list 變數定義分類串列，file_path 變數是寫入的檔案路徑，如下所示：

```python
class_list = ["Millennium Falcon", "Tie Fighter"]
file_path = "YOLO_labelImg/data/predefined_classes.txt"
with open(file_path, "w") as file:
    for item in class_list:
        file.write(f"{item}\n")

print(f"成功寫入 {len(class_list)} 分類到檔案 {file_path}")
```

上述程式碼開啟檔案後，就可將串列的每一個元素寫入檔案，其每一列是一個元素。

步驟二：啟動和使用 LabelImg 影像標註工具

由於 LabelImg 影像標註工具是 Python 原始程式碼，我們有兩種方式來啟動此工具，如下所示：

- 在 Python 開發工具開啟「ch9-3-2/YOLO_labelImg/」目錄的 Python 程式 labelImg.py，執行此程式來啟動工具。
- 在 Python 開發工具執行 Python 程式：ch9-3-2/Step2_labelimg_launcher.py 來啟動 LabelImg 影像標註工具。

接著，我們就能啟動並使用 LabelImg 影像標註工具來標註「frames」目錄下的圖檔，其步驟如下所示：

Step 1 使用前述任何一個方法來啟動 LabelImg 影像標註工具後，在右邊「區塊的標籤」視窗可以看到**使用預設標籤**欄位，在其後的下拉式選單中，即為預先載入的 2 個分類，如下圖所示：

[labelImg 視窗畫面]

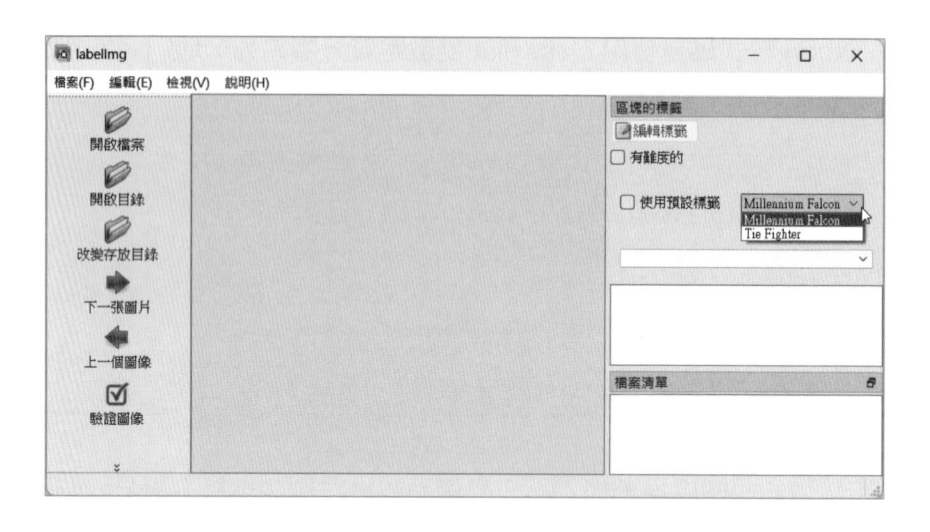

Step 2 請執行「檔案 / 開啟目錄」命令（或點選**開啟目錄**），選擇「ch09/ch9-3-2/frames」目錄，即可顯示此目錄的第 1 張圖檔，按 Ctrl 和 + 鍵可放大影像，Ctrl 和 - 鍵可縮小影像。在右下方視窗可以看到目錄下的圖檔清單，如下圖所示：

[labelImg 視窗畫面，顯示 frame0.jpg]

Step 3 在側邊欄點選**下一張圖片**是下一個圖檔，**上一張圖像**是上一個圖檔。但因不是每一個影格都有標註的物體，請切換至 fram65.jpg，或雙擊右下角「檔案清單」視窗的檔名來切換至此圖檔。

訓練你自己的 YOLO 物體偵測模型 9

Step 4 開啟欲標註的圖檔後,請在側邊欄選**創建區塊**,就可在中間編輯區域從左上角至右下角拖拉出包圍物體的邊界框。

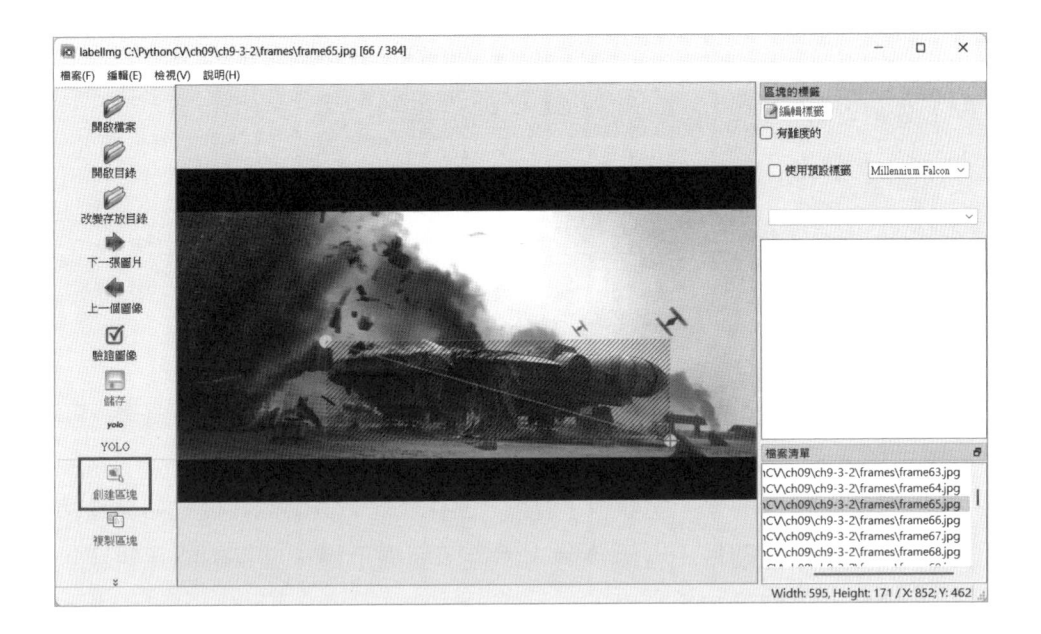

Step 5 當放開滑鼠左鍵,即可看到分類視窗,請選 **Millennium Falcon**,按 **OK** 鈕。

9-15

Step 6 請重複操作 2 次，先選**創建區塊**，再一一拖拉出上方 2 台 **Tie Fighter** 並選擇分類後，就可看到我們已在影像標註了 3 個物體，如下圖所示：

Step 7 完成圖檔標註後，請執行「檔案/儲存」命令儲存標註檔。如果直接點選**下一張圖片**，會因為尚未儲存，而顯示尚未儲存的訊息視窗，請按 **Yes** 鈕儲存標註檔。

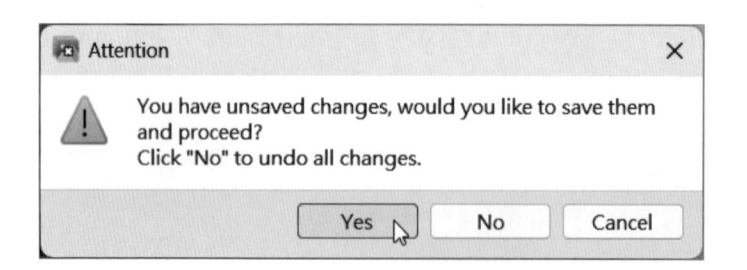

Step 8 在切換至下一個圖檔後，即可重複上述步驟來標註影像，直到所有影像標註完成。

　　LabelImg 影像標註工具預設會自動在「frames」目錄下建立名為 classes.txt 的分類檔案。

步驟三：分割成訓練和驗證資料集

在完成整個「frames」目錄的圖檔標註後，會需要將資料集分割成訓練和驗證資料集。Python 程式：ch9-3-2/Step3_dataset_splitter.py 是請 Copilot 幫忙寫的檔案處理程式，只需修改前幾列的變數，就可將指定目錄下的檔案依比例分割成訓練資料集和驗證資料集，如下所示：

```
input_dir = "frames"      # 請將此處替換為您的輸入目錄
train_dir = "train"       # 訓練資料集目錄
val_dir = "val"           # 驗證資料集目錄
split_ratio = 0.8         # 訓練與驗證的分割比例
img_type = ".jpg"         # 圖檔類型
operation = "copy"        # 選擇 "move" 搬移檔案 或 "copy" 複製檔案
```

上述 input_dir 變數是 LabelImg 標註圖檔的目錄，train_dir 和 val_dir 變數分別是訓練資料集和驗證資料集的輸出目錄。split_ratio 變數是分割比例，0.8 代表 80% 是訓練資料集，20% 是驗證資料集。

Python 程式的執行結果可以看到已經使用分割比例 0.8，以 copy 複製操作分割成「train」和「val」目錄的訓練資料集和驗證資料集，如下所示：

```
使用 copy 操作處理 frames 目錄的資料集
資料集分割成 train 和 val 目錄的資料集
使用的分割比例: 0.8
```

在「ch09/ch9-3-2」目錄可以看到新增的 2 個目錄，如下圖所示：

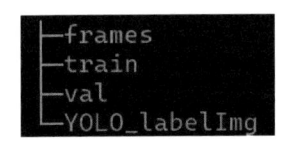

```
─frames
─train
─val
─YOLO_labelImg
```

步驟四：將資料集再分割成圖檔和標註檔資料夾

YOLO 資料集的目錄結構是將圖檔和標註檔分別置於「images」和「labels」子目錄，如下圖所示：

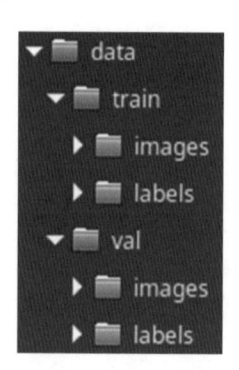

```
▼ 📁 data
   ▼ 📁 train
      ▶ 📁 images
      ▶ 📁 labels
   ▼ 📁 val
      ▶ 📁 images
      ▶ 📁 labels
```

我們還需進一步將資料集再分割成圖檔和標註檔的 2 個子目錄。Python 程式：ch9-3-2/Step4_dataset_organizer.py 是請 Copilot 幫忙寫的檔案處理程式，只需修改前幾列的變數，就可重組目錄結構成 YOLO 資料集的目錄結構，如下所示：

```
train_dir = "train"    # 訓練資料集目錄
val_dir = "val"        # 驗證資料集目錄
```

上述 train_dir 和 val_dir 變數分別是訓練資料集和驗證資料集的目錄。Python 程式的執行結果可以看到目錄下的檔案已分別分配至「images」和「labels」子目錄，如下所示：

```
目錄的檔案已經分配至 'train\images' 和 'train\labels' 目錄
目錄的檔案已經分配至 'val\images' 和 'val\labels' 目錄
```

在「ch09/ch9-3-2」目錄可以看到目前的目錄結構，如右圖所示：

右述「train」和「val」目錄需要複製至第 9-5 的的「data」目錄下，此目錄即為訓練 YOLO 模型的資料集根目錄。

```
├─frames
├─train
│  ├─images
│  └─labels
├─val
│  ├─images
│  └─labels
```

步驟五：瀏覽 LabelImg 標註的圖檔

成功建立 YOLO 資料集後，Python 程式：ch9-3-2/Step5_annotation_image_viewer.py 也是請 Copilot 幫忙寫的工具程式，只需修改變數值，就可使用 OpenCV 開啟圖檔來顯示標註的邊界框和分類，如下所示：

```
image_folder = "train/images"      # 圖檔路徑
label_folder = "train/labels"      # 標註檔路徑
class_names = ["Millennium Falcon", "Tie Fighter"]  # 分類名稱
```

上述 image_folder 變數是圖檔路徑，label_folder 是標註檔路徑，以此例是訓練資料集。class_names 變數是分類名稱串列。

Python 程式的執行結果顯示圖檔影像並標示出物體邊界框與分類名稱，如下圖所示：

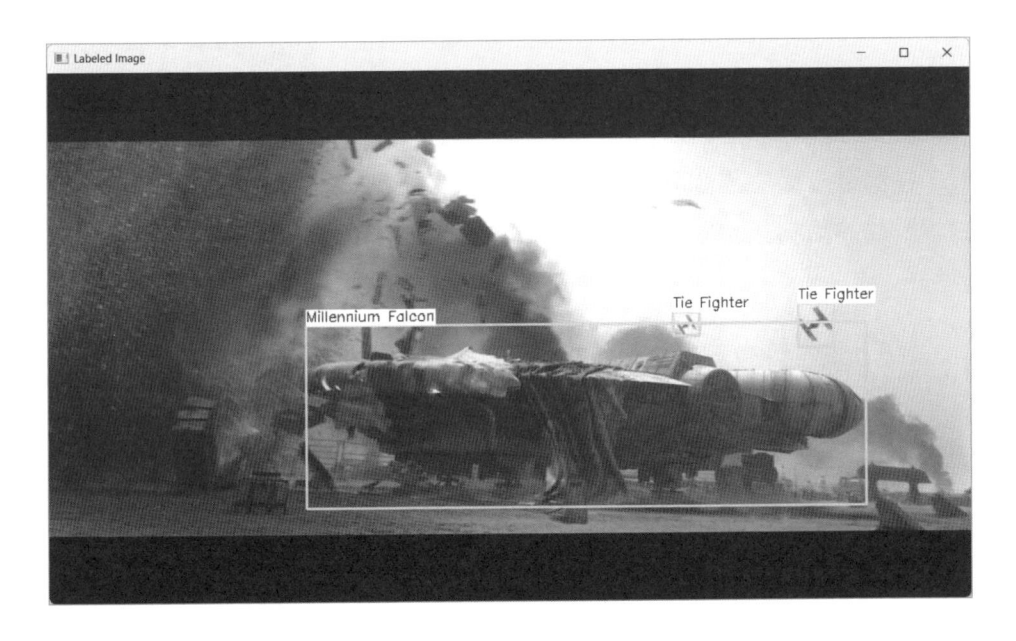

請按任意鍵顯示下一張圖檔和標註資料，直到沒有圖檔為止（按 Esc 鍵可離開）。

9-19

9-4 整理與瀏覽 Roboflow 取得的資料集

由於從 Roboflow 下載的資料集是已標註影像的資料集,因此,我們無需再次使用 LabelImg 工具來標註影像,只需找出分類資料,和確認資料集符合第 9-5 節所需的資料集結構即可。

步驟一:將 Roboflow 訓練資料複製至 data 目錄

請解壓縮第 9-2-1 節下載的 hamster recognition.v1i.yolov11.zip 檔案至「ch09/ch9-4/data」目錄,其目錄結構如右圖所示:

```
└data
  ├test
  │  ├images
  │  └labels
  ├train
  │  ├images
  │  └labels
  └valid
     ├images
     └labels
```

右述「test」目錄是測試資料集,一般來說,機器學習模型是使用此資料集來評估模型的性能;不過,目前的 YOLO 版本並沒有使用。「train」目錄是訓練資料集,「valid」是驗證資料集,在第 9-5 節本書訓練 YOLO 模型使用的目錄結構,驗證資料集目錄可以名為「val」或「valid」目錄。

在「data」目錄下有 Roboflow 資料集的一些檔案,如右圖所示:

右述 data.yaml 檔案是用來定義 YOLO 模型訓練所需的資料集和相關參數,其他 2 個 README 檔案是資料集說明檔。

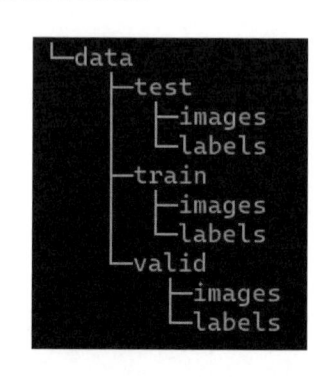

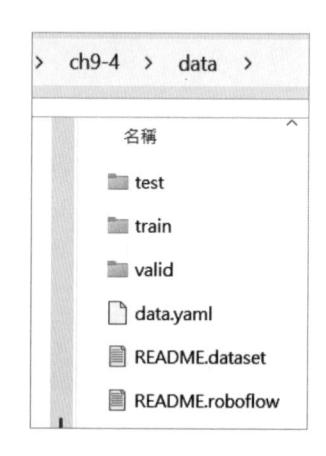

> ch9-4 > data >

名稱
- test
- train
- valid
- data.yaml
- README.dataset
- README.roboflow

步驟二：取得 YOLO 分類資料

因為 Roboflow 目錄結構的路徑與第 9-5 節不同，在第 9-5 節我們會重建 data.yaml 檔案，其內容除了資料集路徑外，還需從 Roboflow 資料集取得分類資料。請使用記事本開啟「data」目錄下的 data.yaml 檔案，如下圖所示：

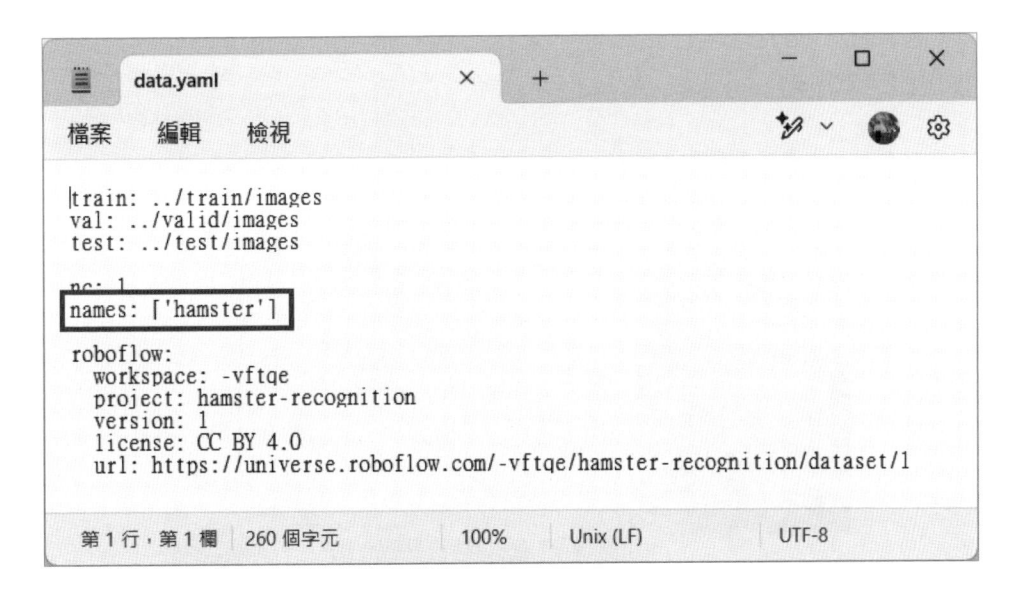

```
train: ../train/images
val: ../valid/images
test: ../test/images

nc: 1
names: ['hamster']

roboflow:
  workspace: -vftqe
  project: hamster-recognition
  version: 1
  license: CC BY 4.0
  url: https://universe.roboflow.com/-vftqe/hamster-recognition/dataset/1
```

上述 name 屬性即為分類，其值是一個 Python 串列，以此例只有一種分類，如下所示：

```
['hamster']
```

步驟三：瀏覽 Roboflow 的訓練資料

Python 程式：ch9-4/Step3_annotation_image_viewer.py 和第 9-3-2 節步驟五的程式相同，只需修改變數值，就可瀏覽 Roboflow 資料集，如下所示：

9-21

```
image_folder = "data/train/images"    # 圖檔路徑
label_folder = "data/train/labels"    # 標註檔路徑
class_names = ['hamster']             # 分類名稱
```

上述 image_folder 變數是圖檔路徑，label_folder 是標註檔路徑，以此例是訓練資料集。class_names 變數是分類名稱的串列。

Python 程式的執行結果顯示圖檔影像和標示的物體邊界框與分類名稱，如下圖所示：

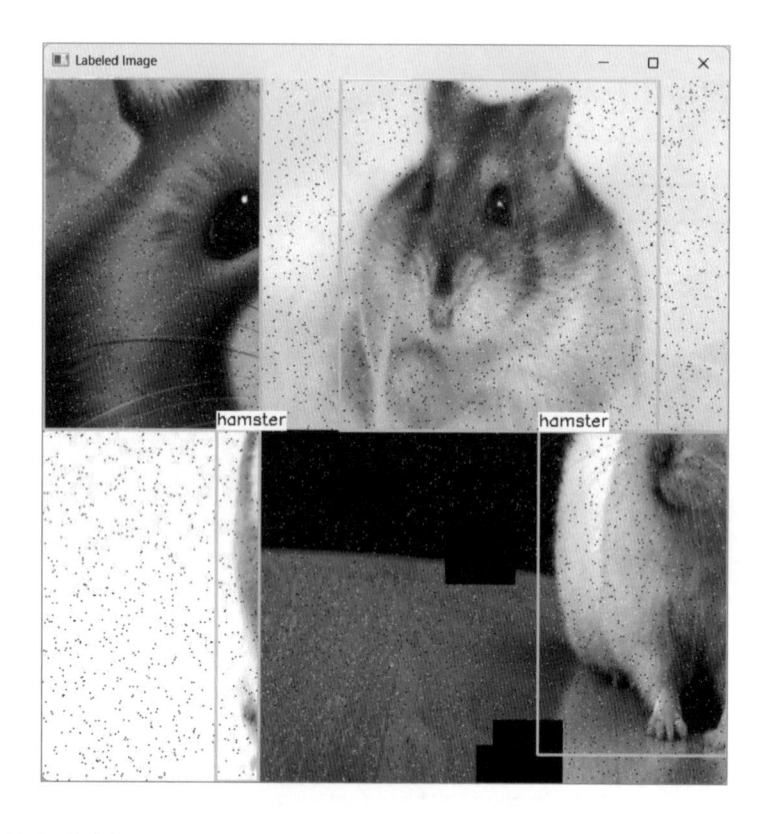

請按任意鍵顯示下一張圖檔和標註資料，直到沒有圖檔為止（按 Esc 鍵可離開）。

9-5 建立 YAML 檔訓練與驗證你的 YOLO 模型

準備好訓練 YOLO 模型的資料集後，我們就可以直接從資料集取得分類資料，如下所示：

- **使用 LabelImg 標註的圖檔**：在資料集目錄的 classes.txt 為分類資料，每一列是一種分類。

- **Roboflow 下載的資料集**：在資料集的 data.yaml 檔案可以找到資料集的分類資料，其值是一個 Python 串列。

在本章訓練 YOLO 模型使用的目錄結構是搭配本節的 Python 工具程式，但因路徑和 Roboflow 的 data.yaml 檔案會有差異，所以，我們會重建 data.yaml 檔案。其目錄結構如下圖所示：

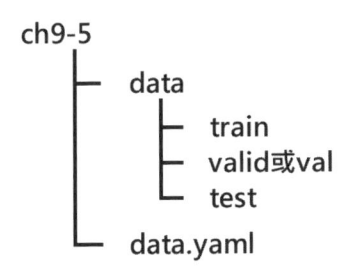

```
ch9-5
├── data
│   ├── train
│   ├── valid或val
│   └── test
└── data.yaml
```

上述「data」目錄下是「train」訓練資料集和「valid」或「val」的驗證資料集，與「test」測試資料集（不會使用）。YOLO 的 data.yaml 檔案和「data」目錄位在同一目錄，此檔案是用來定義模型訓練和驗證過程中所需的資料集屬性與參數，其檔案內容如下圖所示：

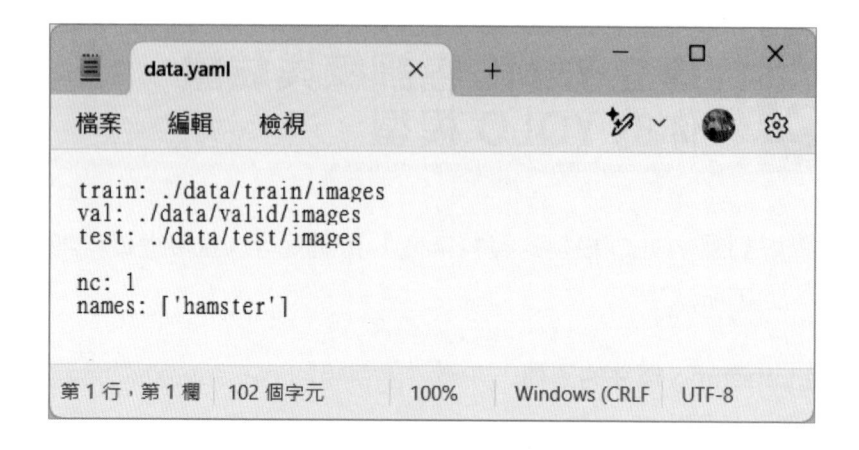

```
data.yaml

檔案    編輯    檢視

train: ./data/train/images
val: ./data/valid/images
test: ./data/test/images

nc: 1
names: ['hamster']

第1行，第1欄    102 個字元    100%    Windows (CRLF)    UTF-8
```

上述檔案內容的說明，如下所示：

- **資料集路徑**：使用 train:、val: 和 test: 分別定義訓練、驗證和測試資料集的路徑，路徑可以是絕對路徑或相對路徑。

- **分類數量和分類名稱**：nc: 定義分類數，name: 定義分類名稱，分類名稱的值為一個 Python 串列。

現在，請將第 9-4 節 Roboflow 資料集建立的「data」目錄複製取代「ch9-5」下的同名目錄。如果是第 9-3-2 節使用 LabelImg 工具建立的資料集，請將「train」和「val」目錄都複製至「data」目錄之下。

步驟一：建立 data.yaml 檔案

我們需要建立 data.yaml 檔案，並指定正確的資料集路徑、分類數和分類名稱。Python 程式：ch9-5/Step1_YOLO_yaml_generator.py 是請 Copilot 幫忙寫的檔案處理程式，我們只需指定資料集所在的目錄和分類名稱，就可產生訓練 YOLO 模型所需的 data.yaml 檔案，如下所示：

```
data_dir = "data"              # 訓練資料所在的子目錄
classes = ['hamster']          # 分類名稱串列['hamster']，或classes.txt路徑
```

上述 data_dir 變數是訓練資料所在的子目錄，classes 變數值有兩種值，其說明如下所示：

- 直接指定分類名稱串列，例如：['hamster']。
- 指定 LabelImg 工具自動產生的 classes.txt 檔案路徑。

Python 程式的執行結果可以建立名為 data.yaml 的檔案（其內容如前所述），如下所示：

```
YOLO 的 data.yaml 已經建立在 C:\PythonCV\ch09\ch9-5\data.yaml
```

步驟二：訓練與驗證你的 YOLO 模型

在複製完資料集並產生 data.yaml 檔案後，我們就能訓練 YOLO 模型。Python 程式：ch9-5/Step2_YOLO_model_trainer.py 模型訓練程式同時支援 CPU 和 GPU，在執行前需要先設定訓練參數，如下所示：

```
model_size = "n"   # YOLO 模型尺寸是"n", "s", "m", "l", "x"
version = "12"     # YOLO 版本是"12", "11", "v8"
epochs = 10        # 訓練周期
batch = 16         # 批次大小，每次迭代中使用的數據樣本數
imgsz = 640        # 圖片尺寸，指圖像在訓練時會被調整到的尺寸
plots = True       # 是否在訓練過程中繪製圖表，用於可視化訓練過程
```

上述變數是用來設定訓練 YOLO 模型所需的參數，我們可以請 Copilot 進一步解釋這些參數是什麼，如下圖所示：

- **model_size = "n"**：這個參數指定 YOLO 模型的尺寸。YOLO 有多種尺寸可供選擇，包括 "n"、"s"、"m"、"l" 和 "x"。不同尺寸的模型在速度和精度上有所不同。較小尺寸的模型（如 "n" 和 "s"）通常較快但精度稍低，而較大尺寸的模型（如 "l" 和 "x"）則有更高的精度，但訓練和推理速度較慢。
- **version = "12"**：這個參數指定 YOLO 的版本。YOLO 有多個版本，包括 "12"、"11" 和 "v8"。不同版本的模型在架構、性能和功能上有所不同。
- **epochs = 10**：這個參數指定訓練的周期數，即模型將被訓練多少次完整的訓練數據集。更多的訓練周期通常能提高模型的精度，但也會增加訓練時間。
- **batch = 16**：這個參數指定每次迭代中使用的數據樣本數。較大的批次大小通常能提高訓練效率，但也需要更多的內存。
- **imgsz = 640**：這個參數指定圖片的尺寸，即圖像在訓練時會被調整到的尺寸。合適的圖像尺寸可以提高模型的性能和訓練速度。
- **plots = True**：這個參數指定是否在訓練過程中繪製圖表，用於可視化訓練過程。這些圖表可以幫助您了解模型的性能和訓練進度。

設定好訓練參數後，就能執行 Python 程式並看到訓練過程，如下所示：

```
       OG      0.9704     2.144       1.423          16        640: 100%|              | 26/26 [06:04<00:00, 14.03s/it]
     Class    Images   Instances    Box(P          R         mAP50  mAP50-95): 100%|              | 2/2 [00:17<00:00, 8.5
       all       39         39       0.00325      0.974      0.775    0.461
    GPU_mem   box_loss   cls_loss    dfl_loss   Instances    Size
       OG      1.059      1.682       1.474          12        640: 100%|              | 26/26 [06:29<00:00, 14.99s/it]
     Class    Images   Instances    Box(P          R         mAP50  mAP50-95): 100%|              | 2/2 [00:15<00:00, 7.9
       all       39         39       0.306        0.487      0.337     0.11
    GPU_mem   box_loss   cls_loss    dfl_loss   Instances    Size
       OG      1.132      1.599       1.519          16        640: 100%|              | 26/26 [07:21<00:00, 16.96s/it]
     Class    Images   Instances    Box(P          R         mAP50  mAP50-95): 100%|              | 2/2 [00:08<00:00, 4.1
       all       39         39       0.212        0.282      0.119    0.0442
```

在模型訓練完成後，首先顯示訓練結果的模型性能指標和儲存的路徑「runs/detect/train」，如下所示：

```
Results saved to runs\detect\train
模型訓練結果==============
map50-95: 0.6789776939066208
map50: 0.9683339732309496
map75: 0.7566094625448476
每一分類的map50-95: [    0.67898]
```

並在驗證完成後，顯示驗證結果的模型性能指標和儲存的路徑「runs/detect/train2」，如下所示：

```
Results saved to runs\detect\train2
模型驗證結果=============
map50-95: 0.6789776939066208
map50: 0.9683339732309496
map75: 0.7566094625448476
每一分類的map50-95: [    0.67898]
```

上述指標可量化模型的偵測能力以評估模型的性能，主要用於了解模型在不同 IoU 閾值下的表現。IoU 是指模型預測出的邊界框（預測框）和實際標註的邊界框（真實框）之間的交集面積與聯集面積比。各種指標的說明，如下所示：

- **mAP50（平均精度在 IoU 閾值 0.5）**：這個指標表示物體邊界框與預測框之間的 IoU（交佔比）至少為 0.5 時，模型偵測到物體的平均精度。其數值範圍是 0~1，值越高表示模型的性能越好。例如：mAP50=0.85，表示模型在 IoU 閾值 0.5 時的平均精度是 85%。

- **mAP75（平均精度在 IoU 閾值 0.75）**：這個指標表示在物體邊界框與預測框之間的 IoU 至少為 0.75 時，模型偵測到物體的平均精度。數值範圍也是 0~1，值越高表示模型的性能越好。例如：mAP75=0.65，表示模型在 IoU 閾值 0.75 時的平均精度是 65%。

- **mAP50-95（在多個 IoU 閾值從 0.5 到 0.95 的平均精度）**：這個指標表示在多個 IoU 閾值（0.5~0.95，通常步長 0.05）下，模型偵測到物體的平均精度。數值範圍是 0~1，值越高表示模型的性能越好。例如：mAP50-95=0.70，表示模型在多個 IoU 閾值的平均精度是 70%。

Python 程式碼首先從 multiprocessing 模組匯入 freeze_support 方法，用於處理多行程。接著匯入相關模組和套件，而匯入 torch 套件是為了偵測和使用 GPU。即可定義模型訓練的參數，並建立 main() 函式，如下所示：

```python
from multiprocessing import freeze_support
from ultralytics import YOLO
import os
import torch

model_size = "n"    # YOLO 模型尺寸是"n", "s", "m", "l", "x"
version = "12"      # YOLO 版本是"12", "11", "v8"
epochs = 10         # 訓練周期
batch = 16          # 批次大小,每次迭代中使用的數據樣本數
imgsz = 640         # 圖片尺寸,指圖像在訓練時會被調整到的尺寸
plots = True        # 是否在訓練過程中繪製圖表,用於可視化訓練過程

def main():
    global model_size, version, epochs, batch, imgsz, plots
    device = torch.device("cuda" if torch.cuda.is_available() else "cpu")
    current_directory = os.getcwd()
```

上述 torch.device() 方法判斷裝置是否支援 CUDA GPU,如果沒有支援,就使用 CPU 裝置。然後使用 os.getcwd() 方法取得目前的工作目錄。在下方使用參數來建立 YOLO 模型名稱和載入 YOLO 模型,如下所示:

```python
    print("目前的工作目錄是:", current_directory)  # 輸出目前的工作目錄
    model = YOLO("yolo"+version+model_size+".pt")
    model.to(device)
```

上述 model.to() 方法是將模型移到之前取得的運算裝置(GPU 或 CPU)。在下方建立 data.yaml 檔案的路徑,即可呼叫 model.train() 方法來訓練 YOLO 模型,使用的是訓練資料集,如下所示:

```python
    YAML_FILE_PATH = current_directory + "\data.yaml"
    results = model.train(data=YAML_FILE_PATH,
                          epochs=epochs, batch=batch,
                          imgsz=imgsz, plots=plots, device=device)
    print("模型訓練結果============")
    print("map50-95:", results.box.map)        # map50-95
    print("map50:", results.box.map50)         # map50
    print("map75:", results.box.map75)         # map75
    print("每一分類的map50-95:", results.box.maps)
```

上述程式碼顯示模型訓練結果的指標。在下方呼叫 model.val() 方法驗證模型，使用的是驗證資料集，如下所示：

```
metrics = model.val()
print("模型驗證結果============")
print("map50-95:", metrics.box.map)      # map50-95
print("map50:", metrics.box.map50)       # map50
print("map75:", metrics.box.map75)       # map75
print("每一分類的map50-95:", metrics.box.maps)
```

上述程式碼顯示模型驗證結果的指標。在下方的 if 條件為 Python 主程式，如下所示：

```
if __name__ == "__main__":
    freeze_support()
    main()
```

上述程式碼是為了確保只有執行主模組時，才會執行 freeze_support() 方法，以便 Windows 作業系統正確地啟動子行程。

步驟三：取得訓練 / 驗證結果資料和複製 best.pt 模型檔

YOLO 模型的訓練結果是儲存在「ch9-5/runs/detect/train」目錄，同時在目錄中可以看到一些視覺化圖表，如右圖所示：

> **Tips** YOLO 訓練 / 驗證結果目錄為「runs/detect/train?」，其中「?」是計數，當執行多次後會產生 train2、train3 或 train22 等編號的目錄。而正確的輸出目錄可在執行結果的「Results save to」區段找到，首先顯示訓練結果的路徑，然後是驗證結果的路徑。

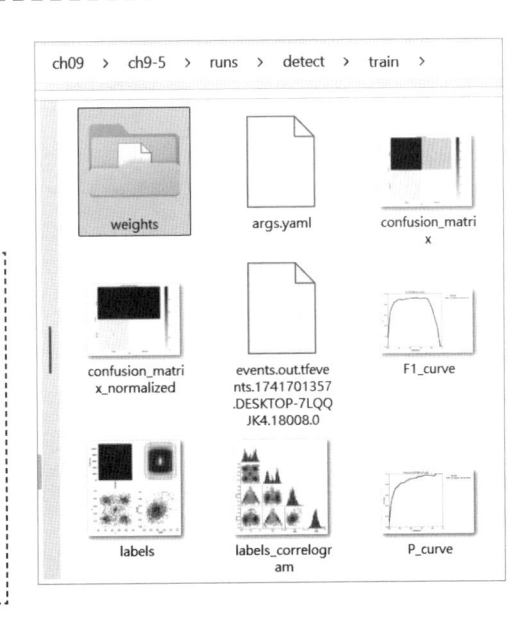

9-29

在「weights」子目錄是權重檔，如下圖所示：

```
> ch09 > ch9-5 > runs > detect > train > weights
```

名稱	修改日期
best.pt	2025/3/11 下午 11:00
last.pt	2025/3/11 下午 11:00

上述 best.pt 是整個訓練過程中的最佳權重檔（即 YOLO 模型檔），last.pt 是最後一次訓練的權重檔。請將 best.pt 複製至「ch09/ch9-5」目錄。模型驗證結果則儲存在「ch9-5/runs/detect/train2」目錄。

步驟四：測試你自己訓練的 YOLO 模型

Python 程式：ch9-5/Step4_YOLO_model_object_detection.py 是載入步驟三的 best.pt 模型檔來執行 YOLO 物體偵測，使用的測試圖檔是 Hamster02.jpg，其執行結果如下圖所示：

Python 程式碼依序匯入 YOLO、OpenCV 和 torch 套件，並指定測試圖檔的路徑，如下所示：

```
from ultralytics import YOLO
import cv2
import torch

input = "Hamster02.jpg"

device = torch.device("cuda" if torch.cuda.is_available() else "cpu")
```

上述程式碼使用 torch.device() 方法判斷是 GPU 或 CPU 運算裝置後，在下方載入 YOLO 模型 best.pt，然後執行物體偵測，如下所示：

```
model1 = YOLO("best.pt")
model1.to(device)
results = model1.predict(source=input, device=device)
print("--------------------------")
for result in results:
    boxes = result.boxes
    if boxes:
        print(boxes[0].xyxy.tolist()[0])
        conf = float(boxes[0].conf[0]*100)/100
        print("信心指數: ", conf)
```

上述程式碼顯示偵測結果的信心指數，在下方顯示偵測結果並儲存成圖檔 Result.jpg，如下所示：

```
res_plotted = results[0].plot()
cv2.imshow("YOLO Object Detection", res_plotted)
cv2.imwrite("Result.jpg", img = res_plotted)
cv2.waitKey(0)
cv2.destroyAllWindows()
```

學習評量

1. 請問如何在 Python 虛擬環境 yolo_gpu 安裝支援 CUDA 的 GPU 版本 YOLO？

2. 請簡單說明什麼是 Roboflow 和 LabelImg 工具？

3. 請自行從網路上找一個影片檔，並參閱第 9-2-2 節的步驟來下載和分割成模型訓練所需的圖檔。

4. 請接續學習評量 3.，使用第 9-3-2 節的步驟自行使用 LabelImg 工具標註圖檔，和建立訓練 YOLO 模型所需的資料集。

5. 請接續學習評量 4.，使用第 9-5 節的步驟，以學習評量 4. 建立的 YOLO 資料集來訓練你自己的 YOLO 物體偵測模型。

6. 請自行搜尋 Roboflow 找到一個 YOLO 資料集。在下載後，請參考第 9-4 節的步驟整理和瀏覽 Roboflow 資料集，再使用第 9-5 節的步驟來訓練你自己的 YOLO 物體偵測模型。

Chapter 10 Streamlit 的 AI 互動介面設計

▷ 10-1　認識與安裝 Streamlit

▷ 10-2　建立你的 Streamlit 應用程式

▷ 10-3　輸出網頁內容

▷ 10-4　繪製圖表與地圖

▷ 10-5　建立表單介面的互動元件

▷ 10-6　佈局、狀態與聊天元件

▷ 10-7　使用快取機制與網頁配置設定

▷ 10-8　Streamlit 互動介面設計：建立 YOLO 的 AI 互動介面

10-1 認識與安裝 Streamlit

在學習 Python 電腦視覺的相關套件後，我們需要一個工具來建立電腦視覺應用的 AI 互動介面，本書是使用 Streamlit 建立 AI 互動介面。

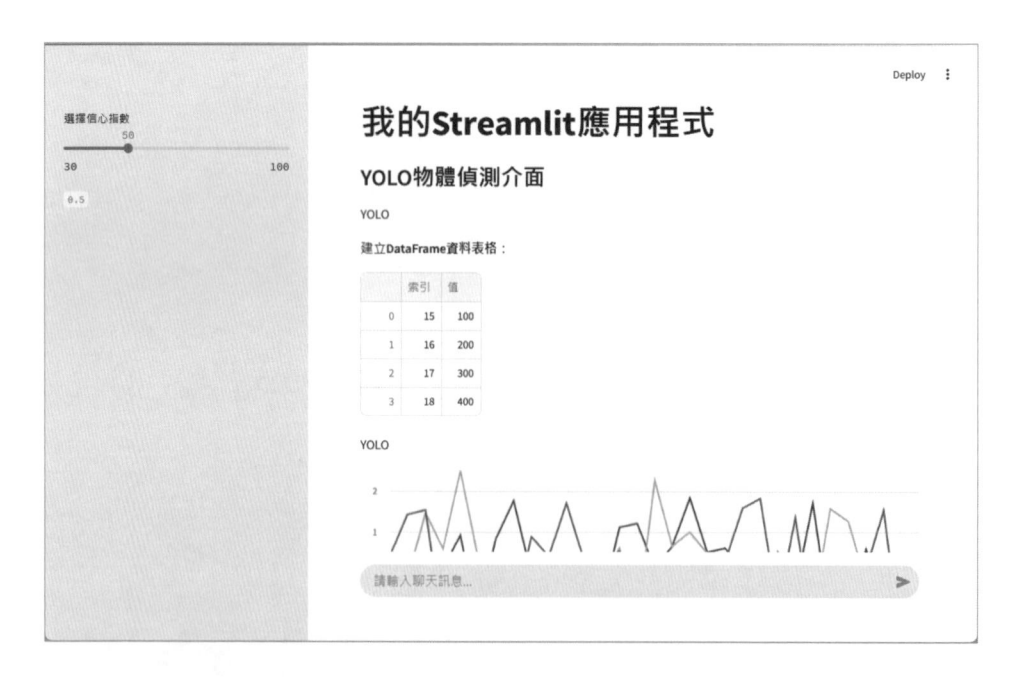

認識 Streamlit

Streamlit 是開放原始碼的框架，可以幫助我們快速建立 Web 應用程式。完全不需要任何前端 HTML + CSS + JavaScript 的技能，就可全部採用 Python 語法來建構強大的 Web 應用程式，快速建立 AI 或資料科學所需的互動介面，讓你輕鬆分享網路爬蟲、資料科學和機器學習等資料，如下圖所示：

Streamlit 框架的一些特點，如下所示：

- **簡單直觀**：使用簡單的 Python 語法來建構 Web 應用程式，無需學習任何複雜的前端技術。
- **即時更新**：每一次修改 Python 程式碼，Web 應用程式就會自動重新載入，即時更新成最新的結果。
- **互動元件**：Streamlit 提供多種互動元件，可幫助我們建立互動介面，例如：按鈕、滑桿和上傳檔案等。
- **資料視覺化**：支援多種資料視覺化的 Python 套件，例如：Matplotlib 和 Plotly 等，可以在 Web 展現更生動且多樣化的資料視覺效果。

安裝 Streamlit

請注意！由於 Streamlit 1.42.0 版和 torch 的 2.6 版有相容問題，在 Python 虛擬環境 yolo 需降版 torch 和 torchvision 後（YOLO 的 torch 只需大於 1.8 版即可），再行安裝 Streamlit 套件，其命令如下所示：

```
pip install torch==2.4.1  Enter
pip install torchvision==0.19.1  Enter
pip install streamlit==1.42.0  Enter
```

成功安裝 Streamlit 後，在 Python 程式匯入此套件（別名 st），如下所示：

```
import streamlit as st
```

10-2 建立你的 Streamlit 應用程式

由於 Streamlit 應用程式可即時更新網頁內容（手動或自動），本章程式範例除了最後一節外，都是使用同一個「ch10/app.py」的 Python 程式檔案。我們會在此 Python 檔案的最後新增 Python 程式碼，來一一測試 Streamlit 的常用元件和功能。

> **Tips** 請注意！Streamlit 應用程式是一個 Web 應用程式，我們需要開啟命令提示字元視窗，使用 streamlit run 命令來執行 Streamlit 應用程式。為了簡化操作，除了第 1 次一定需要使用命令列命令來啟動外，筆者提供 Python 程式：runStreamlitApp.py 來幫忙你啟動 Streamlit 應用程式。

建立你的 Streamlit 應用程式：app.py

現在，我們就可以從建立 app.py 程式檔案開始，一步一步建立與執行你的 Streamlit 應用程式，其步驟如下所示：

Step 1 請啟動 Python 開發工具，新增名為 app.py 的 Python 程式檔後，在開頭輸入匯入 Streamlit 相關套件的程式碼，以此例是匯入 NumPy、Pandas 套件和 time 模組，如下所示：

```
import streamlit as st
import numpy as np
import pandas as pd
import time
```

Step 2 請開啟「命令提示字元」視窗（WinPython 套件請執行 **Python 命令提示字元 (CLI)** 命令），使用 cd 命令切換到「C:/」槽 app.py 檔案所在的目錄「C:/F5386/ch10」後，再使用 streamlit run 命令執行 Python 程式 app.py，其命令如下所示：

Streamlit 的 AI 互動介面設計 10

```
cd C:/F5386/ch10  Enter
streamlit run app.py  Enter
```

Step 3 第一次執行 Streamlit 應用程式會看到一段歡迎訊息，和詢問你的電子郵件地址，你可以輸入或者不理會（直接按 Enter 鍵繼續）。

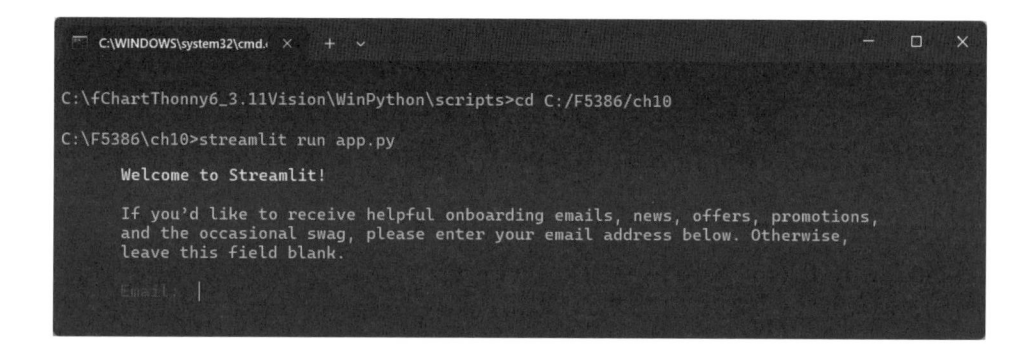

```
C:\fChartThonny6_3.11Vision\WinPython\scripts>cd C:/F5386/ch10

C:\F5386\ch10>streamlit run app.py

    Welcome to Streamlit!

    If you'd like to receive helpful onboarding emails, news, offers, promotions,
    and the occasional swag, please enter your email address below. Otherwise,
    leave this field blank.

    Email:
```

Step 4 會顯示 Streamlit 應用程式本機和網路的 2 個 URL 網址（關閉 Web 應用程式請按 Ctrl + C 鍵），如下圖所示：

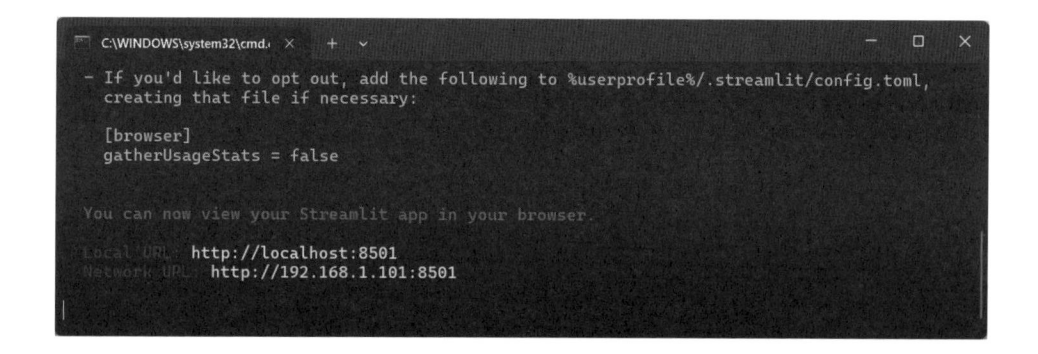

```
  - If you'd like to opt out, add the following to %userprofile%/.streamlit/config.toml,
    creating that file if necessary:

    [browser]
    gatherUsageStats = false

  You can now view your Streamlit app in your browser.

  Local URL:    http://localhost:8501
  Network URL:  http://192.168.1.101:8501
```

Step 5 會自動啟動瀏覽器，可以看到一頁空白的網頁內容，這是因為我們目前尚未新增任何 Streamlit 元件，如下所示：

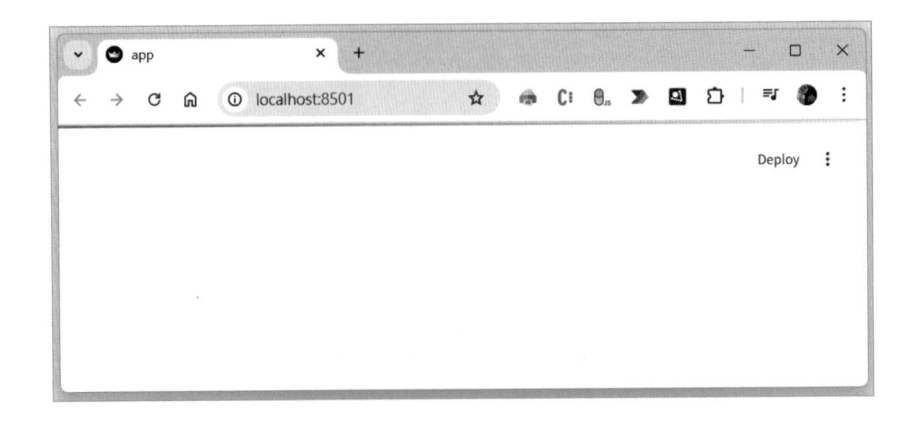

Step 6 請在 app.py 程式檔案的最後輸入 st.title() 方法來加上一個標題文字，以及 st.subheader() 方法新增子標題，此 2 個方法的參數字串即為顯示的網頁標題文字，如下所示：

```
st.title("我的Streamlit應用程式")
st.subheader("YOLO物體偵測介面")
```

Step 7 儲存之後，切換至瀏覽器的網頁，點擊右上角 3 個點的選單，執行 **Rerun** 命令來手動更新網頁，可以看到網頁輸出的 2 個標題文字，如下圖所示：

用 Python 程式執行 Streamlit 應用程式：runStreamlitApp.py

在說明如何使用 Python 程式執行 Streamlit 應用程式之前，我們先來看一看執行 Streamlit 應用程式的 streamlit run 命令，如下所示：

```
streamlit run <Python程式檔路徑>  Enter
```

上述命令是使用預設埠號 8501 啟動 Web 應用程式，如果需要指定埠號，例如：8888，請加上 --server.port 參數，如下所示：

```
streamlit run <Python程式檔案路徑> --server.port 8888  Enter
```

由於每一次啟動 Streamlit 應用程式都需要下達命令列指令，為了簡化操作，筆者已建立 Python 程式來啟動 Streamlit 應用程式（第 1 次啟動仍然需要使用命令列來啟動，因為需要輸入或略過輸入電子郵件地址），如下所示：

```python
import os

py_file = "app.py"

def run_streamlit_app():
    command = "streamlit run " + py_file
    os.system(command)

if __name__ == "__main__":
    run_streamlit_app()
```

上述 py_file 變數是 Python 程式檔案名稱（你需要修改此檔案名稱），接著使用 os 模組的 system() 方法來執行 streamlit run 命令，其執行結果和前述步驟相同。

10-3 輸出網頁內容

Streamlit 應用程式是一個 Web 應用程式，我們輸出的內容就是在網頁內容上顯示。Streamlit 提供神奇指令（Magic Commands）和 st.write() 方法來輸出網頁內容，其說明如下所示：

- **st.write() 方法**：不論參數是使用字串、Markdown、各種 Python 資料型態或圖表，Streamlit 都能夠自動偵測其資料型態，然後使用最佳方式將資料輸出顯示成網頁內容（Streamlit 針對各種資料的顯示，都有提供專屬方法）。

- **神奇指令（Magic Commands）**：如果是單行 Python 變數或字串內容，連 st.write() 方法都不用，直接使用變數名稱就可以輸出網頁內容，Streamlit 一樣會自動使用最佳方式來顯示網頁內容，這就是 Magic Commands。

使用 st.write() 方法輸出網頁內容

在 Python 程式碼只需將 st.write() 方法的參數指定成欲顯示在網頁上的內容，即可自動顯示成最佳的網頁內容。請在 app.py 的最後加上下列程式碼，如下所示：

```
name = "YOLO"
st.write(name)
st.write("建立**DataFrame資料表格**：")
```

上述 st.write() 方法依序輸出字串變數和 Markdown 語法的字串，其執行結果如右所示：

YOLO物體偵測介面

YOLO

建立**DataFrame資料表格**：

使用 Magic Commands 輸出網頁內容

Magic Commands 讓你不用呼叫 st.write() 方法，就能顯示成網頁內容。只需將變數寫在程式碼，Streamlit 就會自動將其顯示成網頁。請在 app.py 的最後加上下列程式碼，如下所示：

```
df = pd.DataFrame({
    "索引": [15, 16, 17, 18],
    "值": [100, 200, 300, 400]
})
df
name
```

建立 **DataFrame** 資料表格：

	索引	值
0	15	100
1	16	200
2	17	300
3	18	400

YOLO

上述程式碼建立 DataFrame 物件 df 後，直接使用 df 將 DataFrame 物件顯示成網頁內容，name 變數則是之前的字串，其執行結果如右所示：

10-4 繪製圖表與地圖

Streamlit 支援在網頁繪製圖表和顯示地圖，使用的是 st.line_chart() 和 st.map() 方法。

折線圖：st.line_chart()

在 Python 程式 app.py 的最後先使用 NumPy 產生隨機樣本資料的 DataFrame 物件，再使用 st.line_chart() 方法來繪製折線圖，如下所示：

```
chart_data = pd.DataFrame(
    np.random.randn(30, 3),
    columns=["A", "B", "C"])
st.line_chart(chart_data)
```

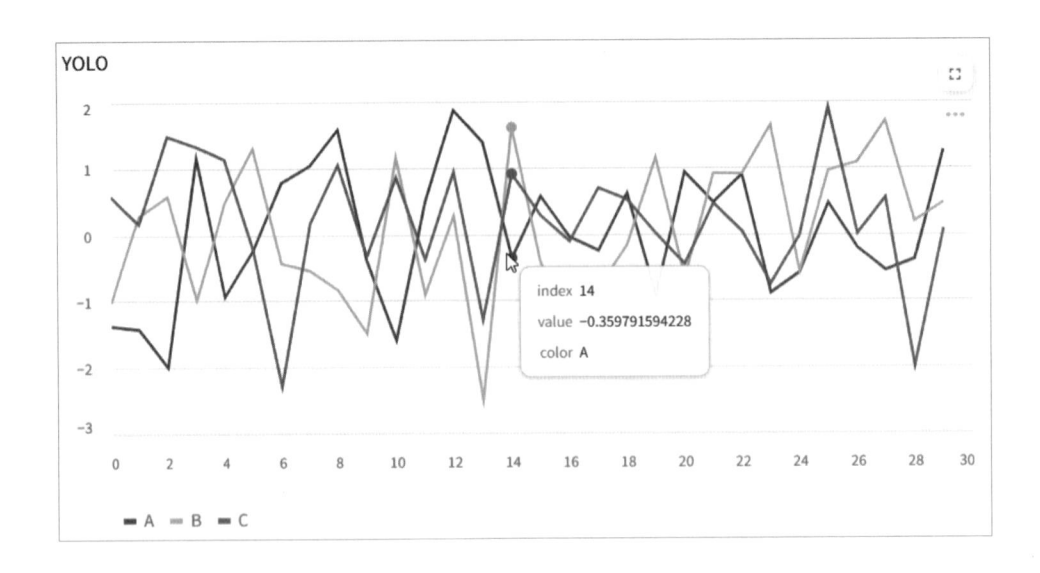

地圖：st.map()

在 Python 程式 app.py 的最後再次使用 NumPy 產生隨機的座標資料，然後將產生的資料使用 st.map() 方法繪製成地圖，如下所示：

```
map_data = pd.DataFrame(
    np.random.randn(30, 2) / [50, 50] + [22.6, 120.4],
    columns=["lat", "lon"])
st.map(map_data)
```

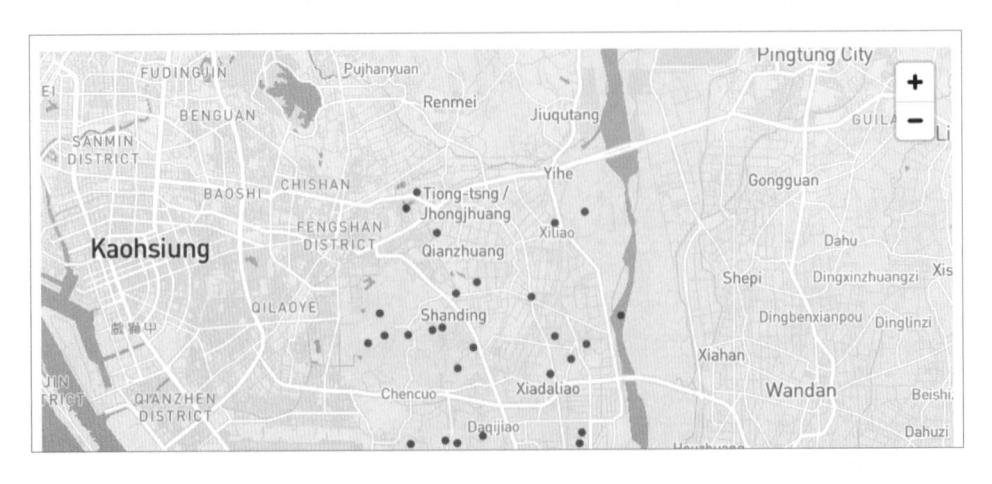

10-5 建立表單介面的互動元件

Streamlit 支援多種表單元件,可以幫助我們建立網頁表單的互動介面。

按鈕元件:st.button()

在 Python 程式 app.py 的最後建立 if 條件,條件是 st.button() 方法的按鈕,參數是按鈕的標題文字。當按下按鈕,就會回傳 True,條件成立,即可在 if 程式區塊使用 st.text() 方法來顯示文字內容,如下所示:

```
if st.button("請按我"):
    st.text("你已經按下此按鈕!")
```

> **Tips** 請注意!當每次按下按鈕時,位在上方的地圖也會同時更新,這是因為 Streamlit 只要當元件有輸入值時,Python 程式就會重新執行,所以整頁內容就會更新,可以看到繪出不同資料點的折線圖與地圖。

複選框元件:st.checkbox()

在 Streamlit 建立複選框是使用 st.checkbox() 方法,參數是選項名稱,我們可以使用複選框來顯示或隱藏資料。請在 app.py 的最後將繪製折線圖的 Python 程式碼加上 if 條件,當使用者勾選時,才會顯示折線圖,如下所示:

```python
if st.checkbox("顯示圖表"):
    chart_data = pd.DataFrame(
        np.random.randn(30, 3),
        columns=["A", "B", "C"])
    st.line_chart(chart_data)
```

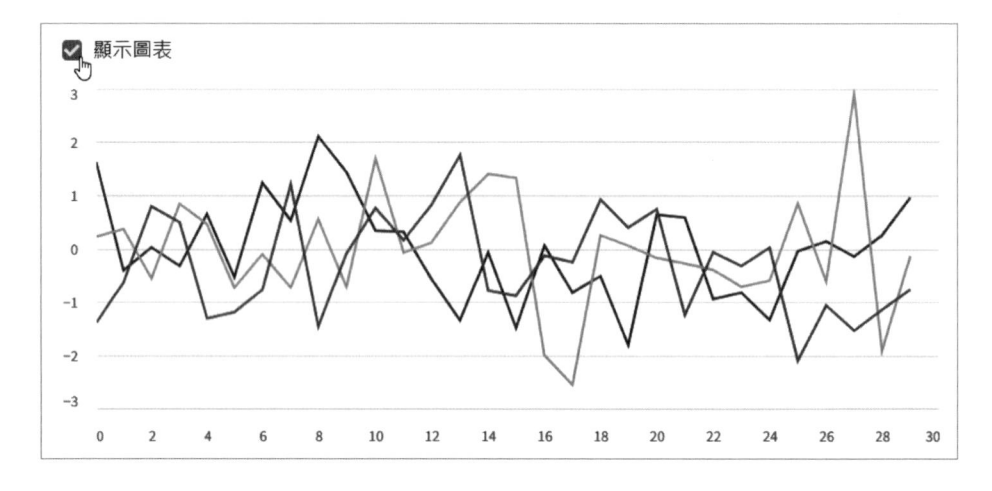

下拉式選單元件：st.selectbox()

Streamlit 可以使用 st.selectbox() 方法的下拉式選單來建立選擇題，其第 1 個參數是問題，第 2 個參數是選項串列，回傳值是所選擇的選項，如下所示：

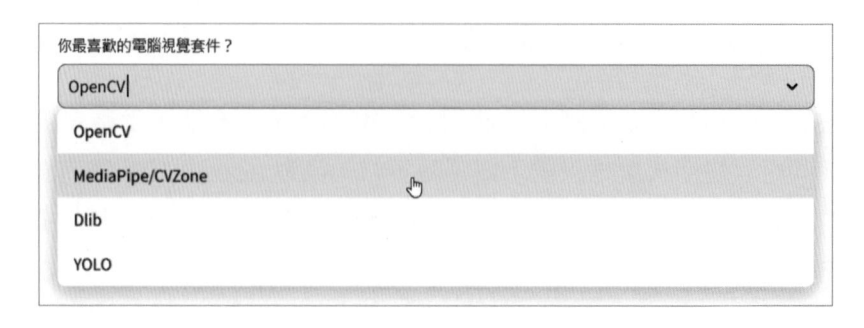

```python
option = st.selectbox(
    "你最喜歡的電腦視覺套件？",
    ["OpenCV", "MediaPipe/CVZone", "Dlib", "YOLO"])
st.text("你的選擇: " + option)
```

10-12

滑桿元件：st.slider()

Streamlit 可以使用 st.slider() 方法建立滑桿來輸入數值資料，例如：選擇信心指數。其參數依序是說明文字、最小值、最大值和目前值；回傳值為字串，需使用 int() 函式將其轉換成整數，如下所示：

```
confidence = int(st.slider("選擇信心指數", 30, 100, 50))
st.write(confidence/100.0)
```

選擇信心指數
66
30   100
0.66

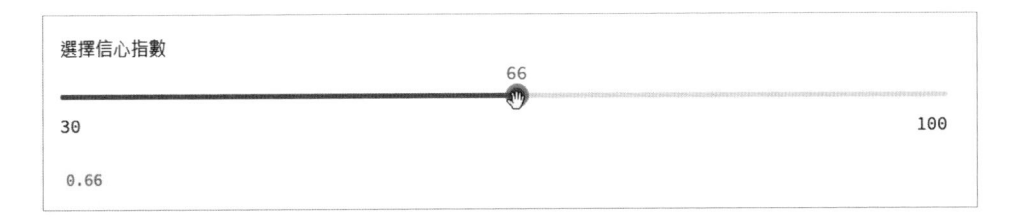

表單容器元件：st.form()

由於在 Streamlit 之前的表單元件輸入資料時，都會導致整頁 Web 網頁更新，在實務上，如果希望全部填寫好表單欄位後再一次提交，請使用 st.form() 方法建立表單容器，然後在之中新增表單元件，如下所示：

```
with st.form(key="register_form"):
    name = st.text_input(label="姓名", placeholder="請輸入姓名")
    gender = st.selectbox("性別", ["男", "女"])
    birthday = st.date_input("生日")
    submit_btn = st.form_submit_button(label="送出")
if submit_btn:
    st.write(f"註冊資料: {name}, 性別:{gender}, 生日:{birthday}")
```

上述 with 程式區塊建立 key 參數為 register_form 的表單。其中 st.text_input() 方法是輸入文字內容，label 參數為欄位名稱，placeholder 為提示文字；st.date_input() 方法是輸入日期；st_form_submit_button() 方法是提交按鈕。在之後的 if 條件判斷是否按下提交按鈕，如果是，就顯示輸入的註冊資料，其執行結果如下圖所示：

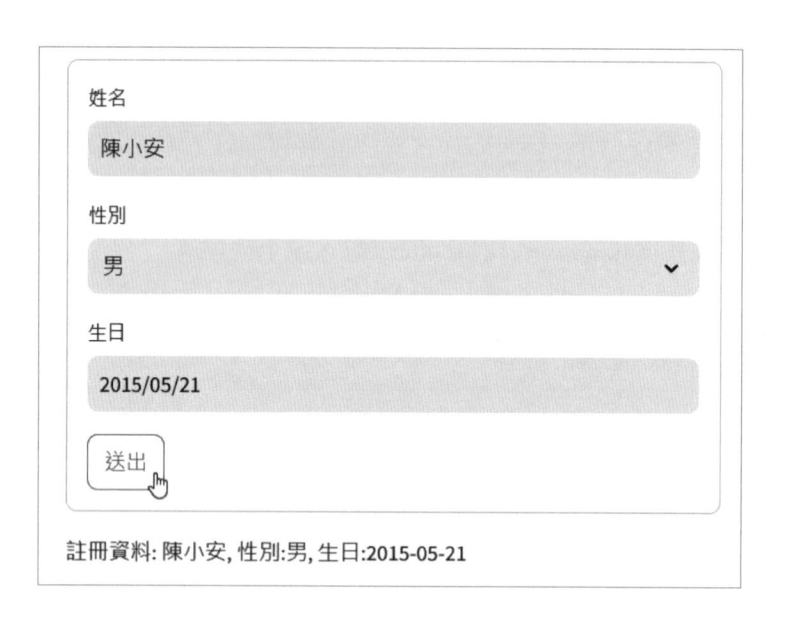

```
姓名
陳小安
性別
男                                    ⌄
生日
2015/05/21
送出
```

註冊資料: 陳小安,性別:男,生日:2015-05-21

10-6 佈局、狀態與聊天元件

  Streamlit 有提供佈局元件來編排 Streamlit 元件以建立版面配置。其狀態元件是顯示訊息文字、進度條和特效，聊天元件則是用來建立生成式 AI 所需的使用介面。

10-6-1 佈局元件

  Streamlit 佈局元件可讓我們建立側邊欄、多欄編排、標籤頁，以及點選才展開的版面配置。

側邊欄元件：st.sidebar

  基於版面編排，我們可將元件改成在側邊欄顯示，例如：將第 10-5 節的滑桿元件移至側邊欄，使用的是 st.sidebar，如下所示：

```
confidence = int(st.sidebar.slider("選擇信心指數", 30, 100, 50,
                                    key="conf"))
st.sidebar.write(confidence/100.0)
```

上述程式碼只需將 st 改成 st.sidebar，就可將元件搬至側邊欄。**請注意！**當 slider() 方法建立 2 個完全相同參數值的元件時，Streamlit 會將其視為同一個元件，造成重複元件的錯誤，此時可以加上 key 參數來區分這是 2 個不同的 slider() 方法，其執行結果如下圖所示：

欄容器元件：st.columns()

Streamlit 支援多欄版面配置。首先使用 st.columns() 方法指定參數的欄數，其回傳的元組為各欄，即可在指定欄位來建立網頁內容，如下所示：

```
column1, column2 = st.columns(2)
column1.write("第一欄")
column2.write("第二欄")
```

展開容器元件：st.expander()

Streamlit 支援使用類似抽屜方式的展開容器元件 st.expander() 方法，預設隱藏 expander 容器內容以節省空間，需要透過點選才會展開顯示 expander 容器的內容，如下所示：

```
expander = st.expander("請點擊展開...")
expander.write("展開顯示更多內容。")
```

請點擊展開...
展開顯示更多內容。

標籤頁容器元件：st.tabs()

Streamlit 也能建立 st.tabs() 方法的標籤頁，可藉由切換分頁標籤來顯示不同種類的資料，其參數串列就是每一頁標籤頁的名稱，如下所示：

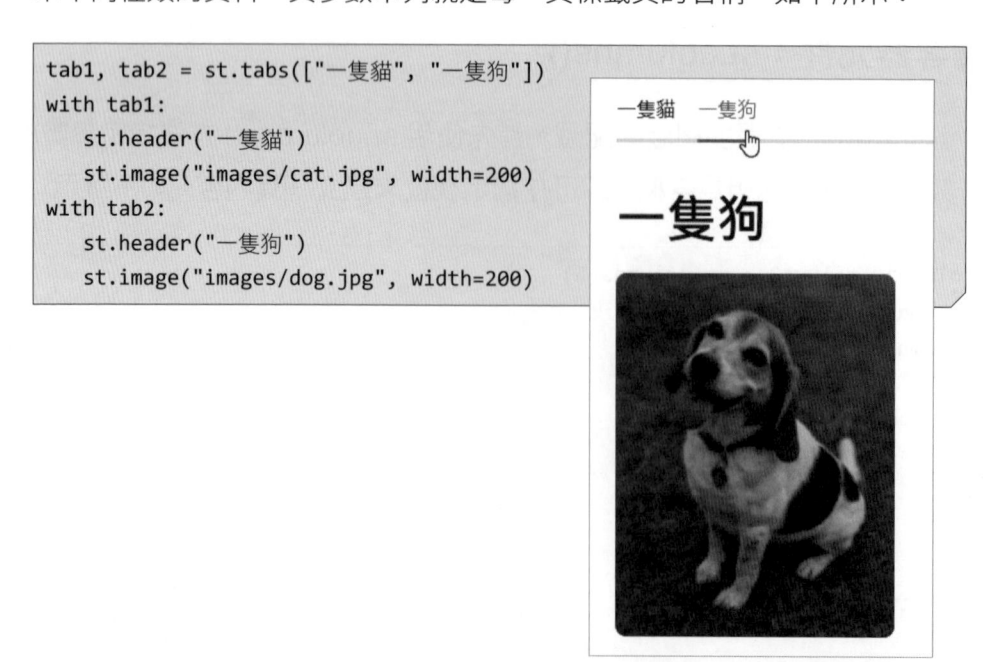

```
tab1, tab2 = st.tabs(["一隻貓", "一隻狗"])
with tab1:
    st.header("一隻貓")
    st.image("images/cat.jpg", width=200)
with tab2:
    st.header("一隻狗")
    st.image("images/dog.jpg", width=200)
```

10-6-2 狀態元件

Streamlit 狀態元件可建立網頁內容來顯示進度條、訊息通知、訊息框和網頁特效。

顯示進度條元件：st.progress()

Streamlit 的 st.progress() 方法是顯示進度條。為了模擬進度，我們使用 time.sleep() 方法暫停時間來模擬顯示出逐漸增加的進度，如下所示：

```
if st.button("開始計數"):
    bar = st.progress(0)
    for i in range(100):
        bar.progress(i + 1, f"目前進度: {i+1} %")
        time.sleep(0.05)
    bar.progress(100, "載入完成...")
```

上述 if 條件判斷是否有按下按鈕，如果有，就顯示目前進度為第 1 個參數的 0（第 2 個參數是顯示的訊息），然後使用 for 迴圈增加進度和顯示目前的進度，直到 100% 為止，其執行結果如下圖所示：

訊息通知元件：st.toast()

如果需要顯示訊息通知時，可使用 st.toast() 方法顯示訊息文字。而在 st.button() 方法的 type 參數值 "primary" 是主要按鈕樣式類型，如下所示：

```
if st.button("儲存資料", type="primary"):
    st.toast("編輯內容已經成功儲存...")
```

10-17

訊息框元件：st.success()、st.info()、st.warning() 和 st.error()

Streamlit 可以在網頁顯示不同色彩的成功、資訊、警告和錯誤的訊息框。而在 st.button() 方法的按鈕是使用 "secondary" 樣式，如下所示：

```
if st.button("顯示訊息框", type="secondary"):
    st.success("成功...")
    st.info("資訊...")
    st.warning("警告...")
    st.error("錯誤...")
```

網頁特效元件：st.balloons() 與 st.snow()

Streamlit 可以在網頁顯示 st.balloons() 放開氣球和 st.snow() 下雪的網頁慶祝特效，如下所示：

```
if st.button("顯示網頁特效"):
    st.balloons()
    st.snow()
```

10-6-3 聊天元件

Streamlit 聊天元件主要是為了建立 ChatGPT 等 LLM 大型語言模型的使用介面。我們需要使用 st.chat_message() 方法來顯示聊天訊息，st.chat_input() 方法輸入聊天訊息。

Streamlit 可使用兩種方法來顯示聊天訊息：第 1 種方法是使用 with 程式區塊，在 st.chat_message() 方法的參數為 "user" 或 "human"，表示訊息是由使用者發送，然後使用 st.write() 方法顯示聊天訊息，如下所示：

```
with st.chat_message("user"):
    st.write("Hi! 請問你是誰？")
message = st.chat_message("assistant")
message.write("你好！ LLM 可以回答你各種問題...")
message.write("請問我有什麼可以幫助你的嗎？")
```

上述沒有使用 with 程式區塊的程式碼是第 2 種方法：呼叫 st.chat_message() 方法建立一個 "assistant" 助理，或 "ai" 即 AI 發送的聊天訊息，並且指定給變數 message，然後使用 message.write() 方法來輸出聊天訊息。

在下方是使用 st.chat_input() 方法顯示一個輸入框，其參數為提示文字，如下所示：

```
st.chat_input("請輸入聊天訊息...")
```

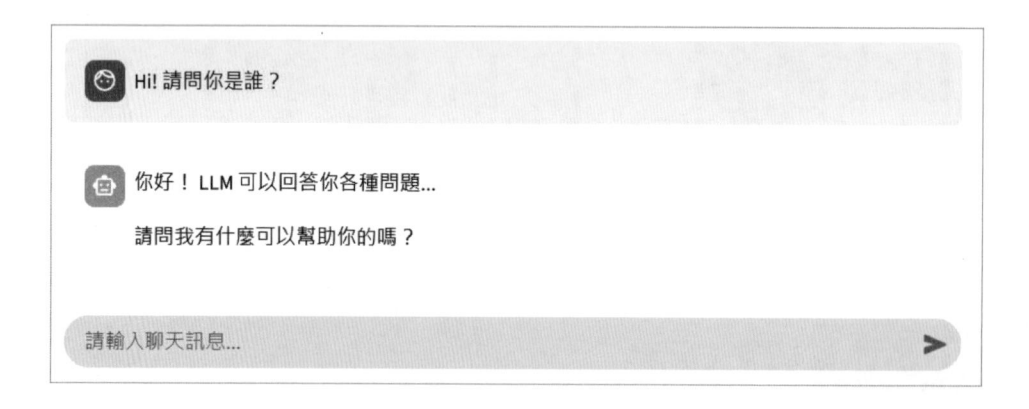

Hi! 請問你是誰？

你好！ LLM 可以回答你各種問題...
請問我有什麼可以幫助你的嗎？

請輸入聊天訊息...

10-7 使用快取機制與網頁配置設定

當 Streamlit 元件的輸入值改變，整頁網頁就會重新執行。對於一些耗時的運算或資源載入操作，則會造成每一次參數調整，也就需浪費時間等待運算與資源載入。此時，我們就可以使用 Streamlit 的快取機制。

對於 Streamlit 網頁，我們可以使用 st.set_page_config() 方法來設定網頁配置的標題、圖示和初始的網頁佈局等整個網頁的設定。

10-7-1 使用快取機制

Streamlit 的快取機制（Caching）可以將之前已經運算過的結果或載入的資源快取起來，當下一次遇到相同輸入值時，就能直接使用快取的內容來節省時間，而不用每次都重新載入資料或資源。

基本上，Streamlit 支援兩種快取機制，在 Python 程式的寫法是使用 Python 裝飾器（Decorator），如下所示：

- @st.cache_data：快取大量運算的結果，例如：載入 DataFrame 物件的資料，或是呼叫 Web API 等。

- @st.cache_resource：快取載入的資源，例如：AI 模型或資料庫連接等。

使用快取機制

Streamlit 是使用 @st.cache_data 裝飾器來建立快取，其裝飾的是 load_csv_data() 函式載入 CSV 檔案成 DataFrame 物件，如下所示：

```
@st.cache_data(ttl=3600, show_spinner="正在載入資料...")
def load_csv_data(url):
    return pd.read_csv(url)
```

上述裝飾器的 ttl=3600 參數是針對變動資料，可用來設定快取在 3600 秒（1 小時）後失效，當重新執行函式時，就會再次快取資料。如果資料量太大，可以設定 max_entries=1000 來限制最大的資料筆數。

在下方是呼叫 load_csv_data() 函式來載入 CSV 檔案，並在最後使用 st.dataframe() 方法來顯示 DataFrame 物件（沒有使用 st.write() 方法），如下所示：

```
df = load_csv_data(
"https://raw.githubusercontent.com/fchart/PythonCV/refs/heads/main/26k-consumer-complaints.csv")
st.dataframe(df)
```

第一次成功載入資料後，因為有快取，之後再重新整理網頁時，就能馬上顯示出資料，如下圖所示：

◯ 正在載入資料...					
0	0	1,291,006	Debt collection	None	Communication tactics
1	1	1,290,580	Debt collection	Medical	Cont'd attempts collect del
2	2	1,290,564	Mortgage	FHA mortgage	Application, originator, mo
3	3	1,291,615	Credit card	None	Other
4	4	1,292,165	Debt collection	Non-federal student loan	Cont'd attempts collect del
5	5	1,291,176	Debt collection	Payday loan	Communication tactics

清除快取

我們可以在 Streamlit 應用程式網頁上,執行右上角選單的 **Clear cache** 命令,再按 **Clear caches** 鈕來清除快取,如下圖所示:

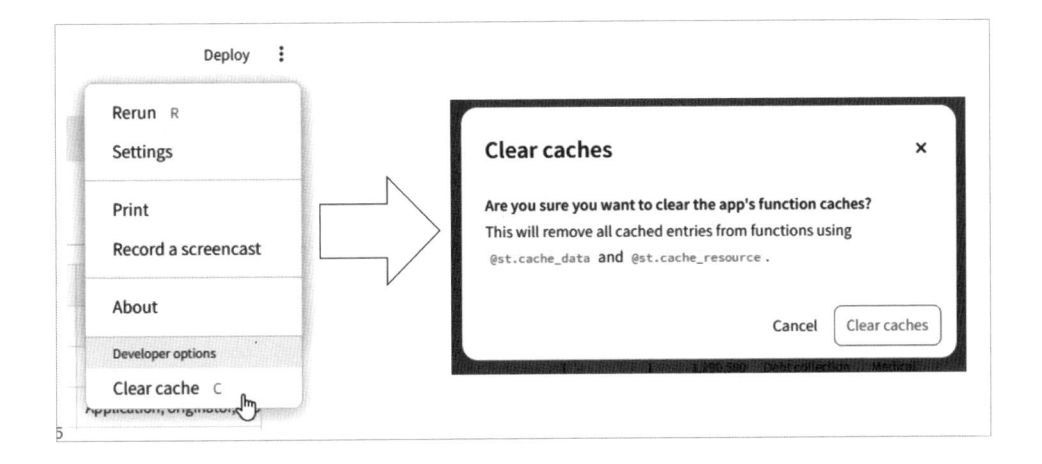

10-7-2 整頁網頁的配置設定

Streamlit 可以使用 st.set_page_config() 方法來設定整頁網頁的配置,此方法共有五個參數,其說明如下所示:

- **page_title 參數**:網頁標題,會顯示在瀏覽器的標籤頁上,預設是程式檔名稱。

- **page_icon 參數**:網頁圖示,顯示在網頁標題之前,可以使用 st.image() 方法或 Emoji(按 Win + . 或 Win + ; 組合鍵,可打開表情符號面板來選擇表情符號),如為 "random" 就是隨機產生。

- **layout 參數**:指定網頁佈局,預設是 "centered",或是 "wide"。

- **initial_sidebar_state 參數**：指定側邊欄初始的顯示狀態，值 "expanded" 是開啟，"collapsed" 是隱藏，預設是 "auto"，自動依螢幕寬度來決定是開啟或隱藏。

- **menu_items 參數**：設定位在網頁右上角的選單，有三個選項可以設定。"Get help" 和 "Report a Bug" 是設定 URL，如果沒有設定，則隱藏此選項；URL 除了網址，也可以是電子郵件地址，例如：mailto:joe@example.com。"About" 是顯示「關於」視窗的 Markdown 字串，如果沒有，則顯示 Streamlit 的預設內容。

請注意！st.set_page_config() 方法需要在所有 Streamlit 程式碼之前，即位在 Python 程式的開頭（匯入套件的程式碼之後），而且只能設定一次，如下所示：

```
st.set_page_config(
    page_title="我的Streamlit應用程式",
    page_icon="random",
    layout="centered",
    initial_sidebar_state="expanded",
    menu_items={
        "Get Help": 'https://fchart.github.io/',
        "About": "**[fChart](https://fchart.github.io/)** 是fChart工具的網頁"
    }
)
```

10-7-3　Streamlit 應用程式的網頁設定

在 Streamlit 應用程式網頁的右上方選單，除了之前提過的 **Rerun** 和清除快取命令，還有網頁設定與螢幕錄影功能，可以將操作流程都錄製下來。在 **Settings** 命令擁有幾個選項，如下圖所示：

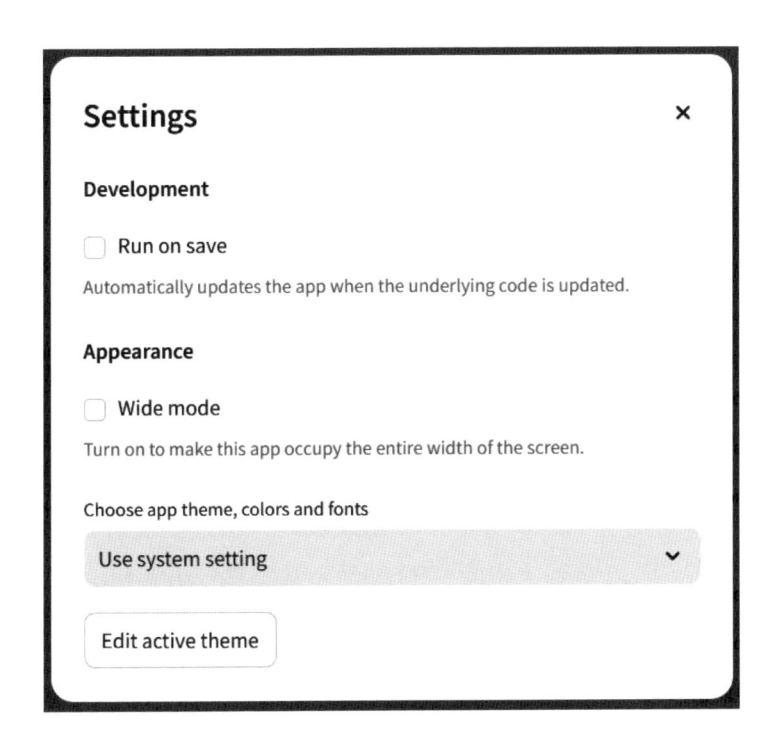

上述設定選項的說明，如下所示：

● **Run on save**：若勾選，當程式存檔後，網頁就自動更新，如此就不需要手動執行 **Rerun** 命令。

● **Wide mode**：設定寬佈局的外觀，可以佔滿整個螢幕的寬度。

● **Choose app theme, colos and fonts**：選擇或自訂佈景主題。

10-8 Streamlit 互動介面設計：建立 YOLO 的 AI 互動介面

學會 Streamlit 基本互動介面設計後，我們就可以整合 YOLO 和 Streamlit 來建立 Streamlit 版的 AI 互動介面。在第 10-8-1 節的 Python 程式是從第 10-8-2 節完整 YOLO 的 Streamlit 互動介面所抽出的 2 個範例。

10-8-1 YOLO 影像與視訊的物體偵測介面

這一節我們將分別建立 YOLO 影像與視訊的物體偵測介面，以便說明 Streamlit 檔案上傳的 st.file_uploader() 方法、顯示影像的 st.image() 方法和顯示視訊的 st.video() 與 st.empty() 方法。

YOLO 影像的物體偵測介面：ch10-8-1/app.py

Streamlit 應用程式的執行結果，如果是第一次啟動需等待下載 YOLO 模型檔。然後，可以看到上傳圖檔的介面，請按 **Browse files** 鈕上傳圖檔「ch08/images/dog_girl.jpg」，如下圖所示：

上傳圖檔執行YOLO物體偵測

選擇圖檔...

Drag and drop file here
Limit 200MB per file • JPG, JPEG, PNG, BMP, WEBP

Browse files

等到成功上傳圖檔後，可以在左邊看到上傳的圖檔，請按下方的**執行**鈕，即可在右邊看到 YOLO 物體偵測的結果，如下圖所示：

Streamlit 的 AI 互動介面設計　10

請點選右下方展開**偵測結果**，可以看到詳細的物體偵測結果，如右圖所示：

Python 程式碼在匯入相關套件後，載入 YOLO 模型檔，接著建立 Streamlit 網頁介面，如下所示：

10-27

```python
import streamlit as st
import cv2
import numpy as np
from PIL import Image
from ultralytics import YOLO

model = YOLO("yolo12n.pt")
# Streamlit 網頁介面
st.title("上傳圖檔執行YOLO物體偵測")
source_img = st.file_uploader(
    label="選擇圖檔...",
    type=("jpg", "jpeg", "png", 'bmp', 'webp')
)
```

上述 st.title() 方法顯示標題文字後,使用 st.file_uploader() 方法建立上傳圖檔的介面,其 label 參數是元件說明文字,type 參數指定可上傳的圖檔格式。

在下方使用 st.columns() 方法建立 2 欄介面。首先建立第 1 欄 col1,在使用 Image.open() 方法取得上傳圖檔的影像後,使用 st.image() 方法顯示上傳圖檔,其 use_container_width 參數值 True 是使用上層容器的寬度,如下所示:

```
col1, col2 = st.columns(2)
with col1:
    if source_img:
        uploaded_image = Image.open(source_img)
        st.image(image=source_img,
                 caption="上傳圖檔",
                 use_container_width=True)
if source_img:
    if st.button("執行"):
        with st.spinner("執行中..."):
            res = model.predict(uploaded_image,
                                conf=0.6)
            res_plotted = res[0].plot()[:, :, ::-1]
```

Streamlit 的 AI 互動介面設計

上述程式碼使用 st.button() 方法建立執行按鈕，st.spinner() 方法顯示執行中訊息後，就可以使用 YOLO 偵測上傳的影像，其信心指數需超過 0.6。接著呼叫 plot() 方法取得標示偵測結果的影像，在最後的 [:, :, ::-1] 切割運算子是轉換影像的色彩通道，可以從 BGR（Blue, Green, Red）轉換成 RGB（Red, Green, Blue）格式。

在下方建立第 2 欄 col2，使用 st.Image() 方法顯示偵測結果的影像後，再使用 st.expander() 方法的展開容器來顯示偵測結果的分類編號、分類名稱、邊界框座標和信心指數，如下所示：

```
with col2:
    st.image(res_plotted,
             caption="偵測結果影像",
             use_container_width=True)
    try:
        with st.expander("偵測結果"):
            for box in res[0].boxes:
                cords = box.xyxy[0].tolist()
                cords = [round(x) for x in cords]
                class_id = int(box.cls[0].item())
                conf = box.conf[0].item()
                conf = round(conf*100, 2)
                st.write("分類編號:", class_id)
                st.write("分類名稱:", model.names[class_id])
                st.write("邊界框座標:", cords)
                st.write("信心指數:", conf, "%")
                st.write("------------------------")
    except Exception as ex:
        st.write("尚未有圖檔上傳!")
        st.write(ex)
```

上述 for 迴圈可顯示影像中所有偵測到物體的偵測結果，並使用 st.write() 方法自動以最佳方式來顯示網頁內容。

YOLO 視訊的物體偵測介面：ch10-8-1a/app.py

　　Streamlit 應用程式的執行結果，如果是第一次啟動需等待下載 YOLO 模型檔。然後，可以看到一個上傳影片檔的介面，請按 **Browse files** 鈕上傳影片檔「ch08/media/demo.mp4」。

　　等到成功上傳影片檔後，就可以看到我們上傳的影片檔 (此介面可播放影片檔)，如下圖所示：

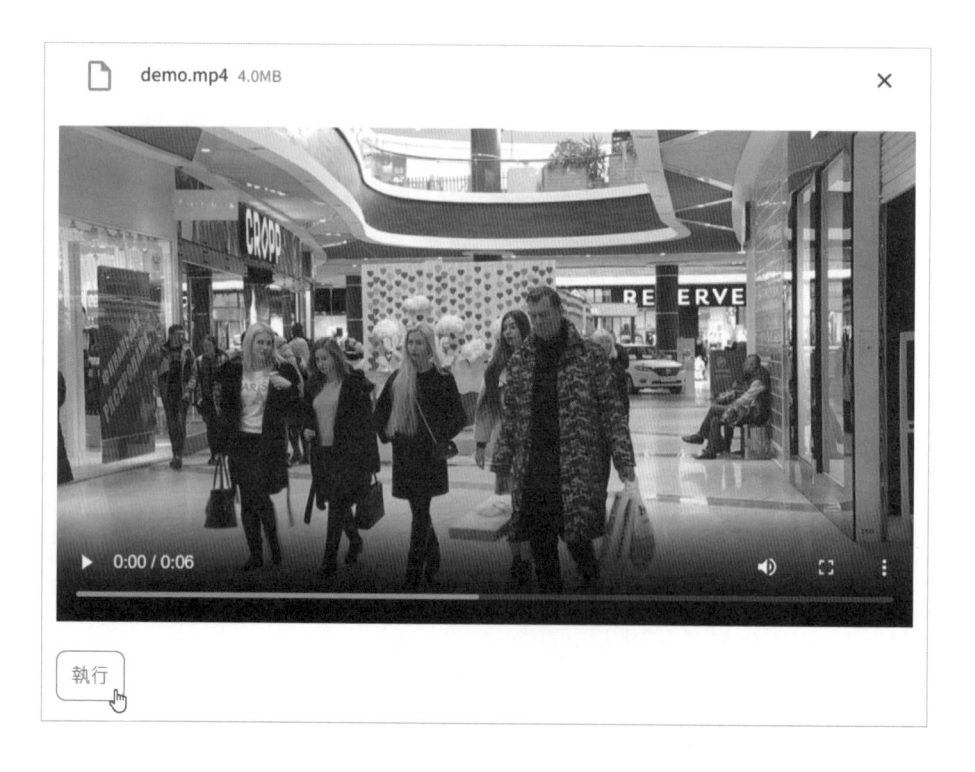

　　請按下方的**執行**鈕，即可看到視訊的 YOLO 物體偵測結果，如下圖所示：

偵測結果影片

　　Python 程式碼首先匯入相關套件，tempfile 模組是用來建立暫存文件檔。在載入 YOLO 模型檔後，建立 _display_detected_frames() 函式來執行影格的 YOLO 物體偵測，其參數依序是 conf 信心指數、model 模型、st_frame 是 Streamlit 顯示影格的元件，最後是欲偵測的影格影像，如下所示：

```
import streamlit as st
import cv2
from ultralytics import YOLO
import tempfile

model = YOLO("yolo12n.pt")

def _display_detected_frames(conf, model, st_frame, image):
    image = cv2.resize(image, (720, int(720 * (9 / 16))))
    res = model.predict(image, conf=conf)
    res_plotted = res[0].plot()
    st_frame.image(res_plotted,
                   caption='偵測結果影片',
                   channels="BGR",
                   use_container_width=True)
```

上述函式首先調整影格的尺寸後,呼叫 model.predict() 方法來執行物體偵測,即可取得標示偵測結果的影像,然後在 st_frame 元件之中,使用 image() 方法顯示偵測結果的影像,其色彩通道為 "BGR"。

在下方建立 Streamlit 網頁介面,首先是顯示的標題文字,接著是上傳影片檔,即可使用 st.video() 方法顯示上傳的影片檔,如下所示:

```
st.title("上傳影片檔執行YOLO物體偵測")
source_video = st.file_uploader(
    label="選擇上傳影片檔..."
)
if source_video:
    st.video(source_video)
    if st.button("執行"):
        with st.spinner("執行中..."):
            try:
                tfile = tempfile.NamedTemporaryFile()
                tfile.write(source_video.read())
                vid_cap = cv2.VideoCapture(tfile.name)
```

上述程式碼使用 st.button() 方法建立執行按鈕,st.spinner() 方法顯示執行中訊息後,呼叫 tempfile.NamedTemporaryFile() 方法建立命名的暫存檔,即可呼叫 write() 方法將使用 read() 方法讀取的上傳影片檔內容寫入暫存文件,並使用 OpenCV 開啟暫存文件的影片檔。

在下方使用 st.empty() 方法建立一個空的容器元件,此元件是用來顯示偵測結果的影像,接著使用 while 迴圈來讀取影格,如下所示:

```
st_frame = st.empty()
while (vid_cap.isOpened()):
    success, image = vid_cap.read()
    if success:
        _display_detected_frames(0.6, model,
                                  st_frame, image)
```

```
            else:
                vid_cap.release()
                break
    except Exception as e:
        st.error(f"載入影片檔錯誤: {e}")
```

上述 while 迴圈在呼叫 vid_cap.read() 方法讀取影格後，呼叫 _display_detected_frames() 函式來顯示影格的偵測結果。

10-8-2 建立 YOLO Streamlit App 互動介面

本節完整 YOLO Streamlit App 互動介面是筆者修改並中文化 GitHub 的 YOLO v8 專案，其 GitHub 網址如下所示：

https://github.com/JackDance/YOLOv8-streamlit-app/tree/master

在「ch10/YOLO_Streamlit_App」目錄是修改後且中文化的完整專案內容，如右圖所示：

右述 app.py 是 Streamlit 互動介面；config.py 是設定檔，定義介面的相關常數；utils.py 是 YOLO 物體偵測的工具函式，筆者已新增 YOLO 姿態評估、以及在資料來源新增 IP Cam 的功能。

我們可以啟動 Python 開發環境的「命令提示字元」視窗，即 CLI 介面，然後切換至 Streamlit App 所在目錄，執行下列命令來啟動 Streamlit App，其 Python 程式檔名是 app.py（如果已經啟動過 Streamlit 應用程式，也可直接執行 runStreamlitApp.py 來啟動），如下所示：

```
streamlit run app.py Enter
```

　　在 Streamlit 互動介面的側邊欄可以選擇**物體偵測**或**姿態評估**任務，接著在下方選擇使用的 YOLO 模型檔。在選擇來源為圖檔或影片檔後，就可在下方上傳圖檔或影片檔來執行 YOLO 偵測任務。首先是圖檔影像的物體偵測，如下圖所示：

　　然後是影片檔的 YOLO 物體偵測，如下圖所示：

學習評量

1. 請問什麼是 Streamlit？在 Python 虛擬環境如何安裝和啟動 Streamlit 應用程式？

2. 請簡單說明 Streamlit 支援的表單元件有哪些？我們可以使用的版面配置元件有哪些？

3. 請問 Streamlit 的快取機制是什麼？在 Python 程式如何使用快取機制？

4. 請修改 Streamlit 應用程式 app.py，將第 10-5 節的 Streamlit 表單介面都移至側邊欄。

5. 請修改 Streamlit 應用程式 app.py，將第 10-4 節的折線圖和地圖建立成二頁的標籤頁。

6. 請整合第 10-8-1 節的 2 個 app.py，改在側邊欄新增一個下拉式選單來切換這 2 種介面，分別是影像和視訊的 YOLO 物體偵測介面。

MEMO

Chapter 11 AI 電腦視覺實戰：刷臉門禁管理、微笑拍照與變臉化妝

▷ 11-1　AI 電腦視覺實戰：刷臉門禁管理

▷ 11-2　AI 電腦視覺實戰：YOLO 臉部情緒偵測

▷ 11-3　AI 電腦視覺實戰：微笑拍照

▷ 11-4　AI 電腦視覺實戰：變臉與化妝

11-1　AI 電腦視覺實戰：刷臉門禁管理

我們可以使用第 6-4 節 face-recognition 套件的人臉識別（Face Recognition）功能，輕鬆建立出刷臉簽到的應用，也就是即時判斷 Webcam 影格中的人臉是哪一位先生/小姐。

基本上，人臉識別不只需要偵測出人臉，還需要判斷這張人臉是誰？所以，我們需要建立 2 個 Python 程式來執行二項工作，如下所示：

- ch11-1.py：預先建立人臉圖檔的編碼，雖然一張圖檔允許多張人臉，但建議使用只有一張臉的圖檔來進行臉部資料編碼。

- ch11-1a.py：使用 Webcam 取得人臉影像，即可與預建立的臉部資料編碼進行比較，判斷出人臉是哪一位先生/小姐。

臉部資料編碼：ch11-1.py

Python 程式是使用字典儲存透過 face-recognition 套件建立的臉部資料編碼，在完成臉部資料編碼後，就使用 pickle 模組將字典串列儲存成 faces_encoding.dat 檔案，其執行結果如下所示：

```
人臉:[ images/mary.jpg ]編碼中...
人臉:[ images/mary.jpg ]編碼完成...
人臉:[ images/jane.jpg ]編碼中...
人臉:[ images/jane.jpg ]編碼完成...
人臉:[ images/grace.jpg ]編碼中...
人臉:[ images/grace.jpg ]編碼完成...
人臉編碼已經成功寫入faces_encoding.dat...
```

上述執行結果顯示成功已編碼 3 張影像的臉部資料。在 Python 程式的相同目錄，可以看到 faces_encoding.dat 二進位檔案，如右圖所示：

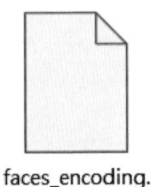

faces_encoding.dat

Python 程式碼首先匯入 face-recognition 和 OpenCV 套件，而匯入 pickle 模組是為了將字典串列寫入二進位檔案。然後建立已知人臉資料的字典串列 known_face_list，如下所示：

```
import face_recognition
import cv2
import pickle

known_face_list = [
    {
        "name": "Mary",
        "filename": "mary.jpg",
        "face_encoding": None
    },
    {
        "name": "Jane",
        "filename": "jane.jpg",
        "face_encoding": None
    },
    {
        "name": "Grace",
        "filename": "grace.jpg",
        "face_encoding": None
    }
]
```

上述已知人臉資料字典的 "name" 鍵是姓名；"filename" 鍵是圖檔名稱；"face_encoding" 鍵是臉部資料編碼，因為尚未產生編碼，所以值是 None。

在下方使用 for 迴圈產生字典串列 known_face_list 的臉部資料編碼，首先建立每一張人臉的圖檔路徑，如下所示：

```
for data in known_face_list:
    fname = "images/"+data["filename"]
    print("人臉:[", fname, "]編碼中...")
    img = cv2.imread(fname)
    rgb_img = cv2.cvtColor(img, cv2.COLOR_BGR2RGB)
```

```
encodings = face_recognition.face_encodings(rgb_img)
data["face_encoding"] = encodings[0]
print("人臉:[", fname, "]編碼完成...")
```

上述程式碼使用 OpenCV 的 cv2.imread() 方法讀取圖檔（**請注意！**圖檔路徑並不允許使用中文名稱），然後呼叫 cv2.cvtColor() 方法將 BGR 轉換成 RGB 色彩，再使用 face_encodings() 方法執行臉部資料編碼，並更新字典 "face_encoding" 鍵的編碼資料。

在下方 with/as 程式區塊開啟二進位檔案 faces_encoding.dat 後，使用 pickle.dump() 方法將字典串列 known_face_list 寫入二進位檔案，如下所示：

```
with open("faces_encoding.dat", "wb") as f:
    pickle.dump(known_face_list, f)
print("人臉編碼已經成功寫入faces_encoding.dat...")
```

刷臉簽到：ch11-1a.py

成功執行 ch11-1.py 建立臉部資料編碼 faces_encoding.dat 的二進位檔案後，Python 程式就能使用此檔案的臉部資料編碼來執行人臉識別，分別識別出 Webcam 的影格中是 Jane 和 Grace，如下圖所示：

AI 電腦視覺實戰：刷臉門禁管理、微笑拍照與變臉化妝

　　Python 程式碼首先匯入 face-recognition、OpenCV 和 NumPy 套件，以及 pickle 模組後，使用 with/as 程式區塊讀取 faces_encoding.dat 二進位檔案，也就是上一小節的字典串列 known_face_list，如下所示：

```
import face_recognition
import cv2
import numpy as np
import pickle

with open("faces_encoding.dat", "rb") as f:
    known_face_list = pickle.load(f)
known_face_encodings = []
for data in known_face_list:
    known_face_encodings.append(data["face_encoding"])
```

　　上述程式碼首先初始化 known_face_encodings 變數的空串列，這是已知臉部資料編碼的串列，然後使用 for 迴圈走訪字典串列 known_face_list，取出 data["face_encoding"] 編碼資料來建立已知臉部資料編碼的串列 known_face_encodings。

　　在下方建立 VideoCapture 物件，參數 0 是 Webcam。接著使用 while 無窮迴圈呼叫 read() 方法讀取影格並轉換成 RGB 色彩，再使用 face_locations() 方法進行人臉偵測，以及 face_encodings() 方法計算人臉的臉部資料編碼，如下所示：

```
cap = cv2.VideoCapture(0, cv2.CAP_DSHOW)
while True:
    success, img = cap.read()
    rgb_img = cv2.cvtColor(img, cv2.COLOR_BGR2RGB)
    locations = face_recognition.face_locations(rgb_img)
    encodings = face_recognition.face_encodings(rgb_img,
                                                locations)
    for idx, encoding in enumerate(encodings):
        top, right, bottom, left = locations[idx]
        distances = face_recognition.face_distance(
                       known_face_encodings, encoding)
```

11-5

```
        best_match_index = np.argmin(distances)
        if distances[best_match_index] < 0.4:
            name = known_face_list[best_match_index]["name"]
        else:
            name = "Unknown"
```

上述 for 迴圈走訪臉部資料編碼串列 encodings 及其索引。首先取出此索引的臉部邊界框座標，再呼叫 face_distance() 方法計算歐式距離，並使用 NumPy 的 argmin() 方法找出最小差異的索引值。接著使用 if/else 條件判斷此索引值的距離是否小於 0.4，如果是，表示成功識別出人臉，即可取出 "name" 鍵的人臉姓名；如果大於 0.4，則為 "Unknown"。

在下方呼叫 cv2.rectangle() 方法繪出臉部紅色邊界框，並且在下方顯示識別出的姓名。其寫出的紅底文字是先呼叫 cv2.rectangle() 方法繪出紅色長方形的底，再呼叫 cv2.putText() 方法寫上白色的姓名，如下所示：

```
        cv2.rectangle(img, (left, top), (right, bottom),
                      (0, 0, 255), 2)
        cv2.rectangle(img, (left, bottom-35), (right, bottom),
                      (0, 0, 255), cv2.FILLED)
        cv2.putText(img, name, (left+6, bottom-6),
                    cv2.FONT_HERSHEY_SIMPLEX, 1,
                    (255, 255, 255), 1)
    cv2.imshow("Face", img)
    if cv2.waitKey(1) & 0xFF == ord("q"):
        break
cap.release()
cv2.destroyAllWindows()
```

上述程式碼呼叫 cv2.imshow() 方法顯示標示人臉方框和姓名的影格，if 條件判斷是否按下 Q 鍵，如果是，就跳出迴圈結束刷臉簽到。

11-2 AI 電腦視覺實戰：YOLO 臉部情緒偵測

我們將從 Roboflow Universe 搜尋和下載臉部表情偵測資料集，並自行訓練一個 YOLO 物體偵測模型來執行 YOLO 臉部表情偵測。

11-2-1 使用 Roboflow 資料集訓練 YOLO 模型

在本節使用的 Roboflow 資料集是 Facial Emotion Detection Computer Vision Project，其 URL 網址如下所示：

```
https://universe.roboflow.com/my-workspace-2-9rl26/facial-emotion-detection-rijqy
```

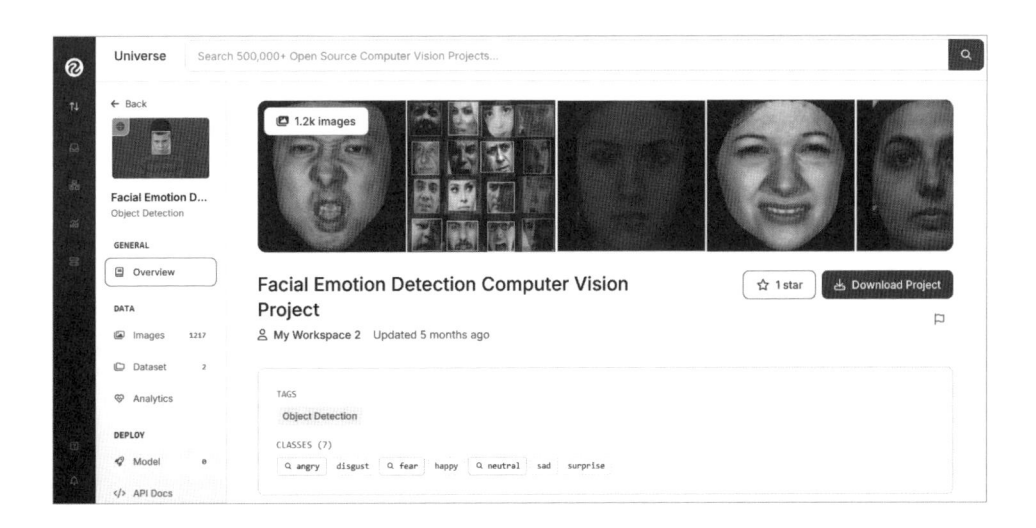

步驟一：下載 Roboflow 資料集

請參閱第 9-2-1 節的步驟，下載 YOLO11 版的上述資料集，並於解壓縮後，複製至「ch11/ch11-2-1/data」目錄，即可看到目錄結構，如下圖所示：

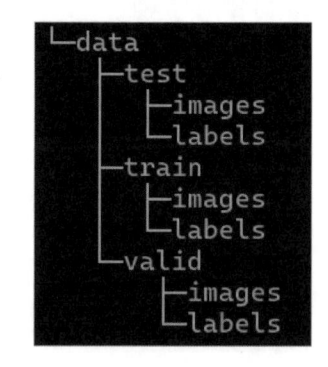

```
└─data
  ├─test
  │  ├─images
  │  └─labels
  ├─train
  │  ├─images
  │  └─labels
  └─valid
     ├─images
     └─labels
```

步驟二：建立 data.yaml 檔案

我們準備直接修改 Roboflow 資料集的 data.yaml 檔案。請將此檔案複製至「ch11/ch11-2-1」目錄，然後開啟檔案修改訓練、驗證和測試資料集的路徑為「./data」開頭，如下所示：

```
train: ./data/train/images
val: ./data/valid/images
test: ./data/test/images
```

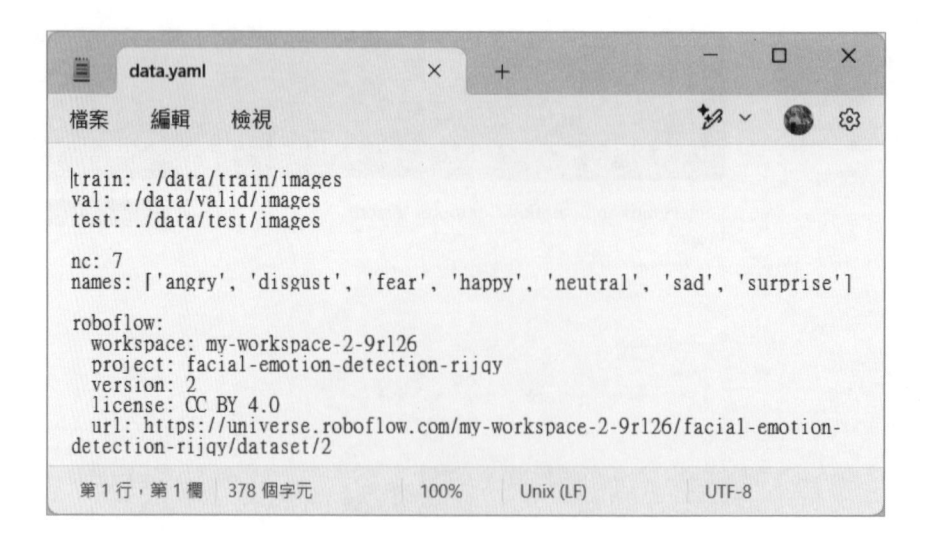

```
train: ./data/train/images
val: ./data/valid/images
test: ./data/test/images

nc: 7
names: ['angry', 'disgust', 'fear', 'happy', 'neutral', 'sad', 'surprise']

roboflow:
  workspace: my-workspace-2-9rl26
  project: facial-emotion-detection-rijqy
  version: 2
  license: CC BY 4.0
  url: https://universe.roboflow.com/my-workspace-2-9rl26/facial-emotion-detection-rijqy/dataset/2
```

上述臉部表情偵測共有 7 個分類：'angry'、'disgust'、'fear'、'happy'、'neutral'、'sad' 和 'surprise'。

步驟三：訓練 YOLO 臉部情緒偵測模型

Python 程式：ch11-2-1/Step3_YOLO_model_trainer.py 是用來訓練 YOLO 臉部情緒偵測模型，首先請修改程式開頭的訓練參數，如下所示：

```
model_size = "s"   # YOLO 模型尺寸是"n", "s", "m", "l", "x"
version = "12"     # YOLO 版本是"12", "11", "v8"
epochs = 100       # 訓練週期
batch = 16         # 批次大小，每次迭代中使用的數據樣本數
imgsz = 640        # 圖片尺寸，指圖像在訓練時會被調整到的尺寸
plots = True       # 是否在訓練過程中繪製圖表，用於可視化訓練過程
```

上述模型尺寸是 "s"，版本是 YOLO12，訓練週期是 100 次。請執行此程式，可以看到訓練過程（這是使用 GPU 訓練的最後 3 次），如下所示：

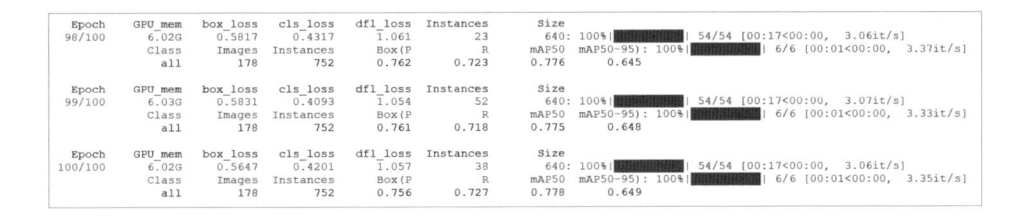

```
Epoch    GPU_mem   box_loss   cls_loss   dfl_loss  Instances       Size
98/100    6.02G     0.5817     0.4317      1.061         23        640: 100%|██████████| 54/54 [00:17<00:00,  3.06it/s]
         Class     Images  Instances      Box(P          R      mAP50  mAP50-95): 100%|██████████| 6/6 [00:01<00:00,  3.37it/s]
           all       178        752      0.762      0.723      0.776      0.645

Epoch    GPU_mem   box_loss   cls_loss   dfl_loss  Instances       Size
99/100    6.03G     0.5831     0.4093      1.054         52        640: 100%|██████████| 54/54 [00:17<00:00,  3.07it/s]
         Class     Images  Instances      Box(P          R      mAP50  mAP50-95): 100%|██████████| 6/6 [00:01<00:00,  3.33it/s]
           all       178        752      0.761      0.718      0.775      0.648

Epoch    GPU_mem   box_loss   cls_loss   dfl_loss  Instances       Size
100/100   6.02G     0.5647     0.4201      1.057         38        640: 100%|██████████| 54/54 [00:17<00:00,  3.06it/s]
         Class     Images  Instances      Box(P          R      mAP50  mAP50-95): 100%|██████████| 6/6 [00:01<00:00,  3.35it/s]
           all       178        752      0.756      0.727      0.778      0.649
```

模型訓練完成後，首先顯示訓練結果的模型性能指標和儲存的路徑「runs/detect/train」，如下所示：

```
Results saved to runs\detect\train
模型訓練結果=============
map50-95: 0.6545478459251677
map50: 0.7865604720153898
map75: 0.7351667170818743
每一分類的map50-95: [     0.55798      0.94256      0.53515      0.65732
      0.47448      0.49449      0.91985]
```

並在驗證完成後，顯示驗證結果的模型性能指標和儲存的路徑「runs/detect/train2」，如下所示：

```
Results saved to runs\detect\train2
模型驗證結果============
map50-95: 0.6557749831898348
map50: 0.786709782833402
map75: 0.735486564917233
每一分類的map50-95: [    0.55937     0.94255      0.5356     0.65854
     0.47399     0.49729     0.92308]
```

YOLO 訓練結果的權重檔是在「ch11/ch11-2-1/runs/detect/train」目錄下的「weights」子目錄，可以看到 best.pt 權重檔，請將此檔案複製至「ch11」目錄，並且更名為 **face_emotion.pt**。

11-2-2 使用 YOLO 臉部情緒偵測

YOLO 權重檔 **face_emotion.pt** 也可從 GitHub 下載，其下載的 URL 網址如下所示：

https://github.com/fchart/PythonCV/raw/refs/heads/main/weights/face_emotion.pt

複製或下載 **face_emotion.pt** 至「ch11」目錄後，即可執行 Python 程式：ch11-2-2.py，這是使用 YOLO 模型來偵測影像中的臉部情緒，其執行結果如右圖所示：

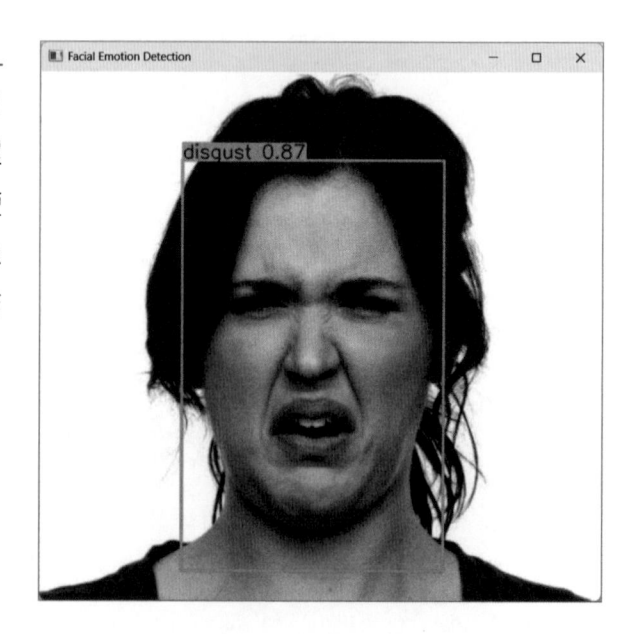

Python 程式碼依序匯入 YOLO、OpenCV 和 torch 套件，然後指定測試圖檔的路徑，如下所示：

```python
from ultralytics import YOLO
import cv2
import torch

image_file = "images/Disgust.jpg"
device = torch.device("cuda" if torch.cuda.is_available() else "cpu")
```

上述程式碼使用 torch.device() 方法判斷是 GPU 或 CPU 運算裝置後，在下方載入 YOLO 模型 face_emotion.pt，然後執行物體偵測，如下所示：

```python
model = YOLO("face_emotion.pt")
model.to(device)
result = model.predict(source=image_file, device=device)
for ele in result:
    for bbox in ele.boxes:
        x1, y1, x2, y2 = bbox.xyxy[0]   # 取得左上角和右下角座標
        print(f"Bounding box: ({x1}, {y1}), ({x2}, {y2})")
```

上述程式碼顯示偵測結果的邊界框座標，在下方顯示偵測結果，並且儲存成圖檔 Result.jpg，如下所示：

```python
res_plotted = result[0].plot()
cv2.imshow("Facial Emotion Detection", res_plotted)
cv2.imwrite("Result.jpg", img=res_plotted)
cv2.waitKey(0)
cv2.destroyAllWindows()
```

11-3 AI 電腦視覺實戰：微笑拍照

在這一節我們將分別使用第 6-5 節的 Deepface 套件，和第 11-2 節的 YOLO 情緒偵測模型來建立微笑拍照，當偵測到臉部情緒為 "happy" 且持續一秒鐘，就拍照儲存目前的影格。

11-3-1 使用 Deepface 的微笑拍照

Python 程式是開啟影片檔來模擬 Webcam，其執行結果當偵測到 "happy" 且持續一秒鐘，就儲存目前影格至 Python 程式的相同目錄，如右圖所示：

Python 程式碼在匯入 OpenCV 套件、time 模組和從 deepface 匯入 DeepFace 類別後，初始化網路攝影機或開啟影片檔，以此例是開啟 emotion1.mp4 影片檔。smile_duration 變數是微笑的持續時間，單位是秒；start_time 變數則用來計時，如下所示：

```
import cv2
import time
from deepface import DeepFace

cap = cv2.VideoCapture("media/emotion1.mp4")
smile_duration = 1
start_time = None
while True:
    ret, frame = cap.read()
```

```
if not ret:
    break
original_frame = frame.copy()
result = DeepFace.analyze(frame, actions=['emotion'],
                         enforce_detection=False)
```

　　上述 while 無窮迴圈呼叫 read() 方法讀取影格後，呼叫 copy() 方法保留沒有標示的原始影格，即可使用 DeepFace 偵測情緒。在下方取得情緒名稱和臉部座標 (x, y, w, h)，就能繪出邊界框和寫上情緒文字，如下所示：

```
emotion = result[0]['dominant_emotion']
face_region = result[0]['region']
x, y = face_region['x'], face_region['y']
w, h = face_region['w'], face_region['h']
cv2.rectangle(frame, (x, y), (x+w, y+h), (0, 255, 0), 2)
emotion_text = f"Emotion: {emotion}"
cv2.putText(frame, emotion_text, (x, y-10),
            cv2.FONT_HERSHEY_SIMPLEX, 0.9, (0, 255, 0), 2)
if emotion == 'happy':
    if start_time is None:
        start_time = time.time()
    elif time.time() - start_time >= smile_duration:
        filename = f"smile_{int(time.time())}.jpg"
        cv2.imwrite(filename, original_frame)
        print(f"拍照並儲存為 {filename}")
        start_time = None  # 重置計時器
else:
    start_time = None  # 重置計時器
```

　　上述 if/else 條件是偵測微笑，即是否為 'happy'。如果是，若尚未開始計時，就指定 start_time 的時間；否則，判斷目前時間和 start_time 時間的差是否超過 1 秒。如果是，就拍照儲存目前的影格，儲存的是 original_frame，然後重置計時器，將 start_time 變數指定成 None。

在下方是呼叫 cv2.putText() 方法在影格左上角寫上偵測到的所有臉部情緒，這是使用 for 迴圈來一一寫上情緒名稱和信心指數，如下所示：

```
    all_emotions = result[0]['emotion']
    y_position = 30
    for emotion_type, score in all_emotions.items():
        emotion_info = f"{emotion_type}: {score:.2f}%"
        cv2.putText(frame, emotion_info, (10, y_position),
                    cv2.FONT_HERSHEY_SIMPLEX, 0.5, (255, 0, 0), 1)
        y_position += 20

    cv2.imshow("Deepface Emotion", frame)
    if cv2.waitKey(1) & 0xFF == ord('q'):
        break
cap.release()
cv2.destroyAllWindows()
```

上述程式碼使用 OpenCV 顯示標示的影格，if 條件判斷是否按下 Q 鍵，如果是，就跳出迴圈結束微笑拍照。

11-3-2　使用 YOLO 臉部情緒偵測的微笑拍照

在第 11-2 節我們已使用 YOLO 成功訓練了一個情緒偵測模型。YOLO 權重檔 face_emotion.pt 也可從 GitHub 下載，其下載的 URL 網址如下所示：

https://github.com/fchart/PythonCV/raw/refs/heads/main/weights/face_emotion.pt

複製或下載 face_emotion.pt 至「ch11」目錄後，即可執行 Python 程式：ch11-3-2.py，這是使用 YOLO 模型來偵測影像中的臉部情緒，當

偵測到 "happy" 且持續一秒鐘，就儲存目前影格至 Python 程式的相同目錄，如下圖所示：

[圖：YOLO Emotion 視窗顯示 Happy: 0.78]

　　Python 程式碼依序匯入 OpenCV 套件、time 模組、torch 套件和 YOLO 類別後，初始化網路攝影機或開啟影片檔，以此例是開啟 emotion2.mp4 影片檔。smile_duration 變數是微笑的持續時間，單位是秒；start_time 變數則用來計時，如下所示：

```python
import cv2
import time
import torch
from ultralytics import YOLO
cap = cv2.VideoCapture("media/emotion2.mp4")
smile_duration = 1
start_time = None
device = torch.device("cuda" if torch.cuda.is_available() else "cpu")
model = YOLO("face_emotion.pt")
model.to(device)
emotion_labels = {3: "happy"}
```

上述程式碼使用 torch.device() 方法判斷是 GPU 或 CPU 運算裝置後，載入 YOLO 模型 face_emotion.pt，並建立情緒標籤 emotion_labels，其索引值 3 是分類名稱 "happy"。在下方的 while 無窮迴圈呼叫 read() 方法讀取影格後，使用 copy() 方法保留原始影格，就能使用 YOLO 模型來偵測情緒，如下所示：

```
while True:
    ret, frame = cap.read()
    if not ret:
        break
    original_frame = frame.copy()
    results = model.predict(source=frame, conf=0.5,
                            device=device, verbose=False)
    emotion = None
    for result in results:
        for box in result.boxes:
            class_id = int(box.cls[0].item())
            confidence = box.conf[0].item()
            x1, y1, x2, y2 = map(int, box.xyxy[0])
            cv2.rectangle(frame, (x1, y1), (x2, y2), (0, 255, 0), 2)
```

上述 for 迴圈走訪偵測結果的 result.boxes，首先取得情緒分類索引和信心指數，接著取得邊界框座標並將其繪出。然後在下方判斷是否為索引值 3，如果是，就使用 cv2.putText() 方法寫上情緒文字，如下所示：

```
            if class_id == 3:   # happy的索引是3
                emotion = "happy"
                label = f"Happy: {confidence:.2f}"
                cv2.putText(frame, label, (x1, y1 - 10),
                    cv2.FONT_HERSHEY_SIMPLEX, 0.9, (0, 255, 0), 2)
    if emotion == 'happy':
        if start_time is None:
            start_time = time.time()
        elif time.time() - start_time >= smile_duration:
            filename = f"smile_{int(time.time())}.jpg"
            cv2.imwrite(filename, original_frame)
```

```
        print(f"拍照並儲存為 {filename}")
        start_time = None  # 重置計時器
    else:
        start_time = None  # 重置計時器
```

上述 if/else 條件是偵測微笑，即是否為 'happy'。如果是，若尚未開始計時，就指定 start_time 的時間；否則，判斷目前時間和 start_time 時間的差是否超過 1 秒。如果是，就拍照儲存目前的影格，儲存的是 original_frame，然後重置計時器，將 start_time 變數指定成 None。

在下方使用 OpenCV 顯示標示的影格，if 條件判斷是否按下 Q 鍵，如果是，就跳出迴圈結束微笑拍照，如下所示：

```
    cv2.imshow("YOLO Emotion", frame)
    if cv2.waitKey(1) & 0xFF == ord('q'):
        break

cap.release()
cv2.destroyAllWindows()
```

11-4　AI 電腦視覺實戰：變臉與化妝

MediaPipe 臉部樣式化支援多種不同臉部風格特效，可以讓我們實作變臉特效。在使用 Dlib 函式庫取得臉部網格後，就能針對臉部特徵區域進行色彩替換，換句話說，就是讓 AI 進行臉部化妝。

11-4-1　MediaPipe 建立變臉特效的虛擬人物

MediaPipe 臉部樣式化（Face Stylizer）是將影像中的臉部套用樣式化效果，可以讓我們執行變臉特效，輕鬆建立多種不同風格的虛擬人物。

11-17

MediaPipe 臉部樣式化需要下載並儲存臉部樣式模型，使用的是 BlazeStyleGAN 架構的臉部擬真模型，其每一個模型都可以在臉部影像套用特定的樣式，其下載 URL 網址如下所示：

```
https://ai.google.dev/edge/mediapipe/solutions/vision/face_stylizer?hl=zh-tw
```

臉部彩色素描特效：ch11-4-1.py

我們需要從 MediaPipe 網站下載 MediaPipe 臉部風格特效的彩色素描模型檔至「ch11/models」子目錄。請進入 MediaPipe 模型下載網頁，並捲動網頁找到「彩色素描」區段後，點選**最新**超連結下載模型檔：face_stylizer_color_sketch.task，如下圖所示：

彩色素描

模型會將臉部轉換為圖片，模擬使用彩色鉛筆筆觸和筆觸的素描。以下是用於訓練此模型的樣式：

模型名稱	輸入形狀	量化類型	版本
彩色草圖	256 x 256 x 3	Float32	最新

Python 程式的執行結果，可以看到套用彩色素描特效的人臉，如下圖所示：

AI 電腦視覺實戰：刷臉門禁管理、微笑拍照與變臉化妝

Python 程式碼依序匯入 NumPy、MediaPipe 和從 mediapipe.tasks 匯入 Python 模組，這是與 Python 相關任務的模組；再從 mediapipe. tasks.python 匯入 vision 模組，這是處理視覺相關任務的子模組；最後匯入 OpenCV 套件和 math 模組，如下所示：

```
import numpy as np
import mediapipe as mp
from mediapipe.tasks import python
from mediapipe.tasks.python import vision
import cv2
import math

image_path = "images/business-person.png"
DESIRED_HEIGHT = 480
DESIRED_WIDTH = 480
```

上述程式碼指定圖檔路徑後，建立欲顯示高度與寬度的常數，這是在輸出時準備調整成的影像尺寸。然後在下方建立 FaceStylizer 的 BaseOptions 選項物件，用來指定模型檔的路徑，再使用此選項物件建立 FaceStylizerOptions 選項物件，即可設定臉部風格化所需的選項，如下所示：

11-19

```
base_options = python.BaseOptions(model_asset_path=
                    "models/face_stylizer_color_sketch.task")
options = vision.FaceStylizerOptions(base_options=base_options)
with vision.FaceStylizer.create_from_options(options) as stylizer:
    image = mp.Image.create_from_file(image_path)
    stylized_image = stylizer.stylize(image)
    rgb_stylized_image = cv2.cvtColor(stylized_image.numpy_view(),
                                      cv2.COLOR_BGR2RGB)
```

上述程式碼使用 with/as 程式區塊建立 FaceStylizer 臉部風格化物件，這是呼叫 create_from_options() 方法來建立。然後使用 mp.Image.create_from_file() 方法讀取圖檔，再呼叫 stylize() 方法取得風格化後的影像，並在呼叫 numpy_view() 方法轉換成 NumPy 陣列後，轉換成 RGB 色彩（**請注意**！經測試一定需要轉換成 RGB，否則風格轉換後輸出的色調會不正確）。

在下方的程式碼是調整影像成之前的輸出尺寸常數。首先取得目前影像的尺寸，即高和寬，接著使用 if/else 條件判斷寬度和高度，以便根據寬度或高度的比例來調整尺寸的高度與寬度，使得圖像能夠維持原來的長寬比，如下所示：

```
    h, w = rgb_stylized_image.shape[:2]
    if h < w:
        img = cv2.resize(rgb_stylized_image,
                        (DESIRED_WIDTH,
                         math.floor(h/(w/DESIRED_WIDTH))))
    else:
        img = cv2.resize(rgb_stylized_image,
                        (math.floor(w/(h/DESIRED_HEIGHT)),
                         DESIRED_HEIGHT))
    cv2.imshow("Color Sketch", img)

cv2.waitKey(0)
cv2.destroyAllWindows()
```

臉部彩色墨水特效：ch11-4-1a.py

我們需要從 MediaPipe 網站下載 MediaPipe 臉部風格特效的彩色墨水模型檔至「ch11/models」子目錄。請進入 MediaPipe 模型下載網頁，並捲動網頁找到「彩色墨水」區段後，點選**最新**超連結下載模型檔：face_stylizer_color_ink.task，如下圖所示：

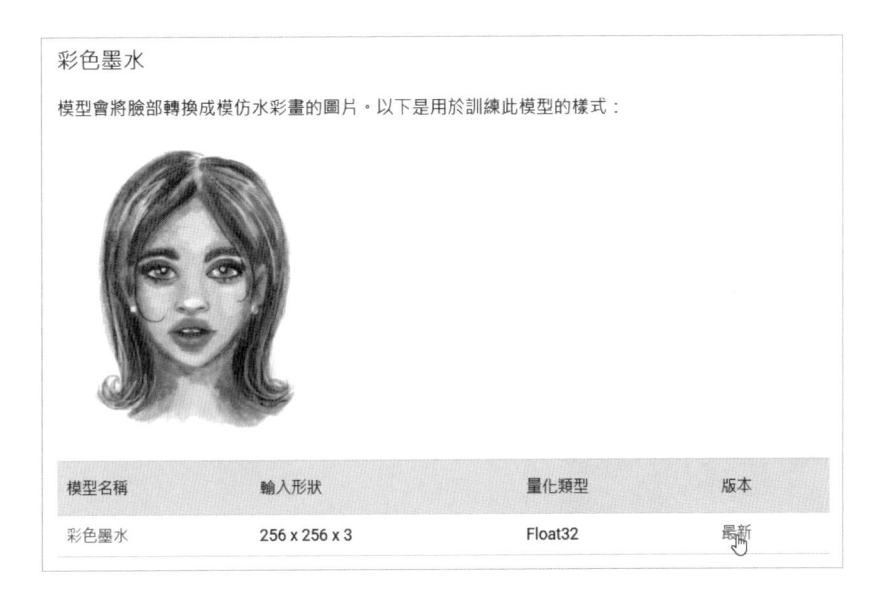

Python 程式的執行結果，可以看到套用彩色墨水特效的人臉，如右圖所示：

11-21

Python 程式碼和 ch11-4-1.py 相似,只有在 BaseOptions 物件指定不同風格模型檔的路徑,如下所示:

```
base_options = python.BaseOptions(model_asset_path=
                "models/face_stylizer_color_ink.task")
options = vision.FaceStylizerOptions(base_options=base_options)
```

臉部油畫風格特效:ch11-4-1b.py

我們需要從 MediaPipe 網站下載 MediaPipe 臉部風格特效的油畫模型檔至「ch11/models」子目錄。請進入 MediaPipe 模型下載網頁,並捲動網頁找到「油畫」區段後,點選**最新**超連結下載模型檔:face_stylizer_oil_painting.task,如下圖所示:

油畫

模型會將臉部轉換成模仿油畫的圖片。以下是用於訓練此模型的樣式:

模型名稱	輸入形狀	量化類型	版本
油畫	256 x 256 x 3	Float32	最新

Python 程式的執行結果,可以看到套用油畫特效的人臉,如下圖所示:

Python 程式碼和 ch11-4-1.py 相似，只有在 BaseOptions 物件指定不同風格模型檔的路徑，如下所示：

```
base_options = python.BaseOptions(model_asset_path=
                "models/face_stylizer_oil_painting.task")
options = vision.FaceStylizerOptions(base_options=base_options)
```

11-4-2　Dlib 的臉部化妝

Dlib 臉部化妝需要使用 shape_predictor_68_face_landmarks.dat 模型檔，來識別和標記人臉的 68 個特徵點，包含：眼睛、眉毛、鼻子、嘴巴和臉部輪廓等。在這一節的臉部化妝是替嘴唇塗上口紅。

下載偵測臉部特徵點的 Dlib 預訓練模型

請進入第 3-2-2 節本書預訓練模型「models/Face_recognition_models」目錄的下載網頁，下載 shape_predictor_68_face_landmarks.dat 檔案至「ch11/models」目錄。

Dlib 替嘴唇塗上口紅：ch11-4-2.py

Python 程式的執行結果可以看到在嘴唇塗上口紅的 AI 化妝效果，如下圖所示：

Python 程式碼依序匯入 OpenCV、Dlib、NumPy 套件和 math 模組後，指定準備化妝的圖檔路徑，如下所示：

```
import cv2
import dlib
import numpy as np
import math

image_path = "images/mary.jpg"

detector = dlib.get_frontal_face_detector()
predictor = dlib.shape_predictor(
        "models/shape_predictor_68_face_landmarks.dat")
```

上述程式碼載入 Dlib 人臉偵測器和 68 個特徵點模型後,在下方建立 apply_lipstick() 函式替嘴唇塗上口紅,其參數 image 是影像,landmarks 是人臉特徵點。首先定義上下唇特徵點索引的 lips_points 串列,其範圍是 48~60,包含嘴唇的上下部分,如下所示:

```python
def apply_lipstick(image, landmarks):
    lips_points = list(range(48, 61))
    hull = cv2.convexHull(np.array(
        [landmarks[i] for i in lips_points]))
```

上述程式碼在將特徵點轉換為 Numpy 陣列後,使用 cv2.convexHull() 方法計算出嘴唇特徵點的外凸包,凸包是包含所有特徵點的最小凸形狀,可以用來進一步執行影像處理和分析。然後,在下方建立一個與 image 參數相同尺寸的遮罩,其初始值 0 是全黑色,可用來區分影像中哪些部分會被塗上口紅,如下所示:

```python
mask = np.zeros_like(image[:, :, 0])
cv2.fillConvexPoly(mask, hull, 255)
```

上述程式碼呼叫 cv2.fillConvexPoly() 方法,將嘴唇的外凸包區域填充成白色(255),也就是將嘴唇區域標記出來。在下方首先建立一個與 image 大小相同的空白圖像 lipstick_color,其初始值 0 是全黑色,然後指定成 RGB(0, 0, 255)紅色,此為準備用來塗上口紅的口紅顏色,如下所示:

```python
lipstick_color = np.zeros_like(image)
lipstick_color[:, :] = (0, 0, 255)
output = image.copy()
lipstick_applied = cv2.addWeighted(output, 0.5,
                                    lipstick_color, 0.5, 0)
```

上述程式碼呼叫 copy() 方法建立一個副本 output,然後使用 cv2.addWeighted() 方法將原始影像 output 和紅色口紅 lipstick_color,依 50% 的權重進行混合,以產生半透明的口紅效果。

在下方程式碼可以將口紅套用在嘴唇區域，這是依據遮罩（mask）中值為 255 的區域，將混合後的口紅圖片 lipstick_applied 套用到 output 影像上，換句話說，就是塗抹上口紅，如下所示：

```
    output[mask == 255] = lipstick_applied[mask == 255]

    return output

image = cv2.imread(image_path)
gray = cv2.cvtColor(image, cv2.COLOR_BGR2GRAY)
```

上述程式碼讀取圖檔後，轉換成灰階影像，並在下方執行人臉偵測，和使用 for 迴圈走訪偵測到的人臉，如下所示：

```
faces = detector(gray)
for face in faces:
    shape = predictor(gray, face)
    landmarks = [(p.x, p.y) for p in shape.parts()]
    image = apply_lipstick(image, landmarks)
```

上述程式碼呼叫 predictor() 模型取得臉部特徵點後，將預測到的人臉特徵點轉換成為 (x, y) 座標串列 landmarks，即可呼叫 apply_lipstick() 函式，將口紅塗抹到人臉的嘴唇區域。在下方顯示人臉化妝後的結果，如下圖所示：

```
cv2.imshow("Lipstick", image)
cv2.waitKey(0)
cv2.destroyAllWindows()
```

Chapter 12 AI 電腦視覺實戰：手勢操控與 AI 健身教練

▷ 12-1　pywin32 套件：Office 軟體自動化

▷ 12-2　AI 電腦視覺實戰：手勢操控 PowerPoint 簡報播放

▷ 12-3　AI 電腦視覺實戰：AI 健身教練

12-1 pywin32 套件：Office 軟體自動化

Python 的 pywin32 套件是 Windows API 擴充套件，可讓我們使用 Python 程式來操控 Windows 作業系統的應用程式，例如：Office 辦公室軟體。

在 Python 虛擬環境 mp 安裝 pywin32 套件的命令，如下所示：

```
pip install pywin32==308  Enter
```

12-1-1 Word 軟體自動化

成功安裝 pywin32 套件後，就可以在 Python 程式匯入 pywin32 套件來控制 Office 軟體。首先是 Word 軟體自動化，如下所示：

```
import win32com
from win32com.client import Dispatch
import os
```

上述程式碼匯入 pywin32 套件後，再匯入 os 模組，這是為了取得工作目錄來建立檔案的絕對路徑。

啟動 Word 開啟現存文件：ch12-1-1.py

Python 程式的執行結果可以看到自動啟動 Word 軟體且開啟 test.docx 文件，如下圖所示：

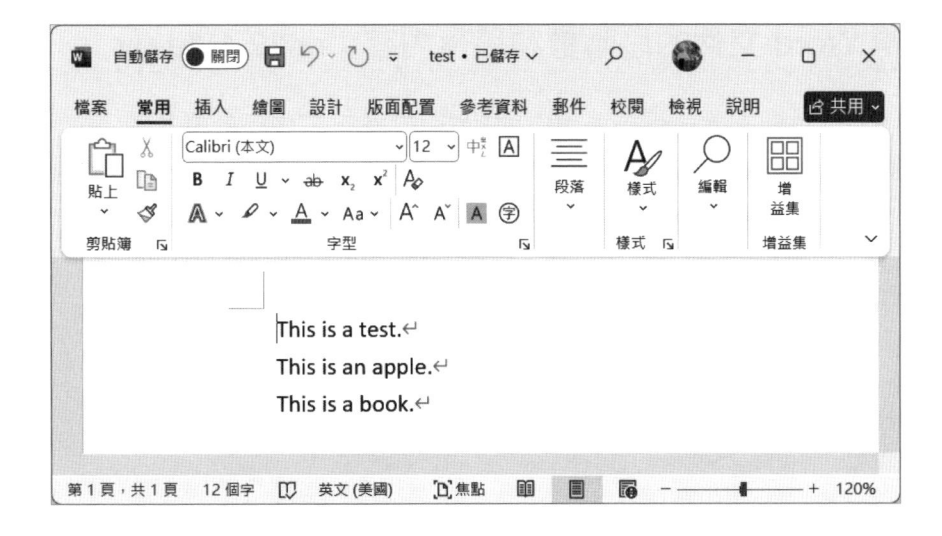

Python 程式碼在匯入 pywin32 套件後，即可建立 COM 物件來啟動 Word 軟體，並開啟存在的 Word 文件，如下所示：

```
app = Dispatch("Word.Application")
app.Visible = 1
app.DisplayAlerts = 0
docx = app.Documents.Open(os.getcwd()+"\\test.docx")
```

上述 Dispatch() 的參數是 Word 軟體名稱字串，可建立啟動 Word 軟體的物件。接著指定 2 個屬性，其說明如下所示：

- **visible 屬性**：視窗是否可見，0 或 False 表示不可見，1 或 True 則為可見。

- **DisplayAlerts 屬性**：是否顯示警告訊息，0 或 False 是不顯示，1 或 True 是顯示。

接著呼叫 Documents.Open() 方法開啟 Word 文件，其參數是文件檔案的絕對路徑，這是使用 os.getcwd() 方法取得工作路徑後，建立的檔案絕對路徑。

取得 Word 文件的段落數和段落內容：ch12-1-1a.py

Python 程式的執行結果可以開啟 test.docx 文件，計算並顯示文件的段落數與各段落的內容，如下所示：

```
段落數： 3
This is a test.
This is an apple.
This is a book.
```

Python 程式碼是使用 pywin32 套件開啟 test.docx 文件，然後使用 Paragraphs.count 屬性取得段落數，和使用 for 迴圈走訪段落來顯示各段落的文字內容，如下所示：

```
docx = app.Documents.Open(os.getcwd()+"\\test.docx")
print ("段落數: ", docx.Paragraphs.count)
for i in range(len(docx.Paragraphs)):
    para = docx.Paragraphs[i]
    print(para.Range.text)
docx.Close()
app.Quit()
```

上述 for 迴圈是使用 docx.Paragraphs[i]，以索引值取出段落後，使用 Range.text 顯示段落內容，最後呼叫 Close() 方法關閉文件和 Quit() 方法離開 Word 軟體。

新增 Word 文件插入文字後儲存檔案：ch12-1-1b.py

Python 程式除了使用 pywin32 套件開啟存在的文件外，還能新增文件。其執行結果可以在此文件檔插入一段文字內容，如下圖所示：

Python 程式碼是呼叫 app.Documents.Add() 方法建立文件物件,然後在文件中插入文字內容,如下所示:

```
docx = app.Documents.Add()
pos = docx.Range(0, 0)
pos.InsertBefore("Python程式設計")
docx.SaveAs(os.getcwd()+"\\test2.docx")
```

上述程式碼使用 Range() 取得指定字數範圍的文字內容後,呼叫 insertBefore() 方法插入文件內容在此之前,即可呼叫 SaveAs() 方法儲存成 test2.docx 文件。

12-1-2　Excel 軟體自動化

Python 程式同樣可以使用 pywin32 套件執行 Excel 軟體自動化,例如:開啟現存試算表來取得儲存格值,或新增試算表並指定儲存格的值。

啟動 Excel 開啟試算表取得儲存格值:ch12-1-2.py

Python 程式的執行結果可以顯示已使用的儲存格範圍,和儲存格的內容,如下所示:

```
3 3
Cells(2, 1)= 4.0
Cells(2, 2)= 5.0
((1.0, 2.0), (4.0, 5.0), (7.0, 8.0))
```

Python 程式碼只需指定 "Excel.Application" 軟體名稱字串，就能啟動 Excel 軟體來開啟存在的 test.xlsx 試算表檔案，如下所示：

```
app = Dispatch("Excel.Application")
app.Visible = 1
app.DisplayAlerts = 0
xlsx = app.Workbooks.Open(os.getcwd()+"\\test.xlsx")
sheet = xlsx.Worksheets(1)
row = sheet.UsedRange.Rows.Count
col = sheet.UsedRange.Columns.Count
print(row, col)
```

上述程式碼開啟試算表檔案後，使用 Worksheets(1) 取得第 1 個工作表，然後顯示已使用的儲存格範圍。在下方取得指定儲存格的值，或取得儲存格範圍的內容，如下所示：

```
print("Cells(2, 1)=", sheet.Cells(2, 1).Value)
print("Cells(2, 2)=", sheet.Cells(2, 2).Value)
value = sheet.Range("A1:B3").Value
print(value)
xlsx.Close(False)
app.Quit()
```

上述程式碼顯示儲存格內容後，呼叫 Close() 方法關閉試算表，其參數 False 表示不儲存試算表的變更，最後呼叫 Quit() 離開 Excel 軟體。

新增 Excel 試算表指定儲存格值後儲存檔案：ch12-1-2a.py

Python 程式除了使用 pywin32 套件開啟存在的 Excel 試算表外，還能新增 Excel 試算表，並在此試算表中指定儲存格的值，如下圖所示：

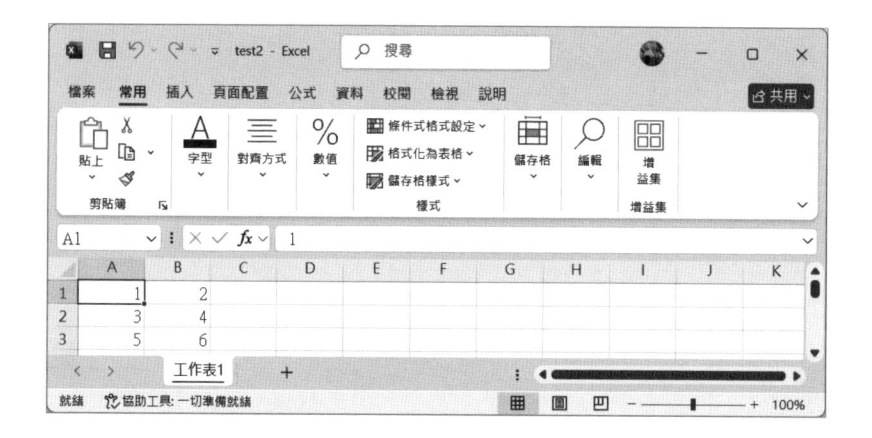

AI 電腦視覺實戰：手勢操控與 AI 健身教練 **12**

Python 程式碼是呼叫 app.Workbooks.Add() 方法建立試算表物件，並取得第 1 個工作表，如下所示：

```
xlsx = app.Workbooks.Add()
sheet = xlsx.Worksheets(1)
sheet.Cells(1, 1).Value = 1
sheet.Cells(1, 2).Value = 2
sheet.Cells(2, 1).Value = 3
sheet.Cells(2, 2).Value = 4
sheet.Cells(3, 1).Value = 5
sheet.Cells(3, 2).Value = 6
xlsx.SaveAs(os.getcwd()+"\\test2.xlsx")
```

上述程式碼指定 6 個 Excel 儲存格的值後，呼叫 SaveAs() 方法儲存成 test2.xlsx 試算表。

12-1-3　PowerPoint 軟體自動化

Python 程式：ch12-1-3.py 一樣可使用 pywin32 套件來建立 PowerPoint 軟體自動化。其執行結果可以自動播放簡報，並在暫停 1 秒後自動切換至下一頁簡報 2 次，再切換回到前一頁簡報。

Python 程式碼首先匯入相關套件,而匯入 time 模組的目的是為了暫停 1 秒鐘,如下所示:

```
import win32com
from win32com.client import Dispatch
import time, os

app = Dispatch("PowerPoint.Application")
app.Visible = 1
app.DisplayAlerts = 0
pptx = app.Presentations.Open(os.getcwd()+"\\test.pptx")
```

上述程式碼使用 "PowerPoint.Application" 字串啟動 PowerPoint 軟體後,開啟簡報檔 test.pptx。在下方呼叫 SlideShowSettings.Run() 方法開始播放簡報,time.sleep(1) 方法暫停一秒鐘,如下所示:

```
pptx.SlideShowSettings.Run()
time.sleep(1)
pptx.SlideShowWindow.View.Next()
time.sleep(1)
pptx.SlideShowWindow.View.Next()
time.sleep(1)
pptx.SlideShowWindow.View.Previous()
time.sleep(1)
pptx.SlideShowWindow.View.Exit()
os.system('taskkill /F /IM POWERPNT.EXE')   #app.Quit() not work
```

上述 View.Next() 方法是切換至下一頁簡報;View.Previous() 方法是切換至前一頁簡報;View.Exit() 方法停止簡報的播放。經測試因為 Quit() 方法無法成功關閉 PowerPoint 軟體,所以改用 os.system() 方法直接結束 PowerPoint 任務的行程。

12-2 AI 電腦視覺實戰：手勢操控 PowerPoint 簡報播放

CVZone 多手勢追蹤和 MediaPipe 手勢辨識模型皆可判斷或偵測手勢，也就是說，我們可以透過不同的手勢來操控 Office 軟體，例如：使用手勢操控 PowerPoint 來播放簡報。

12-2-1 使用 CVZone 多手勢追蹤

Python 程式只需整合 CVZone 多手勢追蹤（即手部地標偵測），和 pywin32 套件，就可透過判斷目前的手勢來控制 Office 軟體的操作，例如：操控 PowerPoint 播放和切換簡報。

Python 程式：ch12-2-1.py 在使用 OpenCV 讀取影像後，使用 CVZone 進行手勢追蹤，並透過偵測手勢來操控 PowerPoint 播放簡報，即使用手勢來開始播放、切換前一頁或下一頁等操作。其執行結果如下圖所示：

上述圖例當成功開啟 PowerPoint 簡報檔時，首先請伸出食指和中指的剪刀手勢來開始播放簡報；簡報播放控制需先至停止 Stop 狀態後，再進行所需的播放操作，其說明如下所示：

- **下一頁簡報**：回到石頭停止 Stop 狀態後，伸出姆指手勢。
- **前一頁簡報**：回到石頭停止 Stop 狀態後，伸出食指手勢。
- **結束簡報播放**：回到石頭停止 Stop 狀態後，伸出 3 根手指的手勢。

Python 程式碼首先從 CVZone 的 HandTrackingModule 模組匯入 HandDetector 類別（沒有使用 CVZone3D），然後匯入 OpenCV 套件，並從 win32com.client 匯入 Dispatch 類別，如下所示：

```
from cvzone.HandTrackingModule import HandDetector
import cv2, os
from win32com.client import Dispatch

cap = cv2.VideoCapture(0, cv2.CAP_DSHOW)
detector = HandDetector(detectionCon=0.5, maxHands=1)
app = Dispatch("PowerPoint.Application")
app.Visible = 1
pptx = app.Presentations.Open(os.getcwd()+"/Turtle.pptx")
msg = "Stop"
isRun = False
```

上述程式碼建立 VideoCapture 物件後，建立 HandDetector 物件 detector，然後建立 Dispatch 物件來啟動 PowerPoint 應用程式，其 Visible 屬性值 1 表示可見。接著開啟 Turtle.pptx 簡報，msg 變數值是目前的狀態，isRun 布林變數判斷目前是否正在執行簡報播放，值 True 是播放中，False 為否。

在下方的 while 無窮迴圈呼叫 read() 方法讀取影格後,即可呼叫 findHands() 方法來偵測手勢,並回傳手勢數 hands 和已標示影像 img。然後使用 if/else 條件判斷是否偵測到手勢,如果沒有偵測到,就指定狀態為 "Stop",如下所示:

```
while True:
    success, img = cap.read()
    hands, img = detector.findHands(img)
    if hands:
        hand = hands[0]
        bbox = hand["bbox"]
        fingers = detector.fingersUp(hand)
        totalFingers = fingers.count(1)
```

上述 if 條件偵測到手勢後,就呼叫 fingersUp() 和 fingers.count() 方法計算伸出的手指數。在下方的第 1 個 if 條件判斷是否為石頭手勢,如果是,就指定目前的狀態值為 "Stop",如下所示:

```
        if totalFingers == 0:
            msg = "Stop"
        if totalFingers == 1:
            if fingers[0] == 1:
                if msg != "Next" and isRun:
                    msg = "Next"
                    pptx.SlideShowWindow.View.Next()
```

上述第 1 個 if 巢狀條件的外層判斷手勢是否伸出 1 隻手指頭;如果是,在第 2 層的第 1 個 if 條件,判斷是否伸出姆指;如果是,再判斷目前狀態是否不為 "Next",即非重複切換至下一頁的操作且簡報正在播放中;如果是,就更新狀態 "Next",並且切換至下一頁簡報。

在下方第 2 層的第 2 個 if 條件判斷是否伸出食指,且若不是重複切換至上一頁的操作,就更新狀態 "Previous" 並切換至上一頁簡報,如下所示:

```
            if fingers[1] == 1:
                if msg != "Previous" and isRun:
                    msg = "Previous"
                    pptx.SlideShowWindow.View.Previous()
```

在下方的第 2 個巢狀 if 條件判斷是否為剪刀手勢,如果是,就更新狀態為 "Run",並執行簡報播放,同時更新 isRun 狀態為目前正在簡報播放中,如下所示:

```
        if totalFingers == 2:
            if fingers[1] == 1 and fingers[2] == 1:
                msg = "Run"
                pptx.SlideShowSettings.Run()
                isRun = True
        if totalFingers == 3:
            if isRun:
                pptx.SlideShowWindow.View.Exit()
            pptx.Close()
            break
```

上述第 3 個巢狀 if 條件可以判斷是否為伸出 3 根手指的手勢;如果是,再判斷簡報是否正在播放中;如果是,就結束播放、關閉簡報檔,並跳出迴圈。在下方使用 cv2.putText() 方法寫上狀態的訊息文字,如下所示:

```
        cv2.putText(img, msg, (bbox[0]+100,bbox[1]-30),
                    cv2.FONT_HERSHEY_PLAIN, 2, (0, 255, 0), 2)
    else:
        msg = "Stop"
    cv2.imshow("Image", img)
    if cv2.waitKey(1) & 0xFF == ord("q"):
        break
os.system('taskkill /F /IM POWERPNT.EXE')   #app.Quit() not work
cap.release()
cv2.destroyAllWindows()
```

上述程式碼呼叫 cv2.imshow() 方法顯示標示影格，if 條件判斷是否按下 Q 鍵，如果是，就跳出迴圈離開並結束簡報，同時結束 PowerPoint（因為 app.Quit() 方法沒有作用，所以改用 os.system() 方法結束 PowerPoint 任務的行程）。

12-2-2　MediaPipe 手勢辨識模型

MediaPipe 提供手勢辨識模型，可幫助我們建立 Python 程式來辨識手勢和執行手部地標偵測。

認識 MediaPipe 手勢辨識模型

MediaPipe 手勢辨識任務可以讓我們建立 Python 程式來即時辨識手勢，和取得辨識結果。目前手勢辨識模型支援辨識下表常見的手勢，如下表所示：

索引值	手勢名稱	標籤名稱
0	未識別出手勢	Unknown
1	握拳	Closed_Fist
2	張開手掌	Open_Palm
3	指向上方	Pointing_Up
4	大拇指向下	Thumb_Down
5	大拇指向上	Thumb_Up
6	勝利手勢	Victory
7	愛心手勢	ILoveYou

MediaPipe 手勢辨識任務需下載並儲存手勢辨識模型，其下載 URL 網址如下所示：

https://ai.google.dev/edge/mediapipe/solutions/vision/gesture_recognizer?hl=zh-tw

請從上述 MediaPipe 網站下載 MediaPipe 手勢辨識模型檔至「ch12/models」子目錄。請捲動網頁找到 MediaPipe 模型下載區段，點選**最新**超連結下載模型檔：gesture_recognizer.task，如下圖所示：

模型名稱	輸入形狀	量化類型	模型資訊卡	版本
HandGestureClassifier	192 x 192、224 x 224	float 16	info	最新

這項工作也支援使用 Model Maker 修改模型套件。如要進一步瞭解如何使用 Model Maker 自訂此任務的模型，請參閱「為手勢辨識器自訂模型」頁面。

使用 MediaPipe 手勢辨識模型：ch12-2-2.py

Python 程式的執行結果可以看到圖檔影像的手勢是「指向上方」（Pointing_Up），如下圖所示：

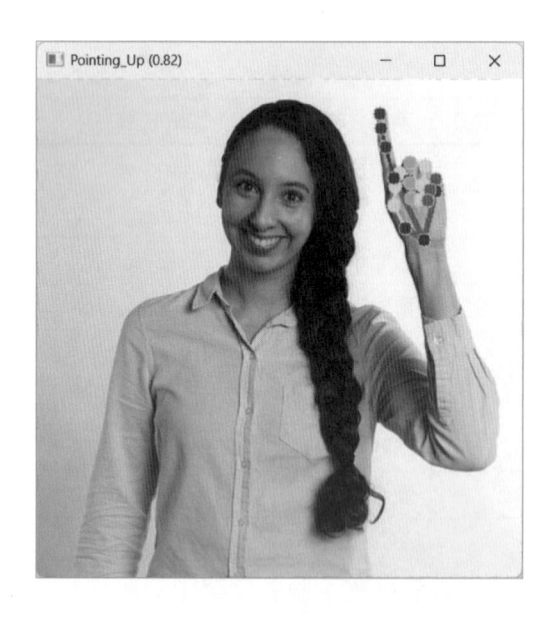

Python 程式碼首先匯入 MediaPipe 套件的別名 mp、python、vision、landmark_pb2 模組、OpenCV 和 NumPy 套件，其中 landmark_pb2 模組是用來儲存和處理 Protobuf 格式的關鍵點（Landmarks）資料，如下所示：

AI 電腦視覺實戰：手勢操控與 AI 健身教練

```
import mediapipe as mp
from mediapipe.tasks import python
from mediapipe.tasks.python import vision
from mediapipe.framework.formats import landmark_pb2
import cv2
import math

mp_hands = mp.solutions.hands
mp_drawing = mp.solutions.drawing_utils
mp_drawing_styles = mp.solutions.drawing_styles
```

上述程式碼首先使用 mp.solutions.hands 取得 MediaPipe 手部偵測模型；mp.solutions.drawing_utils 是 MediaPipe 繪圖工具，可用來繪製關鍵點和連接線；最後的 mp.solutions.drawing_styles 是 MediaPipe 預設的繪圖風格，可使用預設樣式來繪製關鍵點和連接線。

在下方指定圖檔路徑後，建立手勢辨識物件。首先建立 BaseOptions 物件指定載入的模型檔，即可使用此物件建立 GestureRecognizerOptions 物件，以及 GestureRecognizer 手勢辨識物件，如下所示：

```
image_path = "images/pointing_up.jpg"
base_options = python.BaseOptions(
            model_asset_path='models/gesture_recognizer.task')
options = vision.GestureRecognizerOptions(base_options=base_options)
recognizer = vision.GestureRecognizer.create_from_options(options)
image = mp.Image.create_from_file(image_path)
recognition_result = recognizer.recognize(image)
```

上述程式碼是使用 MediaPipe 的 create_from_file() 方法讀取圖檔（不是使用 OpenCV），再呼叫 recognize() 方法來辨識手勢，其參數是圖檔影像 img。在下方是取得辨識分數最高的手勢和手部關鍵點資訊，如下所示：

12-15

```
top_gesture = recognition_result.gestures[0][0]
multi_hand_landmarks = recognition_result.hand_landmarks
annotated_image = image.numpy_view().copy()  # 轉換成 NumPy 陣列
title = f"{top_gesture.category_name} ({top_gesture.score:.2f})"
```

上述程式碼使用 numpy_view() 方法轉換成 NumPy 陣列後，取得手勢分類名稱和信心指數的分數。在下方的 if 條件判斷是否偵測到手部關鍵點，如果有，就使用 for 迴圈來繪製手部關鍵點和連接線，如下所示：

```
if multi_hand_landmarks:
    for hand_landmarks in multi_hand_landmarks:
        hand_landmarks_proto = landmark_pb2.NormalizedLandmarkList()
        hand_landmarks_proto.landmark.extend([
            landmark_pb2.NormalizedLandmark(
                x=landmark.x,
                y=landmark.y,
                z=landmark.z) for landmark in hand_landmarks
        ])
```

上述 for 迴圈走訪 multi_hand_landmarks，每一次迴圈處理一隻手部的 hand_landmarks 關鍵點資料，然後建立 NormalizedLandmarkList 物件 hand_landmarks_proto 儲存手部關鍵點資訊，接著使用 extend() 方法將 hand_landmarks 關鍵點轉換成 NormalizedLandmark 格式，並新增至 hand_landmarks_proto.landmark。

在下方呼叫 mp_drawing.draw_landmarks() 方法，使用預設樣式繪製關鍵點，並透過 mp_hands.HAND_CONNECTIONS 參數連接這些手部關鍵點，如下所示：

```
        mp_drawing.draw_landmarks(
            annotated_image,
            hand_landmarks_proto,
            mp_hands.HAND_CONNECTIONS,
            mp_drawing_styles.get_default_hand_landmarks_style(),
            mp_drawing_styles.get_default_hand_connections_style()
        )
```

```
image_bgr = cv2.cvtColor(annotated_image, cv2.COLOR_RGB2BGR)
cv2.imshow(title, image_bgr)
cv2.waitKey(0)
cv2.destroyAllWindows()
```

上述程式碼在轉換成 BGR 色彩後，呼叫 cv2.imshow() 方法來顯示標記的影像。

現在，我們就可以使用本節 MediaPipe 手勢辨識模型來改寫第 12-2-1 節的 Python 程式，改用 MediaPipe 手勢辨識模型來操控 PowerPoint 簡報，關於此部分的改寫就留給讀者自行練習。

12-3　AI 電腦視覺實戰：AI 健身教練

Python 程式只需整合第 5 章的 CVZone3D 人體姿態評估，就能建立 AI 健身教練，判斷姿勢的正確性和顯示共做了多少次，例如：仰臥起坐、伏地挺身、深蹲訓練和單槓訓練等。

12-3-1　仰臥起坐 AI 健身教練

在第 5-5 節已說明如何判斷仰臥起坐的 2 個姿勢，但問題是該如何判斷依序完成這 2 個姿勢，即做完一次完整的仰臥起坐。我們觀察到仰臥起坐是依序上 / 下兩個方向，故可使用變數 dir 切換值 0（仰臥）和值 1（起坐），來判斷是否以正確的順序完成 2 個姿勢。

Python 程式是使用 2 個 if 巢狀條件判斷是否依序完成仰臥起坐的 2 個姿勢。在第 1 個巢狀 if 條件判斷目前狀態是否為起坐姿勢，如下所示：

```
if angle <= 50:      # 目前狀態:起坐
    if dir == 0:     # 之前狀態:仰臥
        count = count + 0.5
        dir = 1      # 更新狀態:起坐
```

當上述變數 angle 值小於等於 50 時，表示目前狀態是起坐，然後判斷 dir 變數值的之前狀態是否為仰臥，如果是，順序正確，即可將計次變數 count 的值加 0.5（完成一半姿勢），並更新目前狀態成起坐。同理，第 2 個巢狀 if 條件是判斷目前是否為仰臥姿勢，如下所示：

```
if angle >= 100:     # 目前狀態:仰臥
    if dir == 1:     # 之前狀態:起坐
        count = count + 0.5
        dir = 0      # 更新狀態:仰臥
```

上述變數 angle 值大於等於 100 時，表示目前狀態是仰臥，然後判斷 dir 變數值的之前狀態是否為起坐，如果是，順序正確，即可將計次變數 count 的值加 0.5（完成另一半姿勢），並更新狀態成仰臥。

Python 程式：ch12-3-1.py 在使用 OpenCV 讀取影片檔視訊的影格後，使用 CVZone3D 進行人體姿態評估，可以計算共做了幾次仰臥起坐，其執行結果如下圖所示：

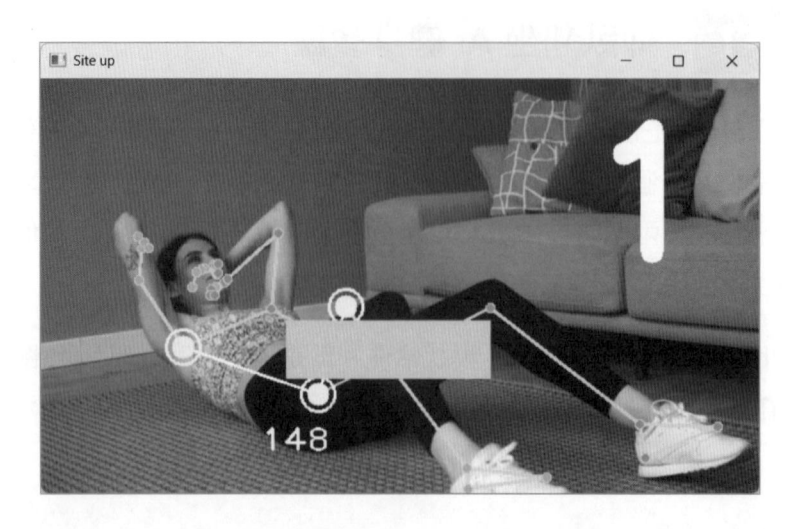

上述圖例的右上方數字是次數，下方綠色進度條顯示仰臥起坐姿勢的腰部角度狀態：當仰臥時腰部角度變大，綠色進度條同步變長；在起坐時腰部角度變小，綠色進度條就會變短，如下圖所示：

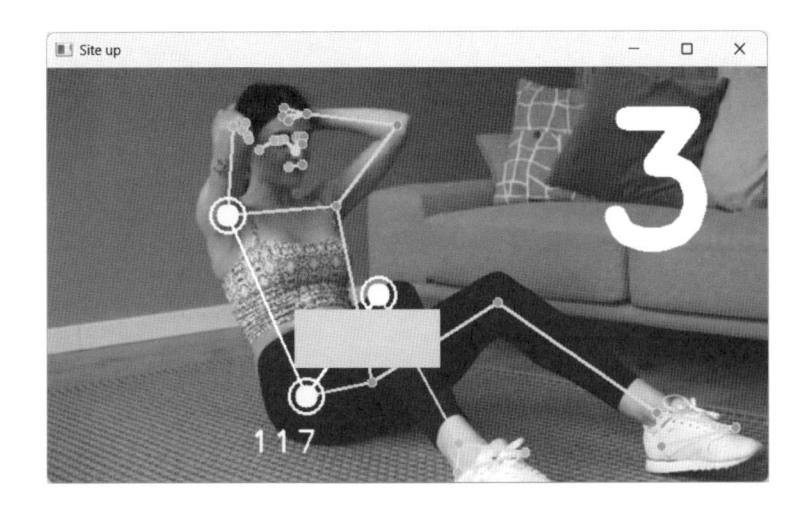

Python 程式碼依序從 cvzone3d.PoseModule 模組匯入 PoseDetector 類別、OpenCV 和 NumPy 套件，匯入 NumPy 是用來計算綠色進度條的長度，如下所示：

```python
from cvzone3d.PoseModule import PoseDetector
import cv2
import numpy as np

cap = cv2.VideoCapture("media/Site_up.mp4")
detector = PoseDetector(detectionCon=0.5, trackCon=0.5)
dir = 0    # 0:仰臥 1:起坐
count = 0.5
```

上述程式碼建立 VideoCapture 物件，其參數是影片檔路徑（如果是 0 則為 Webcam）然後建立 PoseDetector 物件 detector。方向變數 dir 是用來記錄前一個姿勢，值 0 是仰臥，1 是起坐。因為影片檔的初始狀態是仰臥，所以初始值是 0；變數 count 的次數是 0.5 次。

在下方 while 無窮迴圈讀取影格進行偵測，if/else 條件判斷是否讀取成功。若失敗則跳出迴圈；成功就使用 shape 屬性取得影格尺寸，和呼叫 findPose() 方法偵測人體姿勢，並回傳偵測到已標示人體姿勢的影像 img，如下所示：

```
while True:
    success, img = cap.read()
    if success:
        h, w, c = img.shape
        img = detector.findPose(img, draw=True)
        lmList, bboxInfo = detector.findPosition(img, draw=False,
                                                 scaleZ=0.5)
        if lmList:
            angle, img = detector.findAngle3D(lmList[12], lmList[24],
                                              lmList[26], img,
                                              color=(0, 255, 255),
                                              scale=10)
            print(int(angle))
```

上述程式碼呼叫 findPosition() 方法取出關鍵點座標串列 lmList（Z 軸的預設放大比例和 X 軸相同，都是乘以影像寬度，而 scaleZ 參數可以調整此比例，0.5 是改為乘以影像寬度的一半）。if 條件判斷是否偵測到人體姿勢，如果有，就呼叫 findAngle3D() 方法計算出腰部 12、24 和 26 關鍵點的角度。在下方顯示目前角度轉換成的綠色進度條長度，如下所示：

```
bar = np.interp(angle, (40, 160), (w//2-100, w//2+100))
```

上述 np.interp() 方法是用來計算一維線性插值，可以將值從一個範圍投射至另一個範圍。簡單地說，就是將計算出的角度，依據角度範圍轉換成綠色進度條的長度範圍。其第 1 個參數是 angle 角度，可依據第 2 個參數的 40~160 的範圍（請從視訊中找出角度最小和最大範圍值），投射至影格寬度中間值（w//2）前後 100，共 200 像素之間的值，即綠色進度條的長度。

在下方呼叫 cv2.rectangle() 方法繪出長方形的綠色進度條：左上角的 x 座標是 1/2 寬度減 100，y 座標是高度減 150；右下角 x 座標是 np.interp() 方法計算出的進度條的長度，y 座標是高度減 100（因為 y 座標的差是 50，所以綠色進度條的高度是 50），如下所示：

```
        cv2.rectangle(img, (w//2-100, h-150), (int(bar), h-100),
                      (0, 255, 0), cv2.FILLED)
        if angle <= 50:     # 目前狀態:起坐
            if dir == 0:    # 之前狀態:仰臥
                count = count + 0.5
                dir = 1     # 更新狀態:起坐
        if angle >= 100:    # 目前狀態:仰臥
            if dir == 1:    # 之前狀態:起坐
                count = count + 0.5
                dir = 0     # 更新狀態:仰臥
```

上述 2 個 if 巢狀條件判斷姿勢以計算仰臥起坐的次數。在下方呼叫 cv2.putText() 方法寫上次數，即 count 變數值，然後呼叫 cv2.imshow() 方法顯示標示的影格，如下所示：

```
        msg = str(int(count))
        cv2.putText(img, msg, (w-150, 150),
                    cv2.FONT_HERSHEY_SIMPLEX,
                    5, (255, 255, 255), 20)
        cv2.imshow("Site up", img)
    else:
        break
    if cv2.waitKey(1) & 0xFF == ord("q"):
        break
cap.release()
cv2.destroyAllWindows()
```

上述 if 條件判斷是否按下 Q 鍵，如果是，就跳出迴圈結束 AI 健身教練。

12-3-2　伏地挺身 AI 健身教練

在第 5-6 節已說明如何判斷伏地挺身的 2 個姿勢，Python 程式：ch12-3-2.py 在使用 OpenCV 讀取影片檔視訊的影格後，使用 CVZone3D 進行人體姿態評估，計算共做了幾次伏地挺身，其執行結果如下圖所示：

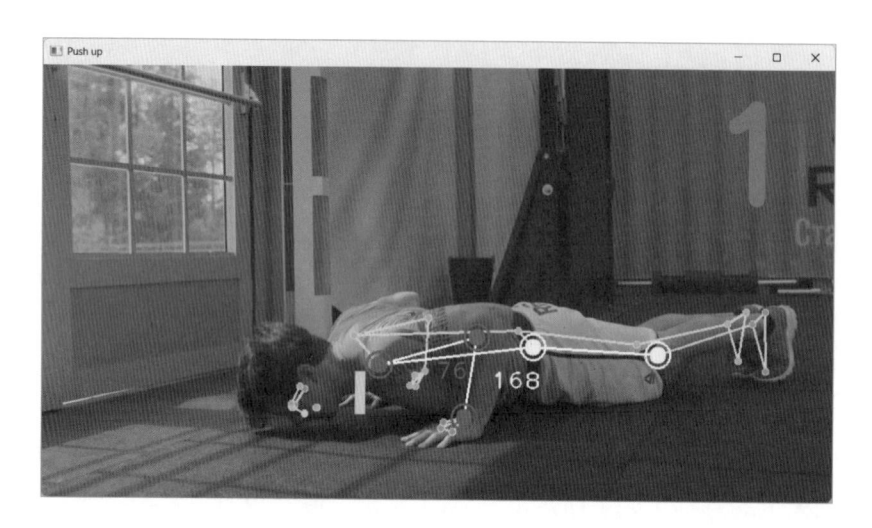

上述圖例的右上方數字是次數，下方綠色進度條顯示手部角度的狀態：當伏地時手部角度變小，綠色進度條同步變短；在挺身時手部角度變大，綠色進度條就會變長，如下圖所示：

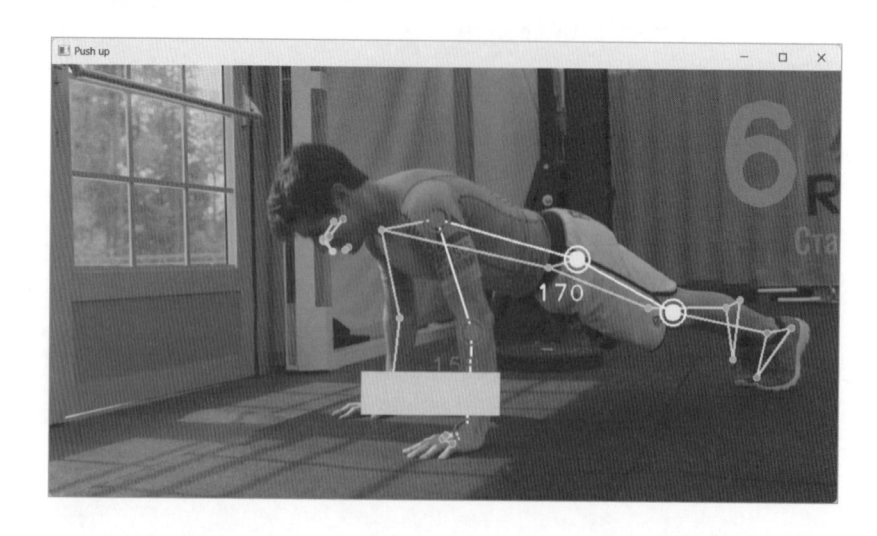

Python 程式碼依序從 cvzone3d.PoseModule 模組匯入 PoseDetector 類別、OpenCV 和 NumPy 套件，匯入 NumPy 是用來計算綠色進度條的長度，如下所示：

```
from cvzone3d.PoseModule import PoseDetector
import cv2
import numpy as np

cap = cv2.VideoCapture("media/Push_up.mp4")
detector = PoseDetector(detectionCon=0.5, trackCon=0.5)
dir = 0  # 0: 挺身 1: 伏地
count = 0.5
```

上述程式碼建立 VideoCapture 物件，其參數是影片檔路徑（如果是 0 則為 Webcam），然後建立 PoseDetector 物件 detector。方向變數 dir 是用來記錄前一個姿勢，值 0 是挺身，1 是伏地。因為視訊的初始狀態是挺身，所以初始值是 0；變數 count 的次數是 0.5 次。

在下方 while 迴圈讀取影格進行偵測，if/else 條件判斷是否讀取成功。若失敗則跳出迴圈；成功就使用 shape 屬性取得影格尺寸後，呼叫 findPose() 方法偵測人體姿勢，並回傳偵測到已標示人體姿勢的影像 img，如下所示：

```
while True:
    success, img = cap.read()
    if success:
        h, w, c = img.shape
        img = detector.findPose(img, draw=True)
        lmList, bboxInfo = detector.findPosition(img, draw=False,
                                                 scaleZ=0.5)
        if lmList:
            angle1, img = detector.findAngle3D(lmList[11], lmList[23],
                                               lmList[25], img,
                                               color=(0, 255, 255),
                                               scale=10)
```

```
angle2, img = detector.findAngle3D(lmList[11], lmList[13],
                                    lmList[15], img,
                                    color=(0, 0, 255),
                                    scale=10)
print(int(angle1), int(angle2))
```

上述程式碼呼叫 findPosition() 方法取出關鍵點座標串列後，使用 if 條件判斷是否有偵測到，如果有，就呼叫 2 次 findAngle3D() 方法計算出腰部 11、23 和 25 和手肘 11、13 和 15 關鍵點的角度。在下方顯示目前角度轉換成的綠色進度條長度，其角度範圍是 70~175 度，如下所示：

```
bar = np.interp(angle2, (70, 175), (w//2-100, w//2+100))
cv2.rectangle(img, (w//2-100, h-150), (int(bar), h-100),
              (0, 255, 0), cv2.FILLED)
# 目前狀態:伏地
if angle2 <= 100 and angle1 >= 165 and angle1 <= 180:
    if dir == 0:    # 之前狀態:挺身
        count = count + 0.5
        dir = 1     # 更新狀態:伏地
# 目前狀態:挺身
if angle2 >= 150 and angle1 >= 160 and angle1 <= 180:
    if dir == 1:    # 之前狀態:伏地
        count = count + 0.5
        dir = 0     # 更新狀態:挺身
```

上述 2 個 if 巢狀條件判斷姿勢以計算次數：伏地姿勢是手肘角度小於等於 100 度，腰部角度是 165~180 度；挺身姿勢的手肘角度大於等於 150 度，腰部角度是 160~180 度。

在下方呼叫 cv2.putText() 方法寫上伏地挺身的次數，即 count 變數值，如下所示：

```
msg = str(int(count))
cv2.putText(img, msg, (w-150, 150),
            cv2.FONT_HERSHEY_SIMPLEX,
            5, (255, 0, 255), 20)
```

```
            cv2.imshow("Push up", img)
    else:
        break
    if cv2.waitKey(1) & 0xFF == ord("q"):
        break
cap.release()
cv2.destroyAllWindows()
```

上述程式碼呼叫 cv2.imshow() 方法顯示標示的影格，if 條件判斷是否按下 Q 鍵，如果是，就跳出迴圈結束 AI 健身教練。

12-3-3　深蹲訓練 AI 健身教練

MediaPipe/CVZone 人體姿態評估主要是使用關鍵點角度來辨識人體姿態，例如：深蹲訓練的姿勢有 2 個狀態：站起和蹲下，完整一次循環才是做了一次深蹲。顯然，我們可以使用腳部的膝蓋角度來判斷目前的姿勢，即關鍵點 24、26 和 28，如下圖所示：

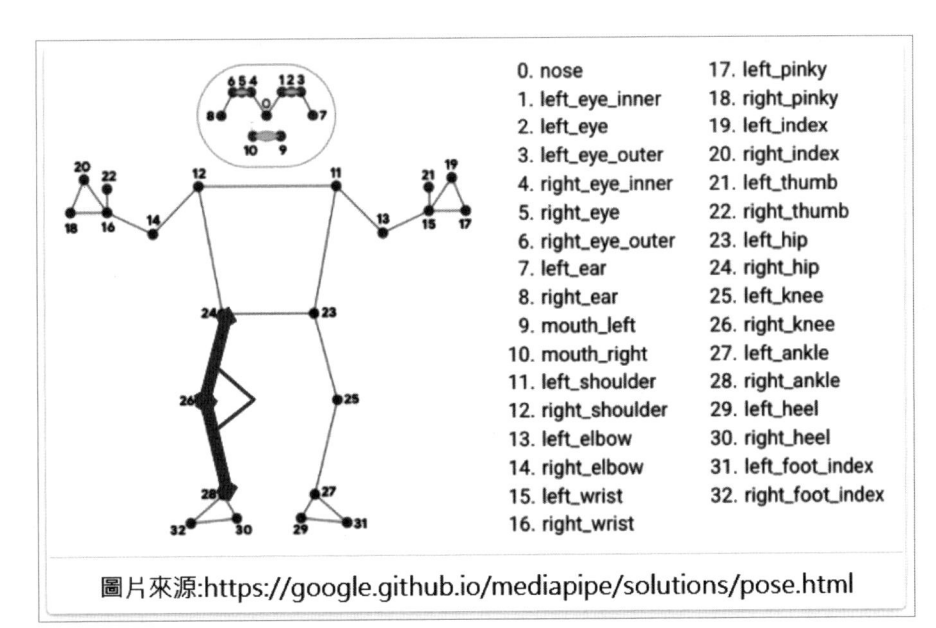

```
0. nose                17. left_pinky
1. left_eye_inner      18. right_pinky
2. left_eye            19. left_index
3. left_eye_outer      20. right_index
4. right_eye_inner     21. left_thumb
5. right_eye           22. right_thumb
6. right_eye_outer     23. left_hip
7. left_ear            24. right_hip
8. right_ear           25. left_knee
9. mouth_left          26. right_knee
10. mouth_right        27. left_ankle
11. left_shoulder      28. right_ankle
12. right_shoulder     29. left_heel
13. left_elbow         30. right_heel
14. right_elbow        31. left_foot_index
15. left_wrist         32. right_foot_index
16. right_wrist
```

圖片來源:https://google.github.io/mediapipe/solutions/pose.html

Python 程式：ch12-3-3.py 在使用 OpenCV 讀取視訊的影格後，使用 CVZone3D 進行人體姿態評估，計算總共做了幾次深蹲，其執行結果如下圖所示：

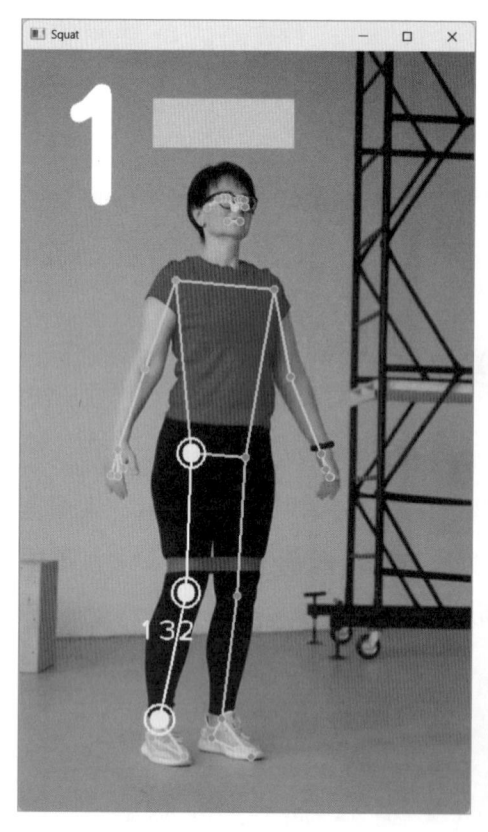

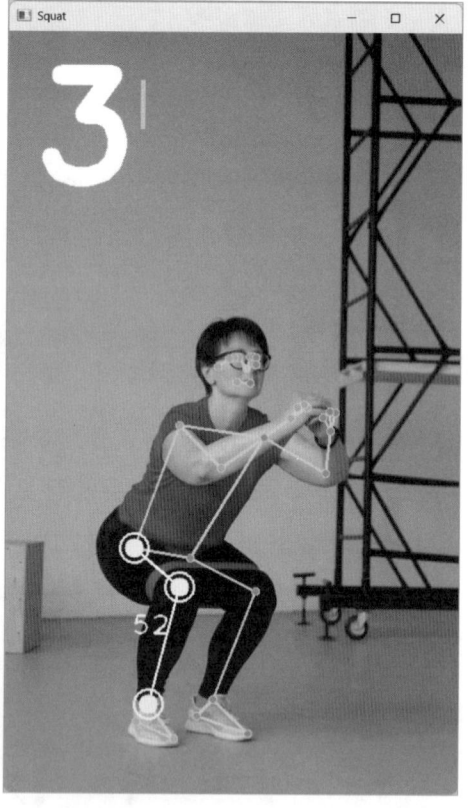

上述圖例的左上方數字是次數，上方綠色進度條顯示深蹲動作的狀態，即腳部膝蓋的角度。當站起時腳部膝蓋角度變大，綠色進度條就會變長；在蹲下時腳部膝蓋角度變小，綠色進度條就會同步變短。

Python 程式碼依序從 cvzone3d.PoseModule 模組匯入 PoseDetector 類別、OpenCV 和 NumPy 套件，匯入 NumPy 是用來計算綠色進度條的長度，如下所示：

```
from cvzone3d.PoseModule import PoseDetector
import cv2
import numpy as np

cap = cv2.VideoCapture("media/Squat.mp4")
detector = PoseDetector(detectionCon=0.5, trackCon=0.5)
dir = 0   # 0: 站起  1: 蹲下
count = 0.5
```

上述程式碼建立 VideoCapture 物件，其參數是影片檔路徑（如果是 0 則為 Webcam），然後建立 PoseDetector 物件 detector。方向變數 dir 是用來記錄前一個姿勢，值 0 是站起，1 是蹲下。因為視訊的初始狀態是站起，所以初始值是 0，變數 count 的次數是 0.5 次。

在下方 while 迴圈讀取影格進行偵測，if/else 條件判斷是否讀取成功。若失敗則跳出迴圈，成功就使用 shape 屬性取得影格尺寸，然後呼叫 findPose() 方法偵測人體姿勢，並回傳偵測到已標示人體姿勢的影像 img，如下所示：

```
while True:
    success, img = cap.read()
    if success:
        h, w, c = img.shape
        img = detector.findPose(img, draw=True)
        lmList, bboxInfo = detector.findPosition(img, draw=False,
                                                 scaleZ=0.5)
        if lmList:
            angle, img = detector.findAngle3D(lmList[24], lmList[26],
                                              lmList[28], img,
                                              color=(0, 255, 255),
                                              scale=10)
            print(int(angle))
```

上述程式碼呼叫 findPosition() 方法取出關鍵點座標串列後，使用 if 條件判斷是否有偵測到，如果有，就呼叫 findAngle3D() 方法計算出腰部

24、26 和 28 關鍵點的角度。在下方顯示目前角度轉換成的綠色進度條長度，角度範圍是 50~150 度，如下所示：

```
            bar = np.interp(angle, (50, 150), (w//2-100, w//2+100))
            cv2.rectangle(img, (w//2-100, 50), (int(bar), 100),
                          (0, 255, 0), cv2.FILLED)
            if angle <= 80:     # 目前狀態:蹲下
                if dir == 0:    # 之前狀態:站起
                    count = count + 0.5
                    dir = 1     # 更新狀態:蹲下
            if angle >= 140:    # 目前狀態:站起
                if dir == 1:    # 之前狀態:蹲下
                    count = count + 0.5
                    dir = 0     # 更新狀態:站起
```

上述 2 個 if 巢狀條件判斷姿勢以計算次數：蹲下姿勢是腳部膝蓋角度小於等於 60 度；站起姿勢是腳部膝蓋角度大於等於 120 度。在下方呼叫 cv2.putText() 方法寫上深蹲次數，即 count 變數值，如下所示：

```
            msg = str(int(count))
            cv2.putText(img, msg, (30, 150),
                        cv2.FONT_HERSHEY_SIMPLEX, 5,
                        (255, 255, 255), 20)
            cv2.imshow("Squat", img)
        else:
            break
        if cv2.waitKey(1) & 0xFF == ord("q"):
            break
cap.release()
cv2.destroyAllWindows()
```

上述程式碼呼叫 cv2.imshow() 方法顯示標示的影格，if 條件判斷是否按下 Q 鍵，如果是，就跳出迴圈結束 AI 健身教練。

12-3-4 單槓訓練 AI 健身教練

單槓訓練即判斷左／右手肘的角度，分別是關鍵點 11、13、15 和 12、14 和 16。Python 程式：ch12-3-4.py 在使用 OpenCV 讀取影片檔視訊的影格後，使用 CVZone3D 進行人體姿態評估，計算共拉了幾下單槓，其執行結果如下圖所示：

上述圖例的左上方數字是次數，在左右兩側的綠色進度條顯示手部角度的狀態：當往上時手部角度變小，綠色進度條同步變長（表示愈用力）；在往下時手部角度變大，綠色進度條就會變短，如下圖所示：

Python 程式碼依序從 cvzone3d.PoseModule 模組匯入 PoseDetector 類別、OpenCV 和 NumPy 套件，匯入 NumPy 是用來計算綠色進度條的長度，如下所示：

```
from cvzone3d.PoseModule import PoseDetector
import cv2
import numpy as np

cap = cv2.VideoCapture("media/Pull_up.mp4")
detector = PoseDetector(detectionCon=0.5, trackCon=0.5)
dir = 0   # 0是在下方, 1是在上方
count = 0.5
```

上述程式碼建立 VideoCapture 物件，其參數是影片檔路徑（如果是 0 則為 Webcam），然後建立 PoseDetector 物件 detector。方向變數 dir 是用來記錄前一個姿勢，值 0 是在下方，1 是在上方。因為視訊的初始狀態是在下方，所以初始值是 0，變數 count 的次數是 0.5 次。

AI 電腦視覺實戰：手勢操控與 AI 健身教練　12

在下方 while 迴圈讀取影格進行偵測，if/else 條件判斷是否讀取成功。若失敗則跳出迴圈；成功就先調整影像尺寸，然後使用 shape 屬性取得影格尺寸，和呼叫 findPose() 方法偵測人體姿勢，並回傳偵測到已標示人體姿勢的影像 img，如下所示：

```
while True:
    success, img = cap.read()
    if success:
        img = cv2.resize(img, (640, 480))
        h, w, c = img.shape
        img = detector.findPose(img, draw=True)
        lmList, bboxInfo = detector.findPosition(img, draw=False,
                                                 scaleZ=0.5)
        if lmList:
            right_angle, img = detector.findAngle3D(lmList[12], lmList[14],
                                                    lmList[16], img,
                                                    color=(0, 0, 255),
                                                    scale=10)
```

上述程式碼呼叫 findPosition() 方法取出關鍵點座標串列後，使用 if 條件判斷是否有偵測到，如果有，就呼叫 findAngle3D() 方法計算出右手肘 12、14 和 15 關鍵點的角度。在下方顯示目前角度轉換成的綠色進度條長度，角度範圍是 50~180 度，然後呼叫 2 次 cv2.rectangle() 方法，先繪出進度條的方框，再繪出進度條的長度，如下所示：

```
            right_bar = np.interp(right_angle, (50, 180),
                                  (h//2-100, h//2+100))
            cv2.rectangle(img, (500, h//2-100), (520, h//2+100),
                          (0, 255, 0), 3)
            cv2.rectangle(img, (500, int(right_bar)), (520, h//2+100),
                          (0, 255, 0), cv2.FILLED)
```

接著，計算左手肘 13、15 和 15 關鍵點的角度，並繪出進度條，如下所示：

12-31

```
            left_angle, img = detector.findAngle3D(lmList[11], lmList[13],
                                         lmList[15], img,
                                         color=(0, 255, 255),
                                         scale=10)
            left_bar = np.interp(left_angle, (50, 180),
                               (h//2-100, h//2+100))
            cv2.rectangle(img, (100, h//2-100), (120, h//2+100),
                        (0, 255, 0), 3)
            cv2.rectangle(img, (100, int(left_bar)), (120, h//2+100),
                        (0, 255, 0), cv2.FILLED)
            print(int(left_angle), int(right_angle))
            # 目前狀態:下方
            if left_angle >= 150 and right_angle >= 150:
                if dir == 1: # 之前狀態:上方
                    count = count + 0.5
                    dir = 0
            # 目前狀態:上方
            if left_angle <= 95 and right_angle <= 95:
                if dir == 0: # 之前狀態:下方
                    count = count + 0.5
                    dir = 1
```

上述 2 個 if 巢狀條件判斷姿勢以計算次數：單槓訓練在下方時，手肘角度大於等於 150 度；在上方時手肘角度小於等於 95 度。在下方呼叫 cv2.putText() 方法寫上吊單槓的次數，即 count 變數值，如下所示：

```
            msg = str(int(count))
            cv2.putText(img, msg, (50, 120),
                      cv2.FONT_HERSHEY_SIMPLEX,
                      5, (255, 255, 255), 20)
            cv2.imshow("Pull up", img)
        else:
            break
        if cv2.waitKey(1) & 0xFF == ord("q"):
            break
cap.release()
cv2.destroyAllWindows()
```

上述程式碼呼叫 cv2.imshow() 方法顯示標示的影格，if 條件判斷是否按下 Q 鍵，如果是，就跳出迴圈結束 AI 健身教練。

Chapter 13 AI 電腦視覺實戰：EasyOCR 車牌辨識與車道偵測系統

▷ 13-1　AI 電腦視覺實戰：Tesseract-OCR 車牌辨識

▷ 13-2　EasyOCR 的安裝與使用

▷ 13-3　AI 電腦視覺實戰：EasyOCR 車牌辨識

▷ 13-4　AI 電腦視覺實戰：YOLO 車牌偵測

▷ 13-5　AI 電腦視覺實戰：OpenCV 車道偵測系統

13-1 AI 電腦視覺實戰：Tesseract-OCR 車牌辨識

我們只需整合第 3-4-2 節的 EAST 文字區域偵測和第 3-5-2 節的 Tesseract-OCR 文字識別，就能輕鬆打造 AI 車牌辨識。在 Python 程式碼的基本結構可以分成兩大部分，如下所示：

- 第一部分：EAST 文字區域偵測。
- 第二部分：Tesseract-OCR 文字識別。

下載 EAST 預訓練模型

請進入第 3-2-2 節本書預訓練模型「models/EAST」目錄的下載網頁，下載 frozen_east_text_detection.pb 檔案至「ch13/models」目錄。

Tesseract-OCR 的 AI 車牌辨識（一）：ch13-1.py

Python 程式是使用 EAST 預訓練模型進行車輛影像的文字區域偵測，即偵測出車牌所在的位置（在影像中的車牌是斜的）。在剪裁出車牌區域的影像後，再使用 Tesseract-OCR 文字識別來辨識出車牌的文字內容，其執行結果如下所示：

```
偵測和辨識出車牌文字！
BBT:6566
```

上述執行結果可以看到辨識出的車牌 BBT:6566，其剪裁出的車牌影像，如下圖所示：

Python 程式碼首先匯入 OpenCV 和 NumPy 套件，然後匯入 imutils. object_detection 的 non_max_suppression，和 pytesseract 套件，即可指定 tesseract.exe 的路徑，如下所示：

```
import cv2
import numpy as np
from imutils.object_detection import non_max_suppression
import pytesseract

pytesseract.pytesseract.tesseract_cmd="C:\\Program Files\\Tesseract-OCR\\tesseract.exe"
img = cv2.imread("images/car.jpg")
model = cv2.dnn.readNet("models/frozen_east_text_detection.pb")
```

上述程式碼呼叫 cv2.imread() 方法讀取 car.jpg 圖檔後，使用 cv2.dnn.readNet() 方法載入 EAST 模型。在下方建立輸出層 outputLayers 串列，依序是推論結果的可能性信心指數和邊界框座標共兩層，如下所示：

```
outputLayers = []
outputLayers.append("feature_fusion/Conv_7/Sigmoid")
outputLayers.append("feature_fusion/concat_3")
height,width,colorch = img.shape
new_height = (height//32+1)*32
new_width = (width//32+1)*32
h_ratio = height/new_height
w_ratio = width/new_width
```

上述程式碼使用 img.shape 屬性取得影像尺寸。因為 EAST 輸入影像尺寸需為 32 的倍數，所以使用整數除法來計算出 32 倍數的新尺寸，即可計算出與原尺寸的比例 h_ratio 和 w_ratio。在下方呼叫 cv2.dnn.blobFromImage() 方法執行影像預處理，並回傳 Blob 物件，如下所示：

```
blob=cv2.dnn.blobFromImage(img, 1, (new_width,new_height),
                           (123.68,116.78,103.94), True)
model.setInput(blob)
(scores, geometry) = model.forward(outputLayers)
```

```
rectangles=[]
confidence_score=[]
```

上述程式碼呼叫 setInput() 方法指定輸入的 Blob 物件後,使用 forward() 方法執行前向傳播進行推論,其回傳值是所有偵測出文字區域的可能性分數 scores 和區域資訊 geometry,geometry 是使用列和欄方式儲存每一個偵測到文字區域的資訊。然後建立儲存邊界框座標 rectangles 和信心指數分數 confidence_score 的串列。

在下方取出 geometry 的列 rows 和欄 cols 後,使用二層 for 迴圈走訪列和欄,即可逐一取出偵測到的每一個文字區域,如下所示:

```
rows = geometry.shape[2]
cols = geometry.shape[3]
for y in range(0, rows):
    for x in range(0, cols):
        if scores[0][0][y][x] < 0.5:
            continue
        offset_x = x*4
        offset_y = y*4
```

上述 if 條件判斷可能性分數 scores 如果小於 0.5,就直接執行下一次迴圈,所以只會取出大於等於 0.5 的文字區域。然後計算出位移量 offset_x 和 offset_y。在下方使用位移量計算出邊界框的左上角和右下角座標,如下所示:

```
bottom_x = int(offset_x + geometry[0][1][y][x])
bottom_y = int(offset_y + geometry[0][2][y][x])
top_x = int(offset_x - geometry[0][3][y][x])
top_y = int(offset_y - geometry[0][0][y][x])
rectangles.append((top_x, top_y, bottom_x, bottom_y))
confidence_score.append(float(scores[0][0][y][x]))
```

上述程式碼依序將邊界框座標和信心指數的分數新增至 rectangles 和 confidence_score 串列。在下方呼叫 non_max_suppression() 的 NMS（Non Maximum Suppression）處理，以清除辨識相同物體的多個重疊方框雜訊，並從其中找出最佳的邊界框，如下所示：

```python
for (x1,y1,x2,y2) in final_boxes:
    w = abs(x2-x1)
    h = abs(y2-y1)
    area = w * h
    if area > 4000:
        x1 = int(x1*w_ratio)
        y1 = int(y1*h_ratio)
        x2 = int(x2*w_ratio)
        y2 = int(y2*h_ratio)
        print("偵測和辨識出車牌文字!")
        result = img[y1-10:y1+h+13,x1-10:x1+w+1]
```

上述 for 迴圈走訪 NMS 處理後的邊界框座標，先計算出邊界框的面積 area，即可使用 if 條件判斷面積是否大於 4000，如果是，就使用之前的比例來重新調整座標，再剪裁出車牌部分的影像。因為車牌是斜的，所以在四周再加上填充距離，以便剪裁出完整的車牌區域。

在下方呼叫 cv2.imshow() 方法顯示剪裁的車牌影像，並使用 pytesseract.image_to_string() 方法來識別文字內容，如下所示：

```python
        cv2.imshow("Plate", result)
        text = pytesseract.image_to_string(result, lang="eng")
        print(text.strip())
        cv2.waitKey(0)

cv2.destroyAllWindows()
```

Tesseract-OCR 的 AI 車牌辨識(二):ch13-1a.py

　　Python 程式是使用 EAST 預訓練模型進行車輛影像的文字區域偵測,即偵測出車牌所在的位置(車牌影像是正的)。在剪裁出車牌影像後,再使用 Tesseract-OCR 文字識別來辨識車牌文字內容,其執行結果如下所示:

> 偵測和辨識出車牌文字!
> ABC-8888

　　上述執行結果可以看到辨識出的車牌文字 ABC-8888,其剪裁出的車牌影像,如下圖所示:

　　Python 程式碼和 ch13-1.py 幾乎相同,只有在 if 條件判斷面積是否大於 4000 之後,其剪裁車牌影像的程式碼有些不同,如下所示:

```python
if area > 4000:
    x1 = int(x1*w_ratio)
    y1 = int(y1*h_ratio)
    x2 = int(x2*w_ratio)
    y2 = int(y2*h_ratio)
    print("偵測和辨識出車牌文字!")
    result = img[y1-5:y1+h+5,x1-1:x1+w+1]
    cv2.imshow("Plate", result)
    text = pytesseract.image_to_string(result, lang="eng")
    print(text.strip())
    cv2.waitKey(0)
cv2.destroyAllWindows()
```

　　上述程式碼因為車牌是正的,所以四周剪裁尺寸的填充距離和 ch13-1.py 不同。

13-2 EasyOCR 的安裝與使用

　　EasyOCR 是基於深度學習模型的文字區域偵測和 OCR 文字識別的 Python 套件，這是名為 Jaided AI 的 OCR 公司，使用 PyTorch 框架開發的套件。目前 EasyOCR 已支援超過 70 國語言的文字識別，對於大多數正常影像中的文字，EasyOCR 都有非常高的辨識準確度。

在 Python 虛擬環境安裝 EasyOCR 套件

　　在 Python 虛擬環境 easyocr 安裝 EasyOCR 套件的命令列命令，如下所示：

```
pip install easyocr==1.7.2  Enter
```

　　上述命令在安裝 EasyOCR 的同時會自動安裝 torch、torchvision 和 opencv-pythonheadless 套件。其中 opencv-python-headless 套件是沒有 GUI 介面的 OpenCV，此套件會和已經安裝的 opencv-python 套件衝突，所以，我們需要先解除安裝 opencv-pythonheadless 套件，再重新安裝 opencv-python 套件，其命令列命令如下所示：

```
pip uninstall opencv-python opencv-python-headless -y  Enter
pip install opencv-python==4.10.0.84  Enter
```

　　請注意！如果使用 pip 命令安裝 EasyOCR 套件時發生錯誤，我們可以改為先安裝 torch 和 torchvision 套件，再安裝 EasyOCR 套件，其命令列命令如下所示：

```
pip install torch==2.4.1  Enter
pip install torchvision==0.19.1  Enter
pip install easyocr==1.7.2  Enter
```

成功安裝 EasyOCR 套件後，在 Python 程式可匯入此套件，如下所示：

```
import easyocr
```

EasyOCR 的基本使用：ch13-2.py

Python 程式是使用同 ch3-5-2.py 的測試圖檔，只是改用 EasyOCR 將影像中的文字轉換成字串。這三張測試影像 number.jpg、traditional.jpg 和 simple.jpg 圖檔，從上而下如下圖所示：

K4P1K
更改圖片尺寸和製作縮圖
清明时节雨纷纷，路上行人欲断魂。

Python 程式的執行結果可以識別出影像中的英文字母和數字，以及繁/簡中文字串（如果是第 1 次執行 EasyOCR 程式，會自動下載所需的模型檔，因為模型檔有些大，請耐心等待下載），如下所示：

```
Neither CUDA nor MPS are available - defaulting to CPU. Note: This module is much faster with a GPU.
[([[7, 47], [193, 47], [193, 89], [7, 89]], 'K4 P 1 K', 0.398470296910955)]
Neither CUDA nor MPS are available - defaulting to CPU. Note: This module is much faster with a GPU.
[([[5, 7], [239, 7], [239, 51], [5, 51]], '清明时节雨纷纷', 0.9478759638894352), ([[259, 7], [507, 7], [507, 51], [259, 51]], '路上行人欲断魂。', 0.9462621182651273)]
Neither CUDA nor MPS are available - defaulting to CPU. Note: This module is much faster with a GPU.
[([[33, 35], [449, 35], [449, 71], [33, 71]], '更改圖片尺寸和製作縮圖', 0.5404362325677315)]
```

上述識別的結果為串列，其第 1 個元素是文字區域的邊界框座標，第 2 個是識別出的文字內容，第 3 個是信心指數的可能性分數。

在 Python 程式碼首先匯入 EasyOCR 和 OpenCV 套件，如下所示：

```
import easyocr
import cv2
```

```
reader = easyocr.Reader(["en"])
result = reader.readtext("images/number.jpg")
print(result)
```

上述程式碼建立 Reader 物件來識別英文和數字,其參數串列是語言串列,能夠同時支援多種語言的文字識別,"en" 是英文。然後呼叫 reader.readtext() 方法將影像中的文字轉換成字串,其參數是圖檔路徑(也可以使用影像的 URL 網址)。

在下方的 Reader 物件是識別簡體中文和英文,所以參數語言有 2 種:"ch_sim" 簡體中文和 "en" 英文,並且改用 OpenCV 讀取影像的圖檔,如下所示:

```
reader = easyocr.Reader(["ch_sim", "en"])
img = cv2.imread("images/simple.jpg")
result = reader.readtext(img)
print(result)
reader = easyocr.Reader(["ch_tra", "en"])
with open("images/traditional.jpg", "rb") as f:
    img = f.read()
result = reader.readtext(img)
print(result)
```

上述程式碼最後的 Reader 物件是識別繁體中文和英文,其參數串列的語言是 "ch_tra" 繁體中文和 "en" 英文,這次則改用 open() 函式來開啟並讀取影像的二進位檔案。

EasyOCR 文字區域偵測(一):ch13-2a.py

基本上,EasyOCR 套件的 reader.readtext() 方法同時支援文字區域偵測和文字識別,如果 Python 程式只需要文字區域偵測,請使用 reader.detect() 方法,可以回傳偵測到文字邊界框的座標。

13-9

Python 程式是使用 reader.detect() 方法,其執行結果共偵測到三段文字區域,如下圖所示:

Python 程式碼首先匯入 EasyOCR、NumPy 和 OpenCV 套件,然後讀取圖檔 sample.jpg 的影像,如下所示:

```
import easyocr
import numpy as np
import cv2

img = cv2.imread("images/sample.jpg")
reader = easyocr.Reader(["ch_tra", "en"])
horizontal_list, free_list = reader.detect(img)
```

上述 reader_detect() 方法的參數是影像,回傳值是 2 個串列,其說明如下所示:

- **horizontal_list 串列**:長方形文字區域的邊界框座標,座標格式是 [x_min, x_max, y_min, y_max]。
- **free_list 串列**:非長方形文字區域的邊界框座標,座標格式是四個角的座標 [[x1,y1],[x2,y2],[x3,y3],[x4,y4]]。

在下方使用 for 迴圈走訪 horizontal_list[0] ,這是所有偵測到文字區域的邊界框,就能取得 [x_min, x_max, y_min, y_max] 座標,然後呼叫 cv2.rectangle() 方法繪出文字區域邊界框的長方形,如下所示:

```
for box in horizontal_list[0]:
    print(box)
    cv2.rectangle(img, (box[0], box[2]), (box[1], box[3]),
                  (0, 0, 255), 3)
cv2.imshow("Detection", img)
cv2.waitKey(0)
cv2.destroyAllWindows()
```

EasyOCR 文字區域偵測（二）：ch13-2b.py

Python 程式改用 reader.readtext() 方法來執行文字區域偵測，如下所示：

```
results = reader.readtext("images/sample.jpg")
for result in results:
    box = result[0]
    cv2.rectangle(img, box[0], box[2], (0, 0, 255), 3)
```

上述 for 迴圈走訪文字識別的結果，result[0] 是邊界框座標，不過這是四角的座標，即 box[0] 為左上角，box[2] 為右下角，其執行結果與 ch13-2a.py 完全相同。

EasyOCR 文字識別：ch13-2c.py

EasyOCR 文字識別是使用 reader.recognize() 方法，如果已經知道文字區域的邊界框座標，我們可以直接呼叫 reader.recognize() 方法來執行文字識別。Python 程式的執行結果，如下所示：

```
[[32, 8], [159, 8], [159, 47], [32, 47]]
OpenCV
0.9790066573923996
[[6, 43], [191, 43], [191, 81], [6, 81]]
Python程式設計
0.8910885101124186
[[30, 86], [178, 86], [178, 118], [30, 118]]
DAT-4567
0.6394378746862207
```

Python 程式碼首先匯入 EasyOCR、NumPy 和 OpenCV 套件，如下所示：

```
import easyocr
import numpy as np
import cv2

boxes = [[32, 159, 8, 47],
         [6, 191, 43, 81],
         [30, 178, 86, 118]]
```

上述 boxes 變數是影像中文字區域的座標串列，即 reader.detect() 方法的回傳值 horizontal_list[0]。在下方讀取圖檔並建立 Reader 物件，如下所示：

```
img = cv2.imread("images/sample.jpg")
reader = easyocr.Reader(["ch_tra", "en"])
results = reader.recognize(img, horizontal_list=boxes,
                           free_list=[])
```

上述程式碼呼叫 reader.recognize() 方法執行文字識別，其第 1 個參數是影像；horizontal_list 參數是已知文字區域的座標串列 [x_min, x_max, y_min, y_max]；free_list 參數是非長方形文字區域的四點座標串列 [[x1,y1],[x2,y2],[x3,y3],[x4,y4]]。在下方使用 for 迴圈走訪每一個文字區域的識別結果，如下所示：

```
for result in results:
    print(result[0])
    print(result[1])
    print(result[2])
```

上述識別結果的索引 0 是邊界框的四點座標，索引 1 是識別出的文字內容，索引 2 是信心指數的可能性分數。

13-3　AI 電腦視覺實戰：EasyOCR 車牌辨識

　　Python 的 EasyOCR 套件同時支援文字區域偵測和文字識別，所以，我們可以直接使用 EasyOCR 套件來快速建立 AI 車牌辨識。Python 程式：ch13-3.py 是使用 EasyOCR 進行車牌文字區域偵測和 OCR 文字識別來辨識車牌文字，其執行結果可以看到辨識出的車牌文字 BBT-6566，如下圖所示：

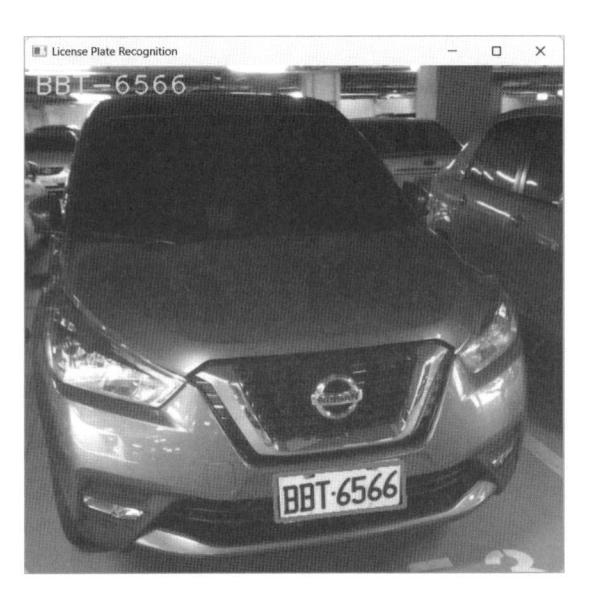

　　Python 程式碼首先匯入 EasyOCR、NumPy 和 OpenCV 套件，接著讀取圖檔 car.jpg，如下所示：

```
import easyocr
import numpy as np
import cv2

img = cv2.imread("images/car.jpg")
reader = easyocr.Reader(["en"])
results = reader.readtext(img)
```

上述程式碼建立 Reader 物件,其參數串列是英文,然後呼叫 reader.readtext() 方法執行文字區域偵測和文字識別。在下方使用 for 迴圈走訪識別結果 results,如下所示:

```
y = 0
for box in results:
    points = box[0]
    points = np.array(points, np.int32)
    print(points)
    print(box[1])
    cv2.polylines(img, pts=[points], isClosed=True,
                  color=(0, 0, 255), thickness=3)
    y = y + 30
    cv2.putText(img, box[1], (10, y),
                cv2.FONT_HERSHEY_PLAIN, 2, (0, 255, 0), 2)

cv2.imshow("License Plate Recognition", img)
cv2.waitKey(0)
cv2.destroyAllWindows()
```

上述 box[0] 是文字區域邊界框的四角座標,box[1] 是識別出的文字內容。接著呼叫 cv2.polylines() 方法使用四角座標繪出多邊形,和 cv2.putText() 方法寫上識別出的文字內容,即車牌文字,最後呼叫 cv2.imshow() 方法顯示標示結果的影像。

13-4 AI 電腦視覺實戰:YOLO 車牌偵測

我們將從 Roboflow Universe 搜尋並下載車牌偵測資料集,然後訓練一個 YOLO 物體偵測模型來執行 YOLO 車牌偵測,在此的車牌偵測只能偵測出車牌的物體,並不能識別出車牌中的文字內容。

13-4-1　使用 Roboflow 資料集訓練 YOLO 模型

在本節使用的 Roboflow 資料集是 license plate Computer Vision Project，其 URL 網址如下所示：

```
https://universe.roboflow.com/test-9mnwj/license-plate-ywcbx
```

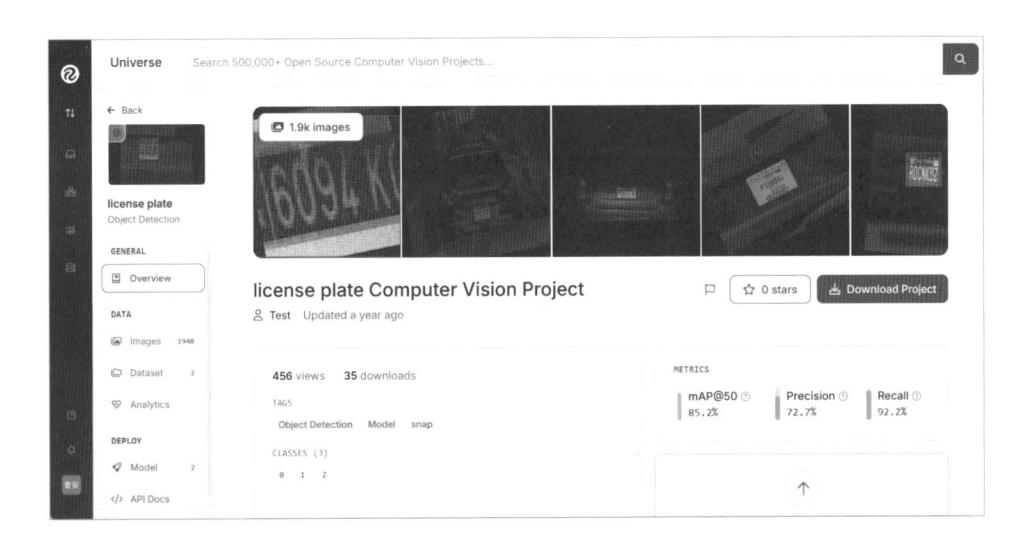

步驟一：下載 Roboflow 資料集

請參閱第 9-2-1 節的步驟，下載 YOLOv11 版的上述資料集，並於解壓縮後，複製至「ch13/ch13-4-1/data」目錄，即可看到目錄結構，如下圖所示：

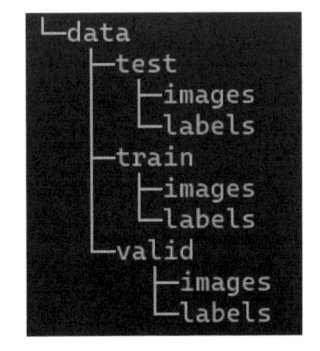

```
└data
  ├test
  │ ├images
  │ └labels
  ├train
  │ ├images
  │ └labels
  └valid
    ├images
    └labels
```

步驟二：建立 data.yaml 檔案

我們準備直接修改 Roboflow 資料集的 data.yaml 檔案。請將此檔案複製至「ch13/ch13-4-1」目錄，然後開啟檔案修改訓練、驗證和測試資料集的路徑為「./data」開頭，如下所示：

```
train: ./data/train/images
val: ./data/valid/images
test: ./data/test/images
```

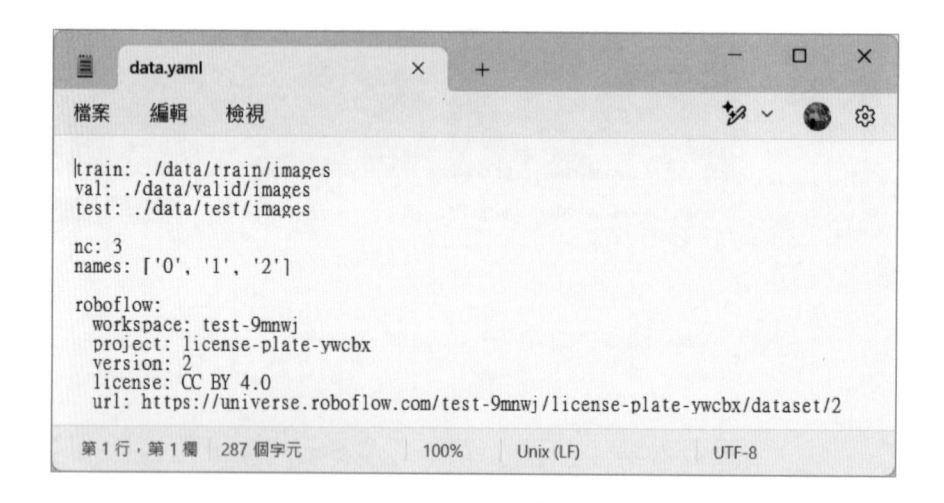

```
data.yaml

train: ./data/train/images
val: ./data/valid/images
test: ./data/test/images

nc: 3
names: ['0', '1', '2']

roboflow:
  workspace: test-9mnwj
  project: license-plate-ywcbx
  version: 2
  license: CC BY 4.0
  url: https://universe.roboflow.com/test-9mnwj/license-plate-ywcbx/dataset/2
```

上述 3 個分類由於資料集的作者並沒有進一步說明，故從標註的圖檔推測分類 '0' 和 '2' 是車牌，分類 '1' 不是車牌。

步驟三：訓練 YOLO 車牌偵測模型

Python 程式：ch13-4-1/Step3_YOLO_model_trainer.py 是用來訓練 YOLO 車牌偵測模型，首先請修改程式開頭的訓練參數，如下所示：

```
model_size = "s"   # YOLO 模型尺寸是"n", "s", "m", "l", "x"
version = "12"     # YOLO 版本是"12", "11", "v8"
epochs = 50        # 訓練周期
batch = 16         # 批次大小，每次迭代中使用的數據樣本數
```

AI 電腦視覺實戰：EasyOCR 車牌辨識與車道偵測系統

```
imgsz = 640        # 圖片尺寸，指圖像在訓練時會被調整到的尺寸
plots = True       # 是否在訓練過程中繪製圖表，用於可視化訓練過程
```

上述模型尺寸是 "s"，版本是 YOLO12，訓練周期是 50 次。請執行此程式，可以看到訓練過程（這是使用 GPU 訓練的最後 3 次），如下所示：

```
Epoch    GPU_mem   box_loss  cls_loss  dfl_loss  Instances   Size
48/50    6.02G     0.4734    0.3887    0.9877    6           640: 100%|████████| 86/86 [00:25<00:00,  3.35it/s]
         Class     Images    Instances Box(P     R           mAP50  mAP50-95): 100%|████████| 13/13 [00:02<00:00,  4.50it/s]
         all       388       440       0.809     0.772       0.782  0.647

Epoch    GPU_mem   box_loss  cls_loss  dfl_loss  Instances   Size
49/50    6G        0.462     0.3744    0.971     6           640: 100%|████████| 86/86 [00:25<00:00,  3.38it/s]
         Class     Images    Instances Box(P     R           mAP50  mAP50-95): 100%|████████| 13/13 [00:02<00:00,  4.46it/s]
         all       388       440       0.806     0.778       0.78   0.649

Epoch    GPU_mem   box_loss  cls_loss  dfl_loss  Instances   Size
50/50    6.01G     0.4612    0.3744    0.975     6           640: 100%|████████| 86/86 [00:25<00:00,  3.36it/s]
         Class     Images    Instances Box(P     R           mAP50  mAP50-95): 100%|████████| 13/13 [00:02<00:00,  4.57it/s]
         all       388       440       0.804     0.778       0.779  0.641
```

模型訓練完成後，首先顯示訓練結果的模型性能指標和儲存的路徑「runs/detect/train」，如下所示：

```
Results saved to runs\detect\train
模型訓練結果============
map50-95: 0.649147025537307
map50: 0.7806656048015639
map75: 0.7467488207909112
每一分類的map50-95: [    0.47422      0.64915      0.82407]
```

並在驗證完成後，顯示驗證結果的模型性能指標和儲存的路徑「runs/detect/train2」，如下所示：

```
Results saved to runs\detect\train2
模型驗證結果============
map50-95: 0.649789613656229
map50: 0.7804476831887702
map75: 0.7490680927315067
每一分類的map50-95: [    0.47392      0.64979      0.82566]
```

YOLO 訓練結果的權重檔是在「ch13/ch13-4-1/runs/detect/train」目錄下的「weights」子目錄，可以看到 best.pt 權重檔，請將此檔案複製至「ch13」目錄，並且更名為 **license-plate.pt**。

13-4-2　使用 YOLO 車牌偵測模型

YOLO 權重檔 **license-plate.pt** 也可從 GitHub 下載，其下載的 URL 網址如下所示：

```
https://github.com/fchart/PythonCV/raw/refs/heads/main/weights/license-plate.pt
```

複製或下載 **license-plate.pt** 至「ch13」目錄後，即可執行 Python 程式：ch13-4-2.py，這是使用 YOLO 模型來偵測影像中的車牌物體，其執行結果如下圖所示：

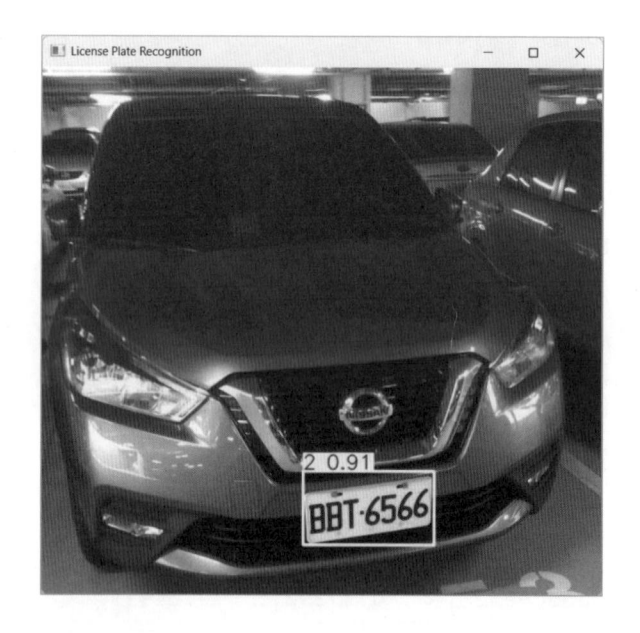

Python 程式碼依序匯入 YOLO、OpenCV 和 torch 套件，然後指定測試圖檔的路徑，如下所示：

```
from ultralytics import YOLO
import cv2
import torch

image_file = "images/car.jpg"
device = torch.device("cuda" if torch.cuda.is_available() else "cpu")
```

上述程式碼使用 torch.device() 方法判斷是 GPU 或 CPU 運算裝置後,在下方載入 YOLO 模型 license-plate.pt,然後執行物體偵測,如下所示:

```
model = YOLO("license-plate.pt")
model.to(device)
result = model.predict(source=image_file, device=device)
for ele in result:
    for bbox in ele.boxes:
        x1, y1, x2, y2 = bbox.xyxy[0]   # 取得左上角和右下角座標
        print(f"Bounding box: ({x1}, {y1}), ({x2}, {y2})")
```

上述程式碼顯示偵測結果的邊界框座標,在下方顯示偵測結果,並且儲存成圖檔 Result.jpg,如下所示:

```
res_plotted = result[0].plot()
cv2.imshow("License Plate Recognition", res_plotted)
cv2.imwrite("Result.jpg", img=res_plotted)
cv2.waitKey(0)
cv2.destroyAllWindows()
```

上述 Python 程式已經可以偵測和取出車牌的邊界框座標,我們只需切割出車牌區域的影像,就能使用第 13-1 節的 Tesseract-OCR 或第 13-2 節 EasyOCR 進行文字識別來建立車牌辨識,這部分的修改就留給讀者自行練習。

13-5　AI 電腦視覺實戰：OpenCV 車道偵測系統

目前市面上銷售的車輛大多已配備「車道維持輔助系統」(Lane Keep Assist System，LKAS)，這是專門針對快速道路或高速公路行駛所設計的輔助系統，可以降低駕駛不小心偏離行駛車道而產生的風險。

基本上，車道維持輔助系統主要有兩大元件：一是車道自動偵測 (如何檢測出車道線)，二是路徑 / 動作規劃 (如何轉動方向盤來維持車輛行駛在車道的中央)。

在這一節我們將使用 OpenCV 建立車道自動偵測系統，可以在影像中偵測出白色的左右車道線，其執行結果如下圖所示：

上述圖例的下半部分使用 2 條紅線標示出左/右車道線，此即從圖片中檢測出的白色車道線。車道自動偵測的基本步驟，如下圖所示：

轉換成灰階 ➔ 高斯模糊 ➔ 邊緣檢測 ➔ 分割區域 ➔ 直線檢測

步驟一：將目標影像轉換成灰階影像

在影像中的兩條車道線是白色的。首先，我們需要將其轉換成灰階影像，Python 程式：ch13-5.py 將目標影像轉換成灰階影像，其執行結果如下圖所示：

Python 程式碼是呼叫 cv2.cvtColor() 方法將彩色影像轉換成灰階影像，如下所示：

```
import cv2

image = cv2.imread("images/road_lane1.jpg")
img = cv2.cvtColor(image, cv2.COLOR_BGR2GRAY)
cv2.imshow("Road Lane", img)

cv2.waitKey(0)
cv2.destroyAllWindows()
```

步驟二：使用高斯模糊讓影像平滑模糊化

高斯模糊（Gaussian Blur）是 Photoshop 和 GIMP 等影像處理軟體廣泛支援的特效處理。這是一種濾波器，可以過濾掉影像中的高頻內容（例如：雜訊和細節層次），使影像邊緣變得比較模糊，因此也稱為高斯平滑（Gaussian Smoothing）。

因為 OpenCV 邊緣檢測對於雜訊十分的敏感，故需使用高斯模糊先過濾掉影像中的雜訊。Python 程式：ch13-5a.py 使用高斯模糊讓影像平滑模糊化，其執行結果可以看出影像比較模糊，如下圖所示：

Python 程式碼是呼叫 cv2.GaussianBlur() 方法來執行高斯模糊，其第 2 個參數是核尺寸，如下所示：

```
image = cv2.imread("images/road_lane1.jpg")
image = cv2.cvtColor(image, cv2.COLOR_BGR2GRAY)
img = cv2.GaussianBlur(image, (5, 5), 0)
cv2.imshow("Road Lane", img)
```

步驟三：使用 Canny 運算執行邊緣檢測

基本上，邊緣檢測的作法是檢查灰階值的急劇變化，藉此截取出影像中不連續部分的特徵，即各種物體的邊緣。目前有多種邊緣檢測方法，其中 Canny 運算是 John F. Canny 在 1986 年開發的邊緣檢測方法。

Python 程式：ch13-5b.py 是使用 OpenCV 的 Canny() 方法來執行邊緣檢測，其執行結果如下圖所示：

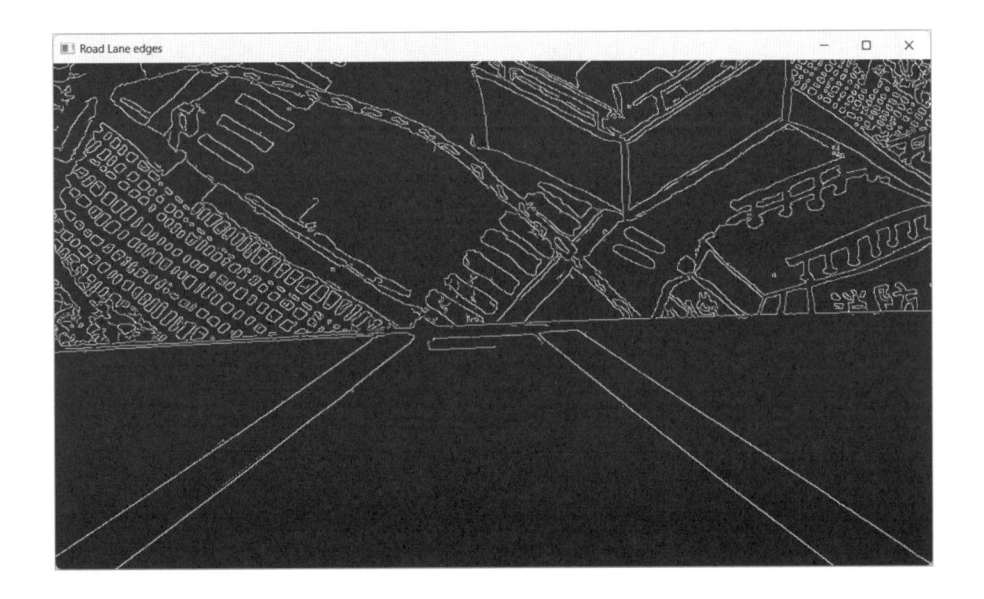

Python 程式碼是呼叫 Canny() 邊緣檢測方法，此方法共有 3 個參數，其最後 2 個參數是 2 個閾值，可以過濾掉梯度低於第 2 個參數值（即不認為這是邊緣）的像素點，而第 3 個參數則決定什麼值的像素點可視為邊緣，如下所示：

```
edges = cv2.Canny(image, 50, 150)
cv2.imshow("Road Lane edges", edges)
```

當車道線不是白色而是其他色彩時，我們就需要建立色彩遮罩，首先轉換成 HSV 色彩（色相、飽和度、亮度）。白色車道線的 HSV 色彩範圍，如下所示：

```
white_lower = np.array([80,0,0] , np.uint8)
white_upper = np.array([255,160,255] , np.uint8)
```

黃色車道線的 HSV 色彩範圍，如下所示：

```
hue_value = 25
yellow_lower = np.array([hue_value-10, 100, 100], np.uint8)
yellow_upper = np.array([hue_value+10, 255, 255], np.uint8)
```

Python 程式：ch13-5b_yellow.py 為黃色車道線的邊緣檢測，如下所示：

```
hsv = cv2.cvtColor(image, cv2.COLOR_BGR2HSV)
hsv = cv2.GaussianBlur(hsv, (5, 5), 0)
```

上述 cv2.cvtColor() 方法將影像從 BGR 色彩空間轉換成 HSV 色彩空間，接著呼叫 cv2.GaussianBlur() 方法執行高斯模糊處理。

在下方指定 hue_value 變數值為 25，此數值代表 HSV 色彩空間中黃色的色相值，即可建立黃色的 HSV 範圍，如下所示：

```
hue_value = 25
yellow_lower = np.array([hue_value-10, 100, 100], np.uint8)
yellow_upper = np.array([hue_value+10, 255, 255], np.uint8)
mask_yellow = cv2.inRange(hsv, yellow_lower, yellow_upper)
cv2.imshow("Mask Yellow", mask_yellow)
```

上述 cv2.inRange() 方法是針對 hsv 影像執行閾值篩選，可以產生一個二值遮罩 mask_yellow，若像素在 yellow_lower 和 yellow_upper 範圍會標記成 255（白色），其他像素則標記成 0（黑色），以便將黃色區域從影像中分離出來。在下方使用 cv2.Canny() 方法執行 Canny 邊緣檢測，如下所示：

AI 電腦視覺實戰：EasyOCR 車牌辨識與車道偵測系統 13

```
edges = cv2.Canny(mask_yellow, 50, 150)
cv2.imshow("Road Lane edges", edges)
```

步驟四：分割出影像中車道所在的區域

現在，我們已經執行邊緣檢測找出影像中所有物體的邊緣，但問題是 2 條車道線到底是位在影像中的哪一個區域？因為是偵測車道，所以，我們感興趣的也只有那 2 條車道線。

Python 程式：ch13-5c 是使用三角形來分割影像中車道線所在的區域，其執行結果只會看到左右車道的 2 條車道線，如下圖所示：

接著，合併三角形區域和車道線的影像，可以看到位在三角形分割區域中的 2 條車道線，如下圖所示：

[Isolated Area2 視窗影像]

　　Python 程式碼在取得影像的高度和寬度後，即可使用 NumPy 陣列定義三角形 triangle 的 3 個頂點，如下所示：

```
height, width = edges.shape
print(height, width)
triangle = np.array([[(0, height),
                     (width//2-20, height//2),
                     (width, height)]])
mask = np.zeros_like(edges)
mask = cv2.fillPoly(mask, triangle, 255)
isolated_area = cv2.bitwise_and(edges, mask)
cv2.imshow("Isolated Area", isolated_area)
```

　　上述程式碼使用 np.zeros_like() 方法建立相同圖片尺寸的黑色影像 mask 後，呼叫 fillPoly() 方法建立填滿三角形的影像遮罩，然後使用 bitwise_and() 方法執行 AND 位元運算來分割影像，即可取出三角形區域的影像。

接著,在下方呼叫 addWeighted() 方法依據權重來合併二張影像,就可看到三角形分割區和車道線重疊在一起,如下所示:

```
isolated_area2 = cv2.addWeighted(mask, 0.8, isolated_area, 1, 1)
cv2.imshow("Isolated Area2", isolated_area2)
```

在觀察車道的影像後,我們可以發現車道線主要位在影像的下半部分。Python 程式:ch3\13-5c_rectangle.py 改用長方形來分割影像中的車道線區域,如下所示:

```
rectangle = np.array([[
           (0, int(height * 1 / 2)+20),
           (width, int(height * 1 / 2)+20),
           (width, height),
           (0, height),
         ]])
```

上述程式碼定義分割區域為影像的下半部分,可以看到偵測到的左右車道線的邊緣各有 2 條線,如下圖所示:

步驟五：霍夫變換的直線檢測

霍夫變換（Hough Transform）是在 1962 年由 Paul Hough 首次提出，Richard Duda 和 Peter Hart 在 1972 年推廣此變換方法。霍夫變換可以從影像中檢測出幾何形狀，例如：直線、圓形和橢圓等。

Python 程式：ch13-5d.py 是使用霍夫變換來執行直線檢測，可以在影像中偵測出 2 條車道線，其執行結果如下圖所示：

Python 程式碼在分割出車道線所在的區域後，呼叫 display_lines() 函式在影像上繪出直線，以標示出偵測到的車道線，如下所示：

```
def display_lines(image, lines):
    lines_image = np.zeros_like(image)
    if lines is not None:
        for line in lines:
            x1, y1, x2, y2 = line
            cv2.line(lines_image, (x1, y1), (x2, y2), (0, 0, 255), 10)
    return lines_image
```

上述程式碼建立 lines_image 黑色影像的 NumPy 陣列後，使用 if 條件判斷是否有找到車道線，如果有找到，就使用 for 迴圈一一取出直線的座標，並呼叫 line() 方法繪出直線。

在下方的 average_slope_intercept() 函式可計算出每一條車道邊緣線的斜率和截距，然後依據斜率值來分辨出是屬於左車道或右車道的邊緣線。在此函式一共建立三個串列，分別儲存所有車道線、左車道線和右車道線，如下所示：

```python
def average_slope_intercept(image, lines):
    lane_lines = []
    left_fit = []
    right_fit = []

    if lines is not None:
        for line in lines:
            print(line)
            x1, y1, x2, y2 = line.reshape(4)
            parameters = np.polyfit((x1, x2), (y1, y2), 1)
            print(parameters)
            slope = parameters[0]
            intercept = parameters[1]
            if slope > 0:      # 這是左車道線
                left_fit.append((slope, intercept))
            else:              # 這是右車道線
                right_fit.append((slope, intercept))
```

上述 if 條件判斷是否檢測到直線，如果有，就使用 for 迴圈一一取出每條直線（邊緣線可能會有很多條）。接著呼叫 reshape() 方法重塑形狀，再呼叫 polyfit() 方法進行曲線擬合，即可取得 parameters[0] 的斜率，與 parameters[1] 的截距。最後用 if/else 條件判斷斜率，大於 0 的線屬於左車道線；否則屬於右車道線。

在下方計算左右車道線的平均斜率和截距（因為可能有多條直線），然後呼叫 make_points() 函式，依據平均斜率和平均截距來計算出標示左右車道線的直線座標，此函式回傳的是偵測到的車道線，如下所示：

```
    # 計算左右車道的平均斜率和截距
    right_average = np.average(right_fit, axis=0)
    left_average = np.average(left_fit, axis=0)
    # 依據平均斜率和截距來計算出左右車道線
    lane_lines.append(make_points(image, left_average))
    lane_lines.append(make_points(image, right_average))
    return lane_lines

def make_points(image, average):
    print(average)
    try:  # 避免斜率是 0
        slope, intercept = average
    except TypeError:
        slope, intercept = 0.001, 0
    y1 = image.shape[0]
    y2 = int(y1 * (3/5))
    x1 = int((y1 - intercept) // slope)
    x2 = int((y2 - intercept) // slope)
    return np.array([x1, y1, x2, y2])
```

上述 make_points() 函式可以產生繪出標示車道線的 NumPy 陣列。從參數 average 取出斜率和截距後，計算出這條直線的開始和結束座標，然後回傳直線座標的 NumPy 陣列。

在下方呼叫 HoughLinesP() 霍夫變換直線檢測方法，其參數 minLineLength 是最短直線長度；maxLineGap 是在各線之間的間隙值。然後呼叫 average_slope_intercept() 函式計算出平均斜率和截距後，呼叫 display_lines() 函式繪出標示的車道線，如下所示：

AI 電腦視覺實戰：EasyOCR 車牌辨識與車道偵測系統 **13**

```
lines = cv2.HoughLinesP(isolated_area, 2, np.pi/180, 100,
                        np.array([]), minLineLength=40, maxLineGap=5)
averaged_lines = average_slope_intercept(copy, lines)
black_lines = display_lines(copy, averaged_lines)
lanes = cv2.addWeighted(copy, 0.8, black_lines, 1, 1)
cv2.imshow("Road Lane", lanes)
```

上述程式碼呼叫 addWeighted() 方法在原影像權重合併紅色標示的車道線。

因為 Python 程式：ch13-5d.py 是使用三角形區域來分割影像，所以偵測到單邊車道線的機率很大，例如：road_lane3.jpg 和 road_lane4.jpg 圖檔。Python 程式：ch13-5e.py 改用長方形區域來分割影像，就能成功地在 road_lane3.jpg 和 road_lane4.jpg 偵測並標示出 2 條車道線。

請注意！因為長方形區域在左右車道線都可以檢測出 2 條邊緣線，所以最後標示的車道線是繪在白色車道線的中間（計算 2 條邊緣線的平均），如下圖所示：

13-31

MEMO

Chapter 14 AI 電腦視覺實戰：YOLO 人流與車流控制

▷ 14-1　找出熱區域座標

▷ 14-2　判斷目標物體是否進入熱區域

▷ 14-3　結帳櫃台的人數控制

▷ 14-4　道路的車流控制

▷ 14-5　AI 電腦視覺實戰：多個結帳櫃台的人數控制

▷ 14-6　AI 電腦視覺實戰：南下/北上高速公路的車流控制

14-1 找出熱區域座標

熱區域 (Hot Zone) 通常是指在某些特定環境或應用中,其活動或關注度特別集中的區域。**請注意!** 對於不同的應用場景,熱區域的意義有可能不同,在本章的熱區域主要是指「物體進入特定區域」的情況。

14-1-1 認識 YOLO 物體偵測 + 熱區域

YOLO 物體偵測搭配熱區域 (物體進入特定區域) 的應用非常廣泛,主要使用在需要進行空間監控、事件觸發或行為追蹤等場景。一些常見的應用領域,如下所示:

- **安全監控**:監測某特定區域是否有未經授權的人或物體進入,例如:建築工地、軍事禁區或私人土地等,一旦物體進入了熱區域,就立即觸發警報或通知相關人員。

- **零售與消費行為分析**:我們可以在商店或賣場畫出一個熱區域,當顧客進入有特定商品展示的熱區域時,就記錄進入次數並分析受歡迎程度來進行顧客流量分析,或是自動推送促銷訊息或優惠活動,以便吸引消費者進行購買消費。

- **智慧交通**:使用在道路的車流監測、違規停車偵測,或紅綠燈優化,例如:偵測是否有車輛進入禁止區域 (例如:人行道或緊急車道),並可自動開罰或通知管理單位;也可以使用在停車場管理,在停車場設置特定熱區域,以便偵測車輛進出,執行自動化收費或車輛引導。

- **工業自動化**:在工業設施或工廠偵測工人或車輛是否進入禁止接近的高風險區域,可以提升生產安全來進行工廠生產監控;或是運用在倉庫管理,可以使用熱區域來監控物流過程中特定區域的進出,例如:記錄車輛路徑或貨物進出的次數。

- **智慧居家與物聯網**：使用在家庭安全監控的入侵偵測，當偵測到有人進入熱區域（例如：窗戶或門口）時，就觸發燈光、警報或錄影功能；或執行自動化控制，當有人進入熱區域（例如：房間或特定區域）時，就自動開啟空調等。

- **運動與行為分析**：我們可以在運動場建立熱區域，用來即時監測運動員是否進入特定區域，並分析其訓練路徑或動作軌跡。

上述 YOLO 物體偵測應用的核心是運用熱區域作為觸發條件，對物體進入特定區域的事件進行即時反應或記錄，不僅可以提升效率，更能大幅增加安全性與準確度。

14-1-2　使用 Roboflow 網頁工具找出熱區域座標

在了解 YOLO 物體偵測搭配熱區域的相關應用後，我們首要的工作是在影格中找出熱區域座標。Roboflow 提供 PolygonZone 網頁工具來幫助我們找出熱區域座標，其 URL 網址如下所示：

```
https://polygonzone.roboflow.com/
```

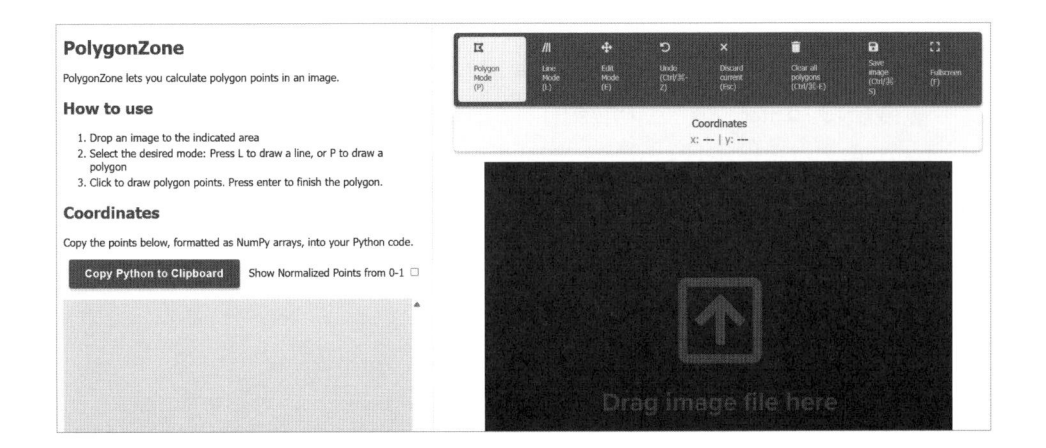

上述網頁工具只能使用圖檔,請拖拉「ch14/images/street.jpg」圖檔至上述區域後,使用上方工具列的功能來繪出熱區域,預設使用第 1 個 Polygon Mode(多邊形模式),如下圖所示:

請點選第 1 個頂點後,在第 2 個頂點處再點一下,然後是第 3 個頂點,最後請按 Enter 鍵,即可繪出 4 個頂點的多邊形區域(可重複上述操作來繪出更多的多邊形區域),如下圖所示:

在左邊可以看到這四個頂點座標的 NumPy 陣列，按 **Copy Python to Clipboard** 鈕，即可複製 Python 程式碼至剪貼簿，如下圖所示：

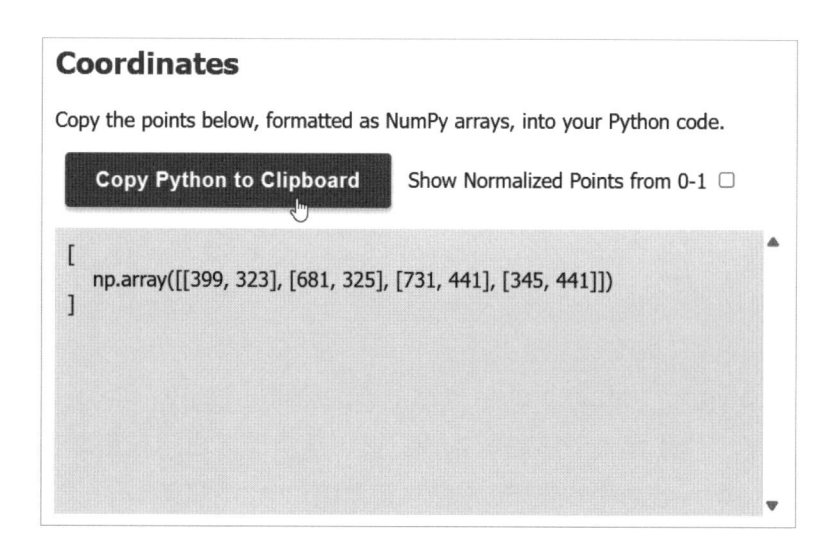

14-1-3 使用 Python 工具程式找出熱區域座標

除了 Roboflow 的 PolygonZone 網頁工具外,如同第 2-5 節的馬賽克應用,筆者已經請 Copilot 寫了 2 個 OpenCV 的 Python 工具程式,可以在開啟影片檔的第 1 個影格後,讓我們在影格上點選頂點來繪出多邊形區域,幫助我們取得熱區域的座標串列,其簡單說明如下所示:

- drag_polygon_hotzone_4points.py:找出 4 個頂點的多邊形熱區域座標,請依序點選左上角、右上角、右下角和左下角,就可繪出 4 個頂點的多邊形熱區域,並取得其座標(按任意鍵離開),如下圖所示:

- drag_polygon_hotzone.py:找出多邊形熱區域的座標,當頂點數超過 4 個,請使用此程式依序點選各頂點後,再按滑鼠**右**鍵來完成多邊形的熱區域繪製,並取得其座標(按任意鍵離開),如下圖所示:

14-2 判斷目標物體是否進入熱區域

成功找出熱區域座標後，接下來的問題是如何判斷目標物體是否進入了熱區域，而 Python 的 Shapely 套件可以幫助我們判斷目標物體是否與熱區域重疊，即判斷目標物體是否進入了熱區域。

14-2-1 認識與安裝 Shapely 套件

Shapely 套件功能強大且易於使用，特別適合處理地理資訊系統（GIS）資料的人員或研究者，不僅支援常見的幾何運算，還能搭配 Pandas 和 Matplotlib 套件，進行資料分析與資料視覺化。

14-7

認識與安裝 Shapely 套件

Shapely 是一個用來分析和處理二維幾何物件的 Python 套件，這是基於 GEOS 函式庫（使用 PostGIS 運算核心，同時也是 JTS 的移植版本）所開發而成，提供豐富的幾何物件操作，和支援高效能的 NumPy ufuncs，用來處理幾何物件的陣列運算。

NumPy ufuncs 是 NumPy 套件一種針對陣列設計的萬用函式（Universal Functions），可以針對整個陣列執行元素級的運算，和支援高效能的向量操作。

Shapely 套件也特別適合使用在幾何運算與分析，例如：農業規劃、生態保育、流行病模型以及社會學研究等領域。在 Shapely 內建多種現成的幾何操作方法，可以用來建立幾何物件、計算面積與周長，也可以檢查幾何物件之間的關係，例如：判斷兩個幾何物件是否有重疊。

安裝 Shapely 套件

請在 Python 虛擬環境 yolo 使用下列 pip 命令來安裝 Shapely 套件，如下所示：

```
pip install shapely==2.0.6  Enter
```

在 Python 程式使用 Shapely 套件的多邊形物件，需要匯入 Polygon 多邊形類別，如下所示：

```
from shapely.geometry import Polygon
```

14-2-2　使用 Shapely 套件

因為本章是使用 Shapely 套件來判斷目標物體是否進入了熱區域，所以本節的重點是 Polygon 多邊形類別的使用。

建立和顯示多邊形：ch14-2-2.py

Python 程式的執行結果可以看到使用 Matplotlib 繪出的多邊形圖表，如下圖所示：

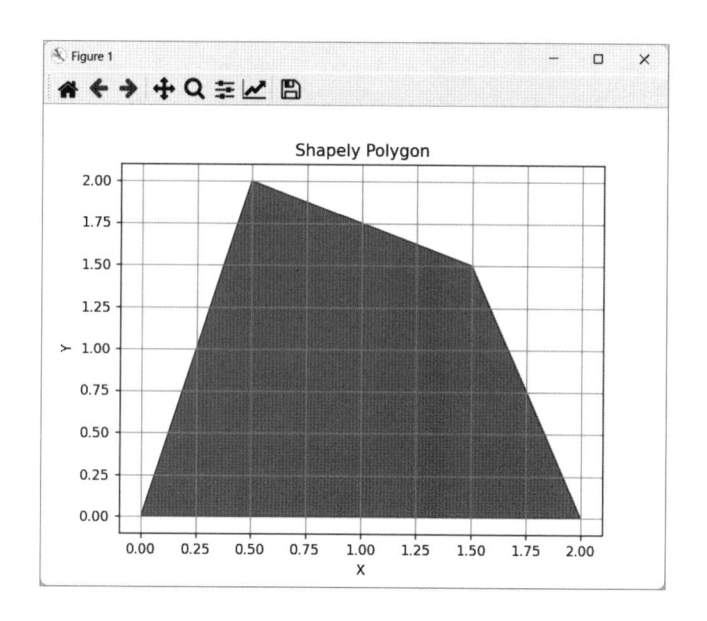

Python 程式碼首先從 shapely.geometry 匯入 Polygon 類別，然後匯入 Matplotlib 套件，別名 plt，如下所示：

```
from shapely.geometry import Polygon
import matplotlib.pyplot as plt

coordinates = [(0, 0), (2, 0),
               (1.5, 1.5), (0.5, 2),
               (0, 0)]
polygon = Polygon(coordinates)
```

14-9

上述程式碼使用串列定義多邊形的頂點座標，最後的 (0, 0) 座標是用來封閉成多邊形區域，即可使用 coordinates 座標陣列建立 Polygon 物件的多邊形。

在下方使用 exterior.xy 屬性取出多邊形 x 和 y 座標後，使用 Matplotlib 繪製多邊形圖表，並使用 plt.fill() 方法填滿成藍色，如下所示：

```
x, y = polygon.exterior.xy
plt.figure()
plt.fill(x, y, alpha=0.5, fc='blue', ec='black')
plt.title("Shapely Polygon")
plt.xlabel("X")
plt.ylabel("Y")
plt.grid(True)
plt.show()
```

計算多邊形的面積與周長：ch14-2-2a.py

Python 程式是使用和 ch14-2-2.py 相同的多邊形，計算出此多邊形的面積和周長，其執行結果如下所示：

```
多邊形的面積: 2.625
多邊形的周長: 6.760725631642915
```

Python 程式碼建立 Polygon 物件後，即可使用 area 屬性取得多邊形的面積，length 屬性取得多邊形的周長，如下所示：

```
polygon = Polygon(coordinates)
print("多邊形的面積:", polygon.area)
print("多邊形的周長:", polygon.length)
```

檢查 2 個多邊形是否有重疊區域：ch14-2-2b.py

如果有 2 個多邊形，我們可以使用 Shapely 檢查這 2 個多邊形是否有重疊區域，Python 程式的執行結果可以看到 2 個多邊形有重疊，其重疊區域的面積是 1.0，如下所示：

```
多邊形1的面積: 9.0
多邊形2的面積: 9.0
多邊形1和2有重疊區域！
重疊區域的面積: 1.0
```

Python 程式碼在匯入 Polygon 類別後，定義第 1 個多邊形的頂點座標，並於建立之後顯示其面積，如下所示：

```python
from shapely.geometry import Polygon

polygon1_coords = [(1, 1), (4, 1), (4, 4), (1, 4), (1, 1)]
polygon1 = Polygon(polygon1_coords)
print("多邊形1的面積:", polygon1.area)
polygon2_coords = [(3, 3), (6, 3), (6, 6), (3, 6), (3, 3)]
polygon2 = Polygon(polygon2_coords)
print("多邊形2的面積:", polygon2.area)
```

上述程式碼在建立第 2 個多邊形後，在下方使用 if/else 條件檢查 2 個多邊形是否有重疊，這是使用 intersects() 方法來檢查是否有交集，如下所示：

```python
if polygon1.intersects(polygon2):
    print("多邊形1和2有重疊區域！")
    overlap_area = polygon1.intersection(polygon2)
    print("重疊區域的面積:", overlap_area.area)
else:
    print("兩個多邊形沒有重疊區域。")
```

上述 intersects() 方法判斷兩個幾何物件是否有重疊區域，如果有交集，if 條件成立，就使用 intersection() 方法計算並顯示 polygon1 和 polygon2 交集區域的面積。

繪出多邊形的重疊區域：ch14-2-2c.py

Python 程式是擴充 ch14-2-2b.py，使用 Matplotlib 圖表來繪出多邊形的重疊區域，如下圖所示：

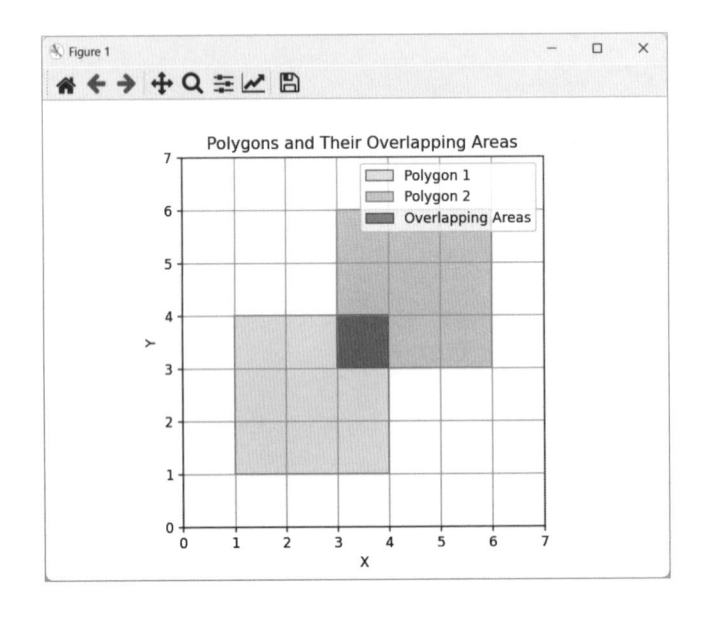

Python 程式碼匯入 Polygon 類別後，再從 shapely.geometry 模組匯入 mapping 方法，此方法可將幾何物件轉換成 GeoJSON 字典來取出座標，接著匯入 Matplotlib 模組，如下所示：

```
from shapely.geometry import Polygon
from shapely.geometry import mapping
import matplotlib.pyplot as plt
from matplotlib.patches import Polygon as MplPolygon
```

上述程式碼是從 matplotlib.patches 模組匯入 Polygon 類別，別名 MplPolygon（為了避免和 Shapely 同名的 Polygon 衝突），此類別可以在 Matplotlib 繪製多邊形。

在建立 2 個 Polygon 物件的多邊形後，就能使用 Matplotlib 繪製多邊形的重疊區域。首先繪出 2 個多邊形 polygon1~2，如下所示：

```
fig, ax = plt.subplots()
patch1 = MplPolygon(polygon1.exterior.coords, closed=True,
                    edgecolor="blue", facecolor="cyan",
                    alpha=0.5, label="Polygon 1")
ax.add_patch(patch1)
patch2 = MplPolygon(polygon2.exterior.coords, closed=True,
                    edgecolor="red", facecolor="orange",
                    alpha=0.5, label="Polygon 2")
ax.add_patch(patch2)
if polygon1.intersects(polygon2):
    overlap_patch = MplPolygon(mapping(overlap_area)["coordinates"][0],
                               closed=True, edgecolor="purple",
                               facecolor="magenta", alpha=0.6,
                               label="Overlapping Areas")
    ax.add_patch(overlap_patch)
```

上述 if 條件判斷是否有重疊區域，如果有，就呼叫 mapping() 方法取出座標以繪製重疊部分的多邊形。在下方的程式碼調整圖表外觀，並指定 X、Y 軸標籤和標題文字，如下所示：

```
ax.set_xlim(0, 7)
ax.set_ylim(0, 7)
ax.set_aspect("equal", adjustable="box")
ax.legend()
plt.grid(True)
plt.xlabel("X")
plt.ylabel("Y")
plt.title("Polygons and Their Overlapping Areas")
plt.show()
```

14-2-3 判斷目標物體是否進入熱區域：hotzone.py

Python 程式：hotzone.py 是本章使用的 Python 工具箱函式，提供相關函式來繪出熱區域，和判斷目標物體是否進入了熱區域。Python 程式碼首先匯入 Shapely 的 Polygon 多邊形類別、OpenCV 和 NumPy 套件，如下所示：

```python
from shapely.geometry import Polygon
import cv2, numpy as np

def drawArea(frame, area, color, t):
    v = np.array(area, np.int32)
    cv2.polylines(frame, [v], isClosed=True, color=color, thickness=t)
```

上述 drawArea() 函式使用 OpenCV 的 cv2.polylines() 方法來繪製熱區域邊界框的多邊形。在下方的 inHotZonePercent() 函式可以回傳多邊形 target 參數進入 hotzone 熱區域參數的重疊百分比，如下所示：

```python
def inHotZonePercent(target, hotzone):
    p1= [[target[0], target[1]], [target[2], target[1]],
         [target[2], target[3]], [target[0], target[3]]]
    poly1 = Polygon(p1)
    poly2 = Polygon(hotzone)
    overlap_percent = overlap_percentage(poly1, poly2)
    
    return overlap_percent

def overlap_percentage(poly1, poly2):
    intersection_area = poly1.intersection(poly2).area
    poly1_area = poly1.area
    overlap_percent = (intersection_area / poly1_area) * 100
    
    return overlap_percent
```

上述 overlap_percentage() 函式是使用參數 poly1 多邊形面積作為分母來計算出重疊面積，可以計算和回傳 poly2 進入 poly1 區域的比例。

14-3 結帳櫃台的人數控制

YOLO 結帳櫃台人數控制是一種 YOLO 物體偵測應用，這是使用 Shapely 的 hotzone.py 工具箱，計算出進入指定熱區域的人數，以此例就是顯示結帳櫃台前方走道的結帳人數。

步驟一：下載測試的影片檔

Python 程式：ch14-3/step1_video_downloader.py 是修改自第 9-2-2 節的影片檔下載程式，已請 Copilot 加上顯示下載進度的功能。此程式可下載名為 Counter.mp4 的測試影片檔至「ch14/media」目錄，其執行結果如下圖所示：

```
Downloading: 100.00% [95029188/95029188 bytes]
影片已下載並儲存為 media/Counter.mp4
```

在 Python 程式碼的 url 變數是下載影片檔的 URL 網址，output_file 變數是輸出目錄，如下所示：

```
url = "https://github.com/fchart/PythonCV/raw/refs/heads/main/media_files/Counter.mp4"
output_file = "../media/Counter.mp4"
```

步驟二：找出 4 個頂點多邊形的熱區域座標

Python 程式：ch14-3/step2_drag_polygon_hotzone_4points.py 讀取影片檔 Counter.mp4 的第 1 個影格後，即可依序點選 4 個頂點來取得第 2 條結帳櫃台走道熱區域的座標，其執行結果如下圖所示：

請在上述影格中第 2 條結帳櫃台走道的左上角點一下，接著是右上角，然後是右下角，最後是左下角，就可以在走道上看到繪出的多邊形熱區域；同時在 Python 開發環境的執行結果，可以看到 print() 函式顯示 4 個頂點座標的串列，如下圖所示：

```
Points: [(416, 3), (503, 3), (591, 510), (454, 521)]
```

請複製上述 Points: 之後的巢狀串列至剪貼簿。在 Python 程式碼只需修改 video_path 和 scaled_size 變數，就能找出第 1 個影格中的熱區域座標，如下所示：

```
video_path = "../media/Counter.mp4"
scaled_size = (800, 600)
```

上述 video_path 變數是影片檔路徑；scaled_size 變數值 (800, 600) 指定影格需調整的尺寸，即步驟三 Python 程式讀取影格需調整的尺寸。

步驟三：單一結帳櫃台的人數控制

Python 程式：ch14-3/step3_counter_capacity_control.py 需要先修改熱區域座標 Line1Zone 變數成步驟二找出的座標串列，如下所示：

```
Line1Zone = [(416, 3), (503, 3), (591, 510), (454, 521)]
```

接著執行 Python 程式（第一次執行會自動下載 YOLO 模型檔），在影格的左上角會顯示進入此結帳櫃台的人數（Line1 是第 2 條走道），如下圖所示：

Python 程式碼首先匯入第 14-2-3 節的 hotzone.py 程式，然後是 OpenCV 和 NumPy 套件，最後匯入 YOLO 類別。接著指定影片檔的路徑是位在上一層目錄的「media」子目錄，如下所示：

```
import hotzone
import cv2, numpy as np
from ultralytics import YOLO
```

```
video_path = "../media/Counter.mp4"
Line1Zone = [(416, 3), (503, 3), (591, 510), (454, 521)]  # 走道1

model = YOLO("yolo12m.pt")
cap = cv2.VideoCapture(video_path)
```

上述程式碼指定熱區域座標的 Line1Zone 變數後，建立 YOLO 物件和開啟影片檔。在下方 while 無窮迴圈呼叫 cap.read() 方法讀取影格後，使用 cv2.resize() 方法來調整影格尺寸，如下所示：

```
while True:
    success, frame = cap.read()
    if not success:
        break
    frame = cv2.resize(frame, (800,600))
    results = model(frame, verbose=False)
    hotzone.drawArea(frame, Line1Zone, (0,255,0), 5)
```

上述程式碼呼叫 model() 執行 YOLO 物體偵測後，呼叫 hotzone.py 的 drawArea() 函式來畫出熱區域的多邊形。在下方初始化 pList 串列，這是用來儲存偵測到的物體，接著使用 for 迴圈從 boxes.data 屬性一一取出偵測到的物體，如下所示：

```
pList=[]
for box in results[0].boxes.data:
    if int(box[5]) == 0:
        obj = [int(box[0]),int(box[1]), # 邊界框座標
               int(box[2]),int(box[3]),
               round(float(box[4]),2)]  # 信心指數
        pList.append(obj)
```

上述 if 條件判斷 box[5] 的分類索引值 5 是否為 0，即判斷是不是人 "person"。然後建立 obj 串列，前 4 個索引是邊界框座標，索引值 4 是信心指數，並呼叫 append() 方法將偵測物體 obj 新增至 pList 串列。

在下方首先初始化結帳櫃台人數 Line1Count 變數為 0，即可統計人數並繪出邊界框，這是使用 for 迴圈走訪所有偵測到的人來進行計數，如下所示：

```
Line1Count = 0
for p in pList:
    area = [[p[0],p[1]],[p[2],p[1]],
            [p[2],p[3]],[p[0],p[3]]]
    if hotzone.inHotZonePercent(p, Line1Zone) > 25:
        Line1Count += 1
        hotzone.drawArea(frame, area, (0,0,255), 3)
```

上述 area 變數值是偵測到物體的邊界框座標。if 條件呼叫 hotzone.py 的 inHotZonePercent() 函式，其第 1 個參數是偵測到的物體 p，第 2 個參數是熱區域座標，可以判斷物體邊界框和熱區域重疊的百分比。如果超過 25%，就表示已經進入熱區域，即此人是在結帳櫃台前的走道上，所以將計數值加 1，並且呼叫 hotzone.py 的 drawArea() 函式繪出此人的邊界框。

在下方呼叫 cv2.putText() 方法，在影格的左上角寫上 Line1 結帳櫃台走道的人數，如下所示：

```
    cv2.putText(frame, "Line1=" + str(Line1Count), (20, 50),
                cv2.FONT_HERSHEY_PLAIN, 2, (0, 0, 255),
                2, cv2.LINE_AA)
    cv2.imshow("Cashier counter", frame)
    # 按下 "q" 鍵跳出迴圈
    if cv2.waitKey(1) & 0xFF == ord("q"):
        break
cap.release()
cv2.destroyAllWindows()
```

14-4 道路的車流控制

YOLO 道路車流控制是 YOLO 物體追蹤應用，這是使用 Shapely 的 hotzone.py 工具箱，計算出通過指定熱區域的車輛數。

步驟一：下載測試的影片檔

Python 程式：ch14-4/step1_video_downloader.py 可下載名為 street.mp4 的測試影片檔至「ch14/media」目錄，其執行結果如下圖所示：

```
Downloading: 100.00% [22714148/22714148 bytes]
影片已下載並儲存為 ../media/street.mp4
```

在 Python 程式碼的 url 變數是下載影片檔的 URL 網址，output_file 變數是輸出目錄，如下所示：

```
url = "https://github.com/fchart/PythonCV/raw/refs/heads/main/media_files/street.mp4"
output_file = "../media/street.mp4"
```

步驟二：找出 4 個頂點多邊形的熱區域座標

Python 程式：ch14-4/step2_drag_polygon_hotzone_4points.py 讀取影片檔 street.mp4 的第 1 個影格後，即可依序點選 4 個頂點來取得車道上多邊形熱區域的座標，其執行結果如下圖所示：

請在上述影格中的車道左上角點一下，接著是右上角，然後是右下角，最後是左下角，就可以車道上看到繪出的多邊形熱區域；同時在 Python 開發環境的執行結果，可以看到 print() 函式顯示 4 個頂點座標的串列，如下圖所示：

```
Points: [(248, 298), (491, 299), (559, 451), (125, 451)]
```

請複製上述 Points: 之後的巢狀串列至剪貼簿。在 Python 程式碼只需修改 video_path 和 scaled_size 變數，就能找出第 1 個影格中的熱區域座標，如下所示：

```
video_path = "../media/street.mp4"
scaled_size = (800, 600)
```

上述 video_path 變數是影片檔路徑；scaled_size 變數值 (800, 600) 指定影格需調整的尺寸，即步驟三 Python 程式讀取影格需調整的尺寸。

步驟三：單一車道的車流控制

Python 程式：ch14-4/step3_road_traffic_control.py 需要先修改熱區域座標 NorthZone 變數成步驟二找出的座標串列，如下所示：

```
NorthZone = [(248, 298), (491, 299), (559, 451), (125, 451)]
```

接著執行 Python 程式（第一次執行會自動下載 YOLO 模型檔），會看到在影格的熱區域下方顯示北上的車輛數，如下圖所示：

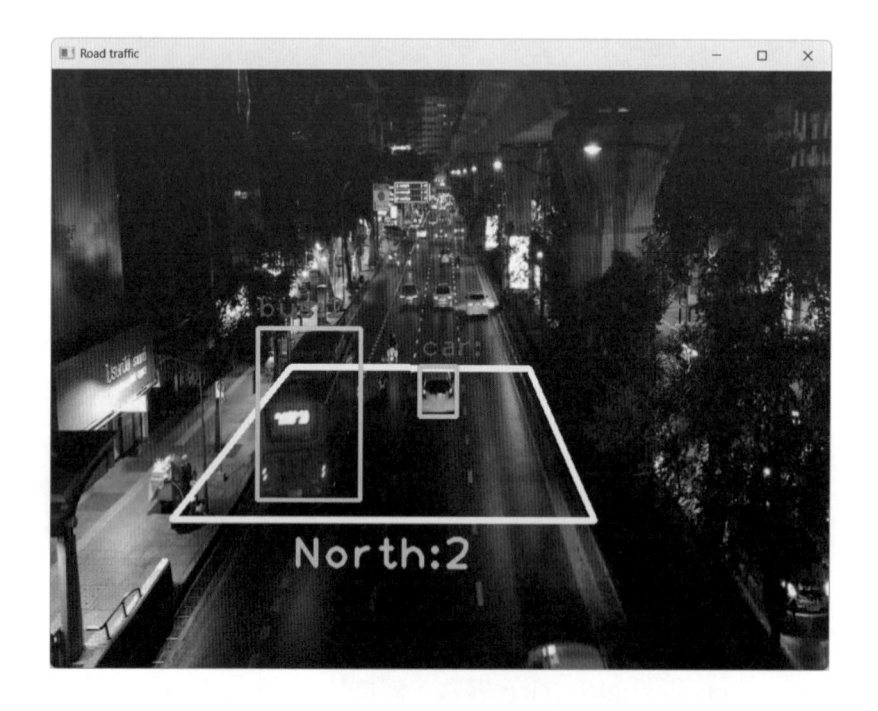

Python 程式碼首先匯入第 14-2-3 節的 hotzone.py 程式，然後是 OpenCV 和 NumPy 套件，最後匯入 YOLO 類別。接著指定影片檔的路徑是位在上一層目錄的「media」子目錄，如下所示：

```
import hotzone
import cv2, numpy as np
from ultralytics import YOLO
```

```
video_path = "../media/street.mp4"
NorthZone = [(248, 298), (491, 299), (559, 451), (125, 451)]

model = YOLO("yolo12m.pt")
cap = cv2.VideoCapture(video_path)

NorthTrackList = []
```

上述程式碼指定熱區域座標的 NorthZone 變數後，建立 YOLO 物件和開啟影片檔，接著初始化北上追蹤串列 NorthTrackList。在下方 while 無窮迴圈呼叫 cap.read() 方法讀取影格後，使用 cv2.resize() 方法來調整影格尺寸，如下所示：

```
while True:
    success, frame = cap.read()
    if not success:
        break
    frame = cv2.resize(frame, (800,600))
    results = model.track(frame, persist=True, verbose=False,
                          classes=[2, 5, 7])  # 'car','truck','bus'
    if results[0].boxes.id is None:
        continue
    print("track:", len(results[0].boxes.data))
    hotzone.drawArea(frame, NorthZone, (0,255,255), 5)
```

上述程式碼呼叫 model.track() 方法執行 YOLO 物體追蹤，只偵測 'car'、'truck' 和 'bus' 分類，if 條件檢查是否有追蹤到物體。然後呼叫 hotzone.py 的 drawArea() 函式來畫出熱區域的多邊形。在下方使用 for 迴圈從 boxes.data 屬性一一取出追蹤物體的資訊，如下所示：

```
for data in results[0].boxes.data:
    x1, y1 = int(data[0]), int(data[1])
    x2, y2 = int(data[2]), int(data[3])
    tid = int(data[4])
    r = round(float(data[5]),2)
    name = model.names[int(data[6])]
```

上述程式碼取出前 4 個索引的邊界框座標，索引值 4 是追蹤 id，索引值 5 是信心指數，索引值 6 是分類索引，可以取得分類名稱 name。

在下方呼叫 hotzone.py 的 inHotZonePercent() 函式，其第 1 個參數是偵測到的物體 p，第 2 個參數是熱區域座標，可以判斷物體邊界框和熱區域重疊的百分比。if 條件判斷是否超過 30%，如果是，就表示物體進入了熱區域，如下所示：

```
p = hotzone.inHotZonePercent((x1,y1,x2,y2), NorthZone)
if p >= 30: # 北上 綠
    cv2.rectangle(frame, (x1,y1), (x2,y2), (0,255,0), 3)
    cv2.putText(frame, name + ":" + str(tid), (x1,y1-10),
                cv2.FONT_HERSHEY_PLAIN, 2, (0,0,255), 2)
    if tid not in NorthTrackList:
        NorthTrackList.append(tid)
```

上述程式碼呼叫 cv2.rectangle() 方法繪出邊界框後，使用 cv2.putText() 方法在邊界框上方寫上物體名稱與追蹤編號。最後的 if 條件判斷追蹤 id 是否在 NorthTrackList 串列，如果不在，就新增至追蹤串列 NorthTrackList。

在下方使用 len() 函式計算出 NorthTrackList 串列的車輛數，並呼叫 cv2.putText() 方法，在熱區域下方寫上北上的車輛數，如下所示：

```
    NorthCount = len(NorthTrackList)
    cv2.putText(frame, "North:" + str(NorthCount), (250, 500),
                cv2.FONT_HERSHEY_PLAIN, 3, (0, 255, 0), 3, cv2.LINE_AA)
    cv2.imshow("Road traffic", frame)
    # 按下 "q" 鍵跳出迴圈
    if cv2.waitKey(1) & 0xFF == ord("q"):
        break
cap.release()
cv2.destroyAllWindows()
```

14-5　AI 電腦視覺實戰：多個結帳櫃台的人數控制

我們將擴充第 14-3 節的單一結帳櫃台人數控制，成 2 個或多個結帳櫃台的人數控制，其使用的影片檔和第 14-3 節相同。

步驟一：找出 5 個頂點多邊形的熱區域座標

影片檔 Counter.mp4 共有 3 條結帳櫃台走道，在第 3 條走道的熱區域形狀並不是 4 個頂點，而是 5 個頂點的多邊形。Python 程式：ch14-5/step1_drag_polygon_hotzone.py 可以找出 5 個頂點多邊形的熱區域座標，其執行結果如下圖所示：

請在上述影格中的第 3 條結帳櫃台走道的左上角點一下，接著是右上角，然後是右下角，再垂直向下點選第 4 個頂點後，點選左下角的第 5 個

14-25

頂點，最後請按滑鼠**右**鍵完成多邊形的繪製。即可在走道上看到繪出的多邊形熱區域，同時在 Python 開發環境的執行結果，可以看到 print() 函式顯示 5 個頂點座標的串列，如下圖所示：

```
Points: [(613, 3), (688, 2), (797, 340), (797, 450), (726, 461)]
```

請複製上述 Points: 之後的巢狀串列至剪貼簿。在 Python 程式碼只需修改 video_path 和 scaled_size 變數，就能找出第 1 個影格中的熱區域座標，如下所示：

```
video_path = "../media/Counter.mp4"
scaled_size = (800, 600)
```

上述 video_path 變數是影片檔路徑，scaled_size 變數值 (800, 600) 指定影格需調整的尺寸，即步驟二 Python 程式讀取影格需調整的尺寸。

步驟二：二個結帳櫃台的人數控制

Python 程式：ch14-5/step2_counter_capacity_control.py 需要先修改熱區域座標 Line1Zone 變數成為第 14-3 節步驟二找出的座標串列，Line2Zone 變數則是在本節步驟一找出的座標串列，如下所示：

```
Line1Zone = [(416, 3), (503, 3), (591, 510), (454, 521)]
Line2Zone = [(613, 3), (688, 2), (797, 340), (797, 450), (726, 461)]
```

接著執行 Python 程式（第一次執行會自動下載 YOLO 模型檔），在影格的左上角會顯示進入 2 個結帳櫃台的人數（Line1 是第 2 條走道，Line2 是第 3 條），如下圖所示：

AI 電腦視覺實戰：YOLO 人流與車流控制 14

Python 程式碼因為是擴充第 14-3 節步驟三的 Python 程式範例，所以筆者只說明修改的地方。首先，有 2 個熱區域座標串列，如下所示：

```
Line1Zone = [(416, 3), (503, 3), (591, 510), (454, 521)]
Line2Zone = [(613, 3), (688, 2), (797, 340), (797, 450), (726, 461)]
```

上述程式碼指定熱區域座標的 Line1Zone 和 Line2Zone 變數後，在下方 while 無窮迴圈讀取影格、調整影格尺寸和執行 YOLO 物體偵測，再呼叫 2 次 drawArea() 函式來繪出 2 個熱區域。接著在 for 迴圈從 boxes.data 屬性一一取出偵測到的物體，如下所示：

```
hotzone.drawArea(frame, Line1Zone, (0,255,0), 5)
hotzone.drawArea(frame, Line2Zone,(255,0,0), 5)
pList=[]
for box in results[0].boxes.data:
    if int(box[5]) == 0:                      # 判斷是人"person"
        obj = [int(box[0]),int(box[1]),       # 邊界框座標
               int(box[2]),int(box[3]),
               round(float(box[4]),2),          # 信心指數
               -1]
```

14-27

上述 if 條件判斷索引 5 的分類索引值是否為 0，即判斷是不是人 "person"。然後建立 obj 串列 (此串列比第 14-3 節多 1 個元素)，前 4 個索引是邊界框座標，索引值 4 是信心指數，索引值 5 則儲存此人在哪一條走道 (因為有 2 條走道)，其初值是 -1。

然後在下方使用 2 個 if 條件判斷 "person" 是在 Line1 的第 2 條走道 (其值是 0)，或在 Line2 的第 3 條走道 (其值是 1)，如下所示：

```
if hotzone.inHotZonePercent(obj, Line1Zone) > 25:
    obj[5] = 0
if hotzone.inHotZonePercent(obj, Line2Zone) > 25:
    obj[5] = 1
pList.append(obj)
```

上述程式碼呼叫 append() 方法將偵測物體 obj 新增至 pList 串列。在下方初始化 2 個結帳櫃台的人數 Line1Count 和 Line2Count 變數為 0 後，統計每一條走道的人數並繪出邊界框，這是使用 for 迴圈走訪所有偵測到的人來進行計數，如下所示：

```
Line1Count = 0
Line2Count = 0
for p in pList:
    area = [[p[0],p[1]],[p[2],p[1]],
            [p[2],p[3]],[p[0],p[3]]]
    if p[5] == 0:    # 在走道1
        Line1Count += 1
        hotzone.drawArea(frame, area, (0,0,255),3)
    elif p[5] == 1:    # 在走道2
        Line2Count += 1
        hotzone.drawArea(frame, area, (0,0,255),3)
```

上述 area 變數值是偵測到物體的邊界框座標，if/elif 條件判斷索引 5 是 0 或 1，就可以知道此人是位在哪一個結帳櫃台的走道上，並將計數值加 1，再呼叫 drawArea() 函式繪出此人的邊界框。

在下方呼叫 2 次 cv2.putText() 方法，在影格的左上角寫上 Line1 和 Line2 結帳櫃台走道上的人數，如下所示：

```
cv2.putText(frame, "Line1=" + str(Line1Count), (20, 50),
            cv2.FONT_HERSHEY_PLAIN, 2, (0, 0, 255), 2, cv2.LINE_AA)
cv2.putText(frame, "Line2=" + str(Line2Count), (20, 100),
            cv2.FONT_HERSHEY_PLAIN, 2, (0, 0, 255), 2, cv2.LINE_AA)
```

14-6 AI 電腦視覺實戰：南下 / 北上高速公路的車流控制

我們將擴充第 14-4 節的單一車道車流控制，修改成南下 / 北上高速公路的車流控制。

步驟一：下載測試的影片檔

Python 程式：ch14-6/step1_video_downloader.py 可下載名為 highway2.mp4 的測試影片檔至「ch14/media」目錄，其執行結果如下圖所示：

```
Downloading: 100.00% [30206248/30206248 bytes]
影片已下載並儲存為 ../media/highway2.mp4
```

在 Python 程式碼的 url 變數是下載影片檔的 URL 網址，output_file 變數是輸出目錄，如下所示：

```
url = "https://github.com/fchart/PythonCV/raw/refs/heads/main/media_files/
       highway2.mp4"
output_file = "../media/highway2.mp4"
```

步驟二：找出 4 個點多邊形的熱區域座標

Python 程式：ch14-6/step2_drag_polygon_hotzone_4points.py 可於讀取影片檔 highway2.mp4 的第 1 個影格後，依序點選 4 個頂點來取得南下/北上多邊形熱區域的座標，其執行結果如下圖所示：

請在上述影格中，首先在南下車道的左上角點選一下，接著是右上角，然後是右下角，最後是左下角，就能在南下車道上看到繪出的多邊形熱區域。請重複操作，在北上車道同樣繪出多邊形的熱區域。即可同時在 Python 開發環境的執行結果，看到 print() 函式顯示 2 組 4 個頂點座標的串列，如下圖所示：

```
Points: [(270, 459), (587, 463), (538, 642), (37, 602)]
Points: [(695, 464), (1006, 480), (1186, 606), (733, 628)]
```

請複製上述 2 個 Points: 之後的串列至剪貼簿，其第 1 個是南下，第 2 個是北上。在 Python 程式碼只需修改 video_path 和 scaled_size 變數，就能找出第 1 個影格中的熱區域座標，如下所示：

```
video_path = "../media/highway2.mp4"
scaled_size = None
```

上述 video_path 變數是影片檔路徑，scaled_size 變數值 None 表示讀取的影格無需調整尺寸，也就是說，在步驟三讀取的影格並沒有調整尺寸。

步驟三：南下/北上高速公路的車流控制

Python 程式：ch14-6/step3_road_traffic_control.py 需要先修改 SouthZone 和 NorthZone 變數成南下和北上的熱區域座標，即步驟二找出的 2 個座標串列，如下所示：

```
SouthZone = [(270, 459), (587, 463), (538, 642), (37, 602)]
NorthZone = [(695, 464), (1006, 480), (1186, 606), (733, 628)]
```

接著，執行 Python 程式（第一次執行會自動下載 YOLO 模型檔），可以看到在影格中車道熱區域的上方顯示南下/北上的車輛數，如下圖所示：

14-31

Python 程式碼因為是擴充第 14-4 節步驟三的 Python 程式範例，所以筆者只說明修改的地方。首先，有 2 個熱區域座標串列和 2 個追蹤串列，如下所示：

```
SouthZone = [(270, 459), (587, 463), (538, 642), (37, 602)]
NorthZone = [(695, 464), (1006, 480), (1186, 606), (733, 628)]
...
SouthTrackList = [] # 南下追蹤串列
NorthTrackList = [] # 北上追蹤串列
```

上述程式碼指定熱區域座標變數並初始化追蹤串列後，在下方 while 無窮迴圈讀取影格和執行 YOLO 物體追蹤，再呼叫 2 次 drawArea() 函式來繪出 2 個熱區域。接著使用 for 迴圈從 boxes.data 屬性一一取出追蹤物體的資訊，如下所示：

```
hotzone.drawArea(frame, NorthZone, (0,255,0), 5)
hotzone.drawArea(frame, SouthZone, (255,0,0), 5)
for data in results[0].boxes.data:
    x1, y1 = int(data[0]),int(data[1])
    x2, y2 = int(data[2]),int(data[3])
    print(len(data))
    tid = int(data[4])
    r = round(float(data[5]),2)
    name = model.names[int(data[6])]
```

上述程式碼取出前 4 個索引的邊界框座標，索引值 4 是追蹤 id，索引值 5 是信心指數，索引值 6 是分類索引，可以取得分類名稱 name。

在下方呼叫 2 次 inHotZonePercent() 函式，其第 1 個 if 條件判斷物體是否進入了南下車道的熱區域，如下所示：

```
p_s = hotzone.inHotZonePercent((x1,y1,x2,y2), SouthZone)
if p_s >= 30: # 南下 綠
    cv2.rectangle(frame, (x1,y1), (x2,y2), (0,255,0), 3)
```

```
            cv2.putText(frame, name + ":" + str(tid), (x1,y1-10),
                    cv2.FONT_HERSHEY_PLAIN, 2, (0,0,255), 2)
            if tid not in SouthTrackList:
                SouthTrackList.append(tid)
```

上述程式碼呼叫 cv2.rectangle() 方法繪出物體的邊界框後，使用 cv2.putText() 方法在邊界框上方寫上物體名與追蹤編號。最後的 if 條件判斷追蹤 id 是否在 SouthTrackList 串列，如果不在，就新增至追蹤串列 SouthTrackList。

第 2 個 if 條件是判斷物體是否進入北上車道的熱區域，如下所示：

```
        p_n = hotzone.inHotZonePercent((x1,y1,x2,y2), NorthZone)
        if p_n >= 30: # 北上 藍
            cv2.rectangle(frame, (x1,y1), (x2,y2), (255,0,0), 3)
            cv2.putText(frame,name + ":#" + str(tid), (x1,y1-10),
                    cv2.FONT_HERSHEY_PLAIN, 2, (0,0,255), 2)
            if tid not in NorthTrackList:
                NorthTrackList.append(tid)
```

上述程式碼繪出邊界框後，寫上物體名與追蹤編號。最後的 if 條件判斷追蹤 id 是否在 NorthTrackList 串列，如果不在，就新增至追蹤串列 NorthTrackList。

在下方使用 2 個 len() 函式分別計算出 SouthTrackList 和 NorthTrackList 串列的車輛數，並呼叫 2 次 cv2.putText() 方法，在南下 / 北上熱區域的上方寫上通過的車輛數，如下所示：

```
    SouthCount, NorthCount = len(SouthTrackList), len(NorthTrackList)
    cv2.putText(frame, "South:" + str(SouthCount), (300, 450),
        cv2.FONT_HERSHEY_PLAIN, 3, (0, 255, 0), 3, cv2.LINE_AA)
    cv2.putText(frame, "North:" + str(NorthCount), (800, 450),
        cv2.FONT_HERSHEY_PLAIN, 3, (255, 0, 0), 3, cv2.LINE_AA)
```

MEMO

Chapter 15 AI 電腦視覺實戰：打造自己的 AI 模型與整合應用

▷ 15-1 使用 Teachable Machine 訓練機器學習模型

▷ 15-2 AI 電腦視覺實戰：LiteRT 識別剪刀、石頭或布

▷ 15-3 AI 電腦視覺實戰：建立 YOLO 即時口罩偵測

15-1 使用 Teachable Machine 訓練機器學習模型

Teachable Machine 是 Google 推出的網頁工具,無需擁有專業的知識或撰寫任何程式碼,就能自行訓練所需的機器學習模型,支援影像分類、姿勢辨識和聲音分類。

在這一節我們將使用 Teachable Machine 訓練一個機器學習模型,用來分類剪刀、石頭和布的影像。然後,建立 Python 程式使用 TensorFlow Lite (LiteRT) 載入此機器學習模型進行推論來分類影像,並使用 Webcam 即時分類影像是剪刀、石頭或布。

步驟一:新增專案和選擇機器學習模型的類型

在 Teachable Machine 訓練模型的第一步是新增專案和選擇機器學習模型的種類,其步驟如下所示:

Step 1 請啟動瀏覽器進入網址 https://teachablemachine.withgoogle.com/ 後,按 **Get Started** 鈕來新增專案。

AI 電腦視覺實戰：打造自己的 AI 模型與整合應用 **15**

Step 2 選第 1 個 **Image Project** 影像分類專案（Audio Project 是聲音分類，Pose Project 是辨識姿勢）。

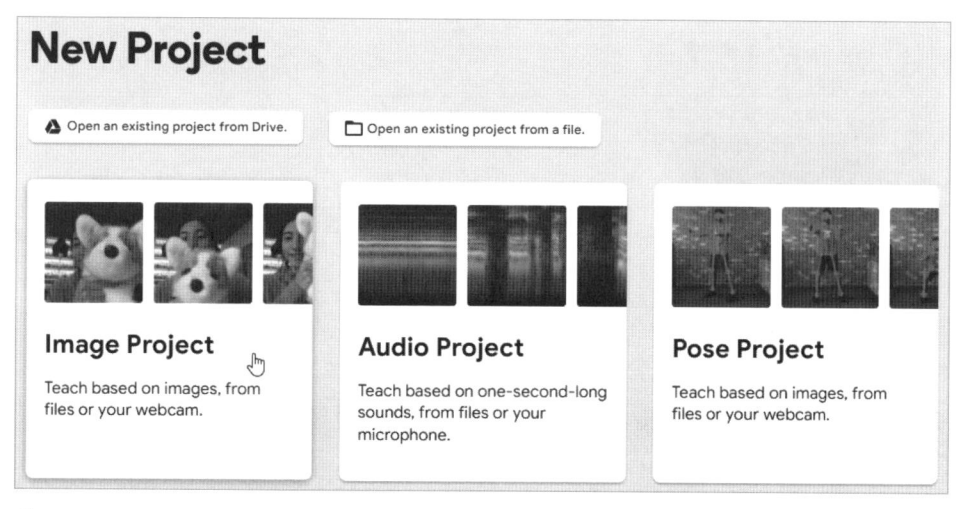

Step 3 點選 **Standard image model** 建立標準影像模型。

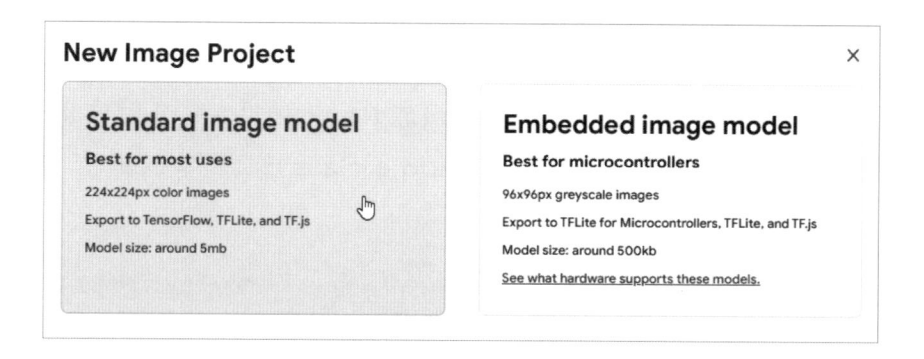

Step 4 可以看到 Teachable Machine 機器學習模型的訓練介面，如下圖所示：

15-3

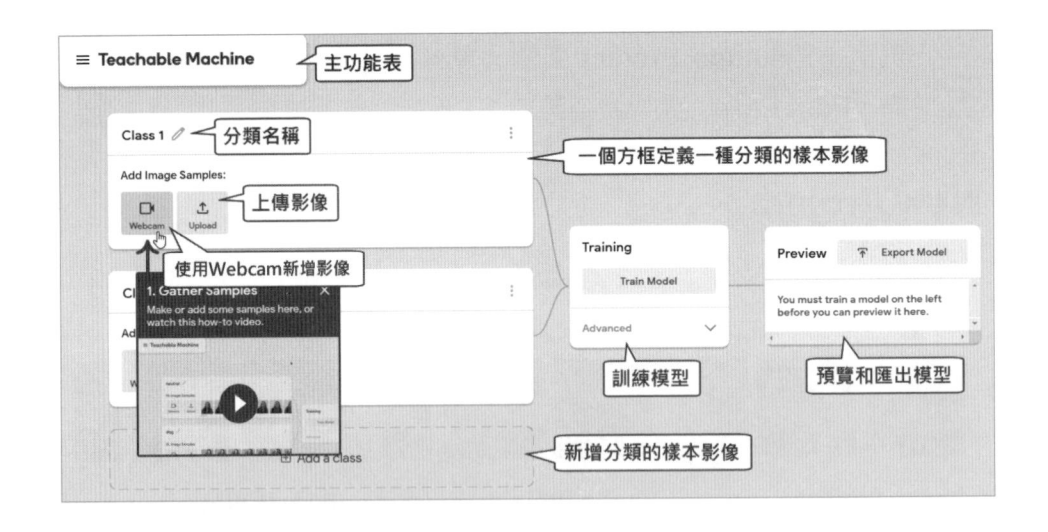

步驟二：建立分類和新增各分類的樣本影像

新增專案和選擇模型種類後，我們需要建立分類來新增樣本影像（即訓練的影像）。以剪刀、石頭或布來說，共需建立三種分類，然後在各分類使用 Webcam 來新增樣本影像，其步驟如下所示：

Step 1 請點選方框左上角 **Class 1** 名稱後的筆形圖示，即可修改分類名稱。請將第 1 個分類 Class 1 改成 **Rock** 石頭，第 2 個分類改成 **Paper** 布，接著，點選最下方 **Add a class** 虛線框，以新增一個新分類。

15-4

Step 2

在新增一個分類後，將此分類更名成 **Scissors** 剪刀。

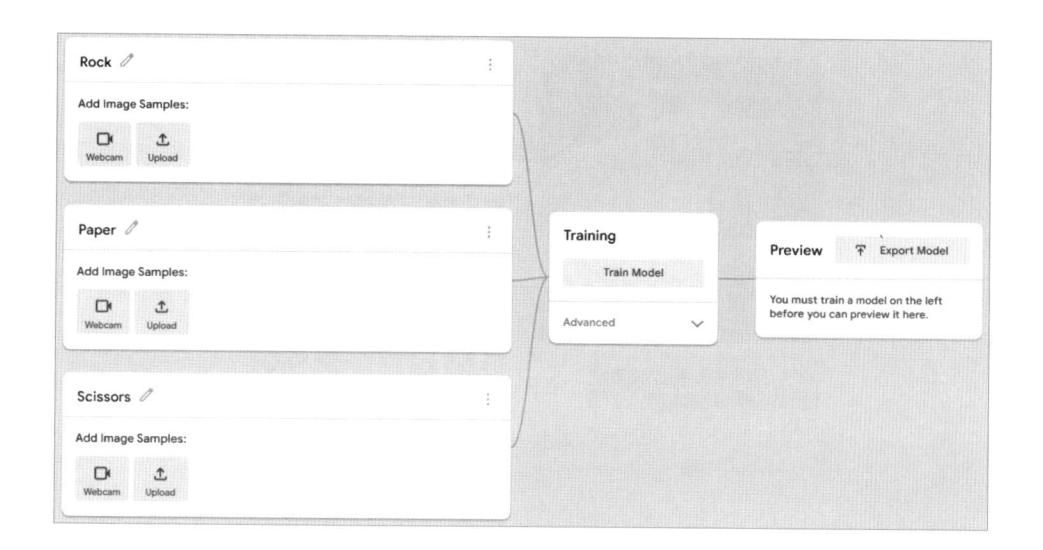

Step 3

在「Rock」框點選 **Webcam** 鈕，就能 Webcam 新增分類的樣本影像（按 **Upload** 鈕可上傳樣本影像），如果看到要求權限對話方塊，請按**允許**鈕允許網頁使用 Webcam 網路攝影機。

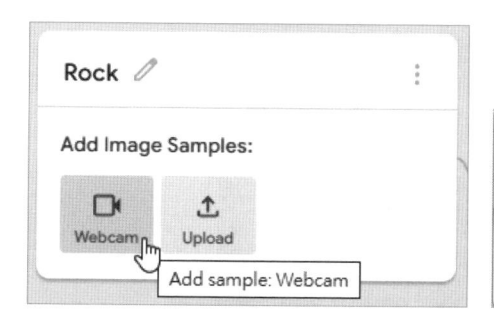

Step 4

然後按住 **Hold to Record** 鈕，使用 Webcam 持續在右邊框產生「石頭」的樣本影像（請試著旋轉、前進和後退來產生不同角度和尺寸的樣本影像）。如果有不需要的樣本影像，請在右邊影像框清單，將游標移至影像上，點選垃圾桶圖示來刪除影像。

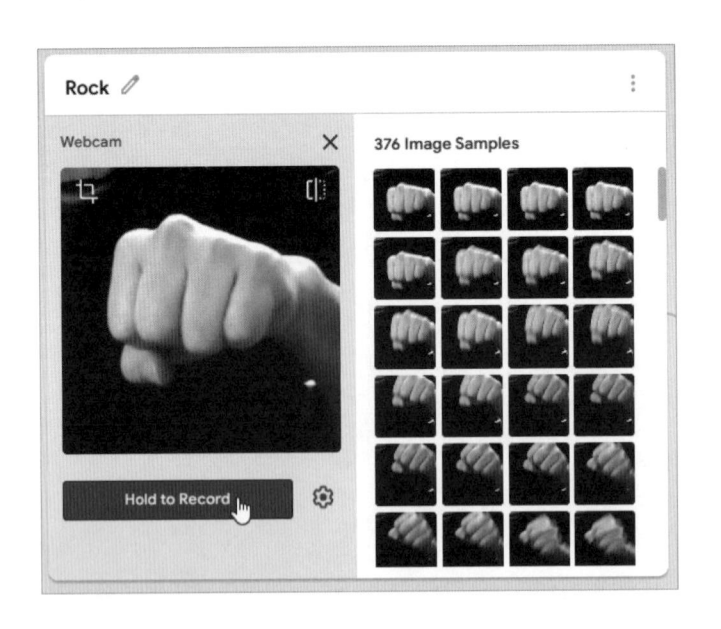

> **Step 5** 在「Paper」框點選 **Webcam** 鈕，按住 **Hold to Record** 鈕，使用 Webcam 持續在右邊框產生「布」的樣本影像。

> **Step 6** 在「Scissors」框點選 **Webcam** 鈕，按住 **Hold to Record** 鈕，使用 Webcam 持續在右邊框產生「剪刀」的樣本影像。

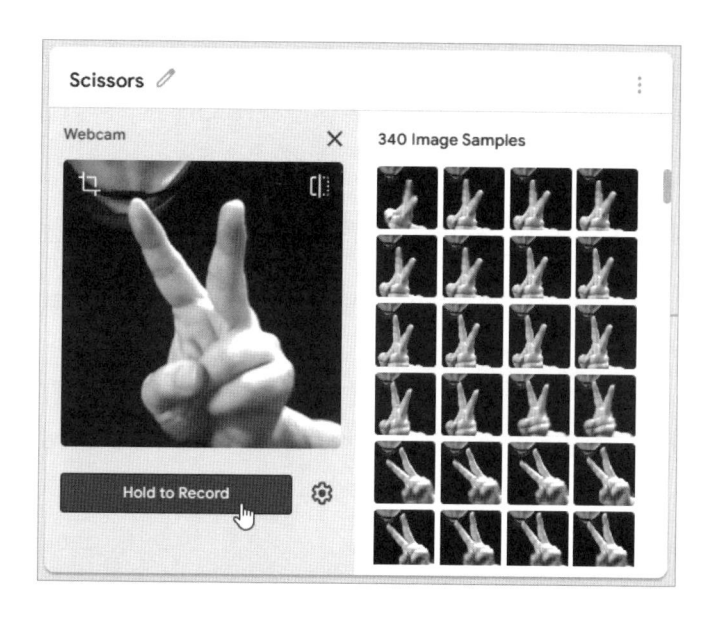

AI 電腦視覺實戰：打造自己的 AI 模型與整合應用 **15**

步驟三：訓練模型

新增完三種分類的樣本影像後，就能開始訓練模型，其步驟如下所示：

Step 1 請按 **Train Model** 鈕開始訓練模型（在中間「Training」框展開下方的 Advanced，可以設定一些進階訓練的選項）。

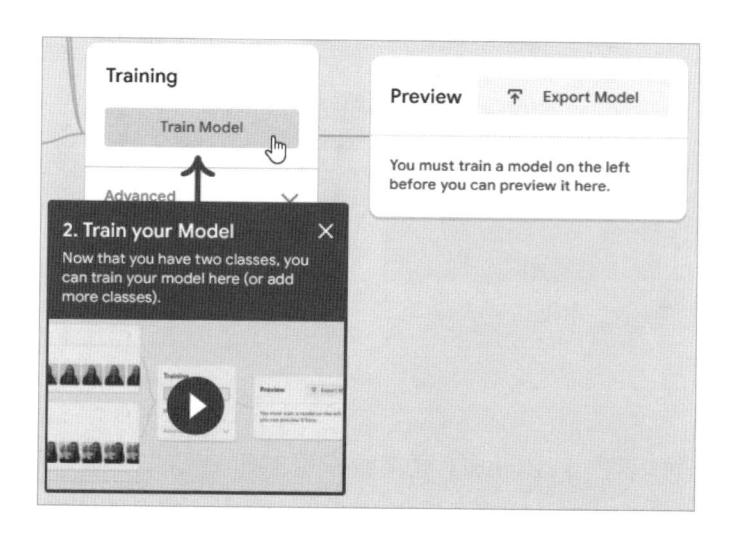

15-7

Step 2 顯示「正在準備訓練資料」之後，開始訓練模型。模型訓練時間視樣本數量而定，請稍等一下，等待模型訓練完成。

步驟四：預覽、測試與優化模型

在完成模型訓練後，我們就能預覽、測試與優化模型，其步驟如下所示：

Step 1 完成模型訓練後，可以在「Training」框看到 Model Trained 訊息文字，即可在「Preview」框匯出模型。建議在匯出模型前，先測試模型效果並優化模型的準確度。

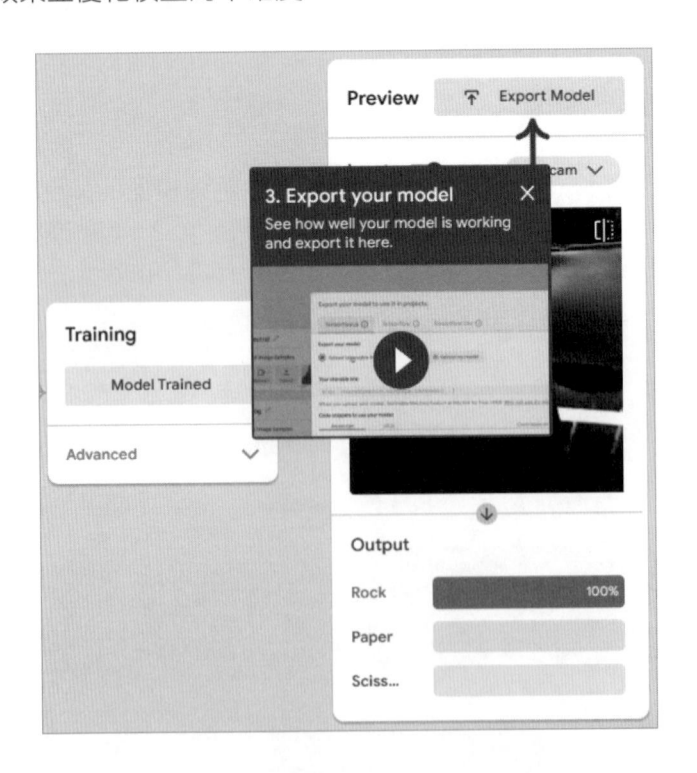

Step 2 我們可以在「Preview」框預覽模型的辨識結果，在中間顯示的是 Webcam 影像，其下方是辨識結果的可能性百分比，即模型分類影像的結果，如下圖所示：

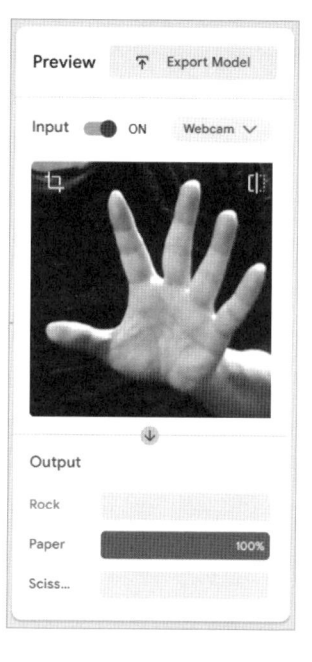

請在 Webcam 擺出不同角度和尺寸的剪刀、石頭或布來測試模型的準確度，如果發現某些情況的辨識錯誤率較高時，請增加此情況的樣本影像來重新訓練模型，即可優化模型直到達到你滿意的準確度為止。

步驟五：匯出 TensorFlow Lite（LiteRT）模型

成功優化出你滿意的模型後，就能匯出 TensorFlow Lite（LiteRT）模型，其步驟如下所示：

Step 1 請在「Preview」框，按右上角 **Export Model** 鈕來匯出模型。

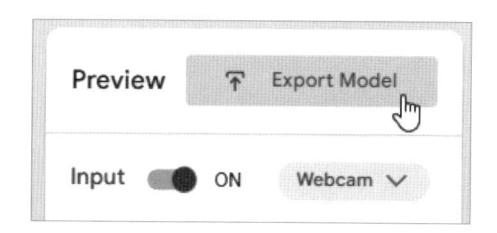

Step 2 Teachable Machine 支援匯出三種模型，請選 **Tensorflow Lite** 標籤後，選 **Quantized** 類型，再按 **Download my model** 鈕來下載模型檔。

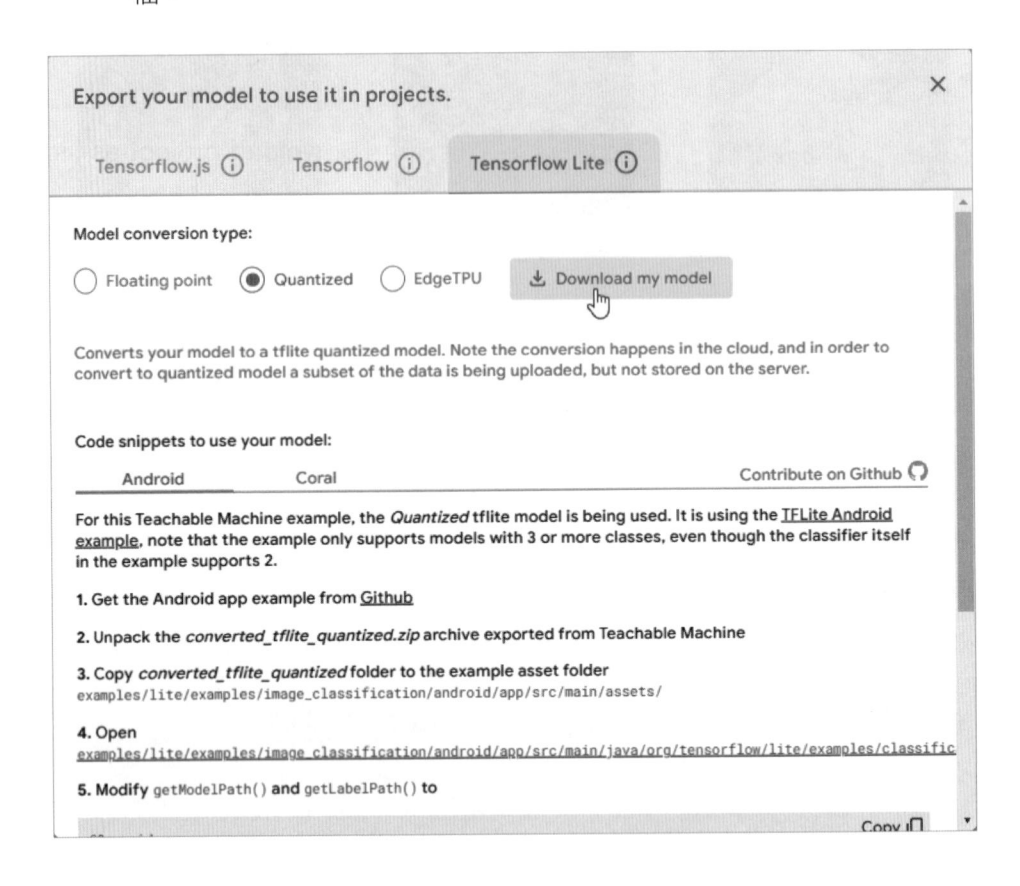

Step 3 可以看到開始轉換模型，需花些時間進行轉換，等到成功轉換模型後，就會下載名為 **converted_tflite_quantized.zip** 的 ZIP 格式模型檔。解開壓縮檔之後，會看到 2 個檔案，如下圖所示：

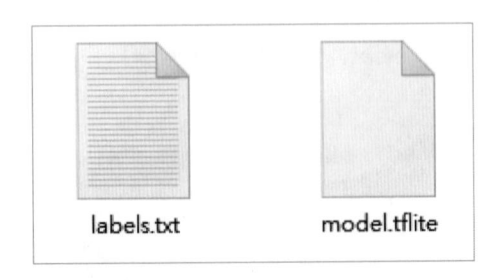

步驟六：儲存或下載專案

在完成模型匯出後，就可以儲存專案至 Google 雲端硬碟或下載專案檔至 Windows 電腦，其步驟如下所示：

Step 1 請點選左上角圖示開啟主功能表，執行 **Save project to Drive** 命令，將專案儲存專案至 Google 雲端硬碟（**Download project as file** 命令則是下載專案檔）。

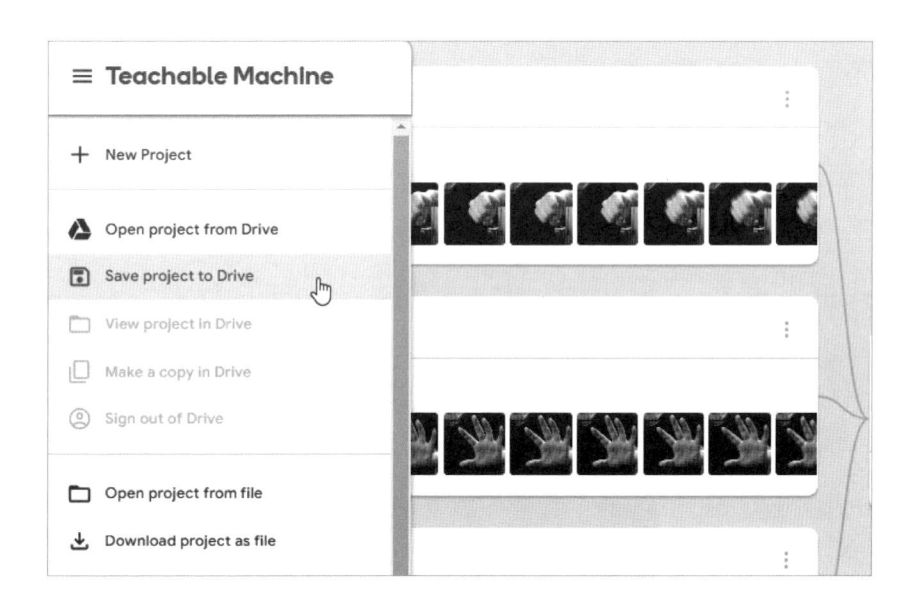

Step 2 點選 **Log in to drive** 登入雲端硬碟並允許授權後，在欄位輸入專案名稱，點選 **Next** 儲存專案，如下圖所示：

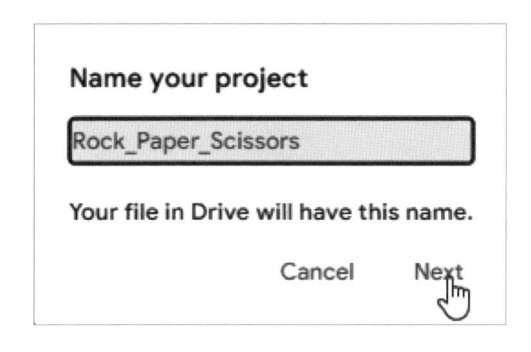

15-11

開啟專案請執行 **Open project from Drive** 命令，即可從雲端硬碟開啟儲存的 Teachable Machine 專案（**Open project from file** 命令則是從下載的專案檔案開啟）。

15-2　AI 電腦視覺實戰：LiteRT 識別剪刀、石頭或布

現在，我們只需整合第 6-2-1 節的 LiteRT 影像分類，就能改用 Teachable Machine 機器學習模型來辨識影像是剪刀、石頭或布。請將第 15-1 節匯出的 TensorFlow Lite（LiteRT）模型解壓縮後，複製解壓縮的 2 個檔案 model.tflite 和 labels.txt 至「ch15/models」目錄。

Python 程式：ch15-2.py 在讀取影像後，使用 LiteRT 載入 Teachable Machine 機器學習模型來進行影像分類，可以辨識出影像是剪刀、石頭或布，其執行結果如下圖所示：

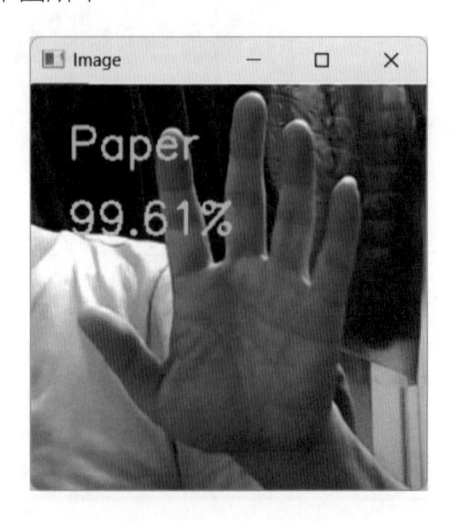

Python 程式碼首先使用 try/except 程式敘述來匯入 Interpreter 類別，接著匯入 OpenCV 和 NumPy 套件，然後指定模型檔和分類檔的路徑，如下所示：

```
try:
    from tflite_runtime.interpreter import Interpreter
except ImportError:
    from tensorflow.lite.python.interpreter import Interpreter
import cv2
import numpy as np

model_path = "models/model.tflite"
label_path = "models/labels.txt"
label_names = []
with open(label_path, "r") as f:
    for line in f.readlines():
        class_name = line.split(" ")
        label_names.append(class_name[1].strip())
```

上述 with/as 程式區塊開啟分類檔，讀取分類建立成 label_names 串列。在分類檔的每一列是一種分類，分類名稱格式是「索引值 + 空白 + 名稱」，split() 方法在使用空白字元分隔成 2 部分後，取出分類名稱。

在下方建立 Interpreter 物件載入模型，其參數是模型檔路徑，然後呼叫 allocate_tensors() 方法配置所需的張量，如下所示：

```
interpreter = Interpreter(model_path)
print("成功載入模型...")
interpreter.allocate_tensors()
_, height, width, _ = interpreter.get_input_details()[0]["shape"]
print("影像尺寸: (", width, ",", height, ")")
```

上述程式碼使用 "shape" 鍵取得輸入影像的形狀和尺寸後，在下方呼叫 cv2.imread() 方法讀取 Paper.png 圖檔的影像，並進行影像預處理，依序改成 RGB 色彩和調整成輸入影像的尺寸，如下所示：

```
image = cv2.imread("images/Paper.png")
image_rgb = cv2.cvtColor(image, cv2.COLOR_BGR2RGB)
image_resized = cv2.resize(image_rgb, (width, height))
input_data = np.expand_dims(image_resized, axis=0)
interpreter.set_tensor(
    interpreter.get_input_details()[0]["index"],input_data)
```

上述程式碼呼叫 np.expand_dims() 方法擴充影像陣列維度 0 的輸入資料後，呼叫 set_tensor() 方法指定輸入資料 input_data。然後在下方呼叫 invoke() 方法進行影像分類推論，如下所示：

```
interpreter.invoke()
output_details = interpreter.get_output_details()[0]
```

上述程式碼呼叫 get_output_details() 方法取得回傳分類結果的陣列第 1 個元素，即 [0]。在下方呼叫 np.squeeze() 方法刪除陣列維度值是 1 的維度後，呼叫 np.argmax() 方法取出最大可能分類的索引值，如下所示：

```
output = np.squeeze(interpreter.get_tensor(output_details["index"]))
label_id = np.argmax(output)
scale, zero_point = output_details["quantization"]
prob = scale * (output[label_id] - zero_point)
```

上述程式碼取出 "quantization" 鍵的量化值後，使用量化值計算出可能性。在下方取出分類名稱，以及轉換成百分比的可能性，接著呼叫 print() 函式顯示分類名稱和計算出的可能性值，如下所示：

```
classification_label = label_names[label_id]
print("分類名稱 =", classification_label)
final_prob = np.round(prob*100, 2)
print("影像可能性 =", final_prob, "%")
cv2.putText(image, classification_label, (25, 50),
            cv2.FONT_HERSHEY_SIMPLEX, 1, (0, 255, 0), 2)
out_msg = str(final_prob) + "%"
cv2.putText(image, out_msg, (25, 100),
            cv2.FONT_HERSHEY_SIMPLEX, 1, (0, 255, 0), 2)
cv2.imshow("Image", image)
cv2.waitKey(0)
cv2.destroyAllWindows()
```

上述程式碼使用 cv2.putText() 方法在影像寫上分類名稱和可能性，即可呼叫 cv2.imshow() 方法來顯示標示結果的影像。

Python 程式：ch15-2a.py 是使用 LiteRT 載入 Teachable Machine 模型建立即時分類影像，可以在 Webcam 視訊的影格中識別出剪刀、石頭或布。

15-3 AI 電腦視覺實戰：建立 YOLO 即時口罩偵測

當使用 Roboflow 資料集訓練 YOLO 模型時，因為 Roboflow 支援 YOLO 格式的標註檔，所以並不需要額外處理；但如果是從網路取得非 YOLO 格式的標註檔時，我們就需要自行將其格式轉換成 YOLO 格式。

15-3-1 取得和建立 YOLO 資料集

基本上，除了可以從 Roboflow Universal 下載 YOLO 資料集外，也可從 Kaggle 下載資料集。不過，從 Kaggle 下載的資料集並不會支援多種格式，換句話說，我們可能需要自行轉換標註檔成 YOLO 格式。

步驟一：從 Kaggle 下載 Face Mask Detection 資料集

Kaggle 網站需要登入才能下載資料集。我們準備下載的是 Face Mask Detection 資料集，其 URL 網址如下所示：

```
https://www.kaggle.com/datasets/andrewmvd/face-mask-detection
```

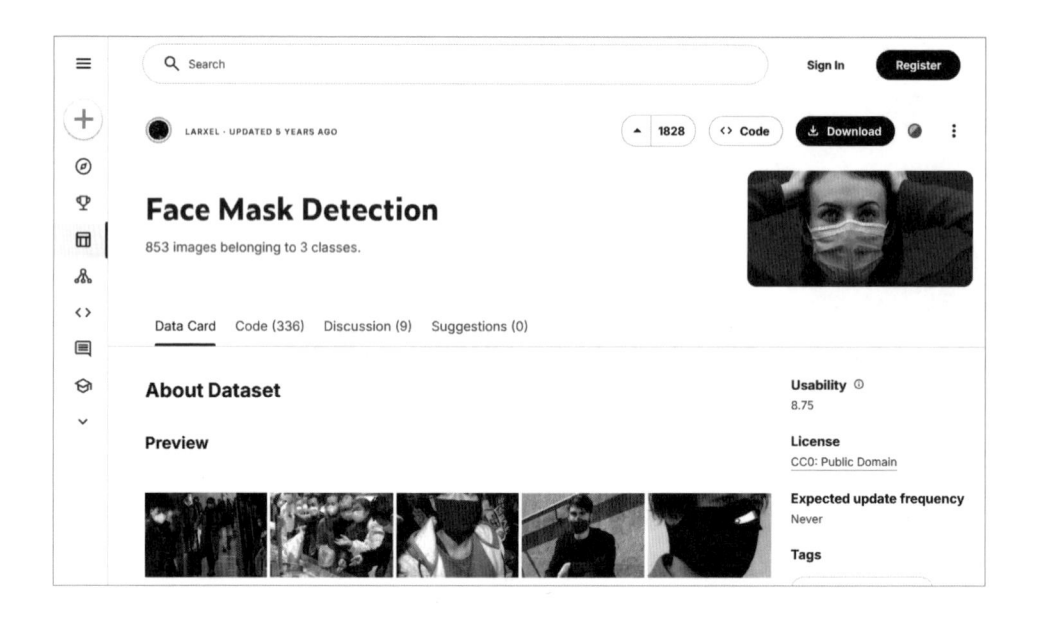

如果沒有 Kaggle 帳號，請點選右上角 **Register** 註冊帳號（可以使用 Google 帳號登入）後，就可點選 **Sign In** 來登入 Kaggle。成功登入後，請按 **Download** 鈕，再執行 **Download dataset as zip (417MB)** 命令來下載 Face Mask Detection 資料集，如下圖所示：

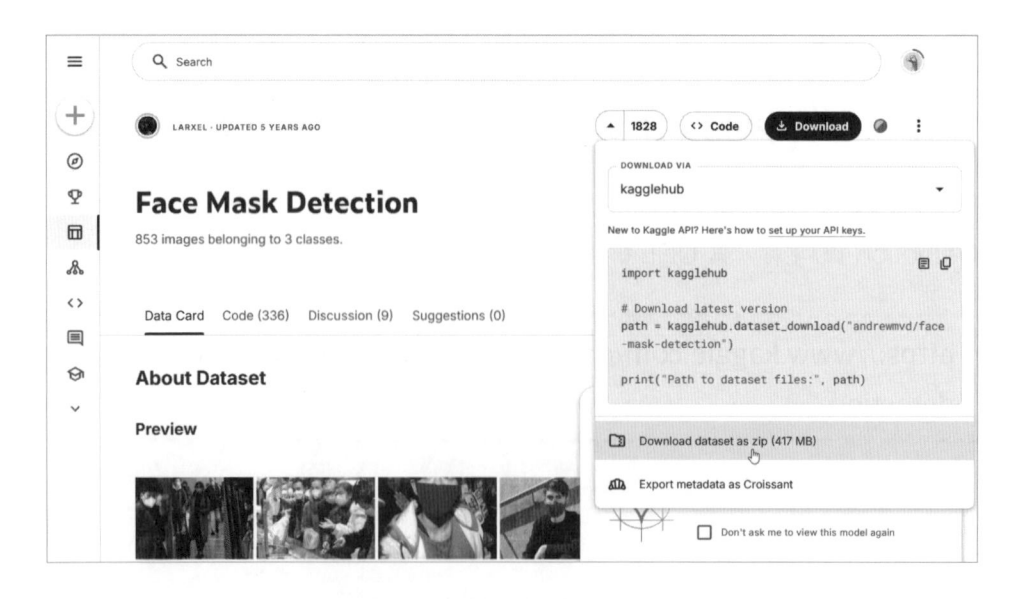

在本書下載的 Kaggle 資料集檔名是：archive.zip。

步驟二：將 VOC 格式轉換成 YOLO 格式

Face Mask Detection 資料集是使用 VOC（Pascal VOC）格式的標註檔（XML 文件）。請解壓縮下載的 archive.zip 資料集至「ch15/ch15-3-1」目錄，可以看到兩個子目錄，如下圖所示：

```
C:\PYTHONCV\CH15\CH15-3-1
├─annotations
└─images
```

上述「images」子目錄是圖檔，「annotations」子目錄是標註檔。如同 YOLO 格式，每一個標註檔對應一個同名的圖檔，不過，此標註檔不是單純文字檔案，而是 XML 文件：其根標籤是 <annotation>，<object> 子標籤是物體，在之下的 <name> 子標籤是分類名稱，<bndbox> 子標籤是邊界框座標（xmin, ymin, xmax, ymax），如下所示：

```
<annotation>
  <object>
    <name>dog</name>
    <bndbox>
      <xmin>50</xmin>
      <ymin>50</ymin>
      <xmax>200</xmax>
      <ymax>200</ymax>
    </bndbox>
  </object>
</annotation>
```

在本節的 Python 程式範例是參考 YOLOv8 版口罩偵測的 GitHub 專案，此專案有提供 voc_to_yolo.py 程式，可以將上述 VOC 格式的標註檔轉換成 YOLO 格式的標註檔，其 URL 網址如下所示：

https://github.com/harikris001/Mask-Detector

Python 程式：ch15-3-1/Step2_convert_voc_to_yolo.py 是修改自 voc_to_yolo.py 的轉換程式，在執行前我們需要修改一些變數，如下所示：

```
images_dir = "images"                # 圖檔目錄
annotations_dir = "annotations"      # VOC 標註檔目錄
output_dir = "images"                # YOLO 標註檔的輸出目錄
classes = ['with_mask', 'without_mask', 'mask_weared_incorrect']
```

上述 images_dir 變數是圖檔目錄，annotations_dir 變數是 VOC 標註檔目錄，output_dir 變數是轉換成 YOLO 格式的輸出目錄，以此例是直接輸出至「images」圖檔目錄。最後的 classes 變數是分類名稱串列，3 種英文分類依序是**有戴口罩**、**沒戴口罩**和**口罩沒戴好**。

Python 程式的執行結果可以在「images」子目錄看到轉換成 YOLO 格式的標註檔，如下圖所示：

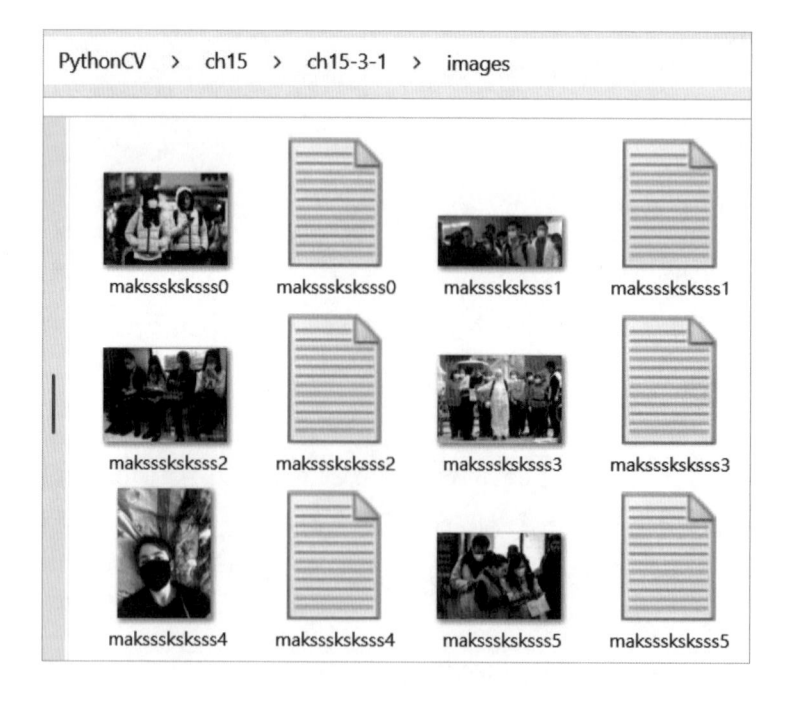

步驟三：分割成 YOLO 訓練和驗證資料集

在「images」目錄成功新增與轉換 YOLO 標註檔後，我們需要將資料集分割成訓練資料集和驗證資料集。Python 程式：ch15-3-1/Step3_dataset_splitter.py 只需修改前幾列的變數，就可將指定目錄下的檔案依比例分割成訓練資料集和驗證資料集，如下所示：

```
input_dir = "images"       # 請將此處替換為您的輸入目錄
train_dir = "data/train"   # 訓練資料集目錄
val_dir = "data/val"       # 驗證資料集目錄
split_ratio = 0.8          # 訓練與驗證的分割比例
img_type = ".png"          # 圖檔類型
operation = "copy"         # 選擇 "move" 搬移檔案 或 "copy" 複製檔案
```

上述 input_dir 變數是擁有圖檔和 YOLO 標註檔的輸入目錄，train_dir 和 val_dir 變數分別是訓練資料集和驗證資料集的輸出目錄，圖檔類型是 PNG（.png），split_ratio 變數是分割比例，值 0.8 即 80% 是訓練資料集，20% 是驗證資料集。

Python 程式的執行結果可以看到已經使用分割比例 0.8，以 copy 複製操作分割成「data/train」和「data/val」目錄的訓練資料集和驗證資料集，如下所示：

```
使用 copy 操作處理 images 目錄的資料集
資料集分割成 data/train 和 data/val 目錄的資料集
使用的分割比例: 0.8
```

在「ch15/ch15-3-1」目錄可以看到新增的 2 個「data/train」和「data/val」子目錄，如下圖所示：

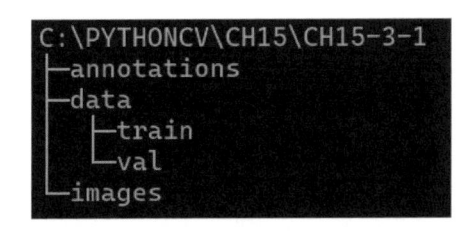

```
C:\PYTHONCV\CH15\CH15-3-1
├─annotations
├─data
│  ├─train
│  └─val
└─images
```

步驟四：將資料集再分割成圖檔和標註檔資料夾

我們還需進一步將資料集分割成圖檔和標註檔的 2 個子目錄。Python 程式：ch15-3-1/Step4_dataset_organizer.py 只需修改前幾列的變數，就可重組目錄結構成 YOLO 資料集的目錄結構，如下所示：

```
train_dir = "data/train"    # 訓練資料集目錄
val_dir = "data/val"        # 驗證資料集目錄
```

上述 train_dir 和 val_dir 變數分別是訓練資料集和驗證資料集的目錄，Python 程式的執行結果可以看到目錄下的檔案已分別分配至「images」和「labels」子目錄，如下所示：

```
目錄的檔案已經分配至 'data/train\images' 和 'data/train\labels' 目錄
目錄的檔案已經分配至 'data/val\images' 和 'data/val\labels' 目錄
```

在「ch15/ch15-3-1」目錄可以看到目前的目錄結構，如下圖所示：

```
C:\PYTHONCV\CH15\CH15-3-1
├─annotations
├─data
│  ├─train
│  │  ├─images
│  │  └─labels
│  └─val
│     ├─images
│     └─labels
└─images
```

上述「data」目錄即為訓練 YOLO 模型的資料集根目錄，請直接複製成第 15-3-2 節的「data」目錄。

步驟五：瀏覽 YOLO 資料集標註的圖檔

成功建立訓練 YOLO 模型的資料集後，Python 程式：ch15-3-1/ Step5_annotation_image_viewer.py 只需修改幾個變數，就可使用 OpenCV 開啟圖檔來顯示標註的邊界框和分類，如下所示：

```
image_folder = "data/train/images"    # 圖檔路徑
label_folder = "data/train/labels"    # 標註檔路徑
class_names = ['with_mask', 'without_mask', 'mask_weared_incorrect']
```

上述 image_folder 變數是圖檔路徑，label_folder 是標註檔路徑，以此例是訓練資料集，class_names 變數是分類名稱串列。

Python 程式的執行結果，可以顯示圖檔影像和標示出物體的邊界框與分類名稱，如下圖所示：

按任意鍵可顯示下一張圖檔和標註資料（按 Esc 鍵離開），直到沒有圖檔為止。

15-3-2 訓練 YOLO 口罩偵測模型

請將第 15-3-1 節建立的「data」目錄複製取代「ch15-3-2」下的同名目錄後，即可開始訓練 YOLO 口罩偵測模型。

步驟一：建立 data.yaml 檔案

我們需要建立 data.yaml 檔案，並指定正確的資料集路徑、分類數和分類名稱。Python 程式：ch15-3-2/Step1_YOLO_yaml_generator.py 只需指定資料集所在的目錄和分類名稱，就可產生訓練 YOLO 模型所需的 data.yaml 檔案，如下所示：

```
data_dir = "data"        # 訓練資料所在的子目錄
classes = ['with_mask', 'without_mask', 'mask_weared_incorrect']
```

上述 data_dir 變數是訓練資料所在的子目錄，classes 變數是分類名稱串列。Python 程式的執行結果可以建立名為 data.yaml 的檔案，如下所示：

```
YOLO 的 data.yaml 已經建立在 C:\PythonCV\ch15\ch15-3-2\data.yaml
```

步驟二：訓練與驗證你的 YOLO 口罩偵測模型

Python 程式：ch15-3-2/Step2_YOLO_model_trainer.py 是用來訓練 YOLO 口罩偵測模型。首先請修改程式開頭的訓練參數，如下所示：

```
model_size = "s"  # YOLO 模型尺寸是"n", "s", "m", "l", "x"
version = "12"    # YOLO 版本是"12", "11", "v8"
epochs = 20       # 訓練周期
batch = 16        # 批次大小,每次迭代中使用的數據樣本數
imgsz = 640       # 圖片尺寸,指圖像在訓練時會被調整到的尺寸
plots = True      # 是否在訓練過程中繪製圖表,用於可視化訓練過程
```

上述模型尺寸是 "s"，版本是 YOLO12，訓練周期是 20 次。請執行此程式，可以看到訓練過程（這是使用 GPU 訓練的最後 3 次），如下所示：

```
Epoch    GPU_mem   box_loss  cls_loss  dfl_loss  Instances   Size
18/20    6.27G     1.034     0.5421    1.039     46          640: 100%|       | 43/43 [00:12<00:00,  3.34it/s]
         Class     Images    Instances Box(P     R           mAP50 mAP50-95): 100%|       | 6/6 [00:01<00:00,  5.62it/s]
         all       171       861       0.927     0.654       0.781   0.498
Epoch    GPU_mem   box_loss  cls_loss  dfl_loss  Instances   Size
19/20    6.26G     1.019     0.5231    1.026     61          640: 100%|       | 43/43 [00:12<00:00,  3.34it/s]
         Class     Images    Instances Box(P     R           mAP50 mAP50-95): 100%|       | 6/6 [00:01<00:00,  5.45it/s]
         all       171       861       0.894     0.757       0.815   0.506
Epoch    GPU_mem   box_loss  cls_loss  dfl_loss  Instances   Size
20/20    6.29G     1.009     0.5041    1.022     38          640: 100%|       | 43/43 [00:12<00:00,  3.33it/s]
         Class     Images    Instances Box(P     R           mAP50 mAP50-95): 100%|       | 6/6 [00:01<00:00,  5.47it/s]
         all       171       861       0.893     0.755       0.817   0.523
```

模型訓練完成後，首先顯示訓練結果的模型性能指標和儲存的路徑「runs/detect/train」，如下所示：

```
Results saved to runs\detect\train
模型訓練結果============
map50-95: 0.5226783704369792
map50: 0.8174047597275539
map75: 0.5678031160682057
每一分類的map50-95: [    0.66504     0.51115     0.39184]
```

並在驗證完成後，顯示驗證結果的模型性能指標和儲存的路徑「runs/detect/train2」，如下所示：

```
Results saved to runs\detect\train2
模型驗證結果============
map50-95: 0.52423073672671
map50: 0.8175326243188342
map75: 0.5679289996257416
每一分類的map50-95: [    0.66556     0.50885     0.39828]
```

YOLO 訓練結果的權重檔是在「ch15/ch15-3-2/runs/detect/train」目錄下的「weights」子目錄，可以看到 best.pt 權重檔，此即為我們自行訓練的 YOLO 口罩偵測模型，如右圖所示：

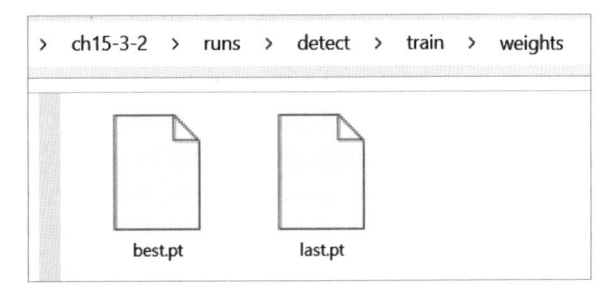

15-3-3　建立 Streamlit 即時口罩偵測應用程式

筆者已複製第 10-8-2 節的 YOLO Streamlit App 互動介面的目錄至「ch15/ch15-3-3」目錄。由於在互動介面的**物體偵測**任務，已經新增了 best.pt 模型的選項，因此我們自行訓練的 YOLO 物體偵測模型，都可以直接使用 YOLO Streamlit App 互動介面來進行物體偵測。

除了第 15-3-2 節建立的 best.pt 權重檔，YOLO 權重檔 best.pt 也可從 GitHub 下載，其下載的 URL 網址如下所示：

```
https://github.com/fchart/PythonCV/raw/refs/heads/main/weights/best.pt
```

請將第 15-3-2 節 YOLO 模型的 best.pt 權重檔複製至「ch15-3-3/weights/detection」目錄，如下圖所示：

PythonCV > ch15 > ch15-3-3 > weights > detection	
名稱	修改日期
best.pt	2025/3/17 下午 04:47
yolo12n.pt	2025/3/9 下午 09:28

然後，我們就能啟動 YOLO Streamlit App。請開啟 Python 開發環境的「命令提示字元」視窗，即 CLI 介面，切換至 YOLO Streamlit App 所在目錄，執行下列命令來啟動 Streamlit App，其 Python 程式檔名是 app.py（如果已經啟動過 Streamlit 應用程式，可直接執行 runStreamlitApp.py 來啟動），如下所示：

```
streamlit run app.py  Enter
```

請在 Streamlit 互動介面的側邊欄選**物體偵測**任務後，在下方選擇 YOLO 模型檔 best.pt，即第 15-3-2 節訓練的 YOLO 口罩偵測模型，如下圖所示：

接著，選擇來源為圖檔或影片檔後，即可執行 YOLO 物體偵測。首先是圖檔影像的口罩偵測，請上傳「ch15/images/masktypes.jpg」圖檔，再按**執行**鈕執行 YOLO 物體偵測任務，如下圖所示：

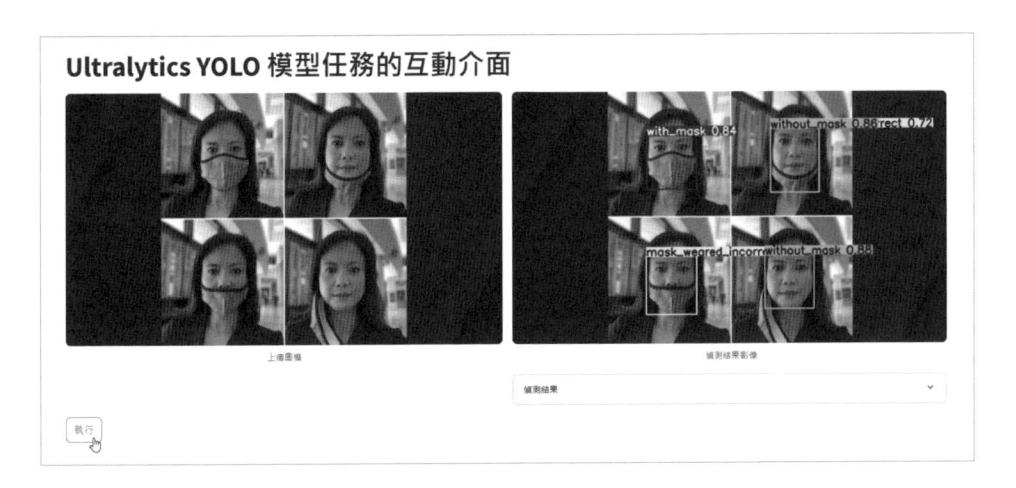

15-25

接著是影片檔的口罩偵測，請上傳「ch15/media/ mask_demo.mp4」影片檔，再按**執行**鈕執行 YOLO 物體偵測任務，如下圖所示：

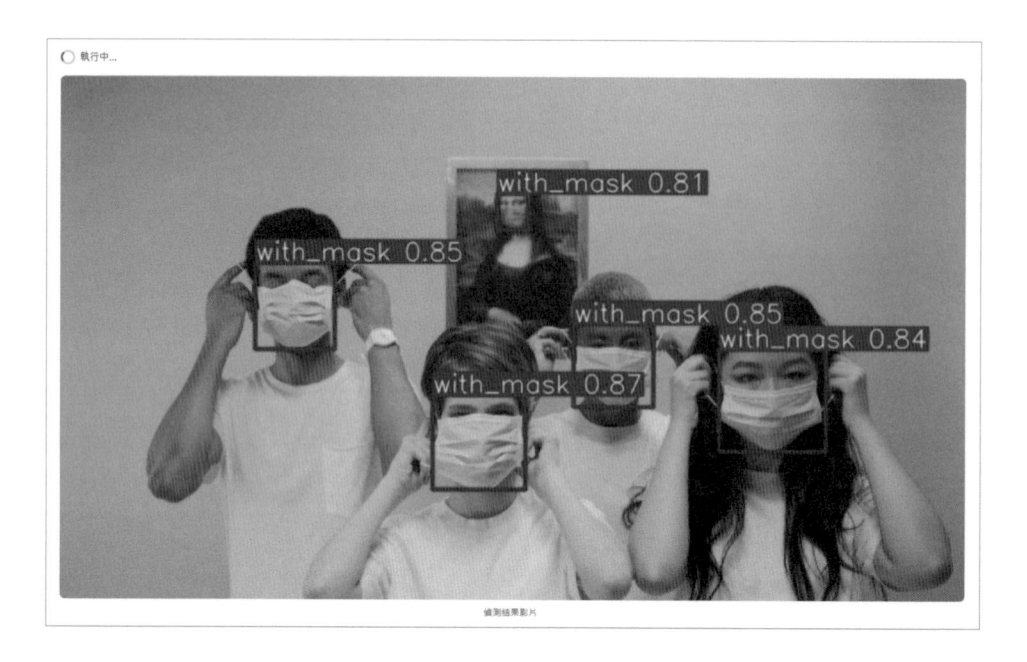

Chapter 16 AI 電腦視覺實戰：本機 LLM Vision 整合應用

▷ 16-1 認識生成式 AI 與 LLM

▷ 16-2 LLM API 服務：Groq API

▷ 16-3 使用 Ollama 打造本機 LLM

▷ 16-4 AI 電腦視覺實戰：Llama-Vision 視覺分析助手

▷ 16-5 AI 電腦視覺實戰：Llama-Vision 車牌辨識

▷ 16-6 AI 電腦視覺實戰：Llama-Vision 路況分析

16-1 認識生成式 AI 與 LLM

「生成式 AI」(Generative AI) 是目前當紅的資訊科技，其中在語言處理領域，背後的大腦是「大型語言模型」(Large Language Model，LLM)，為生成式 AI 提供語言理解與生成的能力。

生成式 AI

生成式 AI 是一種能夠根據輸入內容，自動產生出文字、影像、音樂和程式碼等創作內容的技術。例如：我們可以透過生成式 AI，撰寫一篇文章、設計一幅圖案，或編寫一段程式碼等。

生成式 AI 的運作原理是依靠 LLM 大型語言模型等機器學習模型，主要使用深度學習技術，從大量資料中學習結構與模式，然後，依據這些模式來產生新的內容。目前這些技術已廣泛運用在聊天機器人、語音生成、內容創作與資料增強等領域，並已為各行各業帶來多樣化的創新解決方案。

LLM 大型語言模型

LLM 大型語言模型是一種**自然語言處理**（NLP），這是透過學習巨量的文字資料，來掌握語言結構和內容邏輯，進而建立出對人類語言的深刻理解。然後，LLM 就能將這些學習的知識應用在生成各種形式的內容，例如：文字、對話、影像或程式碼等。

基本上，LLM 可執行多種與語言相關的任務，例如：文字生成、翻譯、摘要和情感分析等。LLM 能夠根據輸入文字，稱為**提示詞**（Prompts）來提供合適的回答，模擬出人性化的對話內容。

事實上，生成式 AI 正是依賴 LLM 作為其核心技術。目前 LLM 的發展不僅提升了 AI 的溝通能力，更讓自然語言處理更貼近我們使用的真實語言。例如：ChatGPT 等聊天機器人就是透過 LLM 分析使用者的提問，並產生對應的回應內容。

16-2 LLM API 服務：Groq API

Groq API 是一種基於 LLM 的 API 服務，一個免費的線上開源語言模型平台。其使用的是自行研發的 LPU（Language Processing Unit），而非 GPU，能夠以更少的硬體資源，提供更佳的推理速度。

不只如此，Groq 平台還提供兼容 ChatGPT API 的免費 API，可讓開發者建立程式來高效率地生成文字內容，與進行自然語言處理。

16-2-1 Groq 的基本使用

目前，Groq 平台可供免費帳號註冊，我們能直接使用 Google 或 GitHub 帳號登入 Groq 網站。

註冊 Groq 帳號

在 Windows 電腦使用 Google 帳號註冊 Groq 免費帳號的步驟，如下所示：

Step 1 請啟動瀏覽器進入 https://console.groq.com/login 網頁後，按 **Login with Google** 鈕，即可使用 Google 帳號來註冊與登入 Groq，如下圖所示：

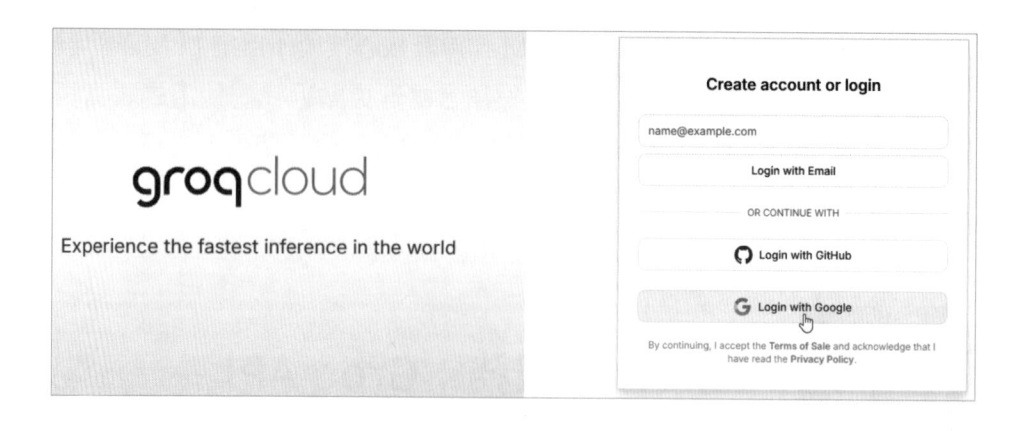

> **Step 2** 選擇 Google 帳號（如果有多個帳號）後，按**繼續**鈕，就可註冊且登入 Groq。在 Billing 可以看到是 Free 帳號，如下圖所示：

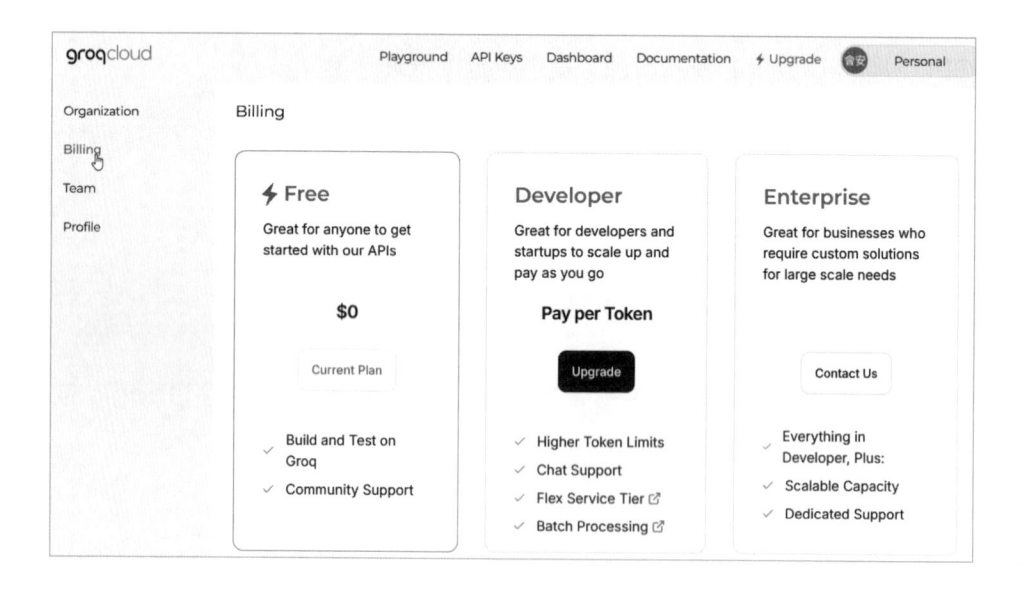

Groq 的基本使用

登入 Groq 之後，我們就能立即在 Playground 使用 LLM 大型語言模型，例如：DeepSeek，其步驟如下所示：

AI 電腦視覺實戰：本機 LLM Vision 整合應用　16

Step 1　請在上方選 **Playground** 後，在下拉式選單選擇使用的模型，例如：deepseek-r1-distill-llama-70b，如下圖所示：

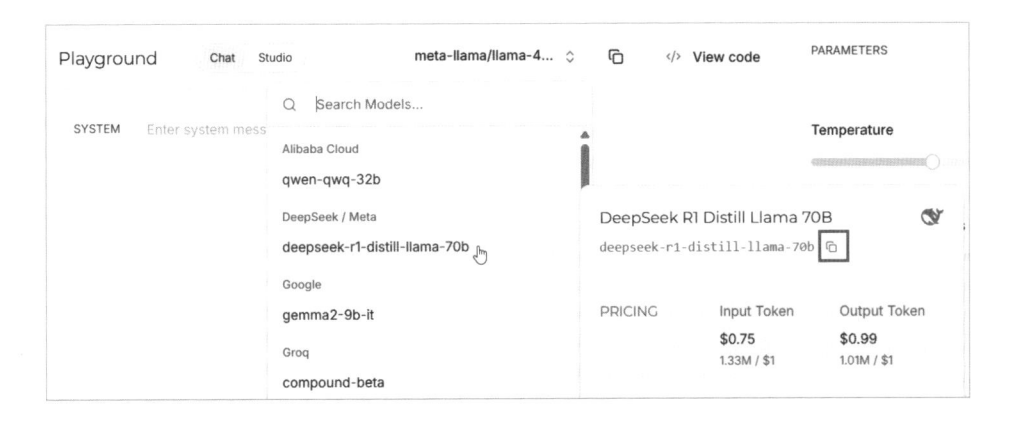

Step 2　當游標移至模型選項上，就能看到該模型的說明，點選方框的圖示可複製模型名稱。在選擇好模型後，還可進一步在右方的側邊欄，設定模型的相關參數，如右圖所示：

Step 3　如同 ChatGPT，請在下方欄位輸入提示詞「請使用繁體中文和台灣用語來說明 Python 是如何使用 Groq API？」，並按下 **Submit** 鈕，即可開始和 LLM 進行對話。

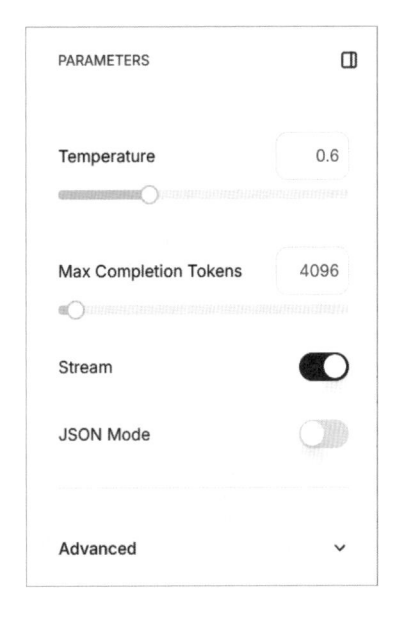

16-5

Step 4 在上方可以看到 LLM 的回應內容，如下圖所示：

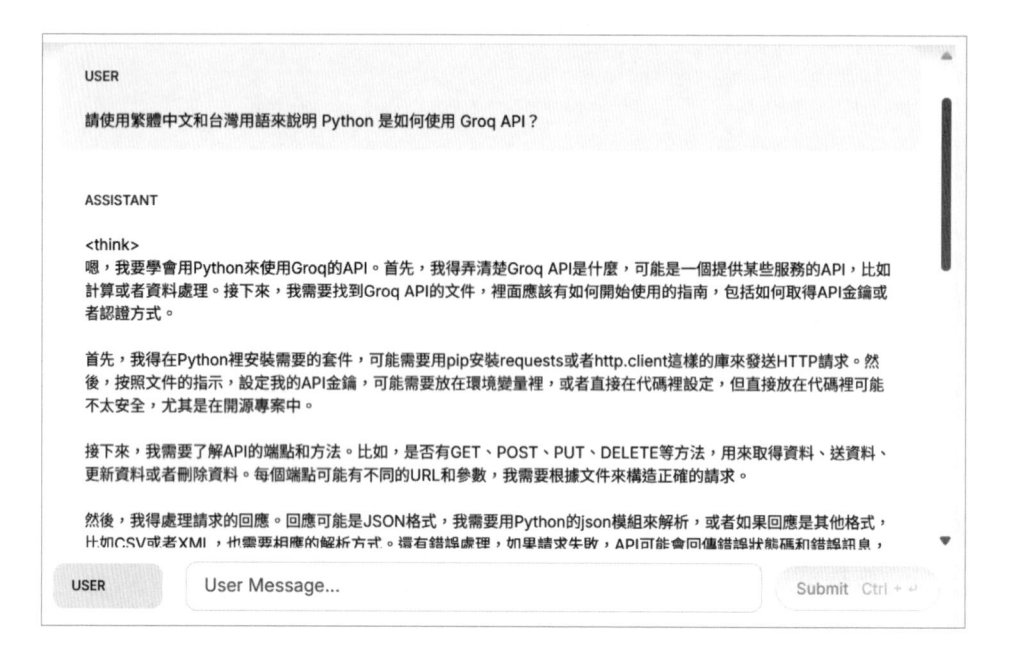

```
USER
請使用繁體中文和台灣用語來說明 Python 是如何使用 Groq API？

ASSISTANT
<think>
嗯，我要學會用Python來使用Groq的API。首先，我得弄清楚Groq API是什麼，可能是一個提供某些服務的API，比如計算或者資料處理。接下來，我需要找到Groq API的文件，裡面應該有如何開始使用的指南，包括如何取得API金鑰或者認證方式。

首先，我得在Python裡安裝需要的套件，可能需要用pip安裝requests或者http.client這樣的庫來發送HTTP請求。然後，按照文件的指示，設定我的API金鑰，可能需要放在環境變量裡，或者直接在代碼裡設定，但直接放在代碼裡可能不太安全，尤其是在開源專案中。

接下來，我需要了解API的端點和方法。比如，是否有GET、POST、PUT、DELETE等方法，用來取得資料、送資料、更新資料或者刪除資料。每個端點可能有不同的URL和參數，我需要根據文件來構造正確的請求。

然後，我得處理請求的回應。回應可能是JSON格式，我需要用Python的json模組來解析，或者如果回應是其他格式，比如CSV或者XML，也需要相應的解析方式。還有錯誤處理，如果請求失敗，API可能會回傳錯誤狀態碼和錯誤訊息，
```

16-2-2 使用 Python 程式呼叫 Groq API

從第 16-2-1 節的 LLM 回應中可得知，在 Python 使用 Groq API，需要先取得 API 金鑰和安裝 Groq API 專屬的 Python 套件。

登入 Groq 網站取得 API 金鑰

在 Groq 完成註冊且登入後，就能產生和取得 API 金鑰，其步驟如下所示：

Step 1 請在上方選 **API Keys** 後，按 **Create API Key** 鈕產生 API 金鑰。

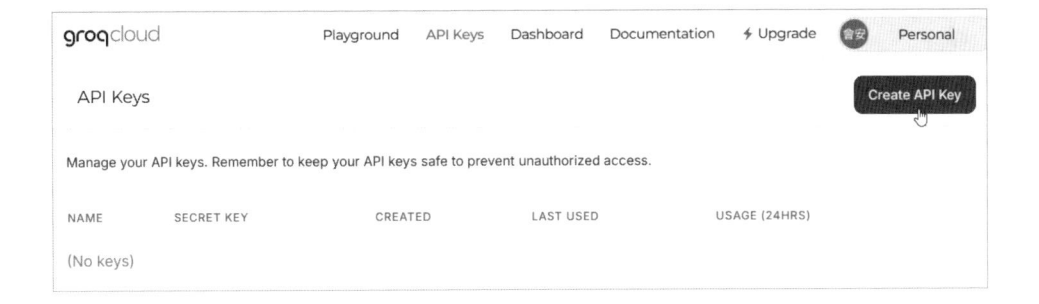

AI 電腦視覺實戰：本機 LLM Vision 整合應用 16

Step 2 在欄位輸入 API 金鑰的顯示名稱後，按 **Submit** 鈕。

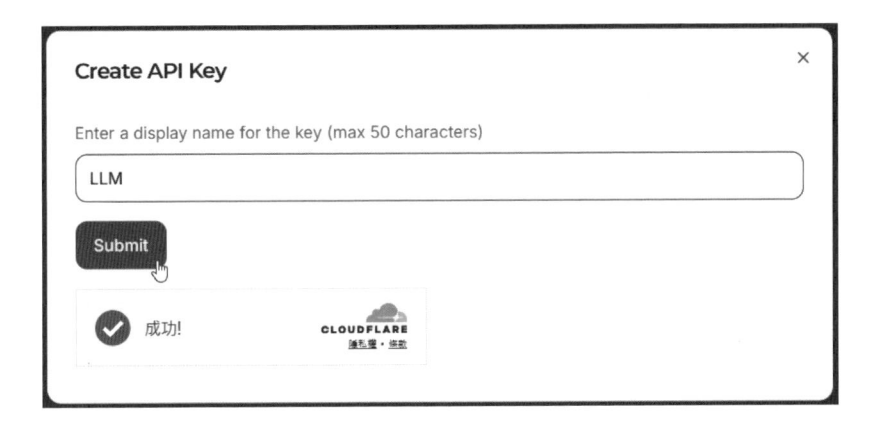

Step 3 可以看到產生的 API 金鑰字串，請按 **Copy** 鈕將其複製到剪貼簿（**請注意！** API 金鑰不會再次顯示）後，按 **Done** 鈕繼續。

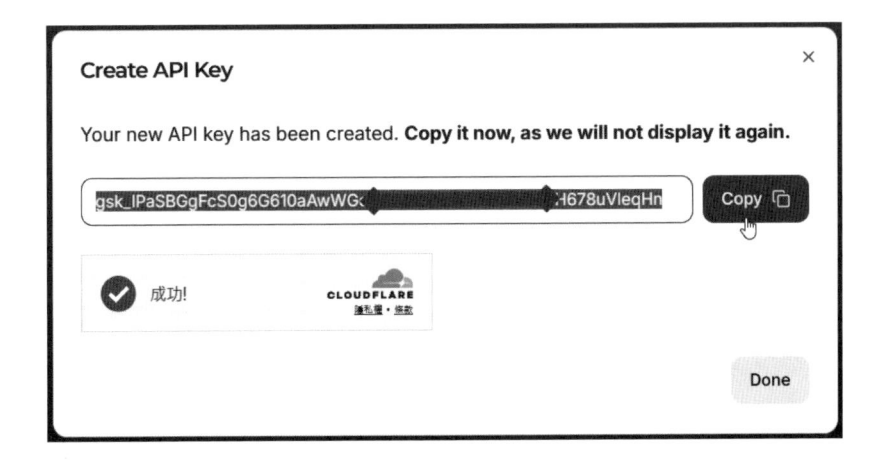

16-7

| Step 4 | 可以看到 Groq 帳號建立的 API 金鑰清單，如下圖所示：|

Manage your API keys. Remember to keep your API keys safe to prevent unauthorized access.

NAME	SECRET KEY	CREATED	LAST USED	USAGE (24HRS)		
LLM	gsk_...eqHn	2025/3/25	Never	0 API Calls	✎	🗑

安裝 Groq API 的 Python 套件

　　Groq API 支援與 ChatGPT API 類似語法的 API，我們可建立 Python 程式碼使用 Groq API 與 LLM 大型語言模型進行互動。在 Python 虛擬環境安裝 Groq API 的 Python 套件 groq，其命令如下所示：

```
pip install groq==0.18.0  Enter
```

　　在 Python 程式使用 Groq API 需要建立 Groq 物件，從 groq 套件匯入 Groq 類別的程式碼，如下所示：

```
from groq import Groq
```

使用 Groq API + Llama3：ch16-2-2.py

　　Python 程式是透過 Groq API 來使用 Llama3 模型，在送出提示詞詢問什麼是 Groq API 後，可以顯示 LLM 回應的內容，如下所示：

```
Groq API 是一個查詢語言和API，允許用戶從 Sanity.io 等多個資料源中檢索和操作數據。Groq
Name 是 "Graph Query language" 的縮寫，意指這是一個專門用於查詢圖形數據庫的語言。

Groq API 的主要功能是：

1. **查詢數據**：使用 Groq 查詢語言，可以從 Sanity.io 等多個資料源中檢索數據，並將其轉換
   為 JSON 格式以便應用程序使用。
2. **操作數據**：Groq API 不僅能夠查詢數據，也可以對數據進行增刪改查（CRUD）操作。
3. **支持圖形數據庫**：Groq API 允許用戶對圖形數據庫中的數據進行查詢和操作，處理圖形數據庫
   中的關聯和連接。
```

Python 程式碼首先從 groq 匯入 Groq 類別，接著建立 Groq 物件 client，其參數 api_key 是我們取得的 API 金鑰字串（請自行修改成你在之前步驟取得的 Groq API 的 API 金鑰），如下所示：

```
from groq import Groq

client = Groq(
    api_key="<API-KEY>",
)

completion = client.chat.completions.create(
    model="llama3-70b-8192",
    messages=[{
        "role": "user",
        "content": "請使用繁體中文說明Groq API是什麼?"
        }],
    temperature=1,
    max_completion_tokens=1024,
    top_p=1,
    stream=False,
    stop=None,
)
```

上述程式碼是呼叫 client.chat.completions.create() 方法來取得 Groq API 的 completion 回應內容，其常用參數的說明，如下所示：

- **model 參數**：指定 LLM 模型為 "llama3-70b-8192"。

- **messages 參數**：此參數是一個字典串列，每一則訊息是一個字典，並擁有 2 個鍵，role 鍵是角色，content 鍵是訊息內容。而每一則訊息又可指定 3 種角色，在 role 鍵的 3 種角色值說明，如下所示：

    - **"system"**：此角色是用來設定對話的背景或初始條件，可以告訴 LLM 表現出的回應行為或規則。

    - **"user"**：此角色即為你的問題，可以是單一字典，也可以是多個字典串列的訊息。

- **"assistant"**：此角色是助理，可以協助 LLM 模型來進行回應。在實作上，我們可將上一次對話的回應內容，再送給語言模型，如此 LLM 就會記得上一次聊了什麼。

- **temperature 參數**：控制 LLM 回應的隨機程度，其值介於 0~2（預設值是 1），值愈高回應得愈隨機，LLM 愈會亂回答。

- **max_completion_tokens 參數**：LLM 回應的最大 Tokens 數的整數值。

- **top_p 參數**：使用 nucleus sampling，值 1 代表使用完整的機率分佈。Nucleus Sampling 是一種隨機採樣機制，用來控制生成式 AI 的輸出品質與多樣性。

- **stream 參數**：設定 False 表示 Groq API 回傳的是完整的回應內容（非串流輸出）。

- **stop 參數**：此參數是指定停用字詞（Stop Sequences），值 None 表示沒有額外的中斷條件。

由於 client.chat.completions.create() 回應內容的 completion 變數，就是一個已剖析回應 JSON 資料的 JSON 物件，因此我們可以使用下列程式碼來取出 LLM 回應的內容，如下所示：

```
content = completion.choices[0].message.content
print(content)
```

使用 Groq API + Llama-Vision：ch16-2-2a.py

當 Groq API 使用 Llama-Vision 視覺模型時，因為是看圖說故事，提示詞除了文字內容，還需要影像資料，即 "image_url" 類型的提示詞，其內容是 URL 網址或 Base64 編碼字串的影像。在 Python 程式碼是使用 if/else 條件來建立 image_content 變數的提示詞，如下所示：

```
if is_url:
    image_content = {"type": "image_url", "image_url": {"url": image_url}}
else:
    image = Image.open(image_url)
    base64_image = encode_image(image)
    image_content = {"type": "image_url",
        "image_url": {"url": f"data:image/jpeg;base64,{base64_image}"}}
```

上述 if 條件如果成立，image_url 變數是網址，在 "image_url" 類型的 "url" 鍵是影像的 URL 網址；若不成立，else 程式區塊則呼叫 Image.open() 方法來開啟圖檔，其 image_url 變數是圖檔路徑，接著使用 encode_image() 函式轉換成 Base64 編碼字串後，"url" 鍵的值就是 "data:image/jpeg;base64," 開頭的編碼字串。

請注意！如果是使用圖檔的 URL 網址，我們需要先上傳圖檔至網站以取得 URL 網址。例如：使用 Imagekit.io 圖檔上傳網站，其 URL 網址如下所示：

```
https://imagekit.io/tools/image-to-url/
```

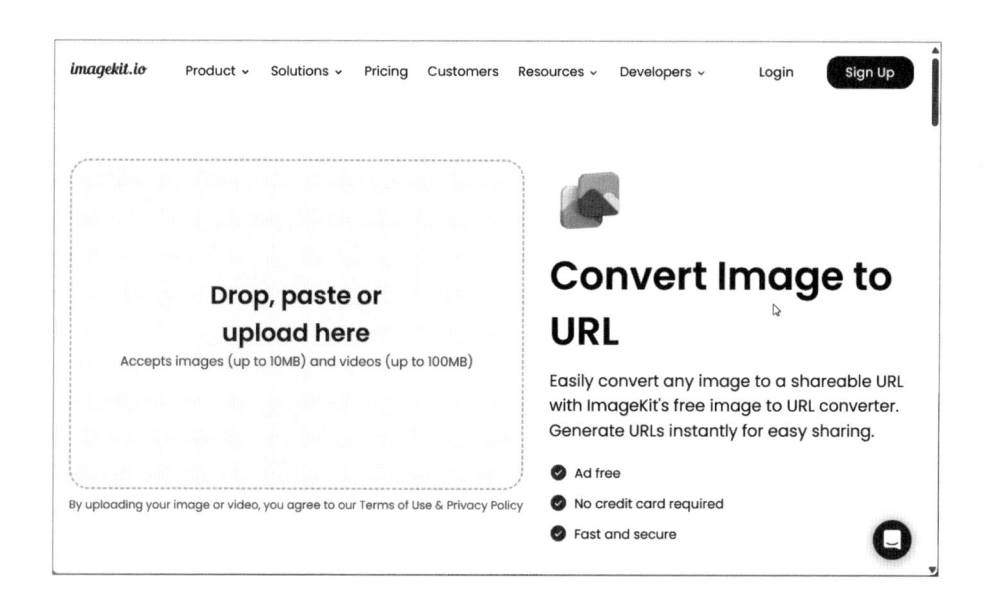

16-11

請拖拉「ch16/images/taipei.jpg」圖檔至上方的方框以上傳圖檔，然後，點選圖檔下方的最後 1 個圖示，執行 **Copy Direct CDN URL** 命令，取得上傳圖檔的 URL 網址（此網址有期限，只能保留一段時間），如下圖所示：

Python 程式的執行結果，可以看到 Llama-Vision 針對這張影像的描述文字，如下所示：

> 以觀光客的角度來看，這有可能是一座夜市，您看到了充滿光色和色彩的建築，以及許多人來回步行。夜市是一種在晚間推出許多活動、遊樂設施和美食，由於夜晚天氣較涼，因此夜市非常受歡迎。夜市通常設在市集市場上，這裡是小吃和遊樂設施的聚集地。這裡有許多人，在忙碌的同時，還是有一些時刻能有伴侶或朋友的時間。來自各種身分的遊人，從衣著到個性都能看得一清二楚。那些遊水船的船頭綁著一輪廻船，這是夜市的特色之一。因此，我們就能認出這是一個夜色的市場。

Python 程式碼在匯入 Groq 類別後，依序匯入 base64、io 模組和從 PIL 匯入 Image 類別，如下所示：

```
from groq import Groq
import base64
import io
from PIL import Image
```

```
#image_url = "https://media-hosting.imagekit.io//06cae7630...gw__"
image_url = "images/taipei.jpg"
is_url = False
prompt = "請針對此圖片,說明你看到了什麼?如果你是一位觀光客,請說明你看到的特
點。"
```

上述程式碼指定 image_url 變數,可以是 URL 網址或圖檔路徑;is_url 若為 False,表示是圖檔路徑,True 則是 URL 網址;然後是提示詞內容。在下方的 encode_image() 函式,可以將影像資料轉換成 Base64 編碼字串,如下所示:

```
def encode_image(image):
    buffered = io.BytesIO()
    image.save(buffered, format="JPEG")
    return base64.b64encode(buffered.getvalue()).decode("utf-8")
```

接著是前述說明的 if/else 條件,可以建立影像部分提示詞的 image_content 變數,如下所示:

```
if is_url:
    image_content = {"type": "image_url", "image_url": {"url": image_url}}
else:
    image = Image.open(image_url)
    base64_image = encode_image(image)
    image_content = {"type": "image_url",
        "image_url": {"url": f"data:image/jpeg;base64,{base64_image}"}}
```

在建立 Groq 物件後,下方是呼叫 client.chat.completions.create() 方法來取得 Groq API 的 completion 回應內容。可以看到選用的模型是 "meta-llama/llama-4-scout-17b-16e-instruct",這是 Llama3.2-Vision 的下一個版本,而輸入的訊息除了 "text" 文字內容外,還提供 image_content 變數的影像部分提示詞,如下所示:

16-13

```
completion = client.chat.completions.create(
    model="meta-llama/llama-4-scout-17b-16e-instruct",
    messages=[{
        "role": "user",
        "content": [
            {
                "type": "text",
                "text": prompt
            },
            image_content
        ]
    }],
    temperature=1,
    max_completion_tokens=512,
    top_p=1,
    stream=False,
    stop=None,
)
```

16-2-3 整合 Streamlit 與 Groq API

我們將整合第 10 章 Streamlit 的 AI 互動介面和本節 Groq API 的程式範例，以建立類似 ChatGPT 網頁介面的聊天機器人，使用的 LLM 模型是："llama3-70b-8192"。

Python 程式：ch16-2-3.py 是一個 Streamlit App，在執行前需要先修改程式碼，即填入你的 Groq API 的 API 金鑰後，再啟動 App。如果是第 1 次啟動，請參閱第 10-2 節的步驟；若已經啟動過，請直接執行 run_ch16-2-3_StreamlitApp.py，可以看到一個類似 ChatGPT 的交談介面，如下圖所示：

AI 電腦視覺實戰：本機 LLM Vision 整合應用 16

整合 Streamlit 與 Groq API

這是一個基於 Groq API 和 Llama 模型的聊天介面。

新聊天

> 請用繁體中文回答什麼是LLM?

LLM 是指 Large Language Model，中文名稱為大型语言模型。它是一種人工智慧（AI）技術，用於處理和生成人類語言的模型。這種模型通過大量的文本數據進行訓練，以掌握語言的語法、詞彙、句法和 semantic meanings 等方面的知識。

LLM 的主要特點是，它可以：

1. 處理大量文本數據，並對其進行分析和理解。
2. 根據輸入的 prompt 或 context，生成相對應的語言輸出，例如文本、文章、對話等。

請輸入您的訊息

Python 程式碼是使用 st.chat_message() 和 st.chat_input() 方法的元件來顯示和輸入聊天訊息，並且使用 st.session_state 的 messages 來保留聊天過程的聊天訊息，如下所示：

```
if "messages" not in st.session_state:
    st.session_state.messages = []
```

16-3 使用 Ollama 打造本機 LLM

Ollama 是支援 macOS、Linux 和 Windows 作業系統的開源軟體平台，特別適合希望在本地端建立、運行和管理多種 LLM 的使用者，例如：Llama、DeepSeek 和 Phi 等模型。

16-3-1 下載與安裝 Ollama

Ollama 可以讓我們如同安裝手機 App 一樣輕鬆體驗 LLM 大型語言模型，在 Windows 作業系統可免費下載並安裝 Ollama。

下載 Ollama

Ollama 可以在官方網站免費下載，其 URL 網址如下所示：

https://ollama.com/

請按下左圖的 **Download** 鈕後，再按右圖的 **Download for Windows** 鈕下載 Ollama，在本書的下載檔名是：OllamaSetup.exe。

安裝 Ollama

成功下載 Ollama 安裝程式 OllamaSetup.exe 後，就能在 Windows 11 作業系統進行安裝，其步驟如下所示：

AI 電腦視覺實戰：本機 LLM Vision 整合應用

Step 1 請雙擊 **OllamaSetup.exe** 執行安裝程式後，按 **Install** 鈕開始安裝 Ollama，如下圖所示：

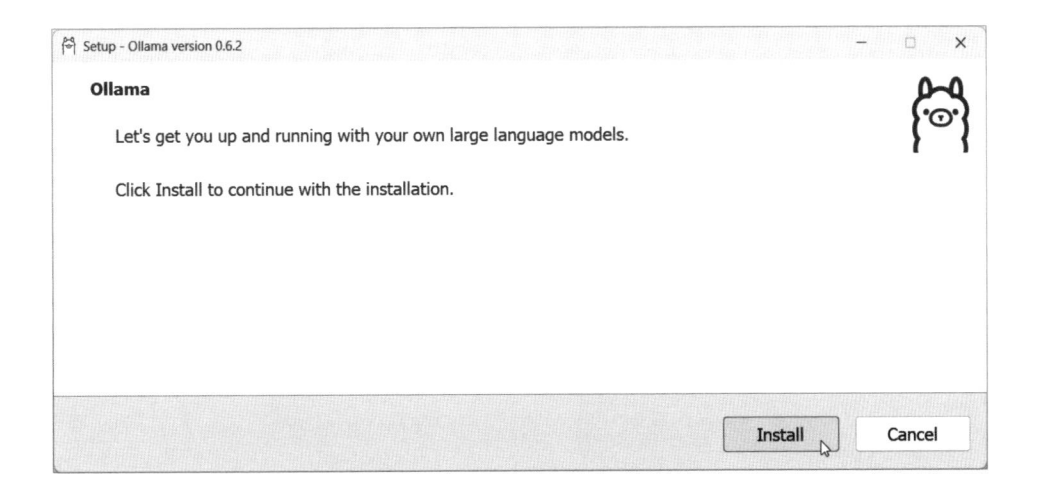

Step 2 可以看到目前的安裝進度，等到安裝完成，就會在右下角顯示「Ollama 已經啟動中」的訊息框。

檢查 Ollama 安裝的版本

成功安裝 Ollama 後，請開啟「命令提示字元」視窗，使用 ollama 命令加上 --version 參數來顯示版本，可以看到其版本為 0.6.2，如下所示：

> ollama --version `Enter`

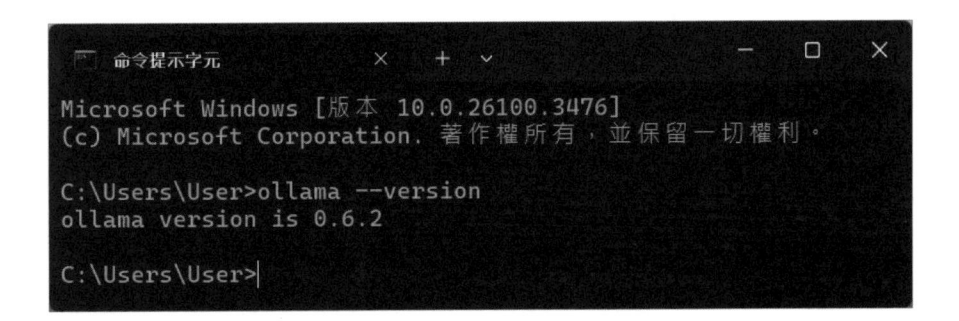

16-17

16-3-2　透過 Ollama 使用 LLM 大型語言模型

Ollama 支援多種 LLM 大型語言模型，但是，受限於電腦的記憶體容量，能夠執行的模型尺寸也有所限制，例如：16GB 的記憶體大約可運行 10GB 量級以下的 LLM 模型（部分模型雖可執行，但是執行效能並不佳）。

搜尋 Ollama 可用的模型清單

在 Ollama 官網點選上方的 **Models**，可以看到 LLM 模型清單（也可在上方欄位輸入關鍵字來搜尋可用的模型），如下圖所示：

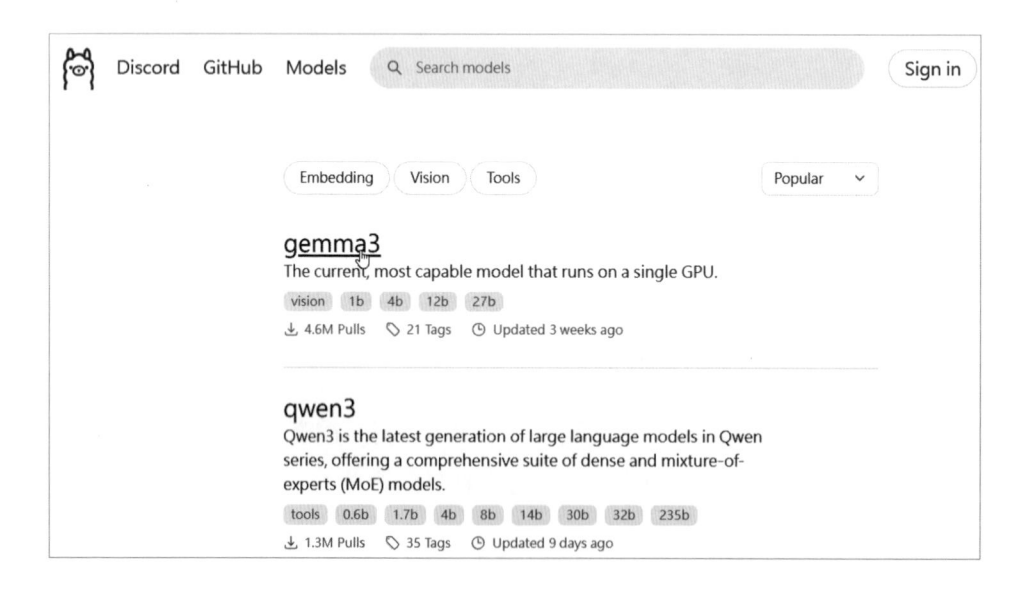

點選 **gemma3** 模型名稱，就可看到模型的進一步說明。當選擇不同參數的模型，會在之後顯示下載並執行此模型的命令，如下圖所示：

```
gemma3                                    ollama run gemma3

4.6M Downloads    Updated 3 weeks ago
The current, most capable model that runs on a single GPU.
vision  1b  4b  12b  27b

┌─────────────────────────┐
│ 4b                    ∨ │   ◊ 21 Tags
└─────────────────────────┘
│ 1b              815MB   │                    a2af6cc3eb7f · 3.3GB
│ 4b              3.3GB   │
│ 12b             8.1GB   │  parameters 4.3B · quantization Q4_K_M    3.3GB
│ 27b             17GB    │  end_of_turn>" ], "temperature": 1, "top_k": 64, "top_…  77B
│      View all           │  $_ := .Messages }} {{- $last := eq (len (slice $.Mess…  358B
└─────────────────────────┘
```

在 Ollama 使用 Llama3 模型

Llama3 是由 Meta 推出的開源 LLM 大型語言模型，我們準備下載和執行 Llama3.1，其模型尺寸是 4.9GB。請在 Ollama 官網搜尋找到 llama3.1 模型，選 8b，再點選游標所在的圖示來複製下載並執行的命令，如下所示：

```
llama3.1:8b                               ollama run llama3.1:8b

92.6M Downloads    Updated 5 months ago
Llama 3.1 is a new state-of-the-art model from Meta available in 8B, 70B and 405B parameter sizes.
tools  8b  70b  405b

┌─────────────────────────┐
│ 8b                    ∨ │   ◊ 93 Tags
└─────────────────────────┘
│ 8b              4.9GB   │                    46e0c10c039e · 4.9GB
│ 70b             43GB    │
```

在 Ollama 是使用 run 命令來執行 Llama3.1 模型（run 命令是下載且執行模型，如果是使用 pull 命令就只會下載模型），如下所示：

16-19

```
> ollama run llama3.1:8b  Enter
```

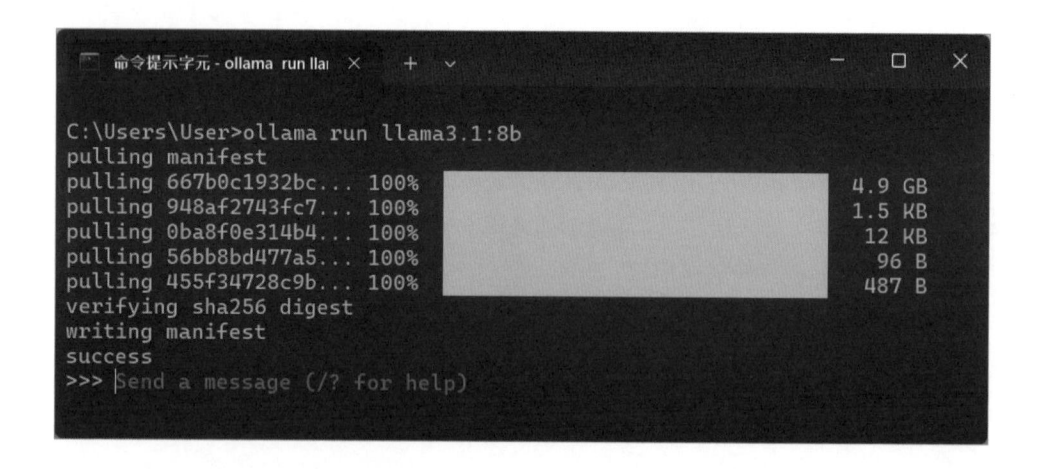

```
命令提示字元 - ollama run lla

C:\Users\User>ollama run llama3.1:8b
pulling manifest
pulling 667b0c1932bc... 100%                              4.9 GB
pulling 948af2743fc7... 100%                              1.5 KB
pulling 0ba8f0e314b4... 100%                              12 KB
pulling 56bb8bd477a5... 100%                              96 B
pulling 455f34728c9b... 100%                              487 B
verifying sha256 digest
writing manifest
success
>>> Send a message (/? for help)
```

上述命令第 1 次執行會自動下載模型，並在成功下載和執行後，顯示「>>>」提示文字。現在，我們可以輸入訊息與 Llama3.1 模型進行對話 (按 Ctrl + D 或輸入 /bye 可結束對話)，例如：「請使用繁體中文說明什麼是 LLM？」，如下圖所示：

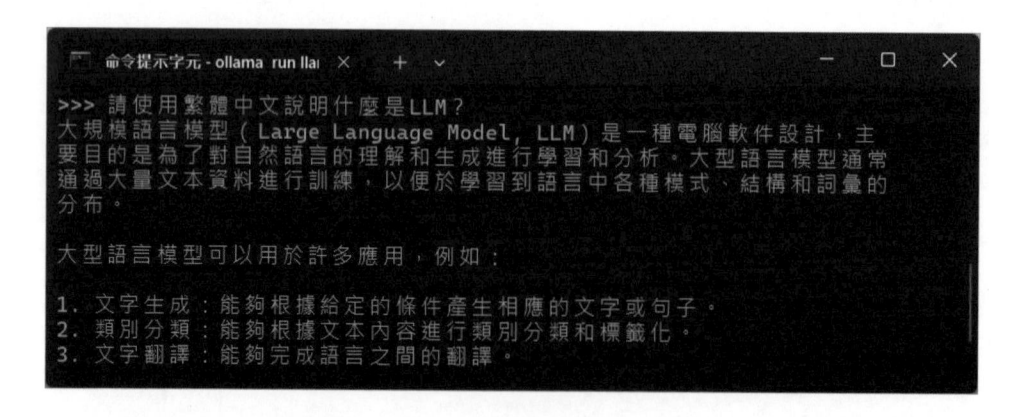

```
命令提示字元 - ollama run lla

>>> 請使用繁體中文說明什麼是LLM？
大規模語言模型 (Large Language Model, LLM) 是一種電腦軟件設計，主
要目的是為了對自然語言的理解和生成進行學習和分析。大型語言模型通常
通過大量文本資料進行訓練，以便於學習到語言中各種模式、結構和詞彙的
分布。

大型語言模型可以用於許多應用，例如：

1. 文字生成：能夠根據給定的條件產生相應的文字或句子。
2. 類別分類：能夠根據文本內容進行類別分類和標籤化。
3. 文字翻譯：能夠完成語言之間的翻譯。
```

如果輸入的提示詞超過一行，請先輸入 3 個引號「"""」後再輸入文字，並可藉由 Enter 鍵來換行，最後再加上 3 個引號「"""」將文字括起。例如：分析英文句子來回答是「開」或「關」，如下所示：

16-20

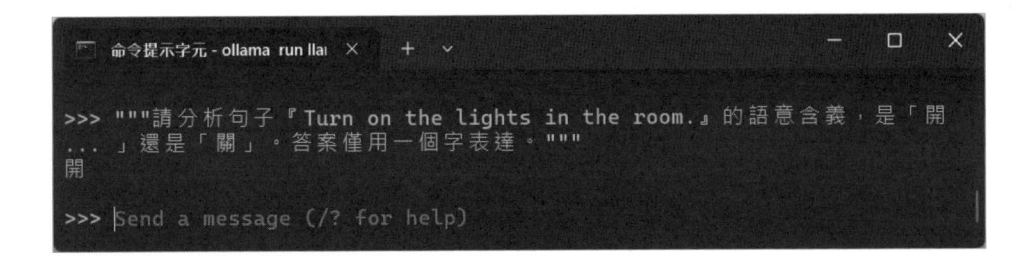

```
"""請分析句子『Turn on the lights in the room.』的語意含義,是「開」還是
「關」。答案僅用一個字表達。"""
```

```
>>> """請分析句子『Turn on the lights in the room.』的語意含義,是「開
... 」還是「關」。答案僅用一個字表達。"""
開
>>> Send a message (/? for help)
```

在「命令提示字元」視窗執行 ollama list 命令可顯示目前已下載的模型清單；使用 ollama rm <模型名稱> 命令可刪除已下載的模型。

Chrome 擴充功能：ollama-ui

由於 Ollama 沒有圖形介面，我們可以在 Chrome 瀏覽器安裝 ollama-ui 擴充功能來作為 Ollama 圖形介面。請進入 Chrome 線上應用程式商店搜尋 ollama-ui，再按**加入 Chrome** 鈕安裝此擴充功能，如下圖所示：

在安裝後，啟動擴充功能就可看到與 ChatGPT 類似的圖形介面。請在右上角選擇使用的 LLM 模型，就能與 LLM 模型進行對話，如下圖所示：

16-21

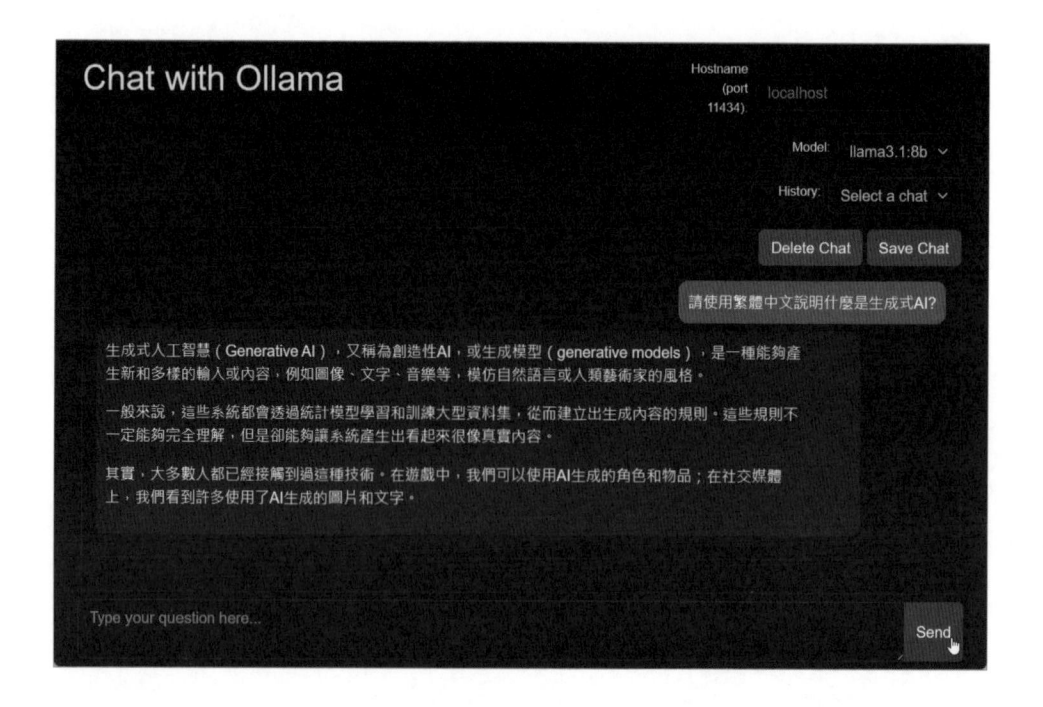

16-3-3 使用 Python 程式碼與模型進行互動

Ollama 有提供專屬的 Python 套件，支援與 ChatGPT API 類似的語法，可以讓我們使用 Python 程式碼與 LLM 大型語言模型來進行互動。在 Python 虛擬環境安裝 ollama 套件，其安裝命令如下所示：

```
> pip install ollama==0.4.7 Enter
```

在 Python 程式使用 Ollama 套件，需要先匯入此套件，如下所示：

```
import ollama
```

確認啟動 Ollama 服務

在 Python 程式使用 Ollama API 前，我們需要先確認 Windows 電腦已啟動 Ollama 服務（預設會自動啟動此服務），如下所示：

AI 電腦視覺實戰：本機 LLM Vision 整合應用 **16**

```
> ollama serve  Enter
```

```
C:\Users\User>ollama serve
Error: listen tcp 127.0.0.1:11434: bind: Only one usage of each soc
ket address (protocol/network address/port) is normally permitted.

C:\Users\User>
```

上述錯誤訊息是因為 Ollama 服務已啟動，請不用理會此訊息。

在 Python 程式碼使用 Ollama API：ch16-3-3.py

Python 程式是使用 Ollama API 來與 LLM 進行互動，其執行結果可以看到 LLM 的回應是「開」，如下所示：

```
Q: 請分析句子 'Turn on the lights in the room.' 的語意含義
, 是「開」還是「關」。答案僅用一個字表達。
開
```

基本上，Python 程式碼使用 Ollama API 的方式與第 16-2-2 節的 Groq API 十分相似。首先需要匯入 ollama 模組，如下所示：

```python
import ollama

prompt1 = "請分析句子 '"
prompt2 = "' 的語意含義，是「開」還是「關」。答案僅用一個字表達。"
question = prompt1 + "Turn on the lights in the room." + prompt2

response = ollama.chat(
    model = "llama3.1:8b",
    messages = [
        {"role": "system", "content": "你是語意分析機器人"},
        {"role": "user", "content": question}
    ])
print("Q:", question)
print(response['message']['content'])
```

16-23

上述程式碼建立提示詞 questions 後，呼叫 ollama.chat() 方法來取得 "llama3.1:8b" 模型的 response 回應內容（請先使用 ollama list 命令確認您有下載此模型）。

16-4 AI 電腦視覺實戰：Llama-Vision 視覺分析助手

Llama-Vision 是一種**多模態**的 LLM 大型語言模型，這是基於 Llama 架構所開發，結合文字和影像的處理能力，能夠執行多種電腦視覺的相關任務，例如：影像推理、OCR、圖表解讀和影像問答等。簡單地說，就是在「看圖說故事」。

16-4-1 在 Ollama 下載執行 Llama-Vision

請在 Ollama 官網點選上方 **Models** 後，搜尋找到 Llama-Vision 模型，選擇 11b 後，即可取得下載和執行的命令，如下圖所示：

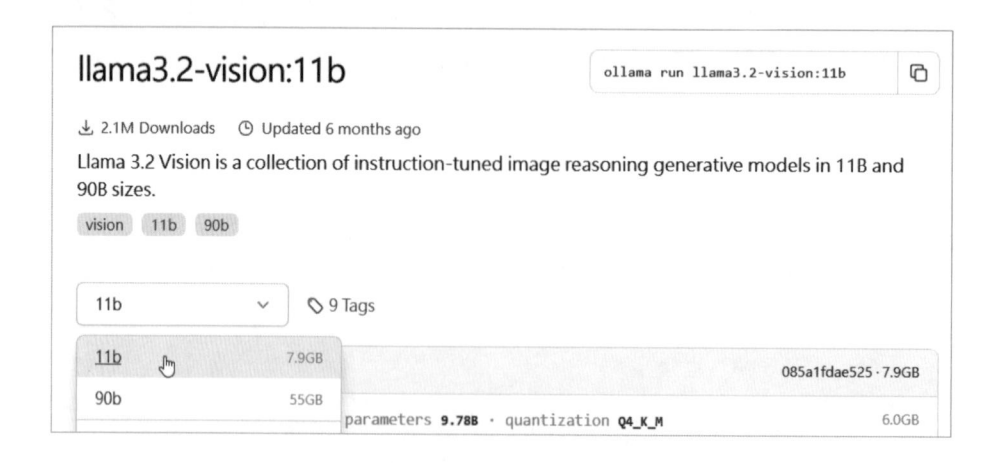

在 Ollama 是使用 run 命令來執行 Llama3.2-vision 模型（模型尺寸 7.9GB），如下所示：

AI 電腦視覺實戰：本機 LLM Vision 整合應用

```
> ollama run llama3.2-vision:11b  [Enter]
```

```
Windows PowerShell
PS C:\Users\User> ollama run llama3.2-vision:11b
pulling manifest
pulling 11f274007f09...  100%                          6.0 GB
pulling ece5e659647a...  100%                          1.9 GB
pulling 715415638c9c...  100%                          269 B
pulling 0b4284c1f870...  100%                          7.7 KB
pulling fefc914e46e6...  100%                          32 B
pulling fbd313562bb7...  100%                          572 B
verifying sha256 digest
writing manifest
success
>>> Send a message (/? for help)
```

上述命令第 1 次執行會自動下載模型，下載後即可與 Llama3.2-vision 模型進行對話。

16-4-2　在 Python 程式碼使用 Llama-Vision 模型

如同第 16-3-3 節的 Llama 模型，我們一樣可以建立 Python 程式碼來與 Llama-Vision 模型進行互動。在提示詞的影像部分，Ollama API 支援使用 Base64 編碼字串，或是圖檔路徑。

使用 Base64 編碼字串：ch16-4-2.py

Python 程式的執行結果，可以看到 Llama3.2-Vision 針對這張影像的描述文字，如下所示：

這張照片顯示一條繁華街道上的夜晚景色。在這裡，我們可以看到許多遊客走在一起，購物和享受美食。此外，在這條街道上還有許多商店和餐廳。

街道兩旁的建築物十分高大。其中的一幢建筑物的樓層顯示了數字「4」。
街道上的人群十分擁擠。街道上的光線幾乎全部都來自路燈和商店的裝飾燈，很少有自然光源。在夜間，街道上的人群變得更加活潑和繁忙。

街道兩旁的建築物十分高大。其中的一幢建筑物的樓層顯示了數字「4」。
街道上的人群十分擁擠。街道上的光線幾乎全部都來自路燈和商店的裝飾燈，很少有自然光源。在夜間，街道上的人群變得更加活潑和繁忙。

這條街道的情況與一般人們晚上出門購物的場景相似。

16-25

Python 程式碼在匯入 ollama 後，依序從 PIL 匯入 Image 類別、匯入 base64 和 io 模組，如下所示：

```
import ollama
from PIL import Image
import base64
import io

image_url = "images/taipei.jpg"
prompt = "請針對此圖片，使用繁體中文說明你看到了什麼？如果你是一位觀光客，請說明你看到的特點。"
```

上述程式碼指定 image_url 變數的圖檔路徑，以及提示詞的 prompt 變數。在下方的 encode_image() 函式，可將影像資料轉換成 Base64 編碼字串，如下所示：

```
def encode_image(image):
    buffered = io.BytesIO()
    image.save(buffered, format="JPEG")
    return base64.b64encode(buffered.getvalue()).decode("utf-8")

image = Image.open(image_url)
base64_image = encode_image(image)
```

上述程式碼開啟圖檔讀取影像後，呼叫 encode_image() 函式轉換成 Base64 編碼字串，即可詢問 Llama-Vision 來分析影像。在 messages 的 "images" 鍵，其值是一個串列，每一個串列元素為一張影像的 Base64 編碼字串，如下所示：

```
response = ollama.chat(
    model="llama3.2-vision:11b",
    messages=[{
        "role": "user",
        "content": prompt,
```

```
        "images": [base64_image]
    }]
)
content = response["message"]["content"].strip()
print(content)
```

使用圖檔路徑字串：ch16-4-2a.py

在 Ollama API 的提示詞中，影像部分除了支援 Base64 編碼字串外，也可直接使用圖檔路徑字串，如下所示：

```
image_url = "images/taipei.jpg"
...
response = ollama.chat(
    model="llama3.2-vision:11b",
    messages=[{
        "role": "user",
        "content": prompt,
        "images": [image_url]
    }]
)
```

16-4-3　整合 Streamlit 建立 Llama-Vision 互動介面

如同第 16-2-3 節，我們將整合 Streamlit、Groq API 和 Ollama API 來建立與 Llama-Vision 對話的互動介面。

Python 程式：ch16-4-3.py 是一個 Streamlit App，在執行前需要先修改程式碼，即填入你的 Groq API 的 API 金鑰後，再啟動 App。如果是第 1 次啟動，請參閱第 10-2 節的步驟；若已經啟動過，請直接執行 run_ch16-4-3_StreamlitApp.py，可以看到一個包含選擇 API、上傳圖檔和輸入提示詞的交談介面，如下圖所示：

16-27

Llama-Vision視覺分析助手

選擇 API:
● Ollama ○ Groq

上傳圖檔

☁ Drag and drop file here
Limit 200MB per file • JPG, JPEG, PNG

[Browse files]

📄 taipei.jpg 44.4KB ✕

請輸入提示詞

請針對此圖片，使用繁體中文說明你看到了什麼？如果你是一位觀光客，請說明你看到的特點。

[分析影像]

　　首先選擇使用本機 Ollama API 或 Groq API，接著上傳圖檔並輸入提示詞，在完成後，請按**分析影像**鈕，就可以在下方顯示 Llama-Vision 回應的影像分析結果，如下圖所示：

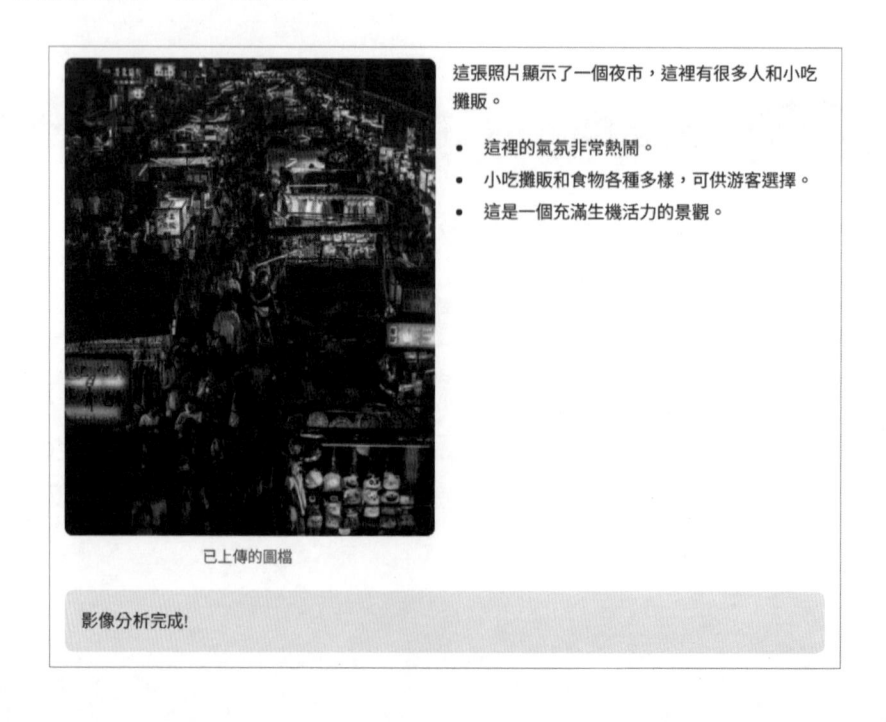

這張照片顯示了一個夜市，這裡有很多人和小吃攤販。

- 這裡的氣氛非常熱鬧。
- 小吃攤販和食物各種多樣，可供遊客選擇。
- 這是一個充滿生機活力的景觀。

已上傳的圖檔

影像分析完成!

16-28

AI 電腦視覺實戰：本機 LLM Vision 整合應用 **16**

Python 程式碼已整合 Streamlit 和先前的 Ollama API 與 Groq API。在互動介面是使用 st.radio() 方法的元件選擇 API、st.file_uploader() 方法的元件來上傳圖檔、st.text_area() 方法的元件來輸入提示詞，最後使用 st.button() 方法的按鈕元件，執行 Ollama API 或 Groq API。

16-4-4　Llama-Vision 視覺分析應用

現在，我們就能使用第 16-4-3 節建立的 Streamlit App 來執行一些常見的 Llama-Vision 視覺分析應用。

人物辨識

如果不清楚該如何撰寫 Llama-Vision 提示詞，可以請 ChatGPT 幫助我們寫出 Llama-Vision 提示詞 (ch16-4-4.txt)，如下所示：

> 你是一位 Llama-Vision 提示詞專家，現在，我有一張 Obama 的照片，請寫出詳細的提示詞，可以讓 Llama-Vision 詳細描述這張照片的內容。

ChatGPT 回應所寫出的 Llama-Vision 提示詞，如下圖所示：

```
Prompt:
"請詳細描述這張照片的內容。請包括：

1. 人物描述：照片中人物的姓名（如 Barack Obama）、年齡範圍、膚色、髮型、面部表情、眼神、
   服裝（如西裝、襯衫、領帶顏色）等細節。

2. 動作與姿勢：描述 Obama 的站姿或坐姿，手部動作（如握手、揮手、指示），是否有演講、書寫、
   閱讀或其他行為。

3. 背景與環境：描述照片拍攝的地點（如白宮辦公室、演講台、戶外草坪），是否有美國國旗、家具、
   裝飾品、群眾或其他人物。

4. 燈光與氛圍：光線是否明亮或柔和，是否有舞台燈光，畫面給人的情緒（如正式、輕鬆、嚴肅、激
   昂）。

5. 攝影角度與畫面構圖：攝影的視角（如正面、側面、俯視、仰視），特寫或全身照，構圖的重點是否
   強調 Obama 或其他元素。

請使用清晰、細緻且有條理的方式來描述這張照片。"
```

16-29

請在 Streamlit App：ch16-4-3.py 上傳「ch16/images/obama.jpg」圖檔，並貼上上述提示詞，筆者已修改成用繁體中文來回答（ch16-4-4a.txt），就能使用 Ollama API 進行影像分析，其結果如下圖所示：

物體識別

Llama-Vision 可幫助我們分析照片中有什麼物體，並且詳細描述每一個偵測到物體的細節。Llama-Vision 的提示詞（ch16-4-4b.txt），如下所示：

> 請針對此照片，使用繁體中文說明你看到了什麼？請詳細說明你看到了幾個人與哪些物體，並且詳細描述看到的物體細節，包含外形、性別，以及正在做什麼。

請在 Streamlit App：ch16-4-3.py 上傳「ch16/images/horse.jpg」圖檔，並貼上上述提示詞，即可使用 Ollama API 進行影像分析，其結果如下圖所示：

已上傳的圖檔

這是一張拍攝了一名男性騎著馬以及一隻狗在草地上運動的照片。

- 男性：坐在馬背上的男性穿著灰色長袖T恤和藍色的牛仔褲，他的手拿著鞍頭。他的皮膚是白人，身型中等。頭髮黑色，短至耳後。他戴著眼鏡。他的腳在鞍子上盤桓。
- 馬：馬的毛色為棕色和白色混搭，白色的部分位於臉部、前腿和腹部。馬的外型是西方馬種，身體肌肉發達，看起來年輕健康。馬的耳朵向上彎曲。馬的眼睛黑色，鼻子長而直。
- 犬：犬的毛色為棕色，腳趾白色。他是一隻中型犬，身體細瘦，看起來像一隻牧羊犬。他的耳朵向上彎曲，他的鼻子黑色。犬正面對著拍攝者，口張開、嘴巴伸展，如同呼叫。

在照片的背景中，可以看到草地和樹木。這個場景可能是在一個農場或牧場，在早晨或黃昏時拍攝。整體來說，這張照片捕捉到了自然美麗的風景，以及人與動物之間的互動。

文件內容識別

Llama-Vision 可幫助我們識別文件照片或圖檔中的文字內容，例如：將 Excel 工作表的截圖轉換成 CSV 格式的資料。Llama-Vision 的提示詞（ch16-4-4c.txt），如下所示

> 針對此張股票資料的 `Excel` 工作表的圖片，請識別出表格內容，並將表格資料轉換成 `CSV` 格式的資料。請使用繁體中文來回答。

請在 Streamlit App：ch16-4-3.py 上傳「ch16/images/Excel.jpg」圖檔，並貼上上述提示詞，即可使用 Groq API 進行影像分析，其結果如下圖所示：

根據提供的藍英資訊分析表格，結合以 Word 處理器操作得出以下格式的**資料轉換成 CSV 格式的資料**：

Date	Volume	Open	High	Low	Close	Adj Close	Volume
2019/9/2	14614854	258	258	258	257.5	255.571167	255.571167
2019/9/3	25752495	256.5	256.5	258	253	252.097382	252.097382
2019/9/4	22540733	254	258	258	254	257.5	255.571167
2019/9/5	48791728	263	263	263	260.5	263	261.029966
2019/9/6	25408515	265	265	265	263.5	263.5	261.526215
2019/9/6	25408515	265	265	265	263.5	263	263

以及從表格影像轉換而成的 CSV 資料，如下圖所示：

其中的資料已經是以 CSV 格式的資料，為：

2019/9/2,14614854,258,258,258,257.5,255.571167,255.571167,

2019/9/3,25752495,256.5,256.5,258,253,252.097382,252.097382

2019/9/4,22540733,254,258,258,254,257.5,255.571167

2019/9/5,48791728,263,263,263,260.5,263,261.029966,48791728

2019/9/6,25408515,265,265,265,263.5,263.5,261.526215,25408515

圖表分析

Llama-Vision 能夠詳細且深入地解釋影像中的圖表，幫助我們執行所需的圖表分析。Llama-Vision 的提示詞（ch16-4-4d.txt），如下所示：

> 針對此張程式語言使用的 Pie 圖表，請詳細且深入地解釋這張圖表，並請使用繁體中文來回答。

請在 Streamlit App：ch16-4-3.py 上傳「ch16/images/piechart.jpg」圖檔，並貼上上述提示詞，即可使用 Groq API 進行影像分析，其結果如下圖所示：

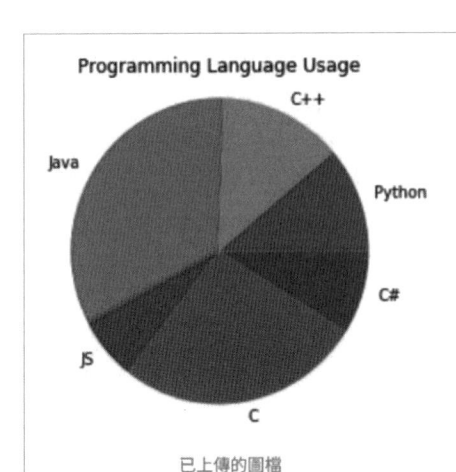

程式語言使用Pie圖表分析

圖表概述

該圖表是一個Pie圖表，用於展示不同程式語言的使用比例。圖表標題為「Programming Language Usage」，顯示了六種程式語言的使用情況。

程式語言分布

根據圖表，各程式語言的使用比例分布如下：

- Java：佔比最大，為綠色區域，約為整個圓形的40%。
- C：佔比第二，為紫色區域，約為整個圓形的30%。
- C++：佔比第三，為橙色區域，約為整個圓形的15%。
- Python：佔比第四，為藍色區域，約為整個圓形的10%。
- C#：佔比第五，為棕色區域，約為整個圓形的5%。
- JS：佔比最小，為紅色區域，小於5%。

16-5　AI 電腦視覺實戰：Llama-Vision 車牌辨識

我們將修改並擴充第 16-4-3 節的 Streamlit App，使用 Groq API 和 Ollama API 來建立 Llama-Vision 車牌辨識助手。在 Python 程式是使用正規表達式（Regular Expression），從回應文字中取出車牌資料。

Python 程式：ch16-5.py 是一個 Streamlit App，在執行前需要先修改程式碼，即填入你的 Groq API 的 API 金鑰後，再啟動 App。如果是第 1 次啟動，請參閱第 10-2 節的步驟；若已經啟動過，請直接執行 run_ch16-5_StreamlitApp.py，可以看到一個包含選擇 API、上傳圖檔和按鈕的車牌辨識介面，如下圖所示：

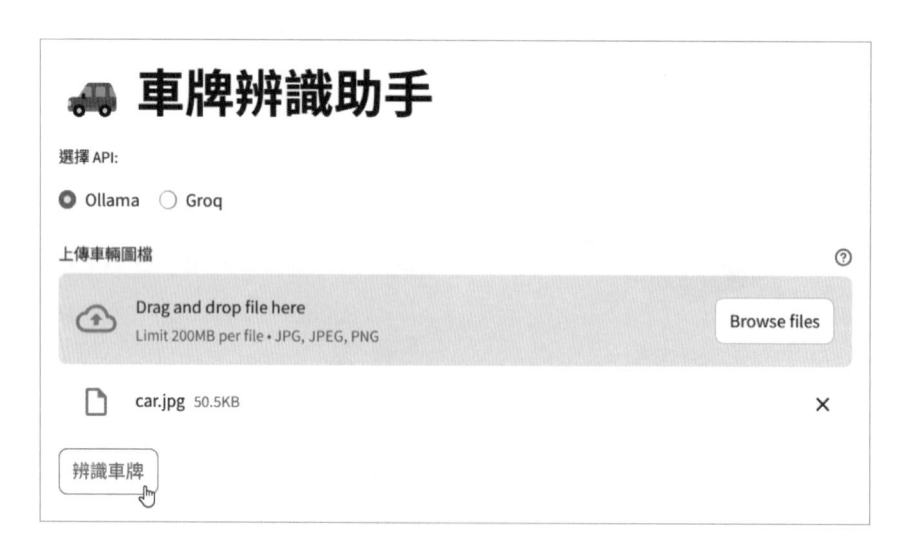

首先選擇本機 Ollama API 或 Groq API，接著上傳含有車牌的車輛圖檔「ch16/images/car.jpg」後，按**辨識車牌**鈕，就會在下方顯示 Llama-Vision 回應的車牌辨識結果，如下圖所示：

辨識結果

這張影片中，車牌模糊且位置不大，故無法認真辨識車牌內容。但是，可以將車牌目前的位置和大致的外型結合幾張多邊形，分別於其他車輛上預測出可能的車牌。

預測結果為：BBT-6566

此車輛為灰色，外型大致為轎車。請注意，預測結果僅供參考。並非是一點一點、以數機率確定。希望可以更正我的錯誤，如有任何問題。

已上傳的車輛圖檔

車牌辨識完成!

🚗 **車牌號碼:** BBT-6566

由於上圖的車牌是斜的，在車牌文字中的「-」有可能無法成功辨識，因此目前在 Python 程式使用的正規表達式可以取出沒有「-」的車牌文字，如下圖所示：

車牌辨識完成!

🚗 **車牌號碼:** BBT6566

Python 程式碼使用的提示詞，如下所示：

```
prompt = """
請仔細檢查這張圖片，尋找車牌。
如果找到車牌，請使用繁體中文來提供以下的資訊：
1. 車牌號碼（格式應為 2-3 個大寫英文字母 + 連字號 + 4-5 個數字，如 AB-1234）
2. 車牌所在車輛的顏色
3. 車牌所在車輛的大致類型（轎車、休旅車、卡車等）

若無法清楚辨識，請說明原因（如圖片模糊、角度不佳等）。
"""
```

對於 LLM 回應的文字，是呼叫 extract_license_palte() 函式以正規表達式來取出車牌文字，如下所示：

```
def extract_license_plate(text):
    taiwan_plate_pattern = r'[A-Z]{2,3}[-\s]?\d{4,5}'
    # 尋找符合台灣車牌格式的字串
    matches = re.findall(taiwan_plate_pattern, text)
    return matches[0] if matches else "未偵測到車牌"
```

補充說明

在 Streamlit 的字串或 icon 參數值可以使用 Emoji 表情符號，例如：st.title() 方法的標題文字，如下所示：

```
st.title(" 🚘 車牌辨識助手")
```

上述標題文字前的圖示是表情符號，可按 Win + . 或 Win + ; 組合鍵來打開表情符號面板，請從面板中選擇插入的表情符號。

16-6 AI 電腦視覺實戰：Llama-Vision 路況分析

我們將修改和並擴充第 16-4-3 節的 Streamlit App，使用 Groq API 和 Ollama API 來建立 Llama-Vision 路況分析。這是使用即時道路視訊的影格資料，來讓 Llama-Vision 看圖說故事，說明看到的路況。

AI 電腦視覺實戰：本機 LLM Vision 整合應用 16

Python 程式：ch16-6.py 是一個 Streamlit App，在執行前需要先修改程式碼，即填入你的 Groq API 的 API 金鑰後，再啟動 App。如果是第 1 次啟動，請參閱第 10-2 節的步驟；若已經啟動過，請直接執行 run_ch16-6_StreamlitApp.py，可以看到一個包含選擇 API、即時道路視訊和按鈕的路況分析介面，如下圖所示：

首先選擇本機 Ollama API 或 Groq API，接著，當你在即時道路視訊中看到需分析的路況影像時，請按**分析路況**鈕，就會在下方顯示 Llama-Vision 回應的路況分析結果，如下圖所示：

16-37

路況分析結果

根據提供的即時路況畫面，以下是詳細的分析報告：

1. **交通流量狀態**

    - **道路擁擠程度**：目前畫面顯示的路段屬於市區道路，交通流量處於中度擁擠狀態。
    - **車輛數量和密度**：畫面中可見約10輛汽車、20輛機車和眾多行人，車輛密度中等，道路上有行人過馬路，整體車流未出現停滯，但通行速度較一般時稍慢。
    - **是否有明顯的壅塞或停滯**：目前未見明顯壅塞或停滯，車流保持緩慢移動。

2. **道路環境觀察**

    - **車道數量**：該路段至少有4-6個車道，包括機車專用車道和一般車道。
    - **道路類型**：畫面顯示的路段為市區主要道路，可能是商業區或購物區附近的交叉路口。
    - **天氣和光線條件**：畫面顯示為夜晚，有路燈照明，視線清晰，無降雨或其他不利行駛條件。

目前的路況

Python 程式碼使用的提示詞，如下所示：

```
traffic_prompt = """
請仔細分析這張即時路況畫面，提供以下詳細資訊：
1. 交通流量狀態
- 道路擁擠程度（輕微、中度、嚴重）
- 車輛數量和密度
- 是否有明顯的壅塞或停滯
2. 道路環境觀察
- 車道數量
- 道路類型（市區道路、快速道路、交叉路口）
- 天氣和光線條件
```

3. 異常狀況偵測
- 是否有事故
- 是否有施工或道路障礙
- 是否有緊急車輛（救護車、警車、消防車）
4. 可能的交通風險
- 可能造成延遲的因素
- 建議駕駛人注意的特殊情況
請使用繁體中文且盡可能的提供具體、客觀和詳細的描述，協助判斷目前的路況。
"""
```

在 encode_image() 函式是改用 OpenCV 的 cv2.imencode() 方法來進行 Base64 編碼，如下所示：

```
def encode_image(image):
    """將圖片轉換為 Base64 編碼"""
    _, buffer = cv2.imencode('.jpg', image)
    return base64.b64encode(buffer).decode("utf-8")
```

然後使用 Streamlit 的 session_state 來儲存影格，以便進行目前影格的路況分析，如下所示：

```
if "current_frame" not in st.session_state:
    st.session_state.current_frame = None
```

在即時道路視訊部分和第 10-8-1 節 YOLO 視訊的物體偵測介面相同，其 st_frame 的內容是 Streamlit 顯示影格的 image 元件。OpenCV 在讀取視訊的影格後，呼叫 np.copy() 方法來複製影格，而此複製的內容正是按下按鈕時，提供給 Llama-Vision 偵測路況的影格，如下所示：

```
        vid_cap = cv2.VideoCapture(traffic_video_url)  # IP camera
        while True:
            success, image = vid_cap.read()
            if success:
```
```

```
            st.session_state.current_frame = np.copy(image)
            st_frame.image(image, channels="BGR",
                       use_container_width=True
            )
        else:
            vid_cap.release()
            break
```